DAS KOLLEGIAL GEFÜHRTE **UNTERNEHMEN**

Bernd Oestereich | Claudia Schröder

DAS KOLLEGIAL GEFÜHRTE UNTERNEHMEN

Ideen und Praktiken
für die agile Organisation
von morgen

VAHLEN

ISBN 978 3 8006 5229 7

© 2017 Verlag Franz Vahlen GmbH, Wilhelmstr. 9, 80801 München
Satz: Claas Möller, claasbooks, Speersort 1, 20095 Hamburg
Druck und Bindung: Westermann Druck Zwickau GmbH, Crimmitschauer Straße 43, 08058 Zwickau
Gestaltung: Claas Möller, Bernd Oestereich, Melina Pink
Illustrationen: Melina Pink, http://melina.pink/
Fachgrafiken: Bernd Oestereich
Gedruckt auf säurefreien, alterungsbeständigen Papier (hergestellt aus chlorfrei gebleichtem Zellstoff)

Vorweg

 **S. VI**

Was ist kollegiale Führung?

In einem Satz.

 **S. VIII**

Erste Gedanken

Wie viel Organisation braucht Selbstorganisation?

 **S. IX**

Benutzungsanleitung

Wie können Sie dieses Buch benutzen?

Was ist kollegiale Führung?

Führung ist zu wichtig, um sie nur Führungskräften zu überlassen.

Diesem Leitgedanken folgend definieren wir:
Kollegiale Führung ist die auf viele Kollegen und Kolleginnen dynamisch und dezentral verteilte Führungsarbeit anstelle von zentralisierter Führung durch einige exklusive Führungskräfte.

Oder ganz kurz: **Führungsarbeit statt Führungskräfte.**

Kollegiale Führung verkraftet es gut, wenn einige Kollegen mal oder immer geführt werden wollen.

Nicht jeder möchte immer, bei allen Gelegenheiten oder nur zu bestimmten Themen führen und entscheiden.

Kollege ist jeder, der innerhalb der Organisation mitarbeitet, egal ob angestellter Mitarbeiter, Inhaberin, Auszubildende, Zeitarbeitskraft, Freiberuflerin oder Praktikant.

Kollegial bedeutet *unter Kollegen* und beschreibt das Grundprinzip, wie Führung entsteht.

Agil kann eine Wirkung sein, Kreisstrukturen ein Mittel.

Je nachdem, welche Fähigkeiten ein Kontext erfordert und wer diese dafür bieten kann.

Dabei kann einer Person die Zuständigkeit für einen Bereich und einen längeren Zeitraum übertragen werden ebenso wie eine einmalige Entscheidungsaufgabe.

Kollegiale Führung ist die auf viele Kollegen und Kolleginnen dynamisch und dezentral verteilte Führungsarbeit anstelle von zentralisierter Führung durch einige exklusive Führungskräfte.

Nicht unten oder oben ist relevant, sondern wer für welche Führungs- und Entscheidungsbedarfe der jeweils Passende ist.

Je dynamischer und komplexer das Geschäft und die Organisation werden, desto weniger sind einzelne zentrale Akteure in der Lage, alleine sinnvoll zu entscheiden, und desto wichtiger wird die hierarchieübergreifende Kooperation.

Führungskräfte gibt es weiterhin – aber nicht mehr vorgesetzt, exklusiv und unbefristet, sondern situativ: Jeder Kollege ist mehr oder weniger auch „Führungskraft" als selbstverständlicher Teil seiner Arbeit.

Dazu gehören nach außen gerichtete operative und strategische Entscheidungen ebenso wie organisationale Entscheidungen zur Weiterentwicklung der internen Zusammenarbeit und Organisation.

Erste Gedanken

Kollegiale Selbstorganisation ist aus unserer Sicht nicht zu verwechseln mit Beliebigkeit, Unverbindlichkeit, Hierarchiefreiheit, Willkür, Basisdemokratie, Endlosdiskussionen und Herrschaft des Mittelmaßes.

Ganz im Gegenteil. Gerade damit Führung zum selbstverständlichen Teil der Arbeit eines jeden Mitarbeiters werden kann, benötigen solche Organisationen eine belastbare und leistungsfähige soziale Architektur und Infrastruktur, einen klaren organisatorischen Rahmen und eine Reihe einfach zu benutzender Organisations- und Führungswerkzeuge.

Wie oft haben wir das in Linienorganisationen gehört: Wie kann ich meine Mitarbeiter dazu bringen, mehr Verantwortung zu übernehmen, eigenverantwortlicher zu arbeiten oder unternehmerischer zu denken? Dahinter steckt der Wunsch, Mitarbeiter zu ändern oder nur Mitarbeiter mit bestimmten Eigenschaften zu beschäftigen, ohne jedoch die Voraussetzungen dafür zu schaffen.

Steckt hinter diesem Wunsch nicht ein großer Irrtum? Die Menschen verhalten sich ja bereits motiviert, eigenverantwortlich und verantwortungsvoll. Sie helfen ihren Kollegen ohne Zwang, fühlen mit den Kunden, sie kümmern sich um ihre Familien, engagieren sich ehrenamtlich in Vereinen, helfen ihren Nachbarn, Freunden und sogar Unbekannten und treffen fortwährend Entscheidungen.

Sie verhalten sich immer so, sofern
- sie wirklich die Verantwortung haben (und nicht irgendein Vorgesetzter für sie geradestehen muss) und
- darin einen Sinn erkennen. Aber genau hier hakt es bei vielen Linienorganisationen.

Kollegial organisierte Unternehmen bieten dafür einen passenderen Kontext, wie viele Beispiele zeigen.

Die Umstellung auf kollegiale Führungsprinzipien ist ein Paradigmenwechsel, ein Austausch kompletter innerer Landkarten, die abstrakt bleiben, solange wir nicht mit konkreten Werkzeugen und Praktiken beginnen zu arbeiten.

In den vergangenen Jahren haben wir und andere Pioniere viel konkret ausprobiert. Dabei mussten wir feststellen, dass einige Werkzeuge und Praktiken nicht nur sehr ungewohnt, sondern zu anspruchs- und voraussetzungsvoll sind. Damit kollegiale Führung keine elitäre Angelegenheit wird und nur Organisationen mit bestimmten Haltungen, Werten, Kulturen und besonderem Erfahrungswissen vorbehalten bleibt, müssen wir noch mehr einfach erlern- und benutzbare Führungswerkzeuge und -praktiken entwickeln.

Mit dem aktuellen Stand sind wir noch lange nicht zufrieden. Dieses Buch ist aber ein erster Beitrag, Begriffe und Konzepte zu klären, zu definieren, zu ordnen, in Bezug zu setzen, zu bewerten und (weiter) zu entwickeln.

Wir glauben, dass wir als Zivilisation mit diesem neuen Führungs- und Organisationsparadigma noch am Anfang stehen und dass das Zeitalter der Netzwerkökonomie gerade erst beginnt.

Wir möchten diese Entwicklung unterstützen und stellen deshalb alle wichtigen Abbildungen und Vorlagen unter eine freie Creative-Commons-Lizenz. Dieses Material können Sie auf unserer Internetseite kollegiale-führung.de kostenlos herunterladen. Sie dürfen es gerne für Ihre eigenen Zwecke verwenden, auch in einem kommerziellen Kontext, auch im Wettbewerb zu uns – wir erwarten von Ihnen lediglich, fair genannt zu werden und dass Sie Gemeingut nicht markenrechtlich oder anderweitig für sich vereinnahmen.

Deswegen verwenden wir bewusst Allgemeinbegriffe wie „kollegiale Führung", verzichten auf schutzfähige Bezeichnungen, Kunstbegriffe oder nichtssagende Zusätze 4.0 und mögen auch auf „-kratie" endende Begriffe weniger, weil dies Herrschaftsform bedeutet und es uns um Kooperationsformen geht.

Wir freuen uns über Hinweise auf weitere Werkzeuge und Anwendungsfälle sowie Berichte über Ihre Erfahrungen. Für Rückmeldungen aller Art und Fragen benutzen Sie bitte die E-Mail-Adresse auflage1@kollegiale-führung.de.

Wie können Sie dieses Buch benutzen?

Gliederung im Großen

Wir möchten einerseits einfach anzuwendende Prinzipien und Werkzeuge vorstellen, andererseits aber auch Vertiefungsmöglichkeiten bieten, die fachlich-theoretische Fundierung und Zusammenhänge aufzeigen.

Das Buch haben wir in vier Hauptkapitel gegliedert:

▶ Einleitung
Warum brauchen wir neue Führungsprinzipien? Warum ist kollegiale Führung ein passender Ansatz? Welche Grundhaltung und welche Kernprinzipien treffen wir bei den Pionieren kollegialer Führung an? Und wie kann der Übergang dorthin aussehen?

▶ Strukturen und Rahmen
Welche Konzepte helfen uns, einerseits klare Strukturen und Orientierung zu schaffen und diese andererseits in stetiger Anpassung an sich verändernde Anforderungen weiterzuentwickeln?
Welche Rollen, Zuständigkeiten und andere Strukturelemente sind dafür nützlich?

▶ Prozesse, Werkzeuge und Fertigkeiten
Welche Führungs- und Organisationsprozesse helfen uns, sowohl einen verlässlichen, reproduzierbaren und effizienten Rahmen zu bilden als auch unsere Wertschöpfung flexibel und unbürokratisch zu unterstützen?
Welche Organisations- und Führungswerkzeuge, Praktiken und Fertigkeiten sind speziell für kollegial geführte Unternehmen hilfreich?

▶ Denken, Unterscheidungen und Begriffe
Welche Denkmodelle unterstützen uns oder bilden die Grundlagen der sozialen Architektur moderner Organisationsführung?

Gliederung im Kleinen

Sie können dieses Buch gerne kreuz und quer und ganz selektiv lesen:

▶ Sie finden ständig Querverweise (mit konkreten Seitenangaben) zu verwandten Themen oder zu anderen Perspektiven auf das gleiche Thema (⊙ S. 72, beispielsweise), sodass Sie kaum darum herumkommen, Ihren individuellen Weg durch das Buch zu finden.

Wir können damit Bezüge und Abhängigkeiten aufzeigen, Themen gezielt vertiefen und fundieren und gleichzeitig entscheiden Sie selbst, ob und wie weit Sie diesen folgen.

▶ Sie finden immer Alternativen und Varianten. Was in einem Unternehmen gut funktioniert, ist in einem anderen grandios gescheitert und umgekehrt. Manchmal haben auch schon kleine Änderungen eine große Wirkung. Wir zeigen Ihnen Alternativen, Beispiele und Fragen auf, um Ihre Fantasie zu eigenen Ideen, Ausprägungen und Rekombinationen von Strukturen und Werkzeugen anzuregen.

▶ Sie finden regelmäßig konkrete Vorschläge zur praktischen Anwendung der Konzepte. Die in diesem Buch beschriebenen Ideen und Konzepte sind nicht richtig oder falsch, sondern werden sich erst in Ihrer Praxis als mehr oder weniger nützlich erweisen.

Gerade weil sich der Nutzen nicht vorhersehen lässt, geben wir Ihnen Tipps und Hinweise zur konkreten Umsetzung. Nicht, weil wir glauben, dass es genauso geht, sondern damit Sie schnell und einfach mit einer möglichen Konfiguration beginnen können, ohne dass Sie vorab den gesamten Möglichkeits- und Gestaltungsraum durchdringen müssen.

Im Übrigen verwenden wir weitgehend willkürlich sowohl männliche als auch weibliche Formen geschlechterspezifischer Bezeichnungen. Gemeint sind jeweils beide Geschlechter. Sie werden sich daran gewöhnen.

Danksagungen

Die Inhalte in diesem Buch haben viele Mütter und Väter. Wir haben viele eigene Ideen und Erfahrungen eingebracht und ebenso viele vorhandene Konzepte aufgegriffen und rekombiniert. Manchmal wissen wir auch gar nicht mehr oder noch nicht, woher welche Idee stammt. Viel Inspiration und Wissen stammt aus der genannten Literatur.

Gerhard Wohland, den wir seit vielen Jahren persönlich kennen, ist ein ebenso herausfordernder wie inspirierender Wegbegleiter. Unsere persönlichen Begegnungen mit Fritz Simon, Humberto Maturana, Matthias Varga von Kibet, Insa Sparrer, Elisabeth Ferrari, Arist von Schlippe, Fritz Glasl, Luc Ciompi, Otto Scharmer, Niels Pfläging und Dirk Baecker haben wichtige Spuren in uns hinterlassen. Ebenso wie die Vorträge und Bücher von Peter Kruse, Frederic Laloux und Reinhard Sprenger.

In der von Lars Vollmer und Mark Poppenburg gegründeten Community intrinsify.me haben wir in den letzten Jahren so unfassbar viele interessante Gespräche geführt, Unternehmen, Menschen, Ideen und Fragen kennengelernt, dass wir gar nicht alle Namen nennen können.

Viele Unternehmerinnen haben uns als Besucher, Freunde, Berater oder Beteiligte ganz konkrete Einblicke vor Ort in ihre Unternehmen gewährt: Christian, Diemut, Ioana und andere von Dark Horse, Henning, Stefan, Ilja und viele andere von it-agile, David, Susanne, Marco und einige andere von Ministry, Carsten, Claus, Paul und Miriam von Sepago, Albrecht und Johann-Peter von Mayflower, Marc und Lone von 24translate, Sebastian Eichner, Magdalena Bethge, Fridtjof Detzner, Matthias Henze, Christian Springub und andere von Jimdo, Sven Andrä von Qudosoft, Carsten, Karin, Sebastian und Christoph von next U und einige mehr.

Carsten Holtmann, Christian Rüther und Karin Zintz-Volbracht gebührt besonderer Dank für ganz konkrete Rückmeldungen zum Manuskript, Gespräche zu unseren Ideen und Klärung unserer Ausrichtung. Melina Pink, Claas Möller, Dennis Brunotte und Kathrin Moosmang danken wir für die Illustration, Gestaltung, Lektorierung und Positionierung dieses Buches.

Inhalt

Einleitung

Warum überhaupt neue Führungsprinzipien? .... S. 3
1. Perspektive globale Ökonomie:
    Die Netzwerkökonomie hat den Taylorismus abgelöst .... S. 4
    Ein neues Zeitalter beginnt .... S. 4
    Wer sich nicht ändert, wird verändert .... S. 6
    Oben wird gedacht, unten gemacht .... S. 7
    Wissensarbeit und Ko-Kreation .... S. 8
    Angepasste Mitarbeiter oder angepasste Unternehmen? .... S. 9

2. Perspektive Organisation:
    Der Markt wird bestimmt durch Überraschungen .... S. 10
    Die Dynamikfalle: Wie systematisch Verschwendung entsteht .... S. 11

3. Perspektive Führungskraft:
    Führungskräfte im Dilemma .... S. 12
    Disziplinarische und inhaltliche Führung trennen ... . S. 13

4. Perspektive: Motivation der Inhaber .... S. 14
    Schnelldiagnose: Wie wichtig ist Selbstführung
    für meine Organisation? .... S. 15

Evolution menschlicher Organisationsformen .... S. 16

Warum ist kollegiale Führung das passende Prinzip? .... S. 19
Äußere Komplexität mit innerer sozialer Dichte handhaben .... S. 20
Spontane Kooperation erlauben statt Probleme verwalten .... S. 21
Komplexitätsspezifischer Führungsfokus .... S. 23
Komplexitätsspezifische Handlungsprinzipien .... S. 25
Mythen und Vorurteile gegenüber Selbstorganisation .... S. 26

Die systemische Haltung kollegialer Führung .... S. 29
Die Integrität von Menschen respektieren .... S. 30
Die Organisation evolutionär-experimentell entwickeln .... S. 31
Die Organisation als Kommunikationssystem verstehen .... S. 34
Sinn und Bedeutung kreieren .... S. 36
Soziale Kontexte spürbar umschalten .... S. 40
Ausgleichsprinzipien .... S. 42
Weiterführende Literatur .... S. 45

Gemeinsamkeiten kollegial geführter Organisationen .... S. 47
1. Radikale Dezentralität .... S. 48
2. Wertschöpfungsmächtige Teams .... S. 49
3. Funktionierende Team- und Organisationsgrößen (10/200/n) .... S. 50
4. Eigenverantwortung .... S. 51
5. Interne Transparenz .... S. 52
6. Agile Planung .... S. 53
7. Gemeinschaftliche Erfolgsbeteiligung .... S. 54

Übergang und Einführung kollegialer Führung .... S. 55
Wer kann den Übergang initiieren? .... S. 56
Welche Startsituation ist herzustellen? .... S. 57
Typische Phasen des Übergangs .... S. 59
    1. Motivation und Rahmenbedingungen der Inhaber klären
    (Vorbereitungsphase) .... S. 60
    2. Initiales Organisationsmodell entwerfen (Konzeptionsphase) .... S. 63
    3. Operative Selbstorganisation erproben .... S. 65
    Zirkuläre Organisationsentwicklung mit priorisierten
    Organisationsexperimenten .... S. 66
    4. Organisationale Selbstorganisation übernehmen .... S. 67

Strukturen

Organisationsstrukturmodelle — S. 71
Pyramidenförmige Linienorganisation — S. 72
Soziokratische Kreisorganisation — S. 73
Holokratische Kreisorganisation — S. 76
Netzwerkorganisation — S. 78
   Pfirsichorganisation — S. 79
Kollegiale Kreisorganisation — S. 80
Unterschiede zwischen den Modellen — S. 84

Organisationskonfiguration (Makrostruktur) — S. 91
Elemente der sozialen Architektur — S. 92
   Markt und Umfeld — S. 92
   Inhaber — S. 92
   Geschäftskreise — S. 93
   Unterstützungskreise — S. 94
   Koordinationskreise — S. 95
   Geschäftsbereiche — S. 96
   Rollen- und Praktikergruppen — S. 97
   Kollegengruppen — S. 99
   Spezifische Rollen — S. 102
Organisationsstruktur-Pinnwand — S. 103
Hilfreiche Überlegungen — S. 104
   Konstitutionsreihenfolge — S. 104
   Überforderung durch Selbstüberlassung vermeiden — S. 105
   Emergentes Wachstum — S. 106
   Skalierung auf über 150 Mitarbeiter und Konzernstrukturen — S. 107
   Mitarbeiterbeteiligung — S. 108
   Optionale oder verpflichtende Zentrumsleistungen? — S. 109
Typische Kreisbeziehungen — S. 110
   Doppelverbinder — S. 110
   Einfachverbinder — S. 110
   Unterkreise — S. 111
   Ansprechpartner — S. 112
   Beteiligungskreis — S. 112
   Koordinationskreis — S. 113

Typische Unterstützungskreise — S. 114
   Geschäftsführung — S. 115
   Interne Forschung und Produktentwicklung — S. 116
   Aufnahmeteam — S. 118
   Personalsekretariat — S. 118
   Arbeitgeberschaft — S. 119
   Gehaltsüberprüfungskreis — S. 119
   Geldverfüger — S. 120
   Organisations-Coaching — S. 121
   Übergangsteam — S. 123
Typische Koordinationskreise und -rollen — S. 124
   Plenum — S. 124
   Topkreis — S. 124
   Inhaberkreis — S. 125
   Fallentscheidungen — S. 127
   Ausnahmeentscheider — S. 127
   Strategiekreis oder -rolle — S. 128
   Interessenvertretungskreise — S. 129

Kreiskonfiguration (Mikrostruktur) — S. 131
Kreisinterne Führung — S. 132
   Führen und Folgen — S. 133
   Informieren und Reflektieren — S. 136
   Kreis-Konstitution — S. 138
Typische kreisinterne Rollen — S. 139
   Kreis-Gastgeber — S. 139
   Arbeitstreffen-Gastgeber — S. 140
   Kreis-Ökonom — S. 141
   Kreis-Repräsentant — S. 142
   Fachentscheider — S. 143
   Kreis-Dokumentar — S. 144
   Kreis-Lernbegleiter — S. 145
   Teamleiter? — S. 146

Prozesse

Was sind Organisationsprozesse, -praktiken und -werkzeuge? ... S. 148

Willensbildungs- und Entscheidungsprozesse ... S. 149
Einführung ... S. 150
    Arten von Entscheidungsbedarfen ... S. 153
    Arten der Einwandintegration ... S. 154
Entscheidungswerkzeuge im Vergleich ... S. 155

Direkte Entscheidungsverfahren ... S. 159
Einwandintegration (Konsent) ... S. 160
    Grundprinzip ... S. 160
    Die Einwandstufen ... S. 162
    Konsent-Moderation ... S. 168
Eigenmächtiger Fallentscheid ... S. 173
Entscheidungs-Jour fixe ... S. 174
Führungsmonitor ... S. 175
Vetoabfrage ... S. 176
Widerstandsabfrage ... S. 177
Mehrheitliche Zustimmung ... S. 179

Delegationsbasierte Entscheidungsverfahren ... S. 181
Rolle ... S. 182
Unterkreis ... S. 183
Der Vorgesetzte ... S. 184
Projektleitung ... S. 185
Delegierte Fallentscheidung ... S. 186
Beauftragte konsultative Fallentscheidung ... S. 187

Rollenwahlverfahren ... S. 192
Kollegiale Rollenwahl ... S. 194
Soziokratische Rollenwahl ... S. 196
Mehrheitliche Rollenwahl ... S. 197

Organisationale Basisprozesse ... S. 199
Führungsmonitor ... S. 200
Selbstentwicklungsprozess (Retrospektiven) ... S. 204
Ökonomieprozess ... S. 206
Ressourcenverteilung ... S. 208
Kreis-Führungstreffen ... S. 209
Kreis-Konstitution ... S. 210
Rollenkonstitution ... S. 214

Personalprozesse ... S. 215
Anwendungsfall Bewerbung ... S. 216
Mentoring ... S. 217
Rollenklärung ... S. 219
Kollegengruppenprozess ... S. 220
Anwendungsfall Arbeitszeugnis ... S. 222
Anwendungsfall Arbeitszeit ... S. 223
Anwendungsfall Gehaltserhöhung ... S. 224
Anwendungsfälle Abmahnung und Kündigung ... S. 225
Anwendungsfälle Arbeitswegfall, Trennung oder Ausschluss ... S. 227

Reflexions- und Kulturprozesse ... S. 229
Reflexion ... S. 230
Auftragsklärung ... S. 233
Werteklärung ... S. 234
Kultur beobachten ... S. 238
Kulturbildende Praktiken ... S. 239
Achtgeber ... S. 241
Organisations-Benutzungsanleitung (How to work at ...) ... S. 242
Tetralemma ... S. 244

Kommunikationsprozesse — S. 247
Prozesse und Gespräche moderieren — S. 248
Kollegiales Feedback — S. 250
    Aktives Zuhören von Carl Rogers — S. 251
    Ich- und Du-Botschaften — S. 252
    Wie funktioniert Feedback? — S. 254
    Regelmäßiges Arbeitsfeedback — S. 255
    Situatives Feedback — S. 256
Lernbegleitung für die Lernende Organisation — S. 257
Konflikte und Spannungen — S. 259
Konfliktlösungskompetenz — S. 262
Diskussionsmarktplatz — S. 265
Kudos — S. 267
Unternehmens-Open-Space — S. 268

Denken

Einführung — S. 271
Fühlen und Denken = Entscheiden — S. 272
Sprache und Verhalten — S. 273
Werteorientierung — S. 274
Balance zwischen Individuum und Gemeinschaft — S. 275

Wichtige Unterscheidungen und Begriffe — S. 277
Theorie — S. 278
Kompliziert vs. komplex — S. 279
Zentrum vs. Peripherie — S. 280
Direkte vs. indirekte Wertschöpfung — S. 281
Team vs. Kreis vs. Gruppe — S. 282
Management vs. Führung — S. 285
Führungsstile — S. 286
Kollegiale Führungsebenen (am vs. im System arbeiten) — S. 288
Delegationsmodi — S. 290
Konstruktivismus und Kommunikation — S. 291
Die Lernebenen von Gregory Bateson — S. 292
Mythos Unternehmensziel und gemeinsame Mission — S. 293

Weitere typische Prinzipien — S. 294
Effectuation — S. 295
Das DevOp-Prinzip — S. 297
Wertbildungsrechnung — S. 299

Anhang
Über die Autoren — S. 303
Quellen und Weiterführendes — S. 304
Wörterverzeichnis und -erklärungen — S. 307

Einleitung

Es gibt viele Gründe, die Führung von Organisationen
grundsätzlich neu zu denken und zu gestalten:
- eine schnellere Reaktionsfähigkeit gegenüber den Marktanforderungen
- eine höhere Attraktivität für Mitarbeiter
- innovativere Produkte und Dienstleistungen usw.

Über das Warum ist schon so viel geschrieben worden.
Wir beschränken uns hier auf vier Perspektiven und ein Erklärungsmodell.

Warum überhaupt neue Führungsprinzipien?

 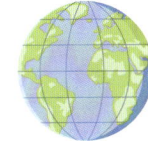

1. Globale Ökonomie
Wie verlief der globale Übergang vom Taylorismus in die Netzwerkökonomie?

2. Organisation
Was bewirkt der Übergang innerhalb der Unternehmen?

3. Führungskraft
Und was bedeuten diese internen Veränderungen für die Führungskräfte?

4. Inhaber
Welche Motivation haben die Inhaber von Unternehmen, den Übergang anzustoßen?

Organisationsevolution
*Ein Erklärungsmodell:
Wie verlief die Entwicklungsgeschichte menschlicher Organisationen?*

1. Perspektive globale Ökonomie: Die Netzwerkökonomie hat den Taylorismus abgelöst

Ein neues Zeitalter beginnt

Die ökonomischen Spielregeln des Marktes haben sich in den letzten Jahren geändert wie zuletzt vor über 100 Jahren beim Übergang von der Manufaktur zum Industriezeitalter.

> **LITERATUR**
> Gerhard Wohland, Matthias Wiemeyer:
> *Denkwerkzeuge der Höchstleister*;
> Unibuch Verlag Lüneburg, Erstauflage
> Verlag Monsenstein und Vannerdat, Münster, 2006.

Manufaktur

Bis etwa zum Jahr 1900 hatten die meisten Märkte wegen der hohen Transportkosten nur eine geringe Reichweite. Sie waren lokal und damit eng. Die Konkurrenten konnten einander nicht ausweichen. Dieser direkte Kontakt erzwang Kreativität und erzeugte Dynamik.

Die dominierende Form der Wertschöpfung war die Manufaktur. Sie war flexibel, kundenorientiert und innovativ und geprägt durch Handwerksmeister und kleine Familienbetriebe.

Es ging um das praktische Können und Erfahrungswissen, das vom Meister an Gesellen und Lehrlinge weitergegeben wurde. Die Meister und ihre Betriebe entwickelten spezialisierte Werkzeuge, um anspruchsvolle Leistungen vollbringen zu können.

Taylorismus

Weil ab 1900 die Transportkosten sanken, vor allem für größere Entfernungen, entstanden neue Massenmärkte mit hoher Kaufkraft. Konkurrenten störten kaum, man konnte ihnen ausweichen. Die Märkte wurden weit und träge. Die Kreativität der Unternehmen wendete sich nach innen auf Prozesse und Kosten. Gleichzeitig wurden immer mehr Maschinen erfunden.

Frederick Taylor entwickelte den theoretischen Hintergrund industrieller Produktion. Henry Ford war einer der Ersten, der dies spektakulär praktisch nutzte. Die industrielle Produktivität stieg auf das Hundertfache in nur zwei Generationen.

Die Arbeiter in den Industriebetrieben mussten sich diszipliniert an vorgegebene Anweisungen, Regeln und Prozesse halten. Mitdenken und Kreativität waren hier schädlich. Die Menschen in den Betrieben sollten wie Maschinen funktionieren. Alles basierte auf verlässlichen und skalierbaren Ursache-Wirkungs-Zusammenhängen.

Der Taylorismus ist damit dynamikempfindlich, er braucht stabile Prozesse, was aber nicht auffiel, solange die Märkte weit und träge waren. Also bis zum Ende des letzten Jahrhunderts.

Auch das Geschäftsmodell Ihres Unternehmens kann jederzeit zusammenbrechen, einfach dadurch, dass jemand anderes eine gute Idee umsetzt.

Netzwerk-Ökonomie

Heute operieren quasi alle global. Jeder von uns kann innerhalb weniger Stunden ein global arbeitendes Geschäft eröffnen. Früher wurden hierfür viel Kapital und eine gewisse Größe benötigt. Heute ist dies irrelevant. Für etablierte, global tätige Unternehmen ist ein weiteres Wachstum in der Fläche ohne Weiteres kaum noch möglich. Die Märkte sind abrupt an Grenzen gestoßen. Erneut ist es eng und dynamisch.

Toyota ist ein Beispiel für ein Unternehmen, das die Tugenden und Flexibilität der Manufaktur in lebendiger Weise in die kosten- und prozessorientierte industrielle Fertigung integrieren konnte, wodurch in den 1980er-Jahren japanische Autos gegenüber deutschen Wettbewerbsvorteile erlangten.

Letztendlich reicht dies aber nicht mehr. Um nun erfolgreich zu sein, muss ein Unternehmen

- so effizient sein wie ein tayloristisches Unternehmen,
- die richtigen Ideen zur richtigen Zeit umsetzen (innovativ sein)
- und den Kunden eine Beziehung zum Unternehmen ermöglichen, damit diese verstehen, warum sie genau hier kaufen sollten.

Der Wettbewerb entsteht heute nicht mehr durch Größe. Auch nicht allein durch Geschwindigkeit. Sondern durch die skalierbare Umsetzung der passenden Idee.

QUERVERWEISE
- S. 278 Theorie
- S. 280 Zentrum vs. Peripherie
- S. 281 Direkte Wertschöpfung

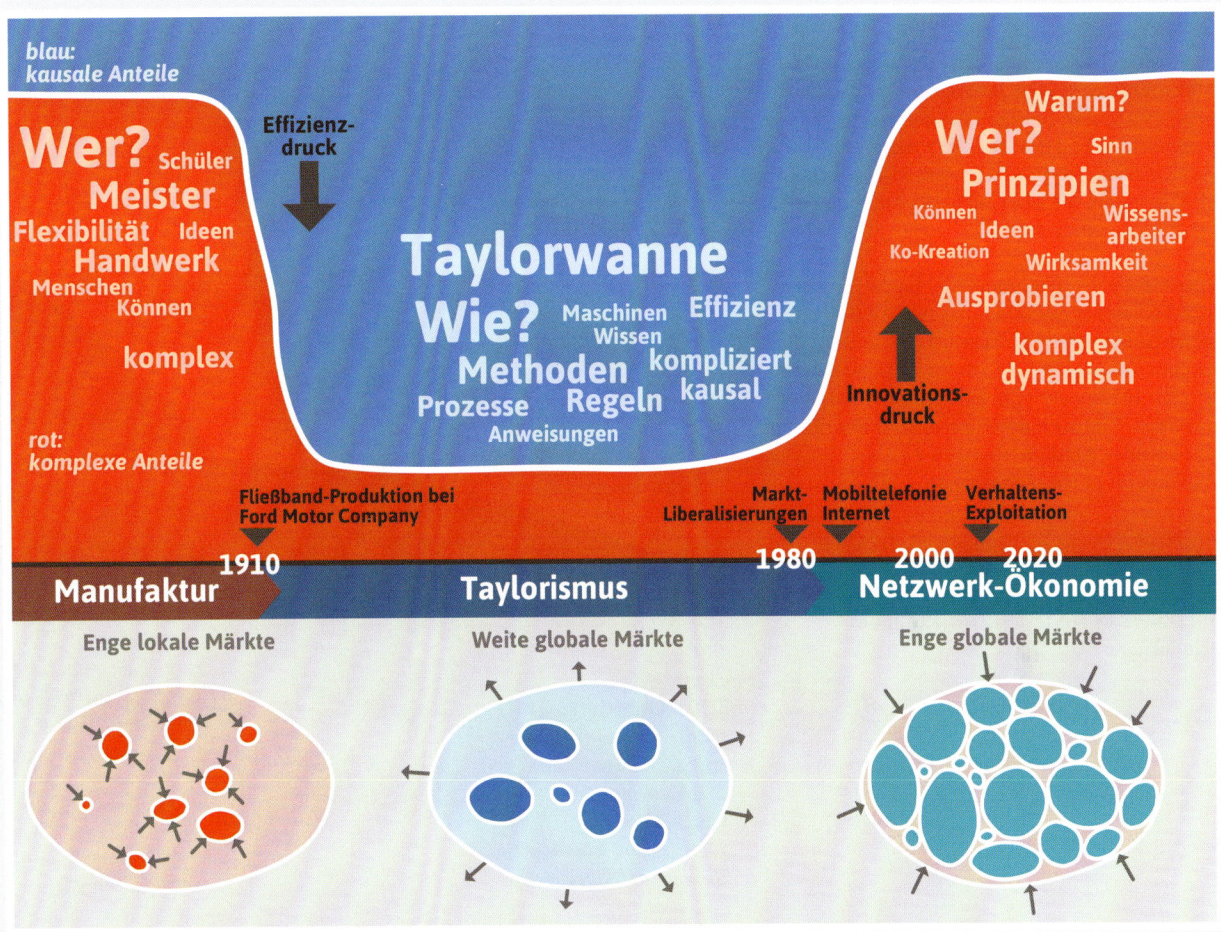

Abb. 1: Die Taylorwanne (erweitert, nach einer Idee von Gerhard Wohland [Wohland2006]) [ ] http://kollegiale-fuehrung.de/taylorwanne/]

Wer sich nicht ändert, wird verändert

Die Musikindustrie bekam das schon Anfang der 2000er-Jahre zu spüren, die Tageszeitungen rund zehn Jahre später. Die Reaktion der betroffenen Unternehmen und Branchen ist meistens fatal. Statt neue Geschäftsmodelle zu finden, wird (wenig erfolgreich) versucht, die alten per Lobbyismus zu schützen (Leistungsschutzrecht etc.).

Während die Veränderungen der beiden genannten Branchen verhältnismäßig langsam abliefen und halbwegs vorhersehbar waren, hat es andere abrupt erwischt. Die Taxizentralen und Taxifahrer hatten Anfang der 2010er-Jahre z.B. gar nicht mit Taxiruf-Apps gerechnet. Und auch deren Betreiber bekamen dann gleich wieder Wettbewerb durch eine Vermittlungsplattform für private Fahrdienste.

Um die passenden Ideen zu finden und deren Umsetzung zu durchschlagenden Produkten und Diensten zu ermöglichen, helfen die Reflexe und Standards aus tayloristischen Zeiten nicht weiter.

> **AUCH LESENSWERT:**
> - Niels Pfläging, Silke Hermann: *Komplexithoden*; Redline-Verlag, Erstauflage 2015.
> - Frederick Laloux: *Reinventing Organizations*; Verlag Franz Vahlen, Erstauflage 2015.
> - Lars Vollmer: *Zurück an die Arbeit*; Linde international, 2016.
> - Andreas Zeuch: *Alle Macht für Niemand*; Murmann-Verlag, 2015.

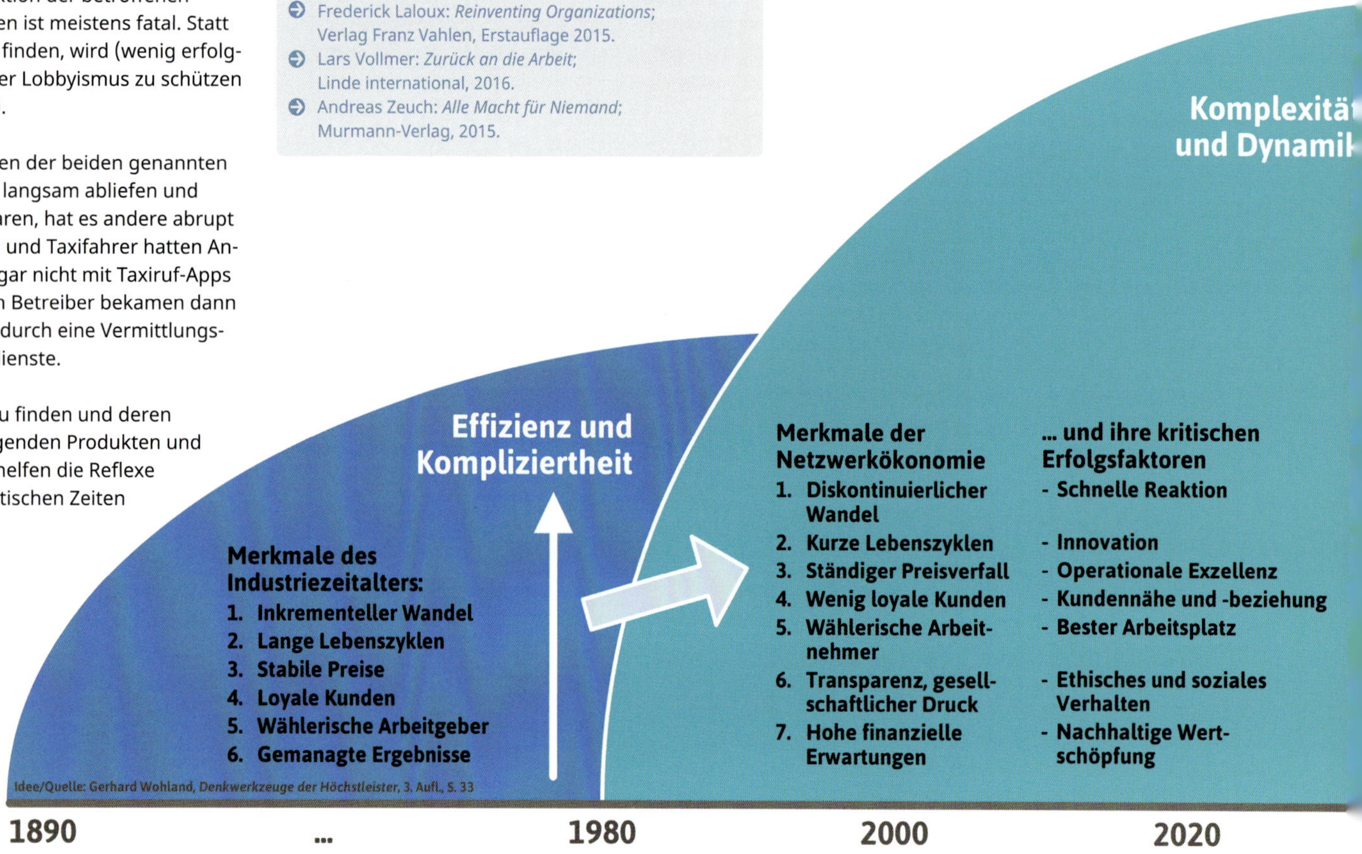

Komplexität und Dynamik

Effizienz und Kompliziertheit

Merkmale des Industriezeitalters:
1. Inkrementeller Wandel
2. Lange Lebenszyklen
3. Stabile Preise
4. Loyale Kunden
5. Wählerische Arbeitgeber
6. Gemanagte Ergebnisse

Idee/Quelle: Gerhard Wohland, *Denkwerkzeuge der Höchstleister*, 3. Aufl., S. 33

Merkmale der Netzwerkökonomie
1. Diskontinuierlicher Wandel
2. Kurze Lebenszyklen
3. Ständiger Preisverfall
4. Wenig loyale Kunden
5. Wählerische Arbeitnehmer
6. Transparenz, gesellschaftlicher Druck
7. Hohe finanzielle Erwartungen

... und ihre kritischen Erfolgsfaktoren
- Schnelle Reaktion
- Innovation
- Operationale Exzellenz
- Kundennähe und -beziehung
- Bester Arbeitsplatz
- Ethisches und soziales Verhalten
- Nachhaltige Wertschöpfung

1890 ... 1980 2000 2020

Abb. 2: Ökonomische Merkmale bei Kompliziertheit und Komplexität.

Abb. 3: Frederick Winslow Taylor

Oben wird gedacht, Unten gemacht

Frederick Winslow Taylor (1856–1915) war ein US-amerikanischer Ingenieur und Unternehmensberater, der durch eine Reihe von patentierten Erfindungen zur Stahlherstellung sowie durch seinen familiären Hintergrund sehr wohlhabend wurde. Er gilt als einer der Begründer der Arbeitswissenschaft.

1903 und 1911 entstanden seine Hauptwerke „Shop Management" und „The Principles of Scientific Management". Die *Grundsätze wissenschaftlicher Betriebsführung* erschienen nicht nur als Fachbuch, sondern wurden auch im auflagenstarken, populären *American Magazine* publiziert. Von 1909 bis 1914 lehrte er Scientific Management an der Harvard University.

Der nach ihm benannte Begriff Taylorismus bezieht sich vor allem auf sein 1911 publiziertes Werk „Scientific Management".

Seine Lehre beruht auf genauen Zeit- und Arbeitsstudien der Menschen und deren Umsetzung in geplante Abläufe sowie der sorgfältigen Auswahl des zu dieser Arbeit passenden Menschen. Ziel ist, für jede menschliche Tätigkeit die „allein richtige" („one best way") Bewegungsfolge zu ermitteln.

Sein Wirken gab der in den 1920ern besonders ausgeprägten Rationalisierungsbewegung wesentliche Impulse. In Deutschland gründete z.B. der Verein Deutscher Ingenieure 1924 den Reichsausschuss für Arbeitszeitermittlung (REFA).

Kritisiert wird der Taylorismus vor allem für folgende Aspekte:
- Detaillierte Vorgabe für „die eine und richtige" Arbeitsmethode
- Exakte Fixierung des Leistungsortes und des Leistungszeitpunktes
- Extrem detaillierte und zerlegte Arbeitsaufgaben
- Einwegkommunikation mit festgelegten und engen Inhalten
- Detaillierte Zielvorgaben ohne für die Arbeiter erkennbaren Zusammenhang zum Unternehmungsziel
- Externe (Qualitäts-) Kontrolle

LITERATUR
- Frederick W. Taylor: *Die Betriebsleitung insbesondere der Werkstätten*. Springer, 2007, Erstausgabe Original 1919.
- Frederick W. Taylor: *Die Grundsätze wissenschaftlicher Betriebsführung;* VDM Verlag, 2004, Erstausgabe Original 1911.

„Überall auf der Welt haben Unternehmen in den letzten Jahrzehnten hart daran gearbeitet, ihre Unternehmensprozesse auf Effizienz und Geschwindigkeit zu trimmen. Im kommenden Jahrzehnt werden die Unternehmen ebenso viele Anstrengungen, wenn nicht gar Investitionen, in die Neuerfindung ihrer Managementprozesse stecken müssen, damit sie endlich das Problem der Veränderung ohne Trauma lösen können." *Gary Hamel [Hamel2013]*

Wissensarbeit und Ko-Kreation

Früher hieß es: Wissen ist Macht. Diese Zeiten sind vorbei. Wissen ist immer nur einen Klick entfernt. Es ist die Nährlösung, in der wir schwimmen.

Wissen zu haben und zu produzieren ist weiterhin hilfreich und notwendig. Es reicht aber im ökonomischen Wettbewerb nicht mehr aus. Statt Wissen zu haben, geht es nun darum, Wissen zur praktischen Anwendung zu bringen, also zum Können zu kommen.

Und dies nicht alleine, sondern gemeinsam. In unserer vernetzten und komplexen Ökonomie geht es um Beiträge, mit denen wir vom Wissen zum Können kommen.

Dazu müssen Mitarbeiter ganz verschiedener Fachgebiete ihr Wissen immer spontaner zusammenbringen und damit ein gemeinsames Ergebnis erarbeiten. Wir nennen das Ko-Kreation. Ein Spezialist alleine bewirkt zu wenig.

Deswegen benötigen Unternehmen eher T-förmig qualifizierte Mitarbeiter: Spezialisten in ein bis zwei Fachgebieten, aber Generalisten genug, um die anderen Disziplinen zu verstehen.

Und darum liegt dann ein Mantel mit Soft Skills: Kommunikations-, Moderations- und Konfliktfähigkeiten, Willensbildungs- und Entscheidungskompetenzen etc. Dies sind teilweise andere Soft Skills als aus dem klassischen Führungskräfteseminar. Jetzt geht es nicht mehr um hierarchische Führung (z.B. „Wie führe ich ein Ziel- und Beurteilungsgespräch?"), sondern im Wesentlichen um die Fähigkeit zur kollegialen Führung und zum kollegialen Coaching.

Die heute notwendigen Formen der Ko-Kreation benötigen außerdem einen deutlich komplexeren organisatorischen Rahmen als zu Zeiten der Manufaktur und der Industrie.

Abb. 4: Ko-Kreation T-förmig qualifizierter Mitarbeiter.

Angepasste Mitarbeiter oder angepasste Unternehmen?

Im traditionellen tayloristischen Denkmodell sind Mitarbeiter entweder aus den Prozessen herauszuhalten und durch Maschinen zu ersetzen oder sie haben sich regel- und anweisungsbasiert in definierte Prozessschritte einzufügen.

In der Wirtschaft von heute mit ihrem hohen Anteil an Wissensarbeit stellen wir jedoch zunehmend Mitarbeiter ein, damit sie kreativ und eigenverantwortlich agieren. Sie werden nicht mehr mit der Absicht eingestellt, sie in ein System einzufügen, sie anzupassen oder anzulernen, sondern umgekehrt, damit sie die Prozesse und das Unternehmen anpassen und weiterentwickeln, also unternehmerisch denken und handeln.

Das ist eine radikale Umkehr, ein Wechsel von Subjekt und Objekt.

Das neue Mantra lautet: Nur die Unternehmen überleben, welche sich schnell und flexibel anpassen und weiterentwickeln. Und wie gelingt dies? Genau. Indem die Mitarbeiter auch am Unternehmen arbeiten und nicht nur im Unternehmen.

Das ist ein völlig anderes Denkmodell. Bisher arbeiteten wenige Hierarchen am und alle anderen im System, nun arbeiten irgendwie alle am und im System. Dazu benötigen alle Kollegen bestimmte Basisfähigkeiten zur kollegialen Führung. Und die vormaligen Hierarchen benötigen neue Aufgaben.

Das post-tayloristische und kollegial geführte Unternehmen ist ein Rahmen, in dem Mitarbeiter miteinander das Unternehmen gestalten und sich und Maschinen darin einfügen.

Früher: Trennung von Denken und Handeln. Heute: Gemeinsam denken und handeln im und am System

Wir haben also die Wahl: Angepasste Mitarbeiter oder angepasste Unternehmen?

Abb. 5: Wer passt sich an wen an?

„Viele Menschen verwechseln Führung mit Manipulation: Man müsse den anderen dazu bringen, dass er etwas macht, was er eigentlich gar nicht will, aber so, dass er glaubt, er habe es gewollt. [...] Die meisten Menschen meinen, Führen heißt Druck aufbauen. Das ist ein Irrtum. Man muss einen Sog entfachen. Sinn hat eine unglaubliche Sogwirkung." *Götz Werner [Werner2013]*

2. Perspektive Organisation: Der Markt wird bestimmt durch Überraschungen

WENN PROZESSE VERSAGEN

Letztens stand ich mit meinem kaputten Tablet-Computer (das Gerät war einfach tot) in einem Telekommunikationsgeschäft und der Kundenmitarbeiter fand kein passendes USB-Ladekabel für das Gerät. Er hätte damit sicherstellen müssen, dass das Gerät geladen ist. Und um auszuschließen, dass mein Ladekabel kaputt ist, brauchte er unbedingt ein eigenes.

Trotz längerer Suche fand er kein passendes Ladekabel. Die Software zur Erfassung der Reklamation forderte jedoch die entsprechende Bestätigung von ihm. Mittlerweile stand ich über 15 Minuten am Tresen und er hatte alle Schubladen und Schränke mehrfach erfolglos durchsucht.

Also fragte er einen Kollegen. Dann seinen Vorgesetzten. Dann rief er in einer anderen Filiale in der Nähe an. Dann versuchte er, mich abzuwimmeln. Immerhin nach fast 30 Minuten. Vermutlich hat er irgendwann einfach den Schritt in der Reklamations-Software bestätigt, also gelogen, um den Fall weiter bearbeiten zu können.

LITERATUR
→ Gerhard Wohland, Matthias Wiemeyer: *Denkwerkzeuge der Höchstleister*; Unibuch Verlag Lüneburg, Erstauflage Verlag Monsenstein und Vannerdat, Münster, 2006.

Genau eine solche Situation meint das auf einer Idee von Gerhard Wohland [Wohland2006] beruhende Bild in Abb. 7. Der blaue Bereich repräsentiert die im Unternehmen vorhandenen Regeln und Geschäftsprozesse. Mit ihnen gewährleistet das Unternehmen eine hohe Effizienz und damit seine Wettbewerbsfähigkeit.

Allerdings gibt es immer wieder überraschende Situationen, die die Prozesse gar nicht vorsehen, in denen nicht die vorgedachten Abläufe helfen, sondern nur mutige und kreative Entscheidungen der Mitarbeiterinnen. Für diese kreativen Aspekte verwendet Gerhard Wohland die Farbe Rot.

Sofern ein Unternehmen mögliche Überraschungen nicht vorsieht oder zu wenig Möglichkeiten zu deren Handhabung hat, gerät es in die Überlastung und verschwendet Ressourcen. Es verliert seine Wettbewerbsfähigkeit.

Dem Servicemitarbeiter war bei meinem Tablet schon nach wenigen Minuten klar, dass der vorgesehene Prozess nicht eingehalten werden kann. Die Zeit danach und die Einbindung weiterer Kolleginnen und Filialen war Verschwendung.

Abb. 6: So wie der Frosch im sich langsam erhitzenden Wasserbad den Sprung verpasst, so bemerken viele Unternehmen nicht, dass mehr vom Gleichen sie in die Bürokratiekrise treibt (wobei die Charles Handy zugeschriebene und immer wieder gern zitierte Behauptung über den Frosch gar nicht stimmt […]).

Selbstverständlich sind die definierten Geschäftsprozesse wichtig und sinnvoll. Wenn jeder einzelne Geschäftsvorfall individuell bearbeitet und der Umgang mit ihm jedes Mal neu erfunden würde, wäre das Unternehmen auch nicht wettbewerbsfähig.

Viele Unternehmen nehmen hier jedoch die falsche Abzweigung. Statt ihren mitdenkenden Mitarbeiterinnen Freiräume einzuräumen, ergänzen sie ihre Standards um jede neue Ausnahme und Variante. Das Regelwerk bläht sich auf, bis es niemand mehr überblicken und verstehen kann. Das Unternehmen begibt sich in den Teufelskreis der Bürokratie.

Man braucht immer beides im Unternehmen, Blau und Rot, aber jeweils im richtigen Kontext und in passender Menge.

Wenn es zu (mehr) Überraschungen kommt, dann helfen nicht mehr Regeln, Prozessdefinitionen und mehr vom Gleichen (blau), dann helfen nur eigeninitiativ und -verantwortlich handelnde Mitarbeiter (rot). Die letzten Jahrzehnte sind von einer stetigen Zunahme von Überraschungen gekennzeichnet. Die Marktdynamik hat sich dramatisch erhöht.

QUERVERWEISE
→ S. 278 Theorie
→ S. 280 Zentrum vs. Peripherie
→ S. 281 Direkte Wertschöpfung

Die Dynamikfalle: Wie systematisch Verschwendung entsteht

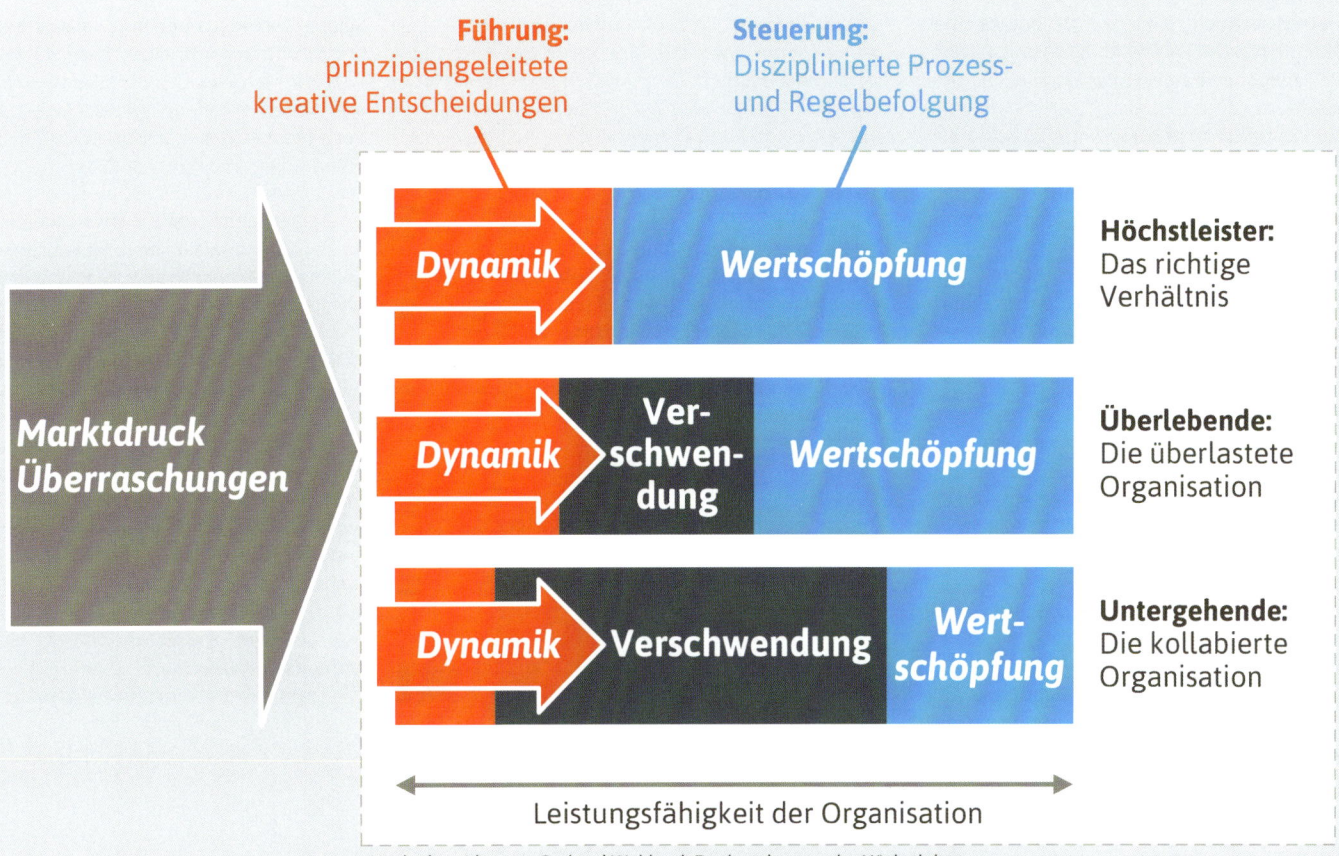

Abb. 7: Die Dynamikfalle. Unternehmen, die rein prozessgesteuert sind und deren Mitarbeiter nicht frei entscheiden können, geraten in einer dynamischen Umgebung in die Überlastung. [http://kollegiale-fuehrung.de/dynamikfalle/]

Warum überhaupt neue Führungsprinzipien?

3. Perspektive Führungskraft: Führungskräfte im Dilemma

Führungskräfte werden immer noch als notwendige rationale und objektive Entscheidungsinstanzen angesehen. Dahinter steckt ein einfaches und kausales Denkmodell:
- Um die richtige Entscheidung zu treffen, ist umfassendes Wissen notwendig.
- Deswegen wird lokales Wissen zentral bei der Führungskraft gesammelt und zu Kennzahlen und Kernaussagen verdichtet.
- Die Führungskraft hat dann umfassenderes Wissen und kann deswegen besser entscheiden.
- Entscheidungen fallen rational auf der Basis von Fakten.

Entscheiden und Handeln sind hier getrennt. Oben wird gedacht, unten gemacht. Und damit die unten auch tun was sie sollen, gibt es
- Macht und Kontrolle über Budget, Ressourcen, Beurteilung, Beförderung, Prämien, Aufgaben, Rollen, Gehalt, Privilegien etc.
- Vorhersage und Kontrolle
- Und es geht vor allem darum, die zahlreichen Einzelinteressen auszugleichen.

Aber ist Management rational? Nein, Führungskräfte haben Träume, Ängste, Gefühle, ein Ego und eigene Interessen. Auch bei ihnen geht es um Anerkennung und Vertrauen.

Und ist ihr Wissen objektiv? Nein, es wird auf dem Weg durch die Hierarchie gefiltert, verzerrt, interpretiert, getilgt, isoliert, versetzt und von der empfangenden Führungskraft ebenfalls selbst gedeutet.

Tatsächlich haben viele Führungskräfte immer weniger Ahnung, was ihre Mitarbeiter eigentlich tun. Sie führen Menschen, deren Wissen und Können für ihren jeweiligen Bereich viel größer ist als das eigene und deren Arbeitszusammenhänge zu komplex sind, als dass Außenstehende sie begreifen oder gar umfassend beurteilen könnten.

Das war zu Zeiten der Manufaktur, also bis ca. 1910, im Verhältnis zwischen Meister, Geselle und Lehrling noch anders – die Grenze verlief hier zwischen den Personen. Zu Zeiten des Taylorismus verlief die Grenze ähnlich, jedoch nicht mehr zwischen Einzelpersonen, sondern verallgemeinert zwischen den Hierarchieebenen.

Abb. 8: Mythos Führungskraft: Die rationale Entscheidungsinstanz, die mehr weiß und deshalb besser und rational auf der Basis von Fakten entscheiden kann.

Mit der Zunahme der Wissensarbeit löst sich dieses Prinzip des hierarchischen Wissensgefälles auf. Anders als Produktions- und Servicemitarbeiter lassen sich Wissensarbeiter nicht per Anweisung steuern. Auch werden sie per Zielvereinbarung nur bedingt unternehmerisch oder kreativ.

Die Beurteilungs- und Steuerungsfähigkeit, ja selbst die Beobachtungsfähigkeit der Führungskräfte gegenüber Wissensarbeitern, ist mehr oder weniger verloren gegangen.

Damit wird die Rolle der Führungskraft als gleichzeitig fachlich und disziplinarisch Vorgesetzter infrage gestellt. Führungskräfte sind in den letzten 20 bis 30 Jahren immer mehr dazu übergegangen, ihre Mitarbeiter zu „coachen", zu beraten, sie allgemein zu unterstützen und ihnen die konkrete Weise der Ergebniserreichung selbst zu überlassen, statt ihnen Anweisungen zu geben. Dadurch entstand schleichend ein neues Dilemma, das auf den folgenden Seiten beschrieben wird.

AUCH LESENSWERT
- Gary Hamel: *Worauf es jetzt ankommt*; Wiley-VCH Verlag, Erstauflage 2013.
- Reinhard Sprenger: *Radikal Führen*; Campus-Verlag, Erstauflage 2012.

Disziplinarische und inhaltliche Führung trennen ...

Sowohl zu Zeiten der Manufaktur als auch des Taylorismus war es systemtheoretisch sinnvoll, dass Führungskräfte ihre Mitarbeiter beurteilten und disziplinarrechtliche Macht hatten. Dieses Machtgefälle passt jedoch nicht mehr zu einer Arbeit mit dynamischer Führung auf Augenhöhe.

Bereits die reine Möglichkeit der Führungskraft, über Gehalt, Prämien, Beförderungen und Privilegien zu entscheiden, verhindert wirklich freie Beiträge und Entscheidungen bei ihren Mitarbeitern. Offene Fragen werden dann als Suggestivfragen verstanden, Ratschläge und Hinweise als freundlich formulierte, aber nachdrückliche Vorgaben.

Wer disziplinarisch vorgesetzt ist und wer inhaltlich führt – das sollten unbedingt verschiedene Personen sein.

John P. Kotter, Professor für Führungsmanagement an der Harvard Business School, der den Begriff Leadership maßgeblich mitprägte [Kotter1996] meint dazu: „Niemand kann Leader und Manager in einem sein." Genau diese Situation ist aber aktuell in den allermeisten Unternehmen Standard und treibt das Management in eine Krise.

... sonst gerät das Management in die Klemme

Der untere oder mittlere Manager gerät in ein Dilemma, weil er von oben mit verselbstständigten und sinnlosen quantitativen Vorgaben getrieben wird. Und nach unten hin soll er offen, ehrlich und partizipativ führen: empathisch, authentisch und am besten mit emotional resonanzfähigen Visionen und Persönlichkeit. Also so in der Art „Wenn du ein Schiff bauen willst, erzähle den Männern vom weiten Meer [...]". Dazwischen werden sie aufgerieben.

Zur scheinbaren Lösung dieses Dilemmas und ihrer vermeintlichen persönlichen Defizite besuchen diese nicht zu beneidenden Menschen immer speziellere Führungskräftetrainings oder lesen ein neues Managementbuch nach dem anderen. Viele dieser Trainings und Bücher sind vermutlich sogar gut. Aber sie helfen hier nicht, weil die Ursache im Arbeitskontext und den Rahmenbedingungen der Betroffenen liegt.

Wir brauchen nicht bessere Manager, sondern andere Rahmenbedingungen.

Das kollegiale Führungsmodell, wie es in diesem Buch beschrieben ist, ist eine mögliche Antwort auf diese Krise, weil es nicht auf der Personalunion von Leadership und Management basiert und zudem einen anderen organisatorischen Rahmen für Führung und Management bietet.

LITERATUR
- John P. Kotter: *Leading Change* Verlag Franz Vahlen, 2011, Erstauflage Original 1996.

Abb. 9: Parallelschraubstock, ca.1920.
Lizenziert unter CC BY-SA 3.0 über Wikimedia Commons - https://commons.wikimedia.org/wiki/File: Parallelschraub-stock_ca.1920.jpg]

QUERVERWEISE
- S. 285 Management vs. Führung
- S. 286 Führungsstile

4. Perspektive: Motivation der Inhaber

Wer ein Unternehmen führt, bestimmen die Inhaberinnen eines Unternehmens. Die Initiative zu einer kollegialen Führung und zu mehr Selbstorganisation geht deswegen meistens von den Inhabern gemeinsam mit den Geschäftsführerinnen aus.

Was veranlasst Inhaberinnen dazu, ihr Unternehmen von einer personenzentrierten Führung auf eine kollegiale Führung umzustellen? Wir haben mit vielen Unternehmern hierzu gesprochen, vor allem mit solchen, die sowohl Inhaber als auch Geschäftsführer sind.

Anpassungsfähigkeit des Unternehmens erhöhen
Fast alle dieser Unternehmer glauben oder ahnen, dass eine Umstellung auf eine kollegiale Führung die probate Veränderung ist, mit der ihr Unternehmen die besten Chancen hat, sich auf die zunehmende ökonomische Dynamik und Komplexität einzustellen und eine passendere Eigenkomplexität zu entwickeln.

Persönliche Belastung reduzieren
Die Arbeitsbelastung von Inhaber-Geschäftsführern geht oft ganz erheblich über die ihrer Mitarbeiter hinaus. Das beginnt in der Aufbauphase, in der die Gründerinnen alleine schon deswegen viel selbst machen, weil nur sie die Idee und Vision hierzu haben und sie die finanziellen Risiken zunächst niedrig halten möchten.

Und wenn sie erfolgreich sind, wächst das Unternehmen schneller, als sie Mitarbeiter einarbeiten und organisatorische Prozesse und Strukturen aufbauen können, sodass wieder viel Arbeit an den Gründern hängen bleibt, sie quasi immer hinterherlaufen.

Das Bedürfnis, wieder mehr Zeit für anderes zu finden und sich zu entlasten, kann dann ein Grund sein, die Führung des Unternehmens neu zu gestalten.

Verantwortung verteilen, abgeben
Selbst wenn die Arbeitsbelastung erträglich ist, bleibt die Verantwortung für die Arbeitsplätze und die wirtschaftlich existenziellen Beiträge für die Beschäftigten und ihre Familien, die besonders in Krisenzeiten, also möglicherweise der aktuelle Dauerzustand, besonders spürbar wird. Bei finanziellen Engpässen verzichten Inhaber oft als Erstes oder legen mit hohem Risiko weiteres Geld ins Unternehmen, bevor sie Mitarbeiter belasten.

Persönliche Freiheit für Neues gewinnen
Wenn ein Unternehmen erst einmal etabliert ist, bietet es oft auch weniger wirklich neue Herausforderungen und weniger Abwechslung. Manch einer möchte irgendwann einfach mal etwas ganz Neues und anderes ausprobieren. Alle Mitarbeiter können kündigen und sich beruflich neu orientieren – für die Unternehmerin dauert der Aufbau einer vertrauensvollen Nachfolge länger als 3 Monate Kündigungsfrist.

Nachfolge finden, Kinder freihalten
Das eigene Unternehmen an Fremde zu verkaufen ist für viele Unternehmer keine Option, weil sie befürchten, die eigenständige Kultur und Identität des Unternehmens damit aufs Spiel zu setzen. Oft sind Käufer nur an einem speziellen Aspekt interessiert: am Markennamen, an der Mitarbeiterschaft oder der Kundenliste, nicht aber am Unternehmen als Ganzes.

Die eigenen Kinder haben vielleicht kein Interesse oder sollen gar nicht erst mit einer Nachfolgeerwartung konfrontiert werden. In diesem Fall ist eine kollegiale Führung, möglicherweise sogar mit einer Übertragung nennenswerter oder aller Geschäftsanteile an die Kollegenschaft, eine interessante Option.

Attraktivität für und Zufriedenheit von Mitarbeitern erhöhen
Die Arbeitgebermarke profitiert meistens davon, wenn ein Unternehmen kollegial geführt wird, weil diesen Unternehmen gemeinhin höhere Gestaltungs-, Entfaltungs- und Identifikationsmöglichkeiten zugeschrieben werden.

QUERVERWEISE
➔ S. 60 Vorbereitungsphase
➔ S. 92 Inhaber
➔ S. 125 Inhaberkreis

Schnelldiagnose: Wie wichtig ist Selbstführung für meine Organisation?

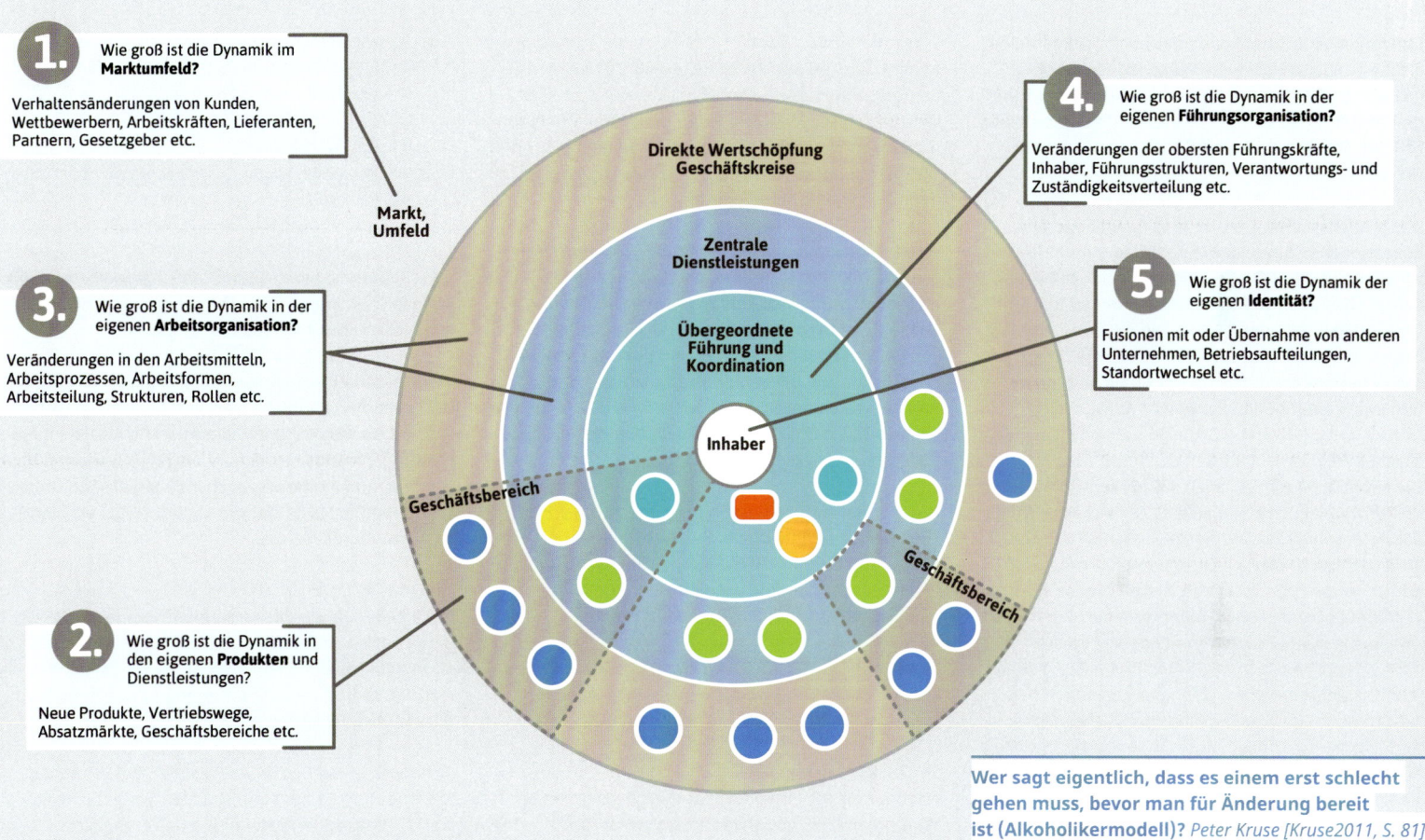

1. Wie groß ist die Dynamik im **Marktumfeld?**
Verhaltensänderungen von Kunden, Wettbewerbern, Arbeitskräften, Lieferanten, Partnern, Gesetzgeber etc.

3. Wie groß ist die Dynamik in der eigenen **Arbeitsorganisation?**
Veränderungen in den Arbeitsmitteln, Arbeitsprozessen, Arbeitsformen, Arbeitsteilung, Strukturen, Rollen etc.

2. Wie groß ist die Dynamik in den eigenen **Produkten** und **Dienstleistungen?**
Neue Produkte, Vertriebswege, Absatzmärkte, Geschäftsbereiche etc.

4. Wie groß ist die Dynamik in der eigenen **Führungsorganisation?**
Veränderungen der obersten Führungskräfte, Inhaber, Führungsstrukturen, Verantwortungs- und Zuständigkeitsverteilung etc.

5. Wie groß ist die Dynamik der eigenen **Identität?**
Fusionen mit oder Übernahme von anderen Unternehmen, Betriebsaufteilungen, Standortwechsel etc.

Wer sagt eigentlich, dass es einem erst schlecht gehen muss, bevor man für Änderung bereit ist (Alkoholikermodell)? *Peter Kruse [Kruse2011, S. 81]*

Abb. 10: Mit diesen fünf Leitfragen kann man die Situation des eigenen Unternehmens relativ schnell einschätzen (angelehnt an Fragen von Peter Kruse in [Kruse2011, S. 82]). Je deutlicher die Fragen zu bejahen sind, desto größer ist die Notwendigkeit für den gezielten Übergang zu kollegialen Führungsprinzipien. Zur Erklärung des Kreismodells siehe auch Seite 92 ff. [http://kollegiale-fuehrung.de/schnelldiagnose/]

Warum überhaupt neue Führungsprinzipien?

Evolution menschlicher Organisationsformen

Das folgende Erklärungsmodell ist noch allgemeiner als die auf Seite 5 gezeigte Perspektive und beschreibt die historische Entwicklung von Organisationsformen, angelehnt an das Spiral Dynamics-Modell von Don Edward Beck und Christopher C. Cowan [BeckCowan2007].

Das Modell ist eine Theorie in dem auf Seite 278 beschriebenen Sinne und als solches empfinden wir es als nützlich. Die einzelnen farblich codierten Evolutionsstufen, wie sie in Abb. 11 dargestellt sind, bauen dabei aufeinander auf. Die unterhalb von Rot liegenden Farben Purpur (Ahnenkult) und Beige (instinktives Handeln) fehlen in der Abbildung, da sie für Organisationen heute nicht mehr relevant sind.

Macht (Rot)

Die mit dem Begriff Macht charakterisierte Organisationsform wird auch als imperiales Zeitalter bezeichnet. Solche Organisationsformen begannen, sich vor ca. 10.000 Jahren zu entwickeln, und es gibt heute noch immer solche Organisationen, beispielsweise in Form von Straßenbanden oder Söldnergruppen. Egoismus und Ausbeutung sind bestimmende Merkmale.

Jede Organisationsform ist entstanden, um einen bestimmten Zweck und bestimmte (Sicherheits-)Bedürfnisse zu erfüllen. Rote Organisationen stellen Sicherheit durch machtvolles Handeln her. Meistens existiert eine autoritäre Hierarchie von Individuen und Persönlichkeiten, die mit entsprechenden Befehlsketten eine Aufgabenteilung bewirken.

Wahrheit (Blau)

In der nächsten Stufe liegt der Fokus nicht mehr auf den Individuen, sondern auf der Gemeinschaft. Diese Wechsel zwischen individuellen und kollektiven Bedürfnissen findet auch zwischen allen nachfolgenden Übergängen statt, wie dies die hin und her wechselnden Pfeile in Abb. 11 andeuten.

Blaue Organisationen geben ihren Mitgliedern durch allgemeingültige Gesetze und Regeln ein hohes Maß an Sicherheit. Sie sind konformistisch: Jeder hat sich an die Gesetze zu halten. Wobei die Gesetze wiederum von einer Hierarchie gestaltet und durchgesetzt werden. Die Macht obliegt aber nicht mehr den Individuen und deren Persönlichkeit, sondern wird durch entsprechende Rollen und Ränge definiert. Nur der jeweilige Rollenträger hat die Macht.

Diese Organisationsformen begannen, sich vor ca. 5000 Jahren zu entwickeln. Beispiele sind Behörden, Militär und die katholische Kirche. Ihre wesentlichen Errungenschaften sind wiederholbare Prozesse und eine längerfristige Handlungsperspektive.

In anderen Quellen als Beck/Cowan werden teilweise andere Farben verwendet, beispielsweise verwendet Frederick Laloux Bernstein anstelle von Blau.

Leistung (Orange)

Nachdem blaue Organisationen in bürokratischer Weise gemeinschaftlich orientiert waren, stellt Orange wieder die individuelle Leistung in den Vordergrund. Individuelle Zielvereinbarungen, eine hohe Leistungsorientierung, strategisches Handeln und

> **LITERATUR**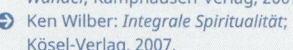
> - Don E. Beck, Christopher C. Cowan: *Spiral Dynamics – Leadership, Werte und Wandel*; Kamphausen-Verlag, 2007.
> - Ken Wilber: *Integrale Spiritualität*; Kösel-Verlag, 2007.
> - Frederick Laloux: *Reinventing Organisations*; Verlag Franz Vahlen, 2015.

ganz allgemein ein ausgeprägter Materialismus sind Kennzeichen dieser Organisationsformen, die vor etwa 500 Jahren zu entstehen begannen.

Viele multinationale Konzerne und börsenorientierte Unternehmen können als orange bezeichnet werden. Sie sind bis heute stark und dominant. Mithilfe ihres Leistungsprinzips bringen sie viele Innovationen hervor. Leistung legitimiert auch individuelle korrumpierende Handlungen über die noch für Blau verbindlichen Standards hinaus.

Gleichheit (Grün)

Dazu bilden grüne Organisationen wieder einen Gegenpol. Hier dürfen Individuen sich nur hervorheben, soweit sie von der Gemeinschaft dafür ermächtigt wurden. Es ist eine postmoderne pluralistische Form, die vor etwa 50 Jahren entstand.

Sicherheit entsteht aus den sozialen Beziehungen. Autorität basiert auf einer sozialen Verlässlichkeit, starken Werteorientierung und hoher fachlicher

> **QUERVERWEISE**
> - S. 278 Theorie
> - S. 59 Typische Phasen des Übergangs
> - S. 23 Komplexitätsspezifischer Führungsfokus

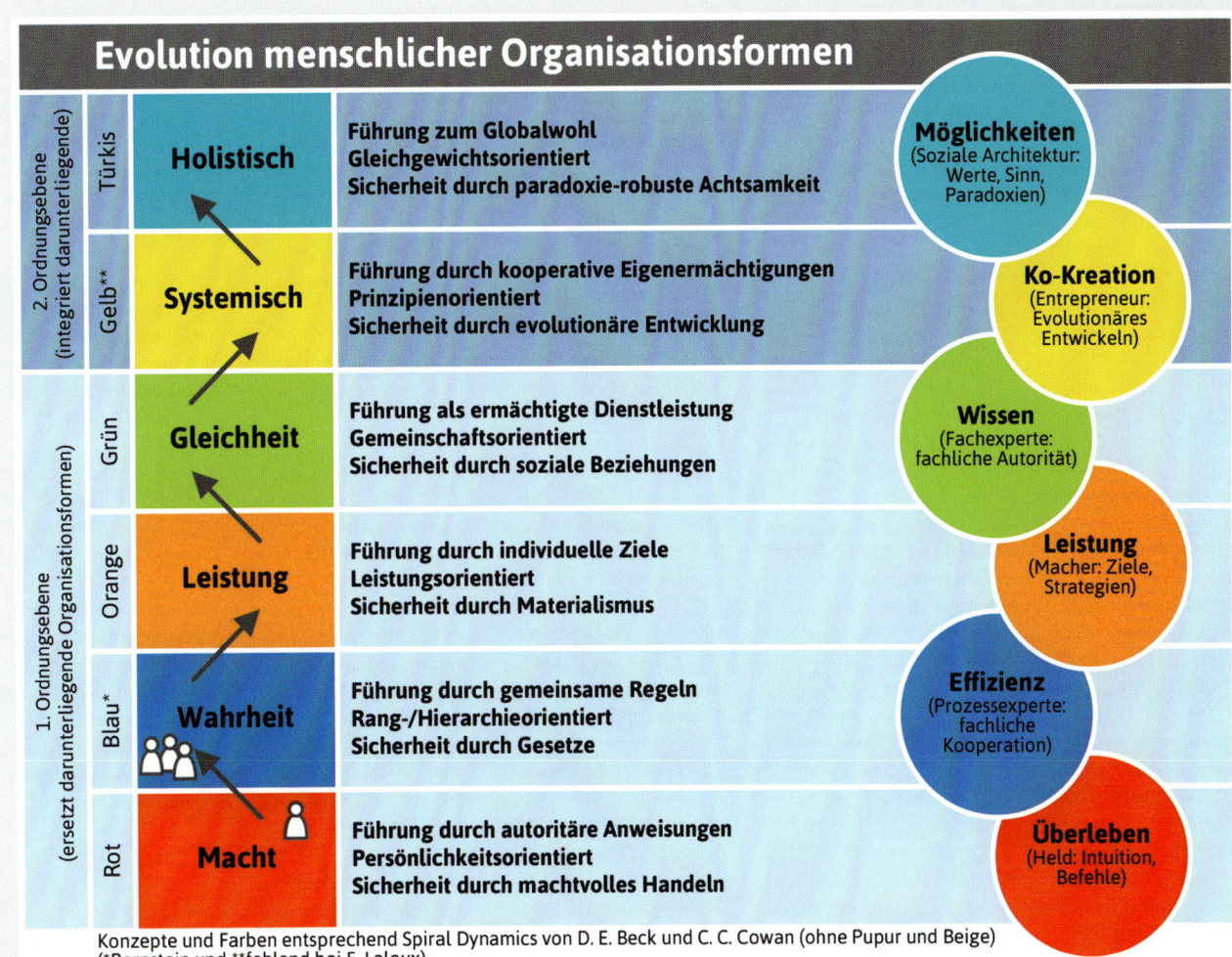

Abb. 11: Evolution menschlicher Organisationsformen. Die unterhalb von Rot liegenden Strömungen Stamm (Purpur, Ahnenkult) und Schar (Beige, rein instinktives Handeln) fehlen in der Abbildung, da sie für Organisationen heute nicht mehr relevant sind. Die hier gezeigten Farben verwende ich, so weit sinnvoll, bewusst auch an anderen Stellen dieses Buches. [http://kollegiale-fuehrung.de/evolution-organisationsformen/]

Expertise. Grüne Organisationen sind kulturorientierte Organisationen wie beispielsweise Southwest Airlines oder Zappos (bis zur schiefgelaufenen Umstellung auf Holokratie 2015). Grüne Unternehmen sind sehr vom Wissen und von fachlicher Expertise geleitet, wir kennen dies aus einem eigenen Unternehmen. In Zeiten hoher Dynamik ist Können aber wichtiger als Wissen. Handeln nach Gefühl ist schneller. Deswegen geraten grüne Unternehmen in der dynamischen Netzwerkökonomie von außen unter Druck und werden von innen durch schnelle Talente provoziert.

Systemisch (Gelb)

Mit gelb wird eine neue Ordnungsebene erreicht. Während sich die Strömungen bisher gegenseitig ausschlossen und ersetzten, gelingt ab Gelb die Integration aller darunterliegenden Farben.

Eine starke Leistungsorientierung (Orange) oder ein heroisches Verhalten (Rot) wird beispielsweise von auf Gleichheit (Grün) beruhenden Organisationen nicht akzeptiert. Für eine systemische Organisation ist das kein Problem, sofern dies eine systemische Weiterentwicklung ermöglicht.

Während grüne Organisationen einzelne Personen ermächtigen, beispielsweise Vorgesetzte im Konsent wählen, basieren systemische Organisationen auf eigenmächtigen Entscheidungen und Handlungen ihrer Individuen, die allerdings kooperativ, konsultierend und an gemeinsamen Prinzipien ausgerichtet sind. Konsultative Einzelentscheidungen und nebenläufige Entscheidungsverfahren sind hier typisch.

Holistisch (Türkis)

Während in systemischen Organisationen das Individuum im Fokus steht, das sich kooperativ an der eigenen Organisation orientiert, lenkt die holistische Organisation den Blick auf die Umgebung und den Kontext der eigenen Organisation und versteht sich als Teil eines größeren Ganzen, dessen Möglichkeiten gesteigert und deren Wohl vermehrt wird. Widersprüche werden ausbalanciert, Paradoxien transzendiert (überschritten), Komplexität und Dynamik nutzbar gemacht.

An die Stelle des Wettbewerbs zwischen Organisationen tritt die Orientierung an gemeinsamen übergreifenden Werten.

Vermutlich sind die niederländische Buurtzorg (Gesundheitswesen, Niederlande, 7000 Mitarbeiter), Patagonia (Funktionskleidung, USA, 1300 Mitarbeiter) und FAVI (Metallverarbeitung, Frankreich, 500 Mitarbeiter) Beispiele und Pioniere türkiser Organisationen.

Mit den Farben spielen: Sie können auch anders

Die Fähigkeit von Organisationen der zweiten Ordnungsebene (systemisch und holistisch), die Strömungen, Eigenheiten und Führungsfähigkeiten der unteren Ebenen mit zu nutzen und zu integrieren, darf meines Erachtens nicht unterschätzt werden und führt zu einem qualitativen Sprung jenseits von Gleichheit.
In unserer Wirtschaft dominieren immer noch Leistungs- und Effizienzdenken (Orange und Blau). Erfolg wird materiell bemessen anhand von Umsatzrendite, Gewinn und Börsenwert – vor allem im Vergleich zu Wettbewerbern.

Systemische und holistische Organisationen bemessen ihren Erfolg an ihrer Wirksamkeit, ihre Werte und ihren Sinn zu verbreiten und einen Beitrag zum Gemeinwohl zu leisten. Geld ist hier auch relevant, aber als Mittel zum Zweck. Insofern stehen holistische Unternehmen eher in einem respektvollen, sportlichen Wettbewerb, die bedeutendsten Wertbeiträge für ihre Umgebung zu erzeugen.

Die eigentlichen Wettbewerber holistischer Unternehmen sind deswegen die grün, orange, blau und rot dominierenden Unternehmen, denn diese sind aus holistischer Sicht nicht durch Werte und Sinn getrieben und damit tendenziell kontraproduktiv zur eigenen Mission.

Deswegen müssen holistische Unternehmen zu den Leistungen und der Effizienz der unteren Ebenen wettbewerbsfähig sein. Soweit es zur Steigerung der eigenen Wirksamkeit hilfreich ist, befähigen sich holistische Unternehmen deswegen auch zu Leistung und Effizienz sowie Wahrheit und auch Macht.
Für ein Unternehmen wie FAVI (http://www.favi.com/) ist es beispielsweise selbstverständlich, immer pünktlich zu liefern – auch wenn es ganz besondere Anstrengungen (Leistungen, Effizienz) erfordert oder ein Mitarbeiter einmal eine heroisch anmutende Aktion (Macht) durchzieht.

Warum ist kollegiale Führung das passende Prinzip?

Äußere Komplexität mit innerer sozialer Dichte handhaben

> Die Welt wird immer komplexer und wir und unsere Organisationen können damit nicht gut umgehen. Der derzeit empfohlene Weg, diese Komplexität erfolgreich zu handhaben: Steigerung der Selbstorganisationsfähigkeiten in den Unternehmen. Warum eigentlich?

Komplexität entsteht aus einer großen Varietät, also Vielfältigkeit, und einer hohen Unvorhersehbarkeit (→ S. 24, Abb. 15). Warum ist Komplexität so ein großes Problem?

Komplexität lässt sich nicht einfach beherrschen oder reduzieren, weil wir nie sicher sein können und immer wieder überrascht werden, was unser Verhalten gegenüber einem komplexen System bewirken wird.

Vom Kybernetiker Ross Ashby wissen wir: Ein System kann mit einer komplexen und dynamischen Umgebung umso besser umgehen, je mehr eigene innere Komplexität es nutzen kann. Und innere Komplexität entsteht durch eine vielfältige soziale Vernetzung, also durch die praktisch verfügbaren Kommunikationsmöglichkeiten. Es geht darum, die soziale Dichte zu erhöhen.

Das leuchtet auch ein: Wenn die richtigen Leute im Unternehmen direkt und ohne Umwege zusammenfinden und handeln dürfen, um Überraschungen und Probleme zu lösen, ist dies schneller als jeder Weg über eine Hierarchie, Gremien, spezielle Entscheider usw.

Eine hierarchische pyramidenförmige Linienorganisation kann das nicht leisten. Unternehmen mit starren Kommunikationswegen, in denen Mitarbeiter die Berichtswege entlang der Hierarchie einhalten, sind in einem komplexen Umfeld solchen Organisationen unterlegen, in denen netzwerkartige Kommunikationsstrukturen existieren und jeder mit jedem bedarfsweise kommuniziert, entscheidet und handelt.

> Komplexität lässt sich mit Komplexität handhaben. Unsere Organisationen müssen selbst komplexer werden, um im Spiel zu bleiben.

Bereits in den letzten Jahrzehnten gab es einen Trend zur Erhöhung der internen sozialen Vernetzung: Partizipative und dienende Führung (Servant Leadership) waren Ansätze, die Mitarbeiterschaft stärker in Entscheidungen einzubinden oder sie ihnen zu übertragen.

Diese Ansätze waren jedoch verhältnismäßig einseitig auf das Verhalten, die Fähigkeiten oder die Bedürfnisse der Menschen ausgerichtet und haben die Veränderung an den Umständen und Verhältnissen der Arbeit zu wenig beachtet.

Schicke Möbel, freie Getränke, kommunikative Treffpunkte (Cafés) und ein Kickertisch haben die Atmosphäre verbessert und auch Kommunikationsmöglichkeiten gesteigert, vor allem die informelle Kommunikation. Dies sind jedoch eher oberflächliche Interventionen.

> Mit der kollegialen Führung verfolgen wir einen Ansatz, die Strukturen und Prozesse der Organisation entlang bestimmter Prinzipien zu steuern, statt die Menschen ändern zu wollen.

Die in diesem Buch beschriebenen Praktiken, Organisationswerkzeuge und Prinzipien haben genau dies als Gemeinsamkeit: Es geht stets darum, eine größere soziale Dichte zu ermöglichen, vielfältigere Kommunikation anzuregen und somit die soziale Komplexität zu steigern. Und zwar nicht (nur) in der informellen, sondern vor allem in der formalen Kommunikation.

ROSH ASHBYS GESETZ VON DER ERFORDERLICHEN VARIETÄT

Ein System, welches ein anderes steuert, kann umso mehr Störungen in dem Steuerungsprozess ausgleichen, je größer seine eigene Handlungsvarietät ist. *William Ross Ashby (1903 – 1972)*

Abb. 12: Ross Ashby 1960 (Foto: Mick Ashby).

Spontane Kooperation erlauben statt Probleme verwalten

Musterwechsel statt mehr vom Gleichen
In den meisten unter Druck geratenen Unternehmen beobachten wir als Reaktionsprinzip einen erhöhten Anpassungsdruck auf die Mitarbeiter. Führungskräfte erhalten dann die kaum gelingende Aufgabe, das Verhalten ihrer Mitarbeiter zu verändern, sie beispielsweise kreativer, produktiver und unternehmerisch mitdenkender zu machen.

Dagegen erscheint ein Musterwechsel hin zu einer netzwerkartig strukturierten kollegialen Organisation eine passendere Strategie. Dabei geht es nicht nur um eine einfache Variation der Organisationsstruktur, sondern um ein grundsätzliches Anpassungsprinzip. Es geht nicht mehr darum, noch einen Weg zu probieren, Druck auf Mitarbeiter auszuüben, sondern darum, die Anpassungsfähigkeit an sich neu zu organisieren.

Zwei grundsätzliche Ziele verfolgen wir dabei:
▶ Die Reaktionsgeschwindigkeit im Umgang mit unerwarteten operativen Situationen zu erhöhen.
▶ Die Anpassungsgeschwindigkeit der organisationalen Strukturen, Prozesse und mentalen Leitbilder zu verbessern.

Die eine Ebene ist die operative: Wie arbeiten wir? Die andere die organisationale: Wie verändern wir unsere Zusammenarbeit?

Das Beispiel in Abb. 13 beginnt mit einem Ereignis, für das im Unternehmen keine Routine vorgesehen ist (1).

Der Mitarbeiter, bei dem das Problem auftaucht reicht es hierarchisch weiter, bis jemand gefunden wird, der die Verantwortung übernimmt, die Lösung zu organisieren (2).

Weiterhin nehmen wir an, dass verschiedene Mitarbeiter aus unterschiedlichen Bereichen benötigt werden, um eine operative Lösung zu finden. Entsprechend koordinieren die Führungskräfte dieser Bereiche die Einrichtung eines temporären Problemlösungsteams (3), übertragen diesem die Entwicklung einer Lösung (4, 5) und entscheiden schließlich über deren Lösung (6), bevor der Kunde sie dann erhält (7).

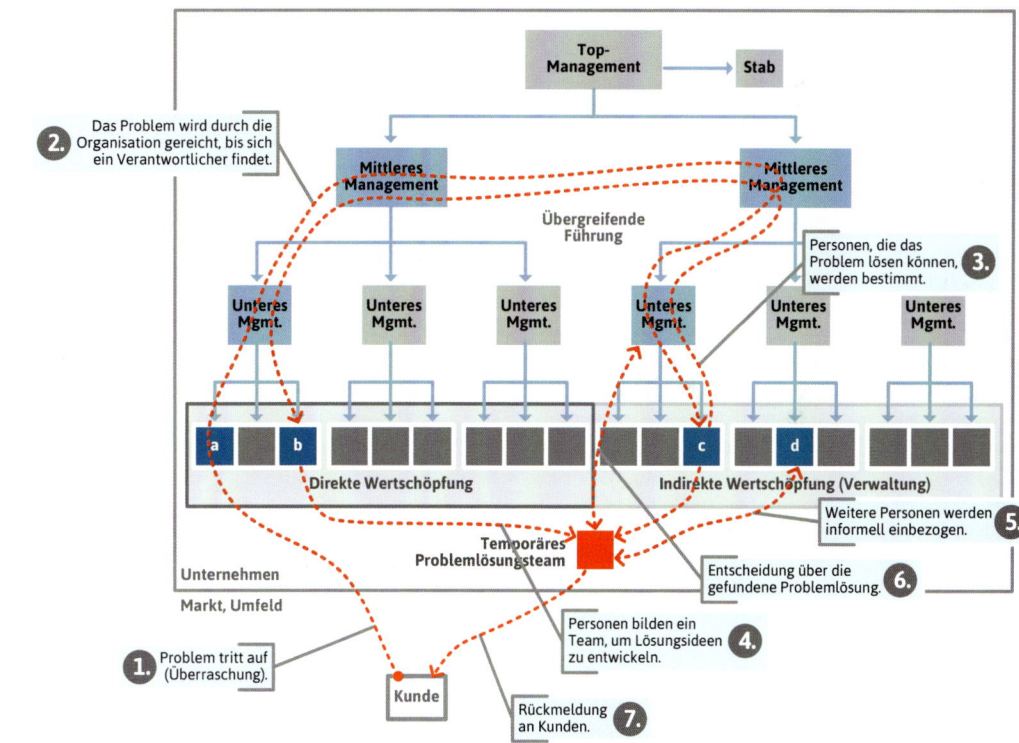

Abb. 13: Der Umgang mit Überraschungen in der Linienorganisation. [⬇ http://kollegiale-fuehrung.de/problem-in-linienorg/]

Dieser Weg ist ganz offensichtlich sehr zeitaufwendig und bezieht zahlreiche Personen ein, die fachlich-inhaltlich keinen Beitrag leisten, sondern lediglich koordinierende Aufgaben haben. Die Transaktionskosten und die Reaktionszeit sind sehr hoch.

Der in Abb. 14 skizzierte Weg ist deutlich effizienter. Hier kann der Problembemerker eigenverantwortlich handeln (2), wenn er die aus seiner Sicht fachlich notwendigen zusätzlichen Kollegen selbst suchen, ansprechen und einbeziehen kann, mit denen er eine Lösung entwickelt (4), über diese entscheidet und sie an den Kunden liefert (5).

Veränderung der Architektur
In einer Linienorganisation funktioniert dies nicht, die Organisationsarchitektur ist dafür optimiert, Bekanntes zu reproduzieren, aber nicht, Überraschungen zu handhaben.

Agilität in eine Linienorganisation einzuführen gleicht dem Versuch, in einem Fachwerkhaus nachträglich einen Fahrstuhl einbauen zu wollen. Das Ergebnis ist in der Regel ein Treppenlift.

Deswegen ist es besser, irgendwann in ein neues Gebäude umzuziehen.

Die Komplexität einer Organisation steigt mit der Zahl der verfügbaren Kommunikationsmöglichkeiten zwischen ihren Akteuren, also mit dem Grad der Vernetzung.

Dabei geht es nicht darum, vorab möglichst viele Mitarbeiter mit möglichst vielen anderen kommunikativ zu verbinden und entsprechende Arbeitsbeziehungen vorzusehen. Wenn jeder mit jedem redet, wäre das Unternehmen nur noch mit sich selbst beschäftigt. Die Anzahl der Kommunikationen muss so gering wie möglich und so hoch wie nötig sein.

Stattdessen muss die Organisation es erlauben, dass im Bedarfsfall die entsprechenden Arbeitsbeziehungen ad hoc entstehen können. Es geht also um die Maximierung der potenziell erlaubten Arbeits- und Kommunikationsbeziehungen, also um die Herstellung von Möglichkeiten. Die tatsächlich aktiven Beziehungen sollten sich auf das Notwendige beschränken. Deswegen braucht eine kollegial geführte Organisation eine gewisse Transparenz darüber, wer im Unternehmen was macht, und gleichzeitig den Zwang für jeden Kollegen, selbstständig für die notwendige Kooperation mit den Kollegen zu sorgen, weil es kein anderer macht.

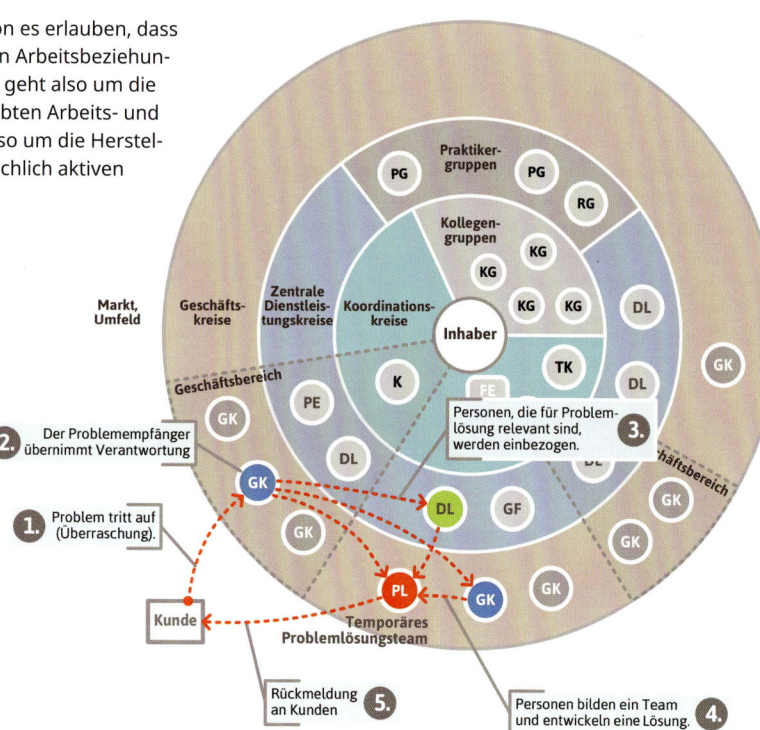

Abb. 14: Umgang mit Überraschungen in der kollegialen Kreisorganisation. [http://kollegiale-fuehrung.de/problem-in-kreisorg/]

Komplexitätsspezifischer Führungsfokus

> Nur weil unsere Unternehmen sich gerade in einer Zeit hoher Komplexität und Dynamik befinden, heißt das nicht, dass alle Probleme komplexer Natur sind und dass jegliches Handeln durch Strategien zur Komplexitätshandhabung geprägt sein sollten.

In Abhängigkeit vom Grad der Komplexität sind andere Strategien zur Führung und Steuerung einer Organisation hilfreich.

In jedem Unternehmen gibt es Bereiche, die gut vorhersehbar sind, in denen wenig Überraschungen auftreten und in denen die Handlungsmöglichkeiten überschaubar bleiben.

In einem komplexen Umfeld sinkt die Wettbewerbs- und Zukunftsfähigkeit von Unternehmen, wenn sie nur zu auf Kausalität beruhenden Entscheidungen und Handlungen fähig sind. Sie verlieren aber ebenso ihre Anschlussfähigkeit und Akzeptanz an den Märkten, wenn sie nicht effizient sind, wenn ihnen im entscheidenden Moment Wissen fehlt oder sie in einer bedrohlichen Situation nicht für ihr Überleben kämpfen.

Je nach Situation und Kontext benötigt eine Organisation einen anderen Führungsfokus. Fokussierung bedeutet, sich für eine Führungsstrategie zu entscheiden und alle anderen zu vernachlässigen und auszublenden. In einem Unternehmen sind ständig verschiedene Führungsfoki gleichzeitig aktiv – so viele wie es zu lösende Probleme und Herausforderungen gibt. Je nach Rolle, Bereich und aktuellem Problem passt eine andere Strategie.

In Unternehmen, die nach der Farbcodierung aus Abb. 11 (→ S. 17) als rot, blau, orange oder grün bezeichnet werden, dominiert jeweils ein bestimmter Fokus. Oder ein bestimmter Fokus gilt jeweils für einen bestimmten Organisationsbereich. Unternehmen mit diesem Farbschwerpunkt haben Schwierigkeiten, den Fokus bedarfsweise problemspezifisch zu ändern oder auszuwählen. Diese Fähigkeit ist erst bei gelben und türkisen Unternehmen systematisch nutzbar.

Selbstgeführte Organisationen und Kreise sollten daher in ihren Retrospektiven auch regelmäßig reflektieren, wo sie gerade welchen Führungsfokus benötigen, welche entsprechenden Ressourcen sie haben und ob sie sich diesbezüglich angemessen flexibel verhalten.

Die folgende Abbildung (→ S. 24, Abb. 15) zeigt die wichtigsten Strategien in Abhängigkeit davon,
- ob ein Problemkontext eine geringe oder größere Varietät aufweist (horizontale Achse), also eher einfach oder kompliziert ist, und
- ob der aktuelle Problemkontext durch eine größere Unvorhersehbarkeit gekennzeichnet (vertikale Achse), also eher einfach oder chaotisch ist. Je größer die Varietät und die Unvorhersehbarkeit, desto komplexer ist die Situation (rechts oben).
- In einem einfachen Kontext passen vorgedachte Prozesse und Effizienzorientierung. Die Frage lautet: Wie machen wir das?
- Einem komplizierten Problem lässt sich gut mit Expertenwissen und fachlicher Autorität begegnen. Die Frage lautet: Wer weiß es?
- In einer chaotischen Situation kommt es auf schnelles, intuitives Handeln an. Die Frage lautet: Wer traut sich?
- Im Mittelfeld gibt es Mischformen. Zum einen die Leistungsorientierung. Die Frage lautet: Welches ist das nächste Ziel?
- Oder noch weiter rechts oben, im Feld der Ko-Kreation, lautet die Frage: Die Umsetzung welcher Idee wollen wir fördern?
- Hochkomplexe Probleme erfordern das Selbstvertrauen, sich angesichts von Unvorhersehbarkeit, Vielfältigkeit und Werte- und Theorie-Paradoxien für eine situativ klare Führungsstrategie zu entscheiden. Operativen Entscheidungen gehen jeweils Meta-Entscheidungen voraus und beide Entscheidungsebenen sind effizient zu prozessieren. Die Frage lautet: Welcher unserer Ressourcen vertrauen wir?

Viele der heute erfolgreichen Unternehmen haben eine sehr hohe Leistungsorientierung, das Mittelfeld: Sie haben das, was mit dem alten Paradigma geht, wirklich ausgereizt.

Die Kunst der Unternehmensführung besteht heutzutage nicht nur darin, große Komplexität zu handhaben, sondern auch kontextspezifisch mit verschiedenen Führungsprinzipien zu spielen.

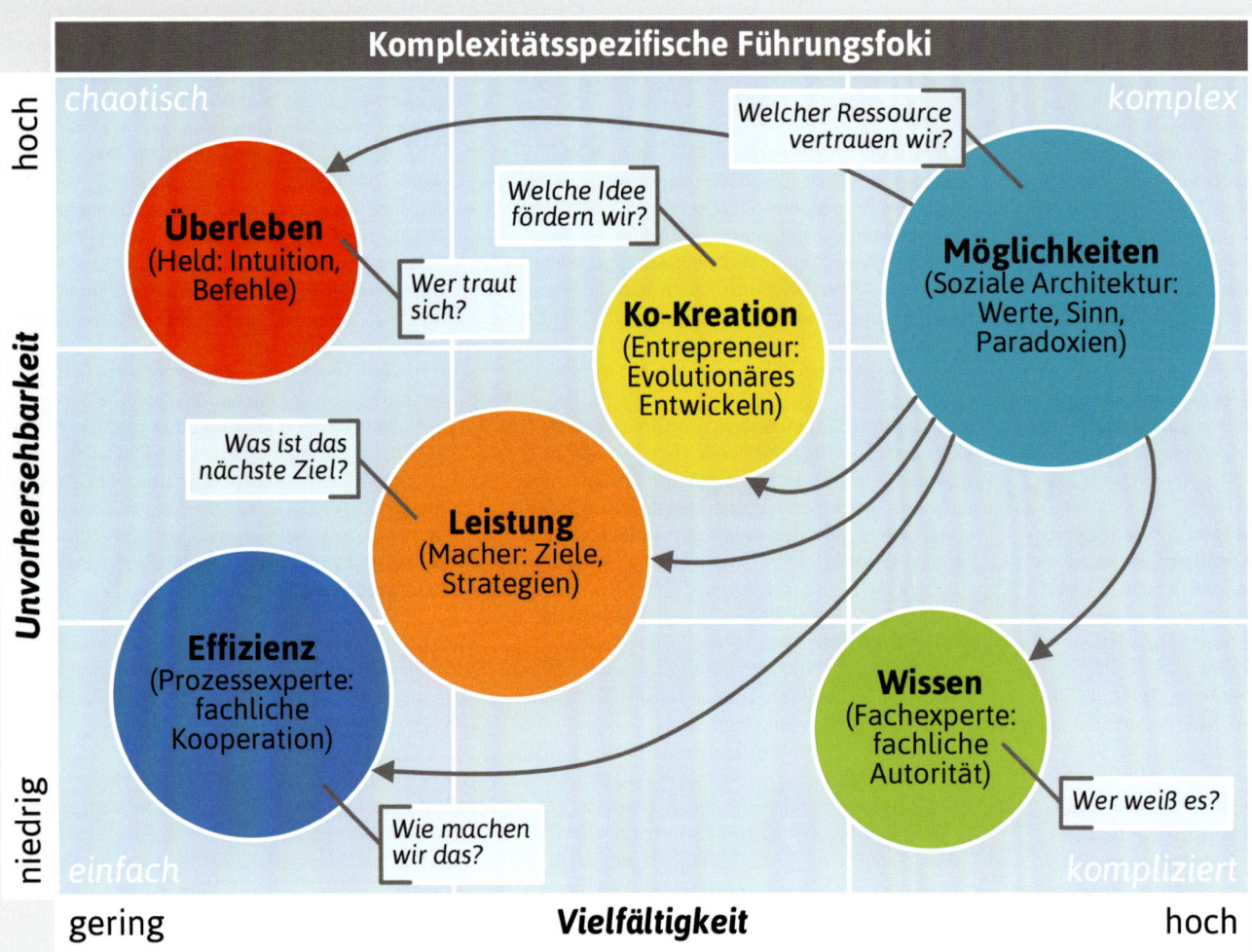

Abb. 15: Je nach Grad der Komplexität ist ein anderer Führungsfokus hilfreich. Diese Darstellung integriert Ideen von Heinz Jarmei sowie Frank Boos /Gerald Mitterer [Boos 2014, S. 65ff.]. [http://kollegiale-fuehrung.de/fuehrungsfoki/]

Komplexitätsspezifische Handlungsprinzipien

Je nach Grad der Komplexität einer Problemsituation passen ganz unterschiedliche Handlungsprinzipien.

Steuerung
In einem Bereich geringer Vielfalt und hoher Vorhersehbarkeit ist das Wissen über und die Anwendung von kausalen Ursache-Wirkungs-Zusammenhängen hilfreich. Regeln und Prozesse vereinfachen die Problemlösung: Wenn das passiert, mache dies. Erst das eine, dann das andere.

Alle anderen Handlungsprinzipien wären hier ineffizient. Diese einfachen Problemsituationen ließen sich auch in anderer Weise handhaben, aber das wäre viel zu aufwendig und teuer. Wir wären nicht mehr wettbewerbsfähig. Deshalb gilt: Wo immer ein Problem kausal lösbar ist, sollte dies die erste Wahl sein.

Versuch und Irrtum
Wenn es nicht viele Handlungsmöglichkeiten und -ergebnisse gibt und kaum oder gar nicht vorhersehbar ist, was infolge einer Handlung oder Nichthandlung als Nächstes passiert, dann hilft die Strategie von Versuch und Irrtum.

Also einfach etwas ausprobieren und beobachten, was dann passiert. Langfristige Pläne sind hier sinnlos, ein schrittweises Herantasten ist vielversprechender. Bei der Wahl dessen, was wir ausprobieren, können wir uns von unserem Gefühl leiten lassen, weil es einfach da ist und keine Zeit kostet. Vielleicht berücksichtigen wir Wissen über die leistbaren Verluste und Kosten unserer Versuche, wir bewegen uns dann in den Bereich der Mischformen.

Ein Beispiel sind sogenannte A/B-Tests für die Optimierung von Internetseiten und Online-Shops, bei denen verschiedene Nutzer unterschiedliche Versionen gezeigt bekommen, von den nach Ablauf des Tests die erfolgreichere verwendet wird.

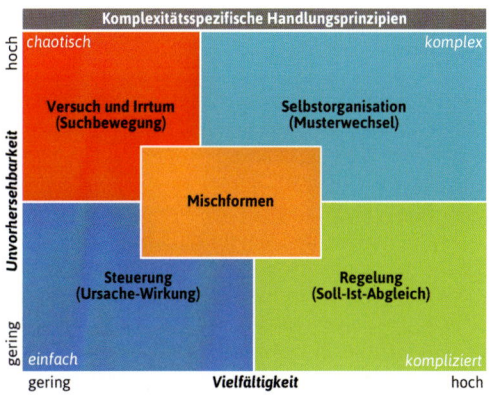

Abb. 16: In Abhängigkeit von der Komplexität sind andere Handlungsprinzipien hilfreich. [⬇ http://kollegiale-fuehrung.de/handlungsprinzipien/]

Regelung
In diesem Bereich gibt es viele Möglichkeiten, was passieren kann, aber wir können halbwegs vorhersehen, welche Wirkung eine Intervention haben wird. In diesem Fall sind Regelkreise, also Soll-Ist-Abgleiche, sinnvoll – so wie wir beim Autofahren mit vielen kleinen Kurskorrekturen den Kurs halten und die Geschwindigkeit an die Möglichkeiten anpassen.

Regelungssysteme setzen (Erfahrungs-)Wissen über Zusammenhänge voraus. Der Aufbau dieses Wissens lohnt sich für wiederkehrende Problemsituationen. Beispiele sind Zielvereinbarungen, Budgets und Kennzahlenorientierung.

Selbstorganisation
Der äußeren, durch das Problem gegebenen Komplexität stellen wir hier eine eigene innere Komplexität unserer Organisation entgegen. Wir erhöhen unsere kommunikative Vernetzungsdichte, unsere eigene Handlungsvarietät und Musterwechselfähigkeit. Damit sind wir dann zumindest auf der Meta-Ebene gut vorbereitet und vertrauen dann darauf, dass wir die passende konkrete Handlung zum Problem finden oder erfinden werden, sodass unsere Organisation in Resonanz mit dem Problem gerät und eine passende Innovation provoziert wird.

Iteratives Vorgehen ist ein wichtiges Prinzip der Selbstorganisation.

LITERATUR
- *Peter Kruse: Next Practice – Erfolgreiches Management von Instabilität;* Gabal-Verlag, 1. Auflage 2004.
- *Frank Boos, Gerald Mitterer: Einführung in das systemische Management;* Carl-Auer, Erstauflage 2014.

Mythen und Vorurteile gegenüber Selbstorganisation

MYTHEN, WAS SELBSTORGANISATION BEDEUTEN SOLL	WAS KOLLEGIALE FÜHRUNG STATTDESSEN IST
Die Abwesenheit oder Leugnung von Hierarchien.	Kollegial geführte Organisationen sind wie jedes soziale System hierarchisch organisiert. Nur dass die formale Hierarchie jetzt mehr der sozialen Realität entspricht. Sie verteilen Verantwortung dynamisch und situativ flexibel an die jeweils passenden Personen.
Demokratisch oder basisdemokratisch.	Der Zweck kollegialer Führung ist, schneller und flexibler zu entscheiden. Demokratische Prozesse sind hierfür zu langsam.
Eine Organisation ohne Führung.	Kollegial geführte Organisationen praktizieren mehr Führung, nämlich als selbstverständliche Ergänzung der wertschöpfenden Arbeit und nicht nur beschränkt auf die Geschicke und Talente einiger zentraler und exklusiver Führungskräfte.
An den individuellen Bedürfnissen der Mitarbeiter orientiert statt an ökonomischen Interessen.	Der Zweck eines Unternehmens ist die Erzeugung von Kundennutzen – so profitabel, dass das Unternehmen für Inhaber und Mitarbeiter sinnvoll ist. Das Hauspflegeunternehmen Buurtzorg beweist, dass beides geht: in weniger als 10 Jahren zum profitablen niederländischen Marktführer mit über 10.000 Mitarbeitern und 2 Milliarden Euro jährlicher Kostenersparnis für das Gesundheitswesen. Und die Mitarbeiter, die gerade noch mit ihrer Arbeit unzufrieden waren, haben auf einmal „ihren Beruf wieder bekommen".
Ein elitärer Ansatz, der ganz besondere Werte, Haltungen oder Persönlichkeit der Mitarbeiter voraussetzt.	Ein Unternehmen sollte funktionieren, ohne besondere Voraussetzungen an die Haltung und Persönlichkeit der Mitarbeiter stellen zu müssen. Stattdessen sind Führungs- und Organisationswerkzeuge zu wählen, die so einfach benutzbar sind, dass jeder Mitarbeiter in jedem Unternehmen sie ohne überdurchschnittliche Voraussetzungen gut anwenden kann und mag. So weit sind wir noch nicht. Aber auf dem Weg. Einige wenige kommunikative Basisfertigkeiten sind generell wichtig.

VORURTEILE GEGENÜBER KOLLEGIALER FÜHRUNG	WAS KOLLEGIALE FÜHRUNG STATTDESSEN IST
Das ist eine nach innen gerichtete Selbstbeschäftigung.	Der Übergang zu einer kollegialen Führung erfordert bestimmte interne Freiräume und Möglichkeiten im Unternehmen, gerade um das Unternehmen und seine Wertschöpfung wieder an externen Referenzen auszurichten.
Das mag in der Start-up-Phase funktionieren, aber sobald es größer wird, braucht ein Unternehmen Strukturen.	Kollegiale Führung ist ein Rahmen für klare, sichere und belastbare, aber flexible Strukturen. Kollegial geführte Unternehmen skalieren und können über lange Zeit innovativ bleiben, wie W. L. Gore Associates zeigt. Gore wurde 1958 gegründet und hat heute über 10.000 Mitarbeiter in 30 Ländern.
Es können nicht alle gleich sein.	Kollegial geführte Organisationen nutzen die Unterschiedlichkeit und Vielfalt der Menschen im Unternehmen, statt sie gleichzumachen.
Je mehr Personen sich Verantwortung teilen, desto weniger fühlt sich der Einzelne verantwortlich.	Deswegen wird Verantwortung nicht nur flexibel, sondern auch möglichst eindeutig verteilt.
Visionäre Ideen und Innovationen entstehen nicht als Gemeinschaftsentscheidung.	Deswegen kann jeder Einzelne in seinem Rahmen eigenverantwortlich Ideen umsetzen. Darüber hinaus bekommt jeder Einzelne die gleichen Chancen, für seine Ideen und Visionen übergreifende Ressourcen der Organisation zu erhalten.
Die Risiken und die Verantwortung der Unternehmensinhaber lassen sich gar nicht auf Angestellte übertragen.	Wo Kollegen aber Verantwortung übernehmen mögen, sind die Inhaber gut beraten, dieses Engagement im Interesse des Unternehmenszweckes zu nutzen.
Ausschließlich auf die Handhabung externer Komplexität und Dynamik fokussiert.	Hohe Komplexität und Dynamik sind die Herausforderung unserer Zeit – die Anforderungen an effiziente und leistungsfähige Prozesse sind deswegen aber nicht geringer geworden.
Soziokratie und vor allem Holokratie sind bürokratisch und mechanistisch.	Die sozio- und holokratischen Grundprinzipien werden pragmatisch angewendet. Wichtige soziale Werte und Haltungen werden gefördert, ohne sie zwingend vorauszusetzen.
Ein Konzept, für das es keine Rezepte und keine Best Practices mehr gibt.	Neben zahlreichen Meta-Rezepten und gängigen Prinzipien gibt es zumindest viele Ideen und konkrete Praxisbeispiele, die zeigen, wie und dass es funktionieren kann. Praktiken werden ergänzt durch passende Theorien und Denkmodelle („Best Thinkings").

*Wenn sich Organisationen gar nicht zielgerichtet ändern lassen,
– wie können wir sie dann trotzdem bewusst gestalten?*

*Die systemische Organisationstheorie liefert hierzu derzeit die nützlichsten Erklärungen,
weswegen auf den folgenden Seiten deren wichtigste Elemente beschrieben werden.*

Die systemische Haltung kollegialer Führung

 S. 30

Die Integrität von Menschen respektieren.

 S. 31

Die Organisation evolutionär-experimentell entwickeln.

 S. 34

Die Organisation als Kommunikationssystem verstehen.

 S. 36

Sinn und Bedeutung kreieren.

 S. 40

Soziale Kontexte spürbar umschalten.

 S. 42

Ausgleichs- und Systemprinzipien.

Die Integrität von Menschen respektieren

Menschen und Organisationen sind komplex. Ein zentrales Element der systemischen Organisationstheorie ist die Annahme, dass Menschen nicht wie Maschinen funktionieren, sondern komplexe Wesen mit nicht zuverlässig berechenbarem Verhalten sind.

Anweisungen, Appelle, Verbote und Gebote haben im Taylorismus mithilfe von Druck und Angst halbwegs funktioniert und basierten dort auf der Realitätskonstruktion, Menschen seien von Natur aus faul und deswegen anzutreiben und zu disziplinieren. Sobald Unternehmen sich mitdenkende und eigenverantwortlich arbeitende Mitarbeiter wünschen, versagt dieser Ansatz.

Die systemische Organisationstheorie geht davon aus, dass Anweisungen und Appelle nicht geeignet sind, das Verhalten von Menschen vorhersehbar zu verändern. Versuche, das Verhalten von Menschen in Unternehmen gezielt zu ändern, sie beispielsweise unternehmerischer oder eigenverantwortlicher zu machen, scheitern sehr wahrscheinlich.

Das gilt auch für die Organisationsentwicklung, denn auch Organisationen sind soziale Systeme mit einem komplexen, nicht vorhersehbaren Verhalten, für das es keine eindeutigen Ursache-Wirkungs-Zusammenhänge gibt.

Das mechanistische Kommunikationsmodell, auf dem der Taylorismus beruht, also der Transport von Informationen (bspw. eine Anweisung oder ein Wunsch) von A nach B, hilft uns nicht weiter. In der heutigen Praxis bewirken solche Signale meistens nicht das, was sie sollen, denn Menschen sind komplexe Wesen mit Launen, Ängsten, eigenen Ideen, Trieben, selektiven Sinnen, Überzeugungen, Neigungen, Werten usw. – all solche Dinge, die wir unter dem Begriff Psyche zusammenfassen können.

Die Annahme, überhaupt zielgerichtet und vorhersagbar Veränderungen in Menschen oder Organisationen herbeiführen zu können, ist nicht hilfreich.

Extrinsische Anreize durch Belohnungssysteme, variable Gehaltsmodelle, Zielvereinbarungen bis hin zu psychischem Druck wirken kontraproduktiv – die Menschen tun doch nur, was sie jeweils selbst sinnvoll finden (→ S. 36, Sinn und Bedeutung kreieren). Wenn sie ein vorgegebenes Ziel nicht sinnvoll finden, wird es durch Geldanreize nicht sinnvoller und der Weg dahin nicht leichter.

Auch Leitbildentwicklungen für Unternehmen, die bestimmte Werte oder Verhaltensweisen ihrer Mitarbeiter formulieren, bringen nichts. Auch dann nicht, wenn sie partizipativ entwickelt werden (→ S. 293, Mythos Unternehmensziel und gemeinsame Mission).

Selbstverständlich werden Organisationen durch extrinsische Anreize verändert – nur eben selten in der beabsichtigten Weise. Hauptsächlich wird Theater produziert. Die Mitglieder beginnen, das erwartete Verhalten zu spielen, um die Belohnung zu bekommen oder in Ruhe gelassen zu werden. Für den Taylorismus genügte das. Für dynamische und komplexe Umgebungen, die eigenverantwortliches Denken und Handeln aller Beteiligten erfordern, ist dies nicht nur unzureichend, sondern geradezu fahrlässig.

LITERATUR
→ Reinhard Sprenger: *Mythos Motivation.* Campus-Verlag, Erstausgabe 1991.

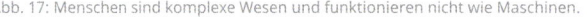
Abb. 17: Menschen sind komplexe Wesen und funktionieren nicht wie Maschinen.

QUERVERWEISE
→ S. 293 Mythos Unternehmensziel und gemeinsame
→ S. 291 Konstruktivismus und Kommunikation

Die Organisation evolutionär-experimentell entwickeln

Ein grundlegender Unterschied zwischen einer eher mechanistisch geprägten und einer agilen und zirkulären Organisationsentwicklung besteht darin, zu welchem Zeitpunkt eine Veränderung eingeführt und praktiziert und wann über diese Veränderung entschieden wird.

In dem einen Fall (oberer Teil in Abb. 18) werden auf Basis von festgelegten Veränderungszielen die möglichen Optionen ausgewählt und damit eine Entscheidung über notwendige Veränderungen getroffen. Diese werden dann umgesetzt. Es werden also bestimmte Ursache-Wirkungs-Zusammenhänge (Kausalitäten) erwartet und unterstellt.

Im anderen Fall (unterer Teil in Abb. 18) werden keine Veränderungsziele festgelegt, sondern angestrebte Werte und Prinzipien geklärt. Dann werden (eine oder mehrere voneinander weitgehend unabhängige) Veränderungen einfach mal ausprobiert. Ausprobieren heißt hier, dass die Entscheidung umkehrbar und (zeitlich, räumlich, organisatorisch) begrenzt ist. Es ist ein Experiment und Scheitern ist möglich.

Anschließend wird erst beobachtet, werden Thesen aufgestellt und es wird bewertet, welche Veränderungen bewirkt wurden und welcher Nutzen darin gesehen wird. Erst dann wird auf dieser Basis entschieden, ob die erprobten Veränderungen beibehalten, weiter ausgebaut und entwickelt und ggf. weiter verteilt und ausgedehnt werden sollen.

> **BEISPIEL**
>
> Im Laufe der Jahre haben wir in einer Organisation immer wieder verschiedene Formate ausprobiert, um den sozialen Austausch innerhalb der Beraterschaft zu fördern. Die Kolleginnen waren stets viel unterwegs und sahen sich selten im Büro.
> Wir haben versucht, jeden Freitag von Kundenaufträgen freizuhalten und morgens ein Berater-Jourfixe eingeführt mit jeweils unterschiedlichen Schwerpunkten: Poster-Sessions, gelegentliche Mini-Strategie-Workshops, Diskussionsmarktplätze, gemeinsames Frühstück, Brown-Bag-Mittagstreffen und vieles mehr.
> Einige Formate hielten nur ein einige Wochen, andere blieben über Jahre stabil. Vorherzusehen war dies nie.

Abb. 18: Unterschiedliche Vorgehensweisen bei organisatorischen Veränderungen.
[🔗 http://kollegiale-fuehrung.de/mechanistische-vs-empirische-organisationsentwicklung/]

QUERVERWEISE
- S. 204 Systemische Schleife
- S. 295 Effectuation

Das evolutionäre Prinzip

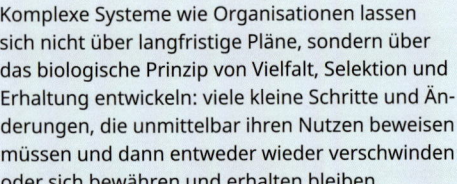

Komplexe Systeme wie Organisationen lassen sich nicht über langfristige Pläne, sondern über das biologische Prinzip von Vielfalt, Selektion und Erhaltung entwickeln: viele kleine Schritte und Änderungen, die unmittelbar ihren Nutzen beweisen müssen und dann entweder wieder verschwinden oder sich bewähren und erhalten bleiben.

Variation (konkurrierende Vielfalt)

In der Natur entstehen durch Mutation kontinuierlich neue Ideen und Varianten. Die Natur plant nicht, sie probiert einfach immer wieder Neues aus. Die meisten neuen Ideen setzen sich dabei nicht durch, sie scheitern. Nur manche der Ideen, die sich durchsetzen, haben große Wirkungen.

Ob eine Idee sich durchsetzt, hängt auch von ihrer unmittelbaren Umgebung ab, beispielsweise wie freundlich oder feindlich diese ist. Deswegen können Schutzräume helfen. Die Natur erprobt dabei viele konkurrierende Ideen gleichzeitig – uns Menschen fällt dies schwerer, weil wir effizient sein und vorhersehen wollen, welche Idee denn die beste Investition ist.

Restriktion (Ressourcen würdigen)

Ein Scheitern sollte verkraftbar bleiben. Veränderungen sollten in einem Rahmen und einer Größenordnung ausprobiert werden, in der Niederlagen überstanden werden können. Für Organisationen bedeutet dies, sie sollten ihren leistbaren Verlust kennen (Verluste jeder Art, nicht nur finanziell).

Maßgeblich ist bei diesem Prinzip nicht die erwartete Rendite oder Erfolgsprognose, sondern lediglich, ob die weitere Existenz gefährdet ist. Um den leistbaren Verlust zu bestimmen, muss man seine Möglichkeiten und Ressourcen kennen, das heißt, je besser man diese kennt und desto mehr Ressourcen man entdeckt, desto mehr Verlust kann man sich leisten (↻ S. 295, Effectuation).

Antizipation (vorbereitet sein)

Zu erkennen, wie viel man wagen kann, ohne mit dem Scheitern der einzelnen Idee die Organisation insgesamt zu gefährden, ist bereits ein Teil der Vorbereitung. Zusätzlich können wir versuchen, uns auf den Eintritt möglicher Szenarien vorzubereiten. Wir können nicht vorhersehen, wie sich etwas entwickelt. Wir können uns jedoch vorbereiten und mögliche Zukünfte antizipieren.

Das gilt nicht nur für den Fall des Scheiterns: Was wollen wir tun, wenn die Idee (im Kleinen) funktioniert? Was passiert, wenn andere Anbieter uns zuvorkommen, nachziehen oder etwas Ähnliches erfinden? Wie können wir damit umgehen, wenn sich relevante Rahmenbedingungen (Gesetze, technische Möglichkeiten, globale Krisen etc.) ändern? Welche möglichen Stressoren können wir erkennen?

Selektion (Scheitern erkennen)

Die Ideen werden schnell praktisch erprobt. Erfolg und Niederlage müssen unterschieden werden können. Was kann aus dem Geschehen gelernt werden? Eine Organisation braucht schnelle Rückmeldungen. Die Herausforderung für Menschen besteht darin, Verluste und Scheitern anzuerkennen und Frieden mit ihnen zu schließen. Wir müssen bereit sein, Dinge aufzugeben, die nichts mehr bringen.

Unser Gehirn ist so gebaut, dass es Schmerzen zu vermeiden sucht, weshalb wir dazu neigen, Niederlagen nicht anzuerkennen, uns die Welt schönzureden und sogar trotzig weitere Risiken einzugehen, die wir andernfalls nie akzeptiert hätten. [Kahnemann1979, S. 287]

Erhaltung (weiter verbreiten)

Wenn sich etwas bewährt hat, wird es beibehalten, weiterentwickelt, ggf. weiterverteilt und der Kreislauf beginnt von vorn.

Die Evolution ist deshalb so effizient, weil sie kontinuierlich nach Lösungen sucht, die für den Augenblick brauchbar sind. [...]
In der biologischen Evolution finden die einzelnen Prozesse ohne jede Vorausschau statt.
Tim Harford [Harford2012, S. 32f.]

Die Organisation als Kommunikationssystem verstehen

Einer der bedeutendsten Systemtheoretiker war der 1998 verstorbene Niklas Luhmann aus Lüneburg. Aus seiner Sicht sind die elementaren Einheiten einer Organisation Kommunikationen. Es ist etwas gewöhnungsbedürftig, dass ein soziales System nicht aus Dingen, Abteilungen oder Personen, sondern aus Operationen besteht, umschifft aber elegant die Abgründe der Psyche (➜ S. 30). Luhmann betrachtet nicht das Denken und Fühlen der Akteure, sondern die Kommunikation.

Die Menschen mit ihren Gefühlen aus der Betrachtung auszuklammern klingt zunächst etwas kühl und unmenschlich und hat Niklas Luhmann einige Kritik eingebracht. Andererseits ist diese Theorie ungemein menschlich, denn sie zeigt eben gerade, wie sinnlos es für die Organisationsentwicklung ist,
▸ Menschen verändern oder manipulieren zu wollen,
▸ Appelle oder Anweisungen mit dem Ziel von Verhaltensänderung zu verteilen oder
▸ den Schuldigen oder Verantwortlichen für ein Geschehen zu suchen.

Was in den einzelnen Organisationsmitgliedern passiert, ist von außen kaum zu fassen. Das Verhalten und die (verbalen und nichtverbalen) Kommunikationen der Menschen sind jedoch *beobachtbar*, werden bezeichnet, bewertet und ihnen wird Sinn zugeschrieben, was wiederum zu neuen anschließenden Kommunikationen und Handlungen führt, wie in Abb. 19 gezeigt wird (➜ S. 35).

Aus systemtheoretischer Sicht bildet der Strom von Kommunikationen das soziale System und nicht deren Mitglieder, die als sogenannte relevante Umwelten bezeichnet werden. Für die Realität innerhalb einer Organisation bedeutet dies, dass im sozialen System nur existent wird und Realität erlangt, was in die Kommunikation ihrer Mitglieder gelangt. Was sich in der Psyche des Einzelnen bewegt, bleibt in der systemischen Organisationstheorie deswegen unbeachtet.

Organisationen sind bemerkenswert stabil gegenüber dem Austausch von Personen. Unternehmen mit hoher Personalfluktuation, ob beabsichtigt oder unfreiwillig, bleiben trotzdem als Organisationskultur erstaunlich stabil. Es gibt Unternehmen, die werden deutlich älter als Menschen und überleben auch ihre Gründerinnen, deren Geist dennoch oft spürbar bleibt.

Diese Stabilität bezieht eine Organisation aus den vorhandenen und stabil bleibenden Kommunikationsmustern und -strukturen. Die Mitglieder einer Organisation lernen deren Kommunikations- und Beziehungsmuster. Wenn bestimmte Handlungsmuster wiederkehren, prägt dies die Organisation.

Noch stärker prägend sind die sogenannten Erwartungsstrukturen, also sozial ausgehandelte und gemeinsam vereinbarte Rollen und Regeln. Damit sind nicht alleine die offiziellen Rollen, Berichtswege und Regeln gemeint, sondern die, deren praktische Wirksamkeit die Mitglieder einer Organisation erwarten. Also gerade auch die informellen Rollen und Regeln. Die Kommunikationen und Handlungen, für die es vorhandene Erwartungsstrukturen gibt, erhalten mehr Aufmerksamkeit als andere Kommunikationen.

Aufmerksamkeit ist die Währung zur Beeinflussung einer Organisation.

Um das Modell in Abb. 19 (➜ S. 35) in einfacher Weise zu verstehen, stellen Sie sich eine Blumenwiese vor. Wege, die Sie das erste Mal gehen, hinterlassen einen kaum zu erkennenden Trampelpfad, die Pflanzen richten sich schnell wieder auf. Dies ist der äußere Ring in Abb. 19. Wege, die öfter gegangen werden, bilden einen deutlich sichtbaren Weg. Dies soll der mittlere Ring darstellen. Weil sie einfacher zu erkennen sind, werden diese Pfade noch öfter benutzt und mit der Zeit somit immer stärker. Wird ein Pfad längere Zeit nicht mehr benutzt, kann er aber auch wieder zuwachsen. Der innere Kreis repräsentiert die befestigten, beschilderten und benannten Wege.

Die Mitglieder einer Organisation wechseln stetig. Neue Kolleginnen kommen, andere verlassen das System. Die Trampelpfade und Wege aber bleiben sichtbar und wirksam – auch die Neuen benutzen sie automatisch.

> **BEISPIEL**
>
> Wird beispielsweise ein regelmäßiges Arbeitstreffen immer erst dann begonnen, wenn alle Teilnehmer Platz genommen haben, wird dieses Muster vermutlich auch dann weiter praktiziert, wenn ein neuer Kollege dazukommt, der etwas anderes gewohnt ist.

QUERVERWEISE
 S. 291 Konstruktivismus und Kommunikation

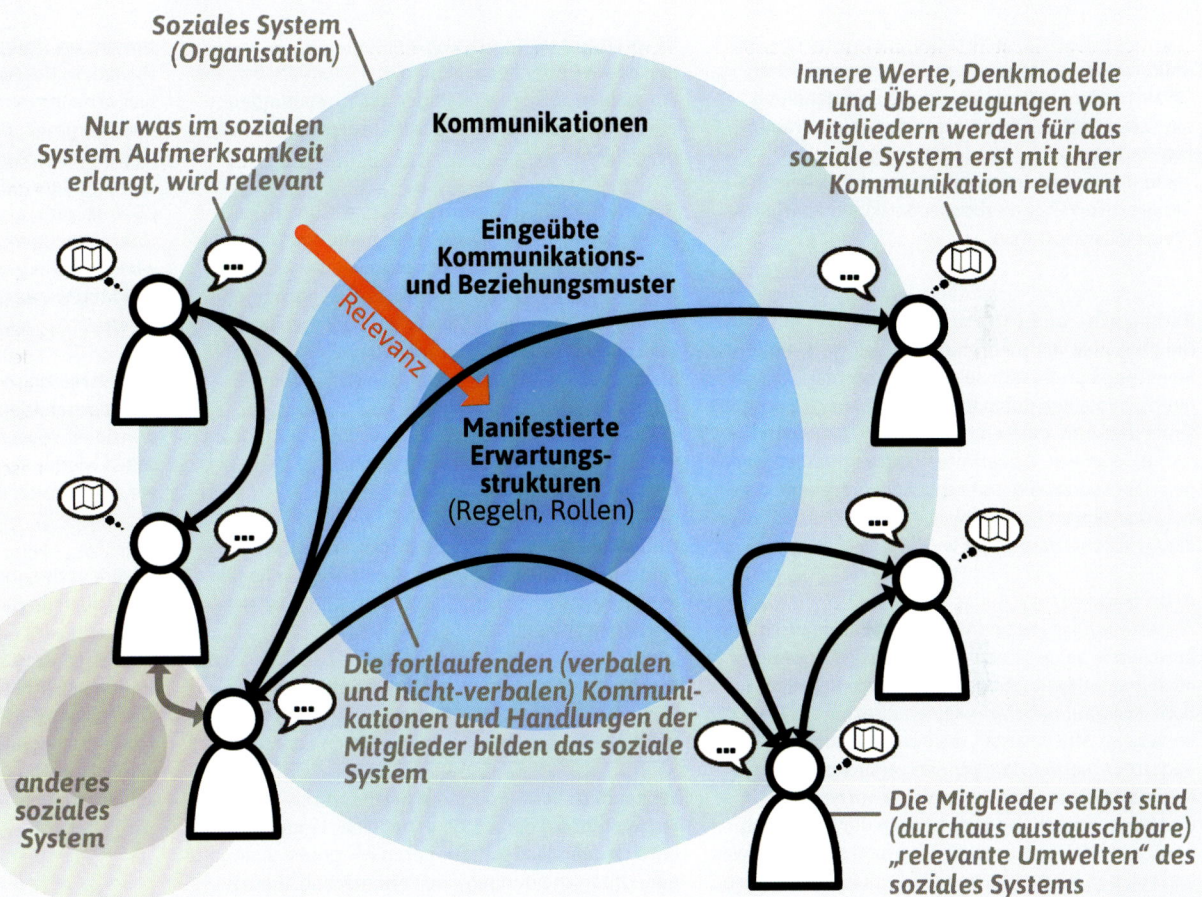

Abb. 19: Aus systemtheoretischer Sicht besteht ein soziales System aus fortlaufender Kommunikation. Diese gewöhnungsbedürftige Sichtweise vermeidet die Spekulation und Übergriffe auf die Psyche ihrer Mitglieder und fokussiert stattdessen auf beobachtbare Handlungen und Kommunikation.
[http://kollegiale-fuehrung.de/soziales-system/]

Sinn und Bedeutung kreieren

Mithilfe des Kreationsmodells zur menschlichen Wahrnehmung, Realitätsbildung und Handlung in Abb. 20 (→ S. 37) vertiefen wir nun die Frage, warum Menschen von außen nicht steuerbar sind und welche Interventionsmöglichkeiten im Kontext von Organisationsentwicklung überhaupt relevant sein können.

Beobachten und filtern

Die prinzipiell wahrnehmbare Umwelt wird von uns Menschen bereits sehr selektiv beobachtet, also gefiltert. Zum einen durch die Beschränkungen unserer Sinne und zum anderen durch unsere begrenzte Aufmerksamkeit. Bestimmte Wahrnehmungen werden dabei vorrangig und schneller verarbeitet, als wir bewusst denken können, was mit dem Kreislauf über die Affektlogik dargestellt wird.

Affektlogik

Wir reagieren in bestimmten Fällen automatisch, beispielsweise bei drohender Lebensgefahr. Aber auch in Konfliktsituationen. Auf diesen Reiz-Reaktions-Kreislauf haben wir keinen direkten Einfluss. Wir entwickeln Affektmuster, die immer wieder schnell abgerufen werden. Wir können versuchen, entsprechende Affektimpulse und -muster vorherzusehen und zu vermeiden. Und wir können durch Training bewusster Verzögerung die Automatikschwelle etwas verschieben (Vergrößerung der Impulsdistanz). Also erst mal tief durchatmen.

Bezeichnen und verknüpfen

Jenseits der Affektlogik beginnt der Kreationsprozess. Wir wählen aus den vielfältigen Wahrnehmungen etwas aus und beginnen, das Wahrgenommene zu bezeichnen.

Damit verknüpfen wir unsere Beobachtungen mit etwas bereits Bekanntem und Benanntem. Diese starke Vereinfachung führt dazu, dass wir uns sicherer fühlen, viele Details ausblenden und Gedanken effizient weiterverfolgen können. Wir bedienen uns also bekannter Bewusstseinsinhalte (der obere Bereich in Abb. 20). Zuallererst verwenden wir uns bereits bekannte Unterscheidungen.

Was wir nicht unterscheiden können, können wir nicht wahrnehmen.

Unterscheiden wir Auto vs. Fahrrad, schnell vs. langsam oder alt vs. neu? Mit Blick auf die kollegialen Führungsebenen (→ S. 289, Abb. 125) lässt sich festhalten:

Die Bereitstellung und Vermittlung von neuen Unterscheidungsmöglichkeiten ist eine erste und nicht zu unterschätzende Intervention zur Führung.

Letztendlich basiert auch der Mechanismus „mit Fragen führen" darauf, denn mit einer Frage („Was hat sich geändert?") provozieren wir Unterscheidungen. Unterscheidungen sind sehr mächtig, einmal erfolgreich ausprobiert, vergessen wir sie so schnell nicht mehr.

Bewerten und erklären

Nach dem Bezeichnen kommt das Bewerten. Auch hier arbeiten wir mit Unterscheidungen, viel mehr jedoch kommen unsere Denkmodelle nun zur Geltung. Unsere innere Landkarte beinhaltet tief verwurzelte Werte, innere Skripte und frühere Prägungen (→ S. 38, Abb. 21, Seerosenmodell), Denkmodelle, Überzeugungen, Glaubenssätze und Heuristiken, die wir ständig aktualisieren und für deren Weiterentwicklung wir uns Absichten und Strategien zurechtlegen.

Die Inhalte dieser Landkarte haben wir weitgehend selbst geschaffen, wir können sie daher (zumindest prinzipiell, manchmal ist es nicht so einfach) auch selbst wieder ändern und gestalten (Reframing) – vor allem durch Weiterentwicklung, weniger durch Tilgung

Unsere verinnerlichten Affektmuster wirken allerdings auch hier. Und unsere Bewusstseinsinhalte sind auch alles andere als konsistent oder stabil. Deswegen ist unsere gesamte Sinn- und Bedeutungskreation ein komplexer, nicht berechenbarer Prozess. Auch sind unsere Bewusstseinsinhalte nicht nur intellektueller Art, es sind nicht nur symbolisch-semantische Inhalte, sondern ebenso auch körperliche und emotionale Muster.

QUERVERWEISE
→ S. 289 Kollegiale Führungsebenen
→ S. 38 Seerosenmodell

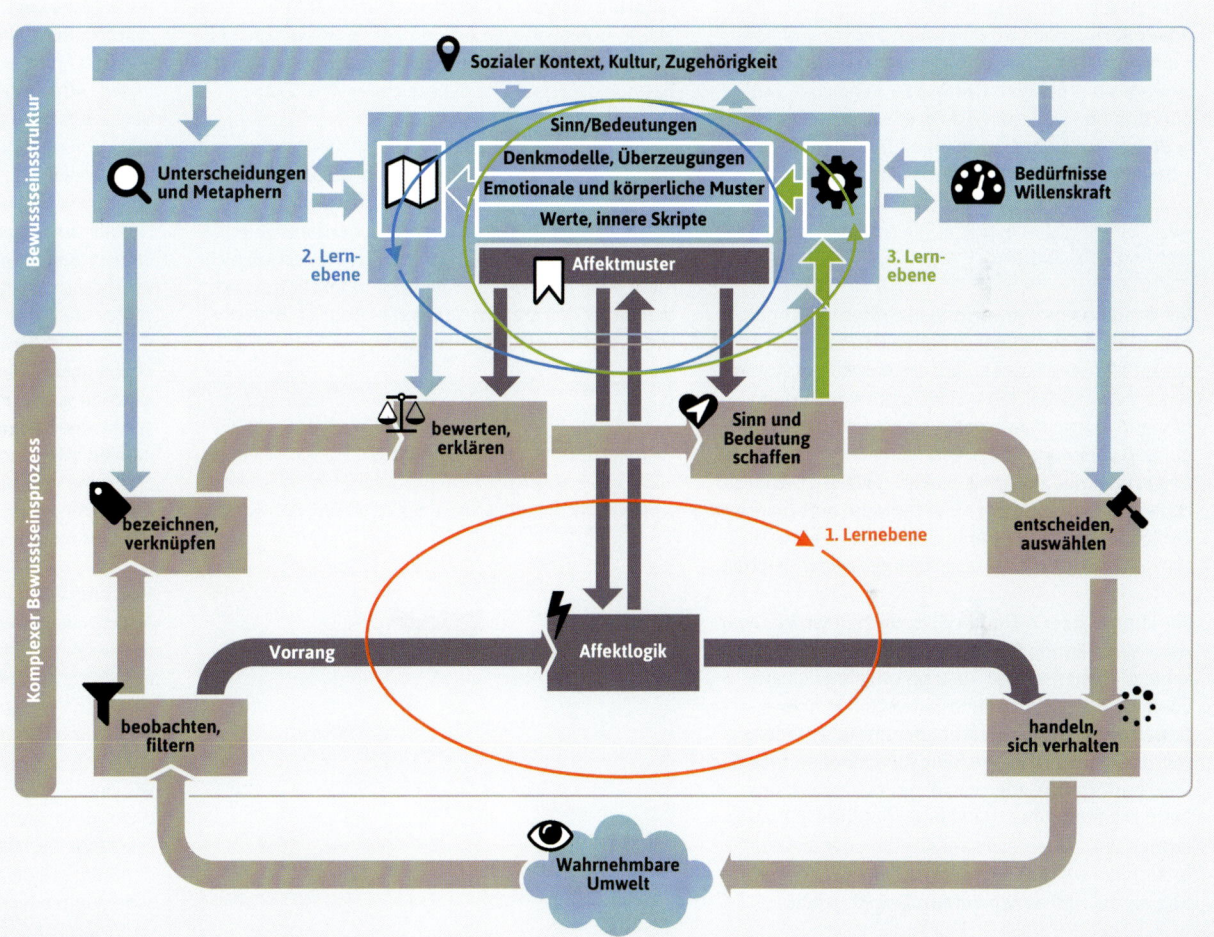

Abb. 20: Das Bewusstseinskreationsmodell menschlicher Wahrnehmung, Realitätsbildung und Handlung. [http://kollegiale-fuehrung.de/kreationsmodell/]

Sinn und Bedeutung schaffen

Unser Bewusstsein ist ein großer Sinnkreationsmechanismus. Mit allem, was aus unserer Wahrnehmung bis hierhin gemacht wurde, versuchen wir, nun Sinn und Bedeutung zu produzieren. Was nicht bedeutet, dass unser Verhalten für andere und von außen betrachtet sinnvoll erscheinen muss.

Wir streben danach, uns in jedem Augenblick sinnvoll zu verhalten.

Auf Basis unserer Bewertungen treffen wir Annahmen und können später in neuen Beobachtungen überprüfen, wie passend unsere Annahmen waren (1. Lernebene, ❯ S. 292). Soweit sich Annahmen als passend erweisen, werden die bestehenden Überzeugungen verstärkt – auch wenn andere Bewertungen und Annahmen ebenfalls schlüssig wären. Das bevorzugte schnelle, bequeme und teilweise automatisierte Zurückgreifen auf Bestehendes erschwert uns, die Umwelt differenzierter und flexibler wahrzunehmen.

Wir können aber nicht nur über den kurzen Weg der Handlungs-Beobachtungs-Schleife lernen, sondern wir sind zur reflexiblen Abstraktion fähig (2. Lernebene, ❯ S. 292). Das heißt, wir verbinden neue Bewertungen mit den vorhandenen Denkmodellen, reorganisieren somit auch die vorhandenen, was uns kreislaufförmig wiederum zu neuen Verbindungsmöglichkeiten führt. Wir können potenzielle Bewertungen antizipieren und verarbeiten, ohne vorher tatsächlich entsprechend gehandelt zu haben. Wir tun, als ob, und lernen daraus. Das ist genial.

Zusätzlich können wir auch das Lernen auf der 2. Lernebene lernen, also die Art und Weise, wie wir unser Bewusstsein gebrauchen, weiterentwickeln, was Gregory Bateson als 3. Lernebene bezeichnet (❯ S. 292).

Bewusstes, Unbewusstes, Unterbewusstes

Unsere Unterscheidungen, Denkmodelle und Überzeugungen sind uns nicht immer bewusst, können uns aber durch Reflexion bewusst werden. Mit unseren Werten und inneren Skripten ist dies schon nicht mehr so einfach und nur bedingt möglich. Insofern beinhaltet das Kreationsmodell in Abb. 21 auch das Unbewusste und Unterbewusste.

DAS SEEROSENMODELL

Diese auf Edgar Schein [Simon1994] zurückgehende Metapher veranschaulicht die unterschiedliche Sichtbarkeit und Zugänglichkeit der verschiedenen Ebenen.

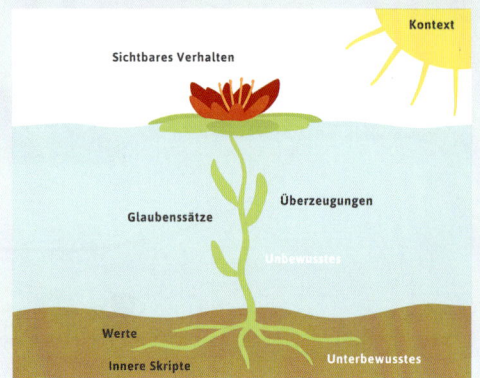

Abb. 21: Seerosenmodell.
[http://kollegiale-fuehrung.de/seerosenmodell/]

Als unterbewusst bezeichnen wir das, was uns auch durch Reflexion nicht zugänglich wird. Neben inneren Skripten und frühen Prägungen entziehen sich auch unsere Affektmuster weitgehend unserem expliziten Bewusstsein. So wie in einer Landkarte bestimmte Zusammenhänge unsichtbar bleiben. Wenn Straßen nicht geradlinig, sondern in Kurven verlaufen, dann oft aufgrund von wirksamen, aber nicht explizit in Landkarten eingezeichneten Gegebenheiten. Serpentinen lassen beispielsweise große Höhenunterschiede vermuten – solange die Höhenmeter nicht in der Karte verzeichnet sind, bleibt dies aber unklar.

Ebenso benutzen wir oft die immer gleichen uns bekannten Wege oder folgen ausgetrampelten Pfaden, selbst wenn ein Blick auf die Karte interessante Alternativen offenbaren würde. Was übrigens auch eine Erklärung dafür ist, warum sich in Organisationen Kommunikations- und Beziehungsmuster ausprägen, wie dies in Abb. 19 (❯ S. 35) dargestellt wird.

Entscheiden und auswählen

Aus den verschiedenen Möglichkeiten für uns, mehr oder weniger sinnvoll zu handeln, wählen wir dann aus. Wir entscheiden uns zu bestimmten Handlungen und Verhaltensweisen. Neben der von uns erwarteten Bedeutung und dem angenommenen Sinn wirken hier nun auch unsere Willenskraft und unsere Bedürfnisse. Wir sind zu einem freien Willen fähig. Je nach Kontext, Bedeutung und Bedürfnissen kann unsere Willenskraft unterschiedlich stark sein, kann unsere Bequemlichkeit dominieren oder Bedürfnisse unsere Handlungsentscheidungen beeinflussen. So wie Hunger beispielsweise unser Konsumverhalten beeinflusst.

Handeln und sich verhalten

Schließlich handeln wir dann. Wobei hier, ähnlich wie beim Beobachten zu Beginn des Kreislaufes, körperliche Einschränkungen und Grenzen unser Verhalten beeinflussen. Oder unser bewusst gewähltes Verhalten wird von der Affektlogik überlagert. In beiden Fällen passiert etwas anderes als von uns beabsichtigt oder erwartet.

Kontextrelevanz

Unser Verhalten ist maßgeblich auch vom sozialen Kontext abhängig. Mit dem von uns identifizierten Kontext positionieren wir uns gedanklich auf der inneren Landkarte und das ändert grundlegend unser Verhalten. Wo stehen wir gerade? In welcher Umgebung sind wir? Als soziale Wesen sind Zugehörigkeit zu einer sozialen Gemeinschaft und kulturelle Identifikation für uns hoch relevant.

Sind wir zu Hause, im Büro oder beim Einkaufen? Abhängig vom Kontext aktivieren und benutzen wir andere innere Landkarten. Ähnlich wie wir bei echten Landkarten bedarfsweise zwischen Fußgänger-Stadtkarte, U-Bahn-Netzplan, Autobahnkarte, Büroetagenplan und Sortimentsplan der Buchhandlung wechseln.

Sinnstiftung und Kontextklarheit

Sinn ist keine in einer Beobachtung bereits enthaltene Eigenschaft, sondern eine individuelle Zuschreibung, die erst nach einer Beobachtung konstruiert wird, also retrospektiv ist, und unsere Beobachtungen dann schlüssig und plausibel erscheinen lässt.

Umgekehrt fehlt uns der Sinn, wenn wir unsere Wahrnehmung in kein uns bekanntes Denkmuster einordnen können. Das Erkennen von Sinnzusammenhängen, die Identifikation der passenden Schublade, erhöht unsere Reaktions- und Entscheidungsgeschwindigkeit.

Überraschungen und neue Beobachtungen verarbeiten wir einfacher, wenn uns hierzu plausible Zusammenhänge einfallen.

Die Umstellung auf neue Führungs- und Organisationsprinzipien gelingt demnach wahrscheinlich auch besser, wenn entsprechende Plausibilisierungsmöglichkeiten vorbereitet werden.

Hierbei sind Geschichten und Erzählungen ein probates Mittel. Bereits die aus einer Erzählung resultierende Erkenntnis, „denen geht es genauso wie uns" oder „das ist wohl typisch", kann sinnstiftend sein. Die Bildung von Narrativen ist kultur- und werterelevant (⊃ S. 239).

Diese Prozesse brauchen allerdings Zeit, was bedeutet, dass alle am Übergang zu einer kollegial geführten Organisation Beteiligten Zeit und Raum benötigen, die neuen Landkarten zu studieren, das neue Gelände zu erkunden und sich einen Sinn zu kreieren. Unternehmen, die aus einer sehr leistungsorientierten und effizienzgetriebenen Kultur kommen (⊃ S. 17, orange Unternehmen in Abb. 11), sind dies nicht gewohnt und tun sich typischerweise schwer damit.

Dabei ist Sinnstiftung stets auch ein fortlaufender sozialer Prozess, der mit dem sozialen Kontext korrespondiert. Oft stehen uns mehrere konkurrierende und möglicherweise auch widersprüchliche Sinnstiftungszusammenhänge zur Verfügung, deren Bestätigungswahrscheinlichkeit wir vom Kontext ableiten. Je nach Kontext interpretieren wir ein und dieselbe Wahrnehmung ganz unterschiedlich.

Das aber stets retrospektiv. Durch eine neue überraschende Information wechseln wir den Kontext und damit gleich komplette Denkmodelle und Überzeugungsstrukturen (⊃ S. 37, der obere Bereich in Abb. 20). Eine neue Information und wir denken gleich ganz anders über eine Sache.

Deswegen ist es auch nie zu spät, eine schöne Kindheit gehabt zu haben (eine Formulierung die sowohl Erich Kästner als auch Milton Erickson zugesprochen wird).

LITERATUR
- Wolfram Lutterer: *Der Prozess des Lernens – Eine Synthese der Lerntheorien von Jean Piaget und Gregory Bateson*; Velbrück-Wissenschaft, 2011.
- Fritz B. Simon: *Einführung in Systemtheorie und Konstruktivismus*; Carl-Auer 2006.

QUERVERWEISE
- S. 292 Die Lernebenen von Gregory Bateson
- S. 38 Seerosenmodell
- S. 239 Kulturbildende Praktiken

Soziale Kontexte spürbar umschalten

Stellen Sie sich vor*, Sie befinden sich im Fußballstadion und verfolgen mit vielen anderen ein Spiel. Welches Verhalten, welche Kultur wird hier sichtbar? Die Menschen sind laut und teilweise aggressiv, trinken, lachen, rufen, singen, verlassen während des Spiels den Platz, um sich ein neues Bier zu holen, verkleiden sich, schwingen Fahnen etc.

Und nun stellen Sie sich vor, Sie besuchen ein Theater oder eine Oper. Welche Kultur ist dort zu beobachten? Die Menschen sind höflich, während der Vorstellung ruhig, trinken nur in den Pausen, zu Beginn der Vorstellung klingelt es dreimal, und wer dann nicht im Saal ist, trifft auf geschlossene Türen.

Bemerkenswert ist, dass es dieselben Menschen sein können, die zum Fußballspiel oder ins Theater gehen und sich in diesen unterschiedlichen Kontexten ganz unterschiedlich verhalten. Sie scheinen bereits alle Verhaltensweisen als Möglichkeiten in sich zu tragen und sich automatisch dem jeweiligen Kontext anzupassen. An diesem Beispiel können wir erkennen:

Das Verhalten von Menschen ist nicht nur von der Persönlichkeit, sondern maßgeblich auch vom Kontext abhängig.

Und ganz offensichtlich würden hier auch die meisten kulturellen Veränderungsvorhaben scheitern: Es fände keine Akzeptanz, beim Fußballspiel nach dem Anpfiff den Zugang zur Tribüne zu schließen oder das laute Singen zu verbieten.

Abb. 22: Können Sie sich vorstellen, mit einem Frack ins Stadion zu gehen? (St. Pauli Millerntor-Stadion. Foto: Steve Watkins; flickr.com/photos/watty_rugby/16601309673)

In gleicher Weise scheitern auch viele Versuche, das Verhalten von Menschen in Unternehmen gezielt zu ändern, sie beispielsweise unternehmerischer oder eigenverantwortlicher machen zu wollen.

Kontexte unterscheidbar machen

Das Verhalten von Menschen in sozialen Systemen ändern wir kaum durch Appelle, Gebote oder Verbote. Und auch kaum durch einzelne Veränderungen am Kontext, sondern nur dadurch, dass alle Beteiligten einen eindeutig unterscheidbaren anderen Kontext spüren. Dass sie also merken: Hier bin ich im Fußballkontext und nicht im Theater. Oder: Hier bin ich in einer kollegial geführten Selbstorganisation auf Augenhöhe mit allen und nicht in einer pyramidenförmigen Linienorganisation unterhalb eines Chefs.

Versuchen Sie weder über Appelle, anderes Verhalten zu bewirken, noch in bestehenden Kontexten neue Regeln einzuführen, sondern kreieren Sie deutlich unterscheidbare neue Kontexte.

Von der Gestaltung solcher Kontexte handelt dieses Buch.

Eine systemisch-konstruktivistische Haltung bedeutet: Jeder Mensch handelt aus seiner Sicht im jeweiligen Augenblick sinnvoll. Deswegen ist es zwecklos, ihn in eine bestimmte Richtung ändern zu wollen. Menschen sind beeinflussbar und abhängig von ihrer Umwelt – aber die jeweilige Entscheidung über ein Verhalten liegt immer beim Menschen selbst [Radatz-2005, S. 42].

Menschen *sind* nicht, sondern *verhalten* sich entsprechend dem System, zu dem sie sich in einem Augenblick zugehörig fühlen.

* Die Metapher Fußball-Opern-Vergleich haben wir von Gerhard Wohland.

Neue Kontexte brauchen Zeit und Identifizierbarkeit

In einem neuen sozialen Kontext fühlen wir uns unsicher, weil unsere inneren Landkarten noch zu grob und ungenau sind. Einzelne neue begriffliche Unterscheidungen nehmen wir schnell auf. Der Aufbau ganzer Denkmodelle und Theorien ist jedoch ein länger andauernder Prozess. Wenn eine Unterscheidung eine Weggabelung ist, dann ist eine Theorie die Landkarte. Unsere inneren Landkarten befinden sich in stetiger Aktualisierung und Überarbeitung und wir entdecken und erschließen uns auch immer wieder neue Landstriche.

Eine komplett neue Landkarte aufzubauen und sich in einer ganz neuen Umgebung zurechtzufinden ist aufwendiger. Noch aufwendiger wird es, wenn wir eine ganz neue Art von Karte kennenlernen, vergleichbar mit dem Unterschied zwischen einer Straßenkarte und einem Bahnnetzplan.

Die Umstellung von einer pyramidenförmigen Linienorganisation zu einem kollegial geführten Netzwerk ist zunächst so ein aufwendiger Lernprozess. Abteilungsdiagramme sind vielen vertraut – aber Kreismodelle? Zu Beginn eines solchen Übergangs erscheinen uns viele Zusammenhänge noch nicht sinnvoll. „Wenn jeder selbst entscheidet – wer führt und koordiniert dann das Unternehmen insgesamt?" wäre vielleicht eine Frage, die eine solche Unsicherheit ausdrückt.

In ein paar Jahren, wenn sich entsprechende Denkmodelle in der Arbeitswelt und im gesellschaftlichen Diskurs weiterverbreitet haben, wird aus diesem Paradigmenwechsel ein einfacher Kontextwechsel.

QUERVERWEISE
- S. 278 Nichts ist so praktisch wie eine gute Theorie
- S. 292 Die Lernebenen von Gregory Bateson

Dann können wir schnell umschalten: „Aha, hier bin ich in einem hierarchischen System und führe Zielvereinbarungsgespräche". Und: „Hier bin ich in einem kollegial geführten Unternehmen, hier kläre ich selbstständig die möglichen Einwände der Kollegen zu meinen Ideen und Initiativen." Verschiedene Kontexte – aber für beide Kontexte haben wir dann vertraute innere Landkarten.

Wir brauchen Zeit

Bis dahin aber benötigen wir besonders Zeit. Wir sind keine Maschinen, denen man neue innere Landkarten wie ein Software-Update einspielt. Stattdessen bauen wir uns Schritt für Schritt neue Bedeutungs- und Sinnzusammenhänge (Theorien) auf. Anders als Unterscheidungen wirken von außen vermittelte neue Denkmodelle und Überzeugungen (bspw. zu einer neuen Organisationsstruktur) nicht unmittelbar. Sie sind kompliziert, müssen aufwendig gelernt werden und mit unserer reflexiblen Abstraktionsfähigkeit müssen wir erst ein sinnvolles und bedeutsames Ganzes erzeugen. Wir reagieren sogar mit Widerstand, solange wir den Sinn nicht erkennen.

Beim Wechsel von einer Linien- zu einer kollegialen Organisation haben wir derzeit zwei Herausforderungen zu meistern:
1. Wir lernen als Paradigmenwechsel eine neue Art von Landkarte kennen.
2. Wir müssen neuen und alten Kontext unterscheiden lernen.

Der erste Punkt erzeugt Aufwand und kostet Zeit. In gewisser Weise ist es notwendige Fleißarbeit. Sobald ausreichend viele Unternehmen kollegial organisiert sind und entsprechende Sinn- und Bedeutungszusammenhänge verbreitet sind, nivelliert sich der Aufwand.

Bleibt jedoch der zweite Punkt unbeachtet, kann es die Kolleginnen in einer Organisation verwirren und überfordern. Sie blicken auf ihre innere Landkarte, erkennen ihre Umgebung aber nicht wieder. Der Straßenplan sieht aus wie das Schnittmuster zu einem Kleid und sie fühlen sich unpassend wie mit einem Fußballstadion-Outfit im Opernhaus.

Eine Umstellung von einer Linienorganisation zu einer kollegialen Organisation kann durchaus langsam und schrittweise erfolgen. Das passende Tempo ist auch relevant – wichtiger ist jedoch, den jeweils gültigen Kontext sicher unterscheiden zu können. Gelten in einer Arbeitssituation, einem Bereich, für einen Anwendungsfall, Ort oder Zeitpunkt die kollegialen oder die tayloristischen Spielregeln?

Bestenfalls erstarrt eine Organisation bei einer solchen Unklarheit, wenn ihre Mitglieder sozusagen das Schnittmuster für eine Straßenkarte halten. Viel wahrscheinlicher geraten die Beteiligten aber in Konflikte, weil jeder nach anderen Spielregeln spielt bzw. eine andere Straße im Schnittmuster sieht.

Die Klarheit über die Zugehörigkeit zu einem Systemkontext hat deswegen eine höhere Priorität als das umfassende Verständnis oder die Vollständigkeit des Kontextes.

Kontextwechsel bekommen wir hin. Schnittmuster als Straßenkarten zu verstehen, nicht.

Ausgleichsprinzipien

> Wird in einem Unternehmen ein großer Veränderungsprozess angestoßen, mit dem die Inhaberin ihr Unternehmen in eine kollegial geführte Organisation überführen möchte, ist es wichtig, dass bestimmte systemische Prinzipien berücksichtigt werden, um mögliche Spannungsfelder auszubalancieren und Konflikte zu vermeiden.

Wir beginnen meistens damit, gemeinsam zu überlegen, wo wir als Organisation hinmöchten, und skizzieren hierfür verschiedene Modelle. Schlussendlich treten aber irgendwann Menschen mit ihrem angesammelten Erfahrungswissen und ganz subjektiven Befindlichkeiten an die Stelle dieser sachlichen Skizzen.

Statusverluste anerkennen

Gab es beispielsweise bislang Führungskräfte, die Verantwortung für das Größere trugen, werden diese Rollen womöglich in dem Veränderungsprozess aufgelöst. Wie wirken solche Veränderungen auf die Menschen und wie können wir so miteinander umgehen, dass Veränderungen in Rollen, Macht oder Status nicht zu persönlichen Differenzen, Sieger-Verlierer-Polaritäten und schlechter Stimmung führen – während wir eigentlich versuchen, unser Unternehmen fit zu machen?

Die Bedürfnisse der Menschen, den Weg Schritt für Schritt mitgehen zu können, sind sehr individuell und situativ. In der ein oder anderen Situation muss ggf. etwas ausgeglichen werden, um die Balance zu halten und Leistungen der Personen für die Organisation zu würdigen. Die wichtigsten Prinzipien hierzu stellen wir hier vor.

Das oberste Prinzip für diesen Prozess und für eine Bindung innerhalb der Organisation besteht darin, Fälle, die zu einem Ungleichgewicht führen könnten, überhaupt auszusprechen. Wenn etwas aus der Balance kommt, besteht das Risiko, dass etwas nicht mehr geleistet wird, obwohl der andere einen Anspruch darauf hätte. Diese Fälle dürfen daher nicht unter den Teppich gekehrt oder totgeschwiegen werden. Welche Befindlichkeiten bestehen möglicherweise? Es gilt, über sie zu sprechen und sie sichtbar zu machen, um herauszufinden, was es braucht, um den Veränderungsweg gemeinsam gehen zu können. Bei diesem Prozess sind beide Seiten gefordert. Die Betroffene kann etwas als Ausgleich anmahnen und sie kann auch gefragt werden.

Beispiele

- Die Rolle Führungskraft wird abgeschafft.
- Ein Kreismitglied geht in einen anderen als den bevorzugten Kreis, da die Kreisgröße limitiert ist.
- Ein Kreis wählt eine Repräsentantin, die erheblich kürzer im Unternehmen und weniger Berufserfahrung hat als ein anderes Kreismitglied.
- Ein Kreis erfüllt seine wirtschaftlichen Quartalsleistungen nicht und muss finanziell von den anderen Kreisen mitgetragen werden.
- Ein Kreismitglied arbeitet überwiegend im Kreis A, obwohl es Kreis B zugeordnet ist.

Ausgleichshandlungen ermöglichen

Sofern der Veränderungsprozess von Coaches vor Ort begleitet wird, liegt vieles davon in deren Verantwortungsbereich, zu schauen, ob es Ausgleichshandlungen bedarf oder nicht. Doch Vorsicht: Als mündiges künftiges Teammitglied einer kollegialen Organisationsform habe auch ich eine Stimme und Eigenverantwortung, mich rechtzeitig zu melden, um mich nicht im Eifer des Gefechts oder vor lauter Begeisterung dann doch an- oder überfahren zu lassen!

Wird beispielsweise eine langjährige Führungskraft entmachtet, muss besprochen werden, wie die Organisation mit diesem Menschen umgehen möchte, damit dieser Schritt nicht als Rückschritt oder Herabstufung erlebt wird. Es gilt, in einen Dialog zu kommen, was die erfahrene Führungskraft braucht, um im Neuen wirken zu können. Braucht es einen sozialen Ausgleich? In welcher Form? Soll sie beispielsweise ihr Erfahrungswissen über Führung den anderen übergeben und damit den Begriff Führungsarbeit schärfen? Welche besonderen Leistungen kann die Person zukünftig erbringen? Wie können ihre bisherigen Leistungen sozial gewürdigt werden?

Es kann nicht darum gehen, einen 1:1-Austausch hinzubekommen oder alles haarklein aufzurechnen. Das Ego ist dem Ganzen unterzuordnen.

Oftmals reicht es schon aus, überhaupt über Ausgleichsbedürfnisse zu sprechen, sie anzuerkennen und zu würdigen.

WEITERFÜHRENDES
➔ Insa Sparrer und Matthias Varga von Kibed forschen zu dem Thema.

QUERVERWEISE
➔ S. 67 Organisationale Selbstorganisation übernehr

Systemprinzipien

Kollegiale Führung benötigt einerseits einen guten Teamgeist – jeder Einzelne der Gemeinschaft ist gefragt und gefordert, Leistung zu erbringen, um die Unternehmensziele zu verfolgen und den Unternehmenszweck zu erfüllen. Andererseits kann Leistung jedoch erst wirkungsvoll erbracht werden, wenn das tragende Fundament einer Gemeinschaft stabil steht. Bestimmte soziale Rahmenbedingungen des menschlichen Miteinanders müssen geklärt sein und ausgewogen eingehalten werden.

Nur ein stabiler Unterbau, auf dem weitere förderliche und tragende Schichten aufgebaut werden können, sorgt für Systemstabilität sowie Orientierung und ermöglicht sozialen Systemen zu wachsen und ihren Mitgliedern, reibungslos Leistung zu erbringen.

Die von Matthias Varga von Kibed und Insa Sparrer am Syst-Institut in München entwickelten Systemprinzipien unterstützen uns dabei, Interventionen zu finden und zu fördern, die für die Stabilität und den Erhalt des Systems sorgen können. Wir geben hier einen sehr vereinfachten Auszug im Kontext unserer Erfahrungen im kollegialen Führungsbereich wieder.

Basisprinzip: Verzicht auf Leugnung

Die Systemprinzipien bauen hierarchisch aufeinander auf, was bedeutet, dass sie in dieser Reihenfolge zu beachten sind. Bei anstehenden Veränderungen sollten sie der Reihe nach überprüft und bei Entscheidungen herangezogen werden. Falls Indizien für Verletzungen und Schwächungen der Prinzipien beobachtet werden, können mögliche Ausgleichshandlungen (⮕ S. 42, Ausgleichsprinzipien) zur jeweiligen Hierarchiestufe abgeleitet werden, um wieder für Systemstabilität und Wachstumspotenzial zu sorgen.

Zunächst gilt es, das Basisprinzip (Sparrer/v. Kibed nennen dies das 1. Metaprinzip) Verzicht auf Leugnung umzusetzen. Hierbei geht es darum, bereits Festgelegtes und Geschehenes anzuerkennen und nicht unter den Teppich zu kehren oder zu übergehen – auch und gerade dann, wenn dies unangenehm ist. Sachverhalte sollten offen mitgeteilt und sichtbar gemacht werden, sodass eine Anerkennung in Form einer Würdigung möglich werden kann. Denn: „Was nicht in die Kommunikation kommt, gibt es in der Organisation nicht" [Simon2009, S. 41].

Der Kontext des jeweiligen sozialen Systems bestimmt, welche Prinzipien eingehalten werden müssen, um für Systemstabilität zu sorgen.

Nur wenn diese Grundlage berücksichtigt wird, können die vier nachfolgenden Prinzipien in ihrer hierarchischen Reihenfolge angewendet und überprüft werden. Stellt sich dabei heraus, dass einige der Systemprinzipien möglicherweise verletzt wurden, sind Ausgleichshandlungen auf der jeweiligen Ebene notwendig, wie sie auf der vorherigen Seite beschrieben wurden. Solange eine vorrangige Ebene geschwächt ist, besteht das Risiko, dass die nachfolgende Ebene nicht wirkungsvoll funktioniert. Dazu müssen die auszugleichenden Ereignisse in die Kommunikation gelangen, um Heilungsprozesse zu initiieren. In einigen Fällen reicht bereits ein würdigender und anerkennender Hinweis auf den Ausgleichsbedarf aus, um einen Ausgleich zu schaffen. In anderen Fällen gilt es, auf konkrete Bedürfnisse zu reagieren und für konkrete Ausgleichshandlungen zu sorgen.
Nicht alle Systeme müssen alle Prinzipienstufen gleichermaßen erfüllen, dies ist vom jeweiligen Kontext des Systems abhängig.

Vier aufbauende Prinzipien

Diese Prinzipien bilden eine hierarchische Reihenfolge, die wir in einem Turm darstellen, wobei die Reihenfolge von unten (1. bis 4.) nach oben zu lesen ist (Sparrer/v. Kibed verwenden hierfür den Begriff 2. Metaprinzip sowie zur Darstellung ein Stufenmodell).

Abb. 23: Ein Basisprinzip und vier darauf aufbauende Systemprinzipien.

Zugehörigkeit

Das Prinzip der Zugehörigkeit sagt etwas darüber aus, wie sich das jeweilige soziale System von seiner Umwelt abgrenzt, wer als zugehörig betrachtet wird und wer nicht. Die Zugehörigkeit wird darüber geprüft, wo die Systemgrenze verläuft. Die Beachtung dieses Prinzips unterstützt die Sicherung der System-Existenz.

Zeitfolge

Soziale Systeme wachsen, wenn neue Elemente hinzukommen (Reihenfolge I, systeminternes Wachstum). Beispielsweise durch Aufnahme eines weiteren Mitglieds im Kreis.

Ebenso können soziale System durch Zellteilung bzw. Fortpflanzung wachsen, indem Mitglieder eines Systems ein neues gründen (Reihenfolge II, systemexternes Wachstum).

Die Zeitfolge ist insofern relevant, als in beiden Fällen (systeminternes und systemexternes Wachstum) die Jüngeren die Älteren anerkennen und respektieren müssen, ebenso wie die Dienstälteren den Dienstjüngeren einen angemessenen befristeten Schutzraum bieten müssen, bis sie stabil sind.

Verantwortung und Einsatz

Dieses Prinzip besagt, dass die Organisation die Einsatz- und Verantwortungsbereitschaft ihrer Mitglieder zu würdigen hat, insbesondere wenn diese das übliche Maß übersteigen. Beispielsweise wenn eigene Interessen unter das Gemeinwohl gestellt werden. Nur wenn besondere Leistungen gewürdigt werden, bleibt die Einsatz- und Leistungsbereitschaft erhalten, d.h. die Bereitschaft, in Krisenzeiten mehr als das übliche Maß zu leisten. Die Beachtung unterstützt somit die System-Immunkraft und seine Resilienz und sorgt für Krisenzeiten vor.

Fähigkeiten und Leistung

Hier geht es darum, die individuellen Kompetenzen und Fähigkeiten einzelner Mitglieder, eines Kreises, etc. im Blick zu haben. Die Beachtung unterstützt die Sicherung von System-Individuation, d.h. die Entfaltung der eigenen Fähigkeiten, Anlagen und Möglichkeiten.

LITERATUR

- Fritz B. Simon: *Einführung in die systemische Organisationstheorie*; Carl-Auer Verlag.
- Elisabeth Ferrari: *Teamsyntax, Teamentwicklung und Teamführung nach SySt*; FerrariMedia, 2013.

FALLBEISPIEL
EINFÜHRUNG SELBSTORGANISATION IN EINEM UNTERNEHMENSBEREICH – ÜBERPRÜFUNG DER SYSTEMPRINZIPIEN

In einem mittelständischen Dienstleistungsunternehmen soll ein Bereich künftig kollegial geführt werden, um das Inhaber-Ehepaar zu entlasten.

Mit der neuen Kreis- und Rollenstruktur entstand eine neue Teamstruktur. Anstelle der bisherigen Teamleiterinnen trat eine neue Kreis-Führungsrolle. Zusätzlich entstanden eine coachende und inhaltlich übergreifende Führungsrolle. Letztgenannte wurde vom Inhaber selbst wahrgenommen.

Wir haben in einer ersten Analysephase die Systemprinzipien untersucht. Einige Auszüge sind:
- Welche Veränderungen gelangen in die Unternehmenskommunikation? (Verzicht auf Leugnung)
- Wie grenzen sich die neuen Kreise voneinander ab? Wie wurden die Kreise konstituiert? (Zugehörigkeit)
- Wer aus der ursprünglichen Abteilung ist wie lange im Unternehmen? In welcher zeitlichen Reihenfolge traten die jetzigen Kreismitglieder ins Unternehmen ein? Welche Rollen und Reorganisationen durchliefen sie bisher? (Zeitliche Reihenfolge)
- Wer hat welche Rolle(n) im Kreis? Wer ist in der Kreis-Führungsrolle? Ist die Rolle klar abgegrenzt? Welche weiteren Rollen werden von den Teammitgliedern wahrgenommen? Wie sind die kreisinternen Rollen von den neuen kreisübergreifenden Rollen abgegrenzt? (Verantwortung)
- Wer leistet was für das Ganze? Wie wird hoher Einsatz von den Kreismitgliedern und im Unternehmen gewürdigt? (Einsatz)
- Wie werden Teamleistungen und individuelle Leistungen gemessen? Welche individuellen Fähigkeiten sind vorhanden, um die gewünschte Leistung zu erbringen? Welche fehlen ggf.? (Leistungen und Fähigkeiten)

Auf dieser Basis haben wir Thesen zu möglichen Ausgleichsbedarfen aufgestellt. Als Ausgleich reichten in diesem Fall einfache Interventionen wie beispielsweise öffentliche Würdigungen der jeweiligen Disbalancen und Ressourcen durch die Berater (statt durch Inhaber), Reframing-Angebote und systemische Aufstellungen der jeweiligen Kreise.

Weiterführende Literatur

Die theoretischen Grundlagen möchten wir in diesem Buch nicht wiederholen. Hierzu gibt es schon viele gute Publikationen. Die wichtigsten möchten wir hier kurz erwähnen.

▶ *Denkwerkzeuge der Höchstleister – Warum dynamikrobuste Unternehmen Marktdruck erzeugen* von Gerhard Wohland und Matthias Wiemeyer, zuerst erschienen 2006, 3. Auflage im Unibuch-Verlag 2012

Das Buch ist die kompakteste Beschreibung und Zusammenfassung aller wichtigen systemtheoretischen Grundlagen zu Organisationen und führt in alle relevanten Unterscheidungen ein. Die Taylorwanne (Seite 5), die Dynamikfalle (Seite 11) und viele andere Ideen, die wir und viele andere Autoren regelmäßig benutzen, stammen von Gerhard Wohland.

▶ *Einführung in die systemische Organisationstheorie* von Fritz B. Simon, Carl-Auer Compact, 5. Auflage 2015

Auf der Basis von Systemtheorie und Konstruktivismus vermittelt das Buch das Grundverständnis über die Funktionslogik und Paradoxien von Organisationen und räumt mit verschiedenen Mythen zu Rationalität, Kultur und Veränderbarkeit von Organisationen auf.

▶ *Next Practice – Erfolgreiches Management von Instabilität* von Peter Kruse, Gabal Verlag, 1. Auflage 2004

Das Buch gibt eine anschauliche und gut verständliche Einführung in die Selbstorganisationstheorie, Theorie dynamischer Systeme und die Bedeutung von Komplexität.

▶ *Einführung in den Konstruktivismus* mit Beiträgen von Heinz von Foerster, Ernst von Glasersfeld, Paul Watzlawick u.a., 1. Auflage 1992, Verlag Piper.

Die Wirklichkeit wird von uns nicht gefunden, sondern erfunden, so postulieren es die Vertreter des Konstruktivismus. Es gibt keine absolute oder objektive Wahrheit, sondern individuelle Wirklichkeitskonstruktionen. Das Buch führt in dieses Denkmodell ein.

▶ *Luhmann leicht gemacht* von Margot Berghaus, UTB, 2. Auflage 2011

Niklas Luhmann ist einer der bedeutendsten Soziologen und Systemtheoretiker unserer Zeit. Das Luhmann'sche Denken zu sozialen Systemen ist von sehr großer Tragweite und ebenso gewöhnungsbedürftig und schwer verdaulich – deswegen ist „Luhmann leicht gemacht" schon eine Leistung für sich.

▶ *Vom Sein zum Tun – Die Ursprünge der Biologie des Erkennens* von Humberto R. Maturana und Bernhard Pörksen, Carl Auer, 3. Auflage 2014

Konstruktivismus, Neurobiologie und Systemtheorie treffen hier aufeinander. Das Buch führt unter anderem in das Konzept der Autopoiesis ein.

▶ *Einführung in die systemische Organisationsentwicklung* von Ralph Grossmann, Günther Bauer und Klaus Scala, Carl-Auer Compact, Erstauflage 2015

Das Buch führt in die Grundbegriffe der systemischen Organisationsentwicklung ein und beschreibt praxisrelevante Konzepte dazu.

▶ *Einführung in das systemische Management* von Frank Boos und Gerald Mitterer, Carl-Auer Compact, Erstauflage 2014

Die erfahrenen systemischen Berater führen in das systemische Denken und ins systemische Management ein und stellen praxisrelevante eigene und fremde Modelle und Konzepte hierzu in sehr anschaulicher Weise dar.

▶ *Beratung ohne Ratschlag* von Sonja Radatz, Verlag Systemisches Management, 8. Auflage 2013

Das Buch führt in gut verständlicher Form in die systemisch-konstruktivistische Haltung und die Grundlagen systemischen Coachings ein.

▶ *Das anständige Unternehmen* von Reinhard Sprenger, DVA, 2015

Ein leidenschaftliches Plädoyer dafür, die Rahmenbedingungen und Verhältnisse in Unternehmen zu verändern.

Welches sind die wichtigsten Gemeinsamkeiten von mittleren und großen Unternehmen, die seit Längerem kollegial netzwerkartig organisiert und erfolgreich sind? Wir haben eine Menge von Fallbeispielen daraufhin untersucht.

Gemeinsamkeiten kollegial geführter Organisationen

 S. 48

1. Radikale Dezentralität mit direkter Kommunikation zwischen den jeweils relevanten Personen.

 S. 49

2. Disziplinen und Funktionen übergreifender Teams, die alle wichtigen Teile der Wertschöpfungskette abdecken.

 S. 50

3. Teams mit ca. 10 Mitgliedern; Unternehmenseinheiten mit ca. 200 Personen.

 S. 51

4. Völlige Eigenverantwortung, Gestaltungs- und Entscheidungsfreiheit im eigenen Zuständigkeitsbereich.

 S. 52

5. Interne Transparenz der wirtschaftlichen, organisatorischen und sozialen Situation.

 S. 53

6. Agile Planung und Dokumentation, keine nennenswerten Kontrollen.

 S. 54

7. Kollektive Erfolgsbeteiligung aller Kollegen. Keine individuellen Prämien.

1. Radikale Dezentralität

Dezentralität als Antwort auf Kontextdynamik
Zentrale Strukturen sind in einer dynamischen Umgebung zu langsam. Bis Informationen von der Umgebung über die Hierarchie bis zur vorgesehenen Stelle weitergereicht wurden, sind sie nicht nur gefiltert und verändert, sondern höchstwahrscheinlich auch obsolet. Das Gleiche gilt dann auch für die Reaktion auf die Informationen.

Deswegen sind dezentrale Organisationen in einem dynamischen Kontext erfolgreicher.

Agile Unternehmen zeichnen sich durch eine radikale (im Sinne von „von der Wurzel her") dezentrale Struktur als das bestimmende Organisationsprinzip aus.

Fluide Beziehungen zwischen dezentralen Einheiten
Selbstverständlich entstehen und existieren Hierarchien von selbst überall, wo Menschen zusammenarbeiten. Dezentralität als Prinzip bedeutet aber, dass Hierarchien und damit Zentralen dem jeweiligen inhaltlichen Bedarf und den geschäftlichen Problemen folgen und sinnvollen quer laufenden Kooperationsbeziehungen nicht im Wege stehen.

Direkte bedarfsgetriebene Kommunikation
Während in traditionellen Linienorganisationen Berichts- und Hierarchiewege einzuhalten sind, kommunizieren in einer kollegialen Organisation diejenigen Personen direkt miteinander, die unmittelbar betroffen sind.

Jeder Kollege wendet sich direkt an jeweils diejenige Kollegin, von der er meint, dass sie für das jeweilige Problem hilfreich ist. Wenn auf diese Weise zwei Kollegen öfter oder regelmäßig zusammenarbeiten und miteinander kommunizieren, bilden sich darüber automatisch festere Beziehungen. Und umgekehrt lockern sie sich oder verschwinden wieder, wenn der Bedarf abnimmt oder entfällt
(➲ S. 35, Abb. 19).

Die Beziehungen zwischen den einzelnen Personen und Organisationseinheiten sind kontinuierlich in Bewegung und im Fluss.

Herausforderung
Die Herausforderung bei starker Dezentralität ist die gemeinsame Identität. Trotz aller netzwerkartigen Verteilung sind daher gemeinsame Grenzen wichtig: Wer gehört dazu und wer nicht? Welches ist unser gemeinsamer Zweck? Welche deutlich sichtbaren gemeinsamen Elemente teilen wir (Name, Marken, Standorte, übergeordnete Kreise etc.)?

Ein gewisser sportlicher Wettbewerb der wertschöpfenden Teams untereinander kann anregend sein. Ein direkter Wettbewerb um die gleichen Aufträge, Kunden und Märkte kann ab einem bestimmten Maß den Transaktionskosten sparenden Kooperationsvorrang gefährden. Auf Kosten der anderen besser sein zu wollen schadet dem gemeinsamen Ganzen. Deswegen sind Anreize hierfür zu vermeiden.

Beispiele
▶ Bei Buurtzorg, einem holländischen Pflegedienst mit rund 10.000 Mitarbeitern, umfasst die Zentrale weniger als 50 Personen.
▶ Beim dm drogeriemarkt sind die Filialen die bestimmenden dezentralen Einheiten.
▶ W. L. Gore mit über 9000 Mitarbeitern besitzt eine Zellteilungsstruktur.

QUERVERWEISE
➲ S. 107 Skalierung, Holding, Konzernstrukturen
➲ S. 19 Warum überhaupt kollegiale Führung?
➲ S. 293 Mythos Unternehmensziel und gemeinsame

2. Wertschöpfungsmächtige Teams

Zur Herstellung der meisten Produkte und Dienstleistungen werden eine Reihe ganz verschiedener Fachdisziplinen benötigt. Das Prinzip wertschöpfungsmächtiger Teams besagt, dass ein Team im Kern über alle relevanten Disziplinen seiner Wertschöpfung selbst verfügt.

Beispiel

Möchten wir beispielsweise eine Küche in einem Privathaushalt einbauen, dann benötigen wir vor Ort beim Kunden mindestens einen Tischler für den Möbelaufbau, eine Klempnerin für den Anschluss der Spülmaschine und der Spüle an das Wassernetz und einen Elektriker, der alle elektrischen Geräte anschließt.

Natürlich stellt das Team nicht alle Einzelteile des Produktes selbst her; es kauft Schrauben, Holz, Beschläge oder Armaturen ein und verbaut sie. Denn das Kerngeschäft ist der Auf- und Einbau von Küchen und nicht die Herstellung von Wasserhähnen.

Ebenso wird das Team unterstützende Dienstleistungen in Anspruch nehmen und beispielsweise die Gehälter für seine Mitarbeiter vermutlich nicht selbst abrechnen.

QUERVERWEISE
- S. 299 Wertbildungsrechnung
- S. 281 Direkte vs. indirekte Wertschöpfung
- S. 280 Zentrum vs. Peripherie

Das Team weiß also genau, was es herstellt, und vollbringt diese Leistung bewusst gemeinsam. Im Taylorismus war dies nicht notwendig, denn dort haben einzelne Teams und Mitarbeiter Teilschritte und Teilbeiträge geleistet, ohne das Ziel und den Kontext des Geschäftes kennen zu müssen.

Dementsprechend bekommen Arbeiter im Taylorismus auch keine direkte Rückmeldung vom Kunden über die Nützlichkeit, Qualität und den Wert ihrer Arbeit. Sie erhalten meistens nur abstrakte Kennzahlen zurück, beispielsweise eine Fehlerquote.

Unterscheidung Eigen- und Fremdleistung

Jedes Team muss also für sich klar unterscheiden:
- Eigenleistung: Was wollen und müssen wir selbst schaffen, weil wir es besonders gut können und es den entscheidenden Kundennutzen schafft?
- Vor- und Fremdleistungen: Und was kaufen wir intern oder extern dazu?

Dies gilt für direkt wertschöpfende Kreise ebenso wie für interne Dienstleistungen.

Externe Referenz und Marktresonanz

In einem komplexen Umfeld muss ein Unternehmen dafür sorgen, dass die Mitarbeiter für ihre jeweilige Leistung und Wertschöpfung in direkte Resonanz zum Markt und den Kunden treten, damit sie sich eigenverantwortlich weiterentwickeln und den stetigen Veränderungen anpassen können.

Dieses Prinzip treffen wir in nahezu allen bekannten Beispielen mehr oder weniger selbstorganisierter Unternehmen an. Ob es die Kreditvergabe bei Svenska Handelsbanken oder die Filialen von dm drogeriemarkt sind – die Mitarbeiter sind nicht für einen einzelnen Bearbeitungsschritt zuständig, sondern für eine möglicherweise kleine, aber vollständige Leistung, die dem Kunden einen Nutzen bringt. Dadurch, dass sie ihre Wertschöpfungsbeiträge eigenständig und weitgehend unabhängig erbringen, können sie schneller und flexibler Leistungen für ihre Kunden schaffen.

Vorrang der direkten Wertschöpfung

Zusätzlich gilt hier das Primat der direkten Wertschöpfung (→ S. 281), d.h., die Kolleginnen mit dem direktesten Wertschöpfungsbeitrag sollen die höchste Macht haben. Die Zentrale ist Dienstleister.

Identität und Stammkreise

Der gemeinsame Fokus auf die Eigenleistung ermöglicht erst die Entstehung eines Teams. Jedes Team braucht ein gemeinsam spürbares Problem (→ S. 282, Team vs. Gruppe). Reine Koordinations- und Führungskreise haben deswegen eine niedrigere Bindung.

Am höchsten ist die Bindung, wenn jede Kollegin nur einen Heimat- oder Stammkreis hat, in dem sie ihre primäre Wertschöpfung und den überwiegenden Teil der gesamten Arbeit erbringt (60 bis 90 Prozent), und weitere Kreismitgliedschaften lediglich der Koordination und übergeordneten Belangen dienen (10 bis 40 Prozent).

3. Funktionierende Team- und Organisationsgrößen (10/200/N)

Die Größe unserer Organisationseinheiten hat einen großen Einfluss auf die Wirksamkeit unserer Organisationseinheiten. Untersucht man erfolgreiche kollegial geführte Organisationen, findet man dort ganz bestimmte Größen.

Team- und Kreisebene: ca. 10 Personen

Die Obergrenze für gut funktionierende Teams liegt typischerweise im Bereich zwischen 10 bis 15 Personen.

In einem Kreis kennt jeder jeden und kommuniziert jeder sehr niedrigschwellig mit den anderen Teammitgliedern. Die Zahl der verfügbaren direkten Kommunikationsbeziehungen steigt exponentiell mit der Teamgröße und findet daher schnell natürliche Grenzen. Das merken wir beispielsweise auch bei Moderationsformaten wie dem Konsent (→ S. 160), der mit steigender Teilnehmerzahl immer zäher und aufwendiger wird.

Einzelorganisation: ca. 200 Personen

Oberhalb der Teamebene beginnen hierarchische Zuständigkeitsverteilungen und Kooperationsbeziehungen zwischen den Teams. Wobei wir in kollegial geführten Organisationen nicht eine einzelne Hierarchie haben (oder in Matrixorganisationen zwei oder drei), sondern themenspezifisch ganz unterschiedliche, beispielsweise für Strategie, Finanzen, Organisationsentwicklung und Innovation.

Auch auf dieser Ebene gibt es Grenzen. Hier wirkt die nach dem Anthropologen Robin Dunbar genannte Dunbar-Zahl. Sie beträgt allgemein 150, je nach Kontext und Person auch zwischen 100 – 200 Personen. Dunbar sieht die Anzahl als Eigenschaft des Neocortex und sagt:

Eine einzelne Person kann nicht mehr als rund 150 soziale Beziehungen gleichzeitig unterhalten.

Diese Größe scheint auch für Organisationen zu gelten, sodass eine Einzelorganisation idealerweise nicht mehr als 200 Personen umfasst.

Das 1958 gegründete Technologieunternehmen W. L. Gore & Associates befolgt am markantesten dieser Zahl und beginnt eine unternehmerische Zellteilung, sobald diese Größe erreicht wird. Von AES (→ S. 56) ist bekannt, dass das Unternehmen Teams mit 15 bis 20 Personen und Standortgrößen von 300 bis 400 Mitarbeitern hatte.

Konzern: n

Oberhalb der Einzelorganisationen lassen sich keine klaren Grenzen ausmachen. Dezentral organisierte Unternehmen mit mehreren Zehntausend Mitarbeitern gibt es viele.

Relevant scheinen hier weniger die Eigentumsverhältnisse, beispielsweise über eine Holding, sondern die Art der Beziehung zwischen Holding und Einzelunternehmen (→ S. 107, Skalierung).

Ein Konzern ist ein Zusammenschluss mehrerer rechtlich separierter Einzelunternehmen zu einer wirtschaftlichen Einheit unter der Leitung des herrschenden Unternehmens.

Die Größe und Anzahl der Unternehmen ist dabei nicht das Kriterium. Auch wenn üblicherweise Großunternehmen als Konzern bezeichnet werden, gibt es Konzernstrukturen auch mit deutlich weniger als 100 Mitarbeitern insgesamt.

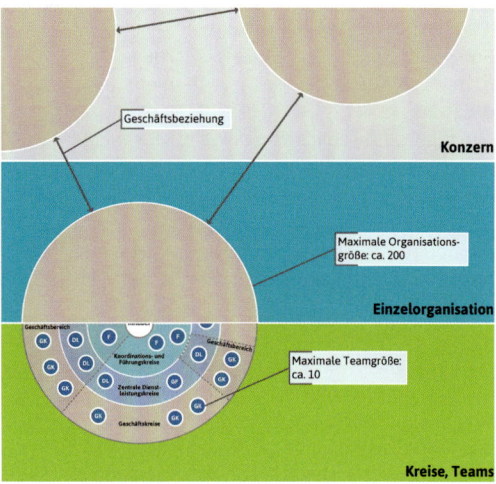

Abb. 24: Die drei relevanten Größeneinheiten für Organisationen.

WEITERFÜHRENDES
→ https://de.wikipedia.org/wiki/Dunbar-Zahl

QUERVERWEISE
→ S. 107 Skalierung, Holding, Konzernstrukturen

4. Eigenverantwortung

> Absolute Eigenverantwortung, Gestaltungs- und Entscheidungsfreiheit im eigenen Zuständigkeitsbereich sind ein Grundprinzip kollegial geführter Organisationen.

Sobald die Probleme und Herausforderungen bei denen verbleiben, die sie von außen erhalten haben, wächst genau dort im Laufe der Zeit eine entsprechende Problemlösungskompetenz. Vielleicht nicht von heute auf morgen, aber schrittweise jeden Tag mehr.

> Eigenverantwortliches Handeln entsteht nicht durch den Appell, dass die Mitarbeiter es sein sollen, sondern dadurch, dass sie tatsächlich Probleminhaber sind, also müssen.

Solange Probleme
- aus sachfremden Gründen weitergereicht werden können,
- sie einem wieder von Kolleginnenen oder Vorgesetzten weggenommen werden können oder
- eine Vorgesetzte ergebnisverantwortlich bleibt, solange übernehmen die Betroffenen nur begrenzt und bedingt Verantwortung.

QUERVERWEISE
- S. 187 Konsultativer Fallentscheid
- S. 173 Eigenmächtiger Fallentscheid

> Eigenverantwortung ergibt sich aus den Rahmenbedingungen der Arbeit, nicht durch Einwirken auf die Haltung, Werte und Verhaltensweisen von Menschen.

Nur wer das Problem wirklich besitzt, dessen Problemlösungskompetenz wird angeregt und ausgebaut.

Dazu ist es durchaus relevant, ob es überhaupt eine Möglichkeit gibt, operative Probleme weiterzureichen. Solange ein Mitarbeiter oder Kreis einen Vorgesetzten hat, der die Verantwortung mitzutragen hat und seine Untergebenen beaufsichtigt und kontrolliert, geben die Betroffenen auch die Verantwortung mehr oder weniger an die übergeordneten Instanzen ab. Die Frage ist nicht ob, sondern nur wann, wie oft und wie viel.

Auch Zielvereinbarungen und eine starke Orientierung an vorgegeben Kennzahlen wirken verantwortungsdämpfend.

Wer ist zuständig?
Wer immer ein neues Problem erkennt, ist verantwortlich dafür, dass es gelöst wird, und klärt dabei zuerst: Wer ist der passende Problemlöser?
Gibt es ganz offensichtlich andere Kreise, Rollen oder Personen, in deren Zuständigkeitsbereich das Problem fällt, dann übergeben wir diesen das Problem. Sind diese Kollegen jedoch gerade nicht bereit oder nicht rechtzeitig erreichbar, dann bleibt das Problem beim ursprünglichen Probleminhaber. Losgelöst von allen Kooperationsvereinbarungen darf und muss er es dann selbst lösen.

Dies ist eine elementare Erfahrung für Menschen, die bislang in vorgesetzten Verantwortungssituationen gearbeitet haben.

Verantwortungsebenen
Verantwortung können wir verschiedenen Ebenen zuschreiben:
- mir selbst als Organisationsmitglied,
- mir selbst als Inhaber einer bestimmten Rolle,
- mir selbst als Mitglied eines Kreises,
- anderen Kreisen, Rollen oder Organisationsmitgliedern, wenn diese eine passendere Kompetenz bereitstellen können.

Verantwortung und Inhaberschaft
Wir haben ein eigenes Unternehmen an die Mitarbeiter verkauft, die hierzu eine Genossenschaft gründeten, damit jeder Kollege auch Mitinhaber werden konnte. Dies ist jedoch untypisch und für eigenverantwortliches Handeln überhaupt keine Voraussetzung, wenngleich es hilft. Frederic Laloux schreibt in seinem Buch: „Interessanterweise befindet sich keine der Organisationen, die ich untersucht habe, im Besitz der Mitarbeiter" [Laloux2015, S. 138].

Priorisieren und Aussitzen
Verantwortung übernehmen kann auch bedeuten, sich dafür zu entscheiden, ein Problem zu ignorieren. Nur so können sich die Organisation, ihre Einheiten und ihre Mitglieder gegen Überlastung schützen und effizient bleiben.

5. Interne Transparenz

> Je mehr Verantwortung geteilt wird, umso wichtiger ist es, dass alle Beteiligten gut informiert sind. Ohne Informationen funktioniert Selbstverwaltung nicht.

Transparenz gegenüber Externen, beispielsweise aufgrund gesetzlicher Anforderungen, ist nicht Gegenstand der nachfolgenden Ausführung, da sie weitgehend unabhängig von der internen Organisationsform ist.

Informationen für Entscheidungen

Um kluge Entscheidungen treffen zu können, brauchen und wünschen sich Mitarbeiter den Zugriff auf die passenden Informationen. In der traditionellen Linienorganisation sind Informationen ungleich verteilt und werden bei speziellen Entscheidern gebündelt und aggregiert. In einer kollegial geführten Organisation ist der Bedarf breiter verteilt. Jeder kann entscheiden, wenn er die passenden Informationen, Möglichkeiten, Kompetenzen und Verantwortungen hat. Spezielle Entscheider werden nicht benötigt.

Informationen zum Lernen

Informationen werden aber nicht nur für Entscheidungen benötigt, sondern auch, um Entscheidungen zu bewerten und gemeinsam zu lernen. Jeder Entscheider ist auch rechenschaftspflichtig. Je größer die Tragweite einer Entscheidung, desto wichtiger wird die Nachvollziehbarkeit bzw. das Vertrauen der anderen. Alle Mitarbeiter sollten stets ein aktuelles Bild von der wirtschaftlichen, organisatorischen und sozialen Verfassung des Unternehmens haben. In kollegial geführten Organisationen gibt es ein Recht auf Wissen.

Jeder soll auch verstehen können, aus welchen Gründen wie entschieden wurde. Entscheidungen müssen transparent sein. Gerade auch, weil Entscheidungen mit großer Tragweite typischerweise von kleinen Teams ausgehen.

Verständliche und nützliche Informationen

Dabei reicht es nicht, einfach nur eine große Menge an Daten bereitzustellen. Die Informationen sind so aufzubereiten und darzustellen, dass sie den erhofften Nutzen bringen können.

> **TRANSPARENZBEISPIELE:**
>
> Premium Cola und Elbdudler
>
> „Bei Transparenz lasse ich nicht mit mir reden", sagt Julian Vester, Inhaber von Elbdudler, in dessen Unternehmen viel Freiheit herrscht, bestimmte Grundprinzipien wie Transparenz aber inhaberseitig festgesetzt werden.
>
> „Wir haben vielleicht 95 % Transparenz", sagt Uwe Lübbermann, Gründer von Premium Cola, und meint damit auch die Transparenz gegenüber Externen. Er beschränkt die Transparenz lediglich auf Anforderungen des Datenschutzes und um existenziellen Schaden durch Mitbewerber zu vermeiden, die ganz offensichtlich anderen Werten folgen.

Typische Informationen: Umsätze und Renditen (insgesamt, pro Produkt/Produktgruppe/Region o.Ä.), Eigenleistungsquoten und Leistungskatalog-Kennzahlen der Kreise, Neueinstellungen, Investitionsentscheidungen, Thesen zur Marktsituation, Veränderungen der Organisationskonfiguration etc.

> **Bedenke:** Der Zweck der Transparenz ist, Führung und Kooperation zu ermöglichen – nicht Menschen zu überwachen, zu kontrollieren oder zu entblößen. Geheimnisse sind sozial notwendig.

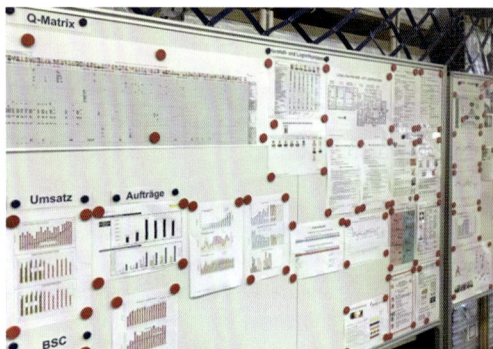

Abb. 25: Informationstafel mit allen Kennzahlen bei allsafe JUNG-TALK. (Foto: Gregor Fröhlich, http://gregorfroehlich.ch/)

QUERVERWEISE
→ S. 144 Kreis-Dokumentar

6. Agile Planung

In einem dynamischen und komplexen Umfeld bringt mittel- und langfristige Planung keine Sicherheit und wenig Nutzen. Eine schnelle Reaktionsfähigkeit ist wertvoller.

Agile Unternehmen navigieren in solchen Kontexten deswegen auf Sicht. Sie planen den nächsten, allenfalls übernächsten Schritt. Entsprechend reduziert ist auch ihre Dokumentation, denn die veraltet schnell und könnte sogar in die Irre führen.

Vorbereitet sein statt Plan haben
Der Vorgang des Planes kann sinnvoll sein, wenn wir dadurch wichtige Einsichten und Thesen über Zusammenhänge und mögliche Szenarien gewinnen können. Planen kann uns helfen, vorbereitet zu sein. Das Ergebnis an sich, also der Plan, hat diesen Wert nicht.

Gerade wenn wir nicht wissen, was als Nächstes kommt, kann eine Auseinandersetzung mit möglichen Szenarien hilfreich sein, weil wir dann schneller reagieren können.

Wir können Thesen über Trends bilden, Wechselwirkungen antizipieren und unsere Annahmen hinterfragen. Was machen wir, wenn unsere Annahmen nicht zutreffen? Wenn das eine oder andere Extrem stärker eintritt als gedacht?

Weil es zweifelhaft ist, die Zukunft aus der Vergangenheit abzuleiten, sind Nachkalkulationen nur soweit sinnvoll, wie sie der Thesenbildung dienen. Kontrollen zur Planeinhaltung sind ebenso nutzlos, denn die Ziele werden nicht durch bessere Kontrollen, sondern durch neue Ideen zum Umgang mit der veränderten Realität erreicht.

Viele geschäftliche Möglichkeiten beruhen auf Zufall und Glück, auch wenn nachträglich andere Legenden dazu gebildet wurden. Deswegen ist es wichtig, Zufällen und Gelegenheiten einen Raum zu geben. In jedem Fall ist es eine ungewisse Investition, die gegen möglichen Nutzen abzuwägen ist.

Situative Finanzentscheidungen statt Budgets
Budgets repräsentieren Anforderungen aus der Vergangenheit. Wegen der Unzuverlässigkeit kausaler Zusammenhänge in dynamischen und komplexen Umgebungen arbeiten dynamikrobuste Unternehmen deshalb selten mit Budgets.

Stattdessen werden situative Finanzentscheidungen getroffen. Sobald ein Finanzbedarf oder eine Investitionsmöglichkeit attraktiv erscheint, wird geprüft, wie hoch der leistbare Verlust (➔ S. 296) sein soll. Wie viel können wir verlieren, ohne daran unterzugehen? Welche weiteren Ressourcen können und wollen wir ggf. noch mobilisieren?

Selbstverständlich ist es sinnvoll, vorausschauend zu denken und Erfahrungswerte der Vergangenheit zu verwenden. Um dann in der Haltung zu bleiben: Die Zukunft wird anders, wir wissen bloß noch nicht, wie.

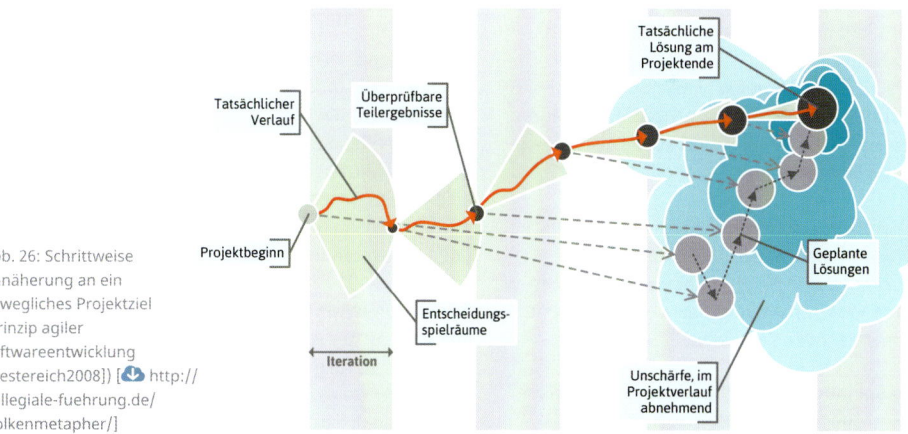

Abb. 26: Schrittweise Annäherung an ein bewegliches Projektziel (Prinzip agiler Softwareentwicklung [Oestereich2008]) [➔ http://Kollegiale-fuehrung.de/wolkenmetapher/]

QUERVERWEISE
➔ S. 295 Effectuation

7. Gemeinschaftliche Erfolgsbeteiligung

Kooperationsvorrang als Wettbewerbsvorteil
Der Zweck einer Organisation im Gegensatz zum freien Markt ist die Vermeidung von Marktbenutzungskosten (→ S. 95 Transaktionskosten), die beispielsweise für die Auswahl, Verhandlung und Überprüfung der Vertragsparteien und ihrer Leistungen anfallen. In Unternehmen hingegen existiert ein Kooperationsvorrang.

Sobald ein Unternehmen seine Organisationseinheiten und Mitarbeiter wie auf einem Markt gegeneinander ausspielt, in einen Wettbewerb schickt oder den Kooperationsvorrang aufgibt, verspielt es seine Transaktionskostenvorteile. Deshalb sind interne Wettbewerbssituationen zu vermeiden.

Einzelleistungen kausal nicht feststellbar
Die meisten Dienstleistungen und Produktionsprozesse sind so komplex, dass die Beiträge einzelner Mitarbeiter nicht mehr klar oder nur vermeintlich sicher zu bestimmen sind.
Individuelle Leistungsprämien sind in solchen Zusammenhängen unsinnig, ungerecht und deswegen demotivierend. Entsprechend sind auch Leistungsbeurteilungen, Lob und Kritik eher zweifelhaft.

Externe statt interne Referenzen
Ebenso kritisch sehen wir die Verbindung von Leistungsprämien und Belohnungen mit absoluten und internen Kennzahlen, beispielsweise bestimmte absolute Umsatz- oder Renditeziele.

Denn in einem unerwartet schwierigen Marktumfeld kann ein sehr niedriger Wert immer noch eine verhältnismäßig großartige Leistung sein, die die aller Mitbewerber übersteigt. Und umgekehrt kann ein Überschreiten der Zielmarke im Umfeld plötzlichen wirtschaftlichen Sonnenscheins eine schwache Leistung sein, die eine effektive Verringerung des Marktanteils bedeutet.

Wenn schon Kennzahlenziele verwendet werden, dann solche mit externen Referenzen (→ S. 280, Interne vs. externe Referenz), wie beispielsweise „besser als der Durchschnitt der Wettbewerber", oder relative Ziele wie „Steigerung der Eigenleistungsquote" (→ S. 301, Wertbildungsrechnung).

Kollektive Erfolgsprämien
Eine Beteiligung am Gesamtergebnis des Unternehmens oder eines großen, klar abgrenzbaren Unternehmensbereiches ist hingegen angemessen, weil sie die Kooperationsleistung aller Beteiligten einschließt.

Häufig verwendete Bezugsgrößen sind die Umsatzrendite nach Steuern oder der absolute Gewinn. In welcher Form die Mitarbeiter beteiligt sind, ob sie die Prämie als Gehaltsanteil, als Gewinnausschüttung (→ S. 108, Mitarbeiterbeteiligung) oder als Verzinsung einer stillen Gesellschaftseinlage erhalten, ist dabei nachrangig. Wichtig ist, dass die Prämie nach Köpfen oder Arbeitszeitanteil gleich verteilt wird.

Bedenkenswertes
Wie hoch ist der Anteil der Prämie im Vergleich zum normalen Jahresgehalt? Wenn dieser Anteil zu hoch wird (mehr als ca. 20 Prozent), verändert dies die Bedeutung des Gehaltes erheblich und es entsteht eine große wirtschaftliche Abhängigkeit, die zu allzu kurzfristiger Ausrichtung und langfristigen Schäden führen kann. Unternehmen mit einer hohen Gehaltsspreizung oder sehr schwankenden Prämien sollten hier achtsam sein.

Vertriebsmitarbeiter sind häufig ein Sonderfall, weil sie zum einen typischerweise hohe variable Vergütungsanteile erwarten und zum anderen eine Gleichbehandlung oder Nivellierung der Prämien die Attraktivität als Arbeitgeber senken kann. Dabei spielt auch eine Rolle, ob der Vertrieb integraler Bestandteil eines Wertschöpfungsteams ist oder Teil eines internen Dienstleistungskreises.

QUERVERWEISE
→ S. 108 Mitarbeiterbeteiligung
→ S. 301 Wertbildungsrechnung
→ S. 280 Intere vs. externe Referenz

Übergang und Einführung kollegialer Führung

→ S. 56

Wer kann den
Übergang initiieren?

→ S. 57

Welche Startsituation
ist herzustellen?

→ S. 59

Typische Phasen
des Übergangs.

„Ich habe meine Macht als Inhaber nicht aufgegeben,
aber ich tue alles dafür, sie nicht zu benutzen."
Uwe Lübbermann / Gründer Premium Cola
(im Gespräch am 21.3.2016)

Wer kann den Übergang initiieren?

In allen bekannten und erfolgreichen Beispielen haben letztendlich die Inhaber des Unternehmens die Initiative ergriffen und entschieden, das Unternehmen künftig kollegial selbstorganisiert führen zu lassen.

Das ist einerseits naheliegend und selbstverständlich, denn zu den wesentlichen Aufgaben der Gesellschafter eines Unternehmens gehören:
- die Auswahl und Bestellung der Geschäftsführung,
- die Festlegung von Zustimmungspflichten durch die Gesellschafter in der Satzung und in den Geschäftsführerverträgen,
- die Schaffung von verbindlichen Rahmenbedingungen in der Satzung des Unternehmens.

Andererseits mag es paradox erscheinen, dass ausgerechnet die mächtigste Entscheidungsinstanz in einem Unternehmen die Verteilung und Begrenzung ihrer Macht beschließen soll.

Die Selbstorganisation beginnt fremdbestimmt?

Vor allem im zeitlichen Verlauf wirkt der Kontrast widersprüchlich: Die Entscheidung zur Selbstorganisation ist fremdbestimmt. In einem Moment treffen die Inhaber zusammen mit der Geschäftsführung eine disruptive Entscheidung zur Selbstorganisation, was dann zur Folge hat, dass sie selbst bereits im nächsten Moment idealerweise gar keine Entscheidungen mehr treffen.

Anders geht das aber wiederum nicht, schon aufgrund rechtlicher Gegebenheiten. Sofern das kollegiale Organisationsprinzip dauerhaft verankert, robust gegen Fremdbestimmung und auch einklagbar werden soll, sind diese Prinzipien in der Satzung der Organisation zu verankern oder sie müssen zumindest von den Verantwortlichen dieser Satzung entschieden werden.

Selbstverständlich kann es sinnvoll sein, eine kollegiale Führung erst in einem Teilbereich eines Unternehmens auszuprobieren – aber auch dabei ist die Frage zu stellen, ob dieses Experiment die Rückendeckung der obersten Führung hat, von dieser verstanden worden und Teil einer unternehmensweiten Grundsatzentscheidung ist. Oder eben, ob dies nur eine mehr oder weniger geduldete Kuriosität oder Insel der Glückseligen im Gesamtkontext ist.

GEGENBEISPIEL AES

Der Kraftwerksbetreiber AES ist ein Beispiel dafür, wie Selbstorganisation verloren gehen kann, wenn die Konstitution der Selbstorganisation nicht verbindlich geregelt ist.

AES wurde 1982 gegründet, hat von Anfang an selbstorganisiert gearbeitet und ist sehr schnell auf rund 20.000 Mitarbeiter gewachsen. Das Unternehmen hat neue Kraftwerke gebaut und auch bestehende Unternehmen übernommen und erfolgreich integriert.

Im Zuge einer wirtschaftlichen Krise (AES-Mitbewerber Enron ging damals gerade pleite) verließ der Gründer Dennis Brake im Jahre 2002 das Unternehmen. Dieser Wechsel des obersten Managements führte AES zurück in leistungsorientierte (Orange, vgl. ↻ S. 17) Führungs- und Organisationsprinzipien.

Welche Startsituation ist herzustellen?

Überforderung vermeiden
Wie Sie am Umfang dieses Buches merken, basiert kollegiale Führung auf einer ganzen Menge Wissen und noch viel mehr Können. Und gleichzeitig dürfen Sie nicht voraussetzen, dass alle Betroffenen auch nur ansatzweise über dieses Wissen und diese Fähigkeiten verfügen. Die Mitarbeiter haben häufig (glücklicherweise) ein großes Interesse daran, ihre eigentliche Wertschöpfung zu organisieren und für Kunden und Produkte zu arbeiten, nur wollen sie sich mit neuen Organisations- und Führungsprinzipien nicht beschäftigen.

Andererseits verbietet die Idee der Selbstorganisation doch, eben diese fremdbestimmt anzuleiten – oder? Der Ausweg aus diesem Dilemma liegt darin, beides zu tun.

Wie viel Fremdbestimmung hilft der Selbstorganisation beim Start?
Bei jedem Schritt und jeder Veränderung, die aus dem alten System herausführt oder das alte System ersetzt, ist ein neuer Rahmen initial vorzugeben. Dies gilt aber nur für den jeweils ersten Schritt. Jede Veränderung an dem neuen System muss dann kollegial selbstorgansiert erfolgen.

Wenn beispielsweise Entscheidungen über den Dienst- und Urlaubsplan in ein kollegiales Organisationssystem zu überführen sind und diese Planung bisher von einer klassischen Führungskraft verantwortet wurde, dann ist
- ▶ klarzustellen, also die Entscheidung mitzuteilen, dass diese Planung nicht länger von der Führungskraft verantwortet wird (Gegenstandbereich),
- ▶ ein neuer Rahmen (Prinzipien, Werkzeuge) vorzugeben, wie die Kollegen nun miteinander entscheiden sollen (operative Ebene)
- ▶ und wie die Kolleginnen wiederum diesen Rahmen selbst ändern und weiterentwickeln dürfen, sofern sie dafür Bedarf sehen (organisationale Ebene).

Allgemeiner ausgedrückt ist von der bisherigen Führung klarzustellen, welche Entscheidungen nunmehr kollegial gestaltbar sind und welche nicht. Dabei sind die erste (operative) und zweite (organisationale) Ordnungsebene explizit zu unterscheiden.

Operative Ebene
Für die operative Ebene könnte beispielsweise vorgegeben werden: „Ihr trefft euch einmal wöchentlich zu einem operativen Jour fixe und die Anwesenden entscheiden im Konsent (↪ S. 160) über den Dienstplan."

Organisationale Ebene
Und für die organisationale Ebene könnte beispielsweise vorgegeben werden: „Einmal im Monat veranstaltet ihr ein organisationales Arbeitstreffen und könnt dort im Konsent aller Anwesenden eure Zusammenarbeit, Arbeitsweisen, Arbeitstreffen etc. ändern." (↪ S. 160, Konsent)

Erst durch die Startvorgaben auf beiden Ordnungsebenen (operativ und organisational) bleiben Teams auch im Übergang weiterhin arbeitsfähig.

Das Team muss sich ganz schön umstellen und vieles neu lernen – aber es hat Sicherheit und Klarheit darüber, wie es seinen Aufgaben und seiner Verantwortung nachkommen kann. Wird es anfangs zusätzlich durch teamexterne Moderation (↪ S. 121) unterstützt, können sich alle Kollegen voll auf ihre neuen Rollen konzentrieren.

Würde hingegen nur die organisationale Ebene vorgegeben, geriete das Team in eine Überlastungssituation: Es wäre zunächst nicht mehr operativ arbeitsfähig, da unklar ist, wer für den Dienstplan verantwortlich ist. Es hätte somit gleich dreifachen Druck: Das Tagesgeschäft läuft weiter, es müsste die Dienstplanung neu organisieren und es soll selbstorganisiert werden. Dem Team also nur zu sagen „Organisiert euch jetzt selbst und entscheidet alles im Konsent", würde das Team in eine unnötige Krise stürzen.

Typischerweise üben selbstorganisierte Teams die neuen Entscheidungs- und Willensbildungsprozesse erst einmal ein, sammeln Erfahrungen damit und beginnen dann langsam, aber sicher, neue eigene Ideen zu entwickeln und auszuprobieren, die eigene Arbeit und sich als Team zu organisieren.

Bevor also tatsächlich mit der Selbstorganisation begonnen wird, sind die initial geltenden neuen Strukturen, Prozesse und Prinzipien festzulegen.

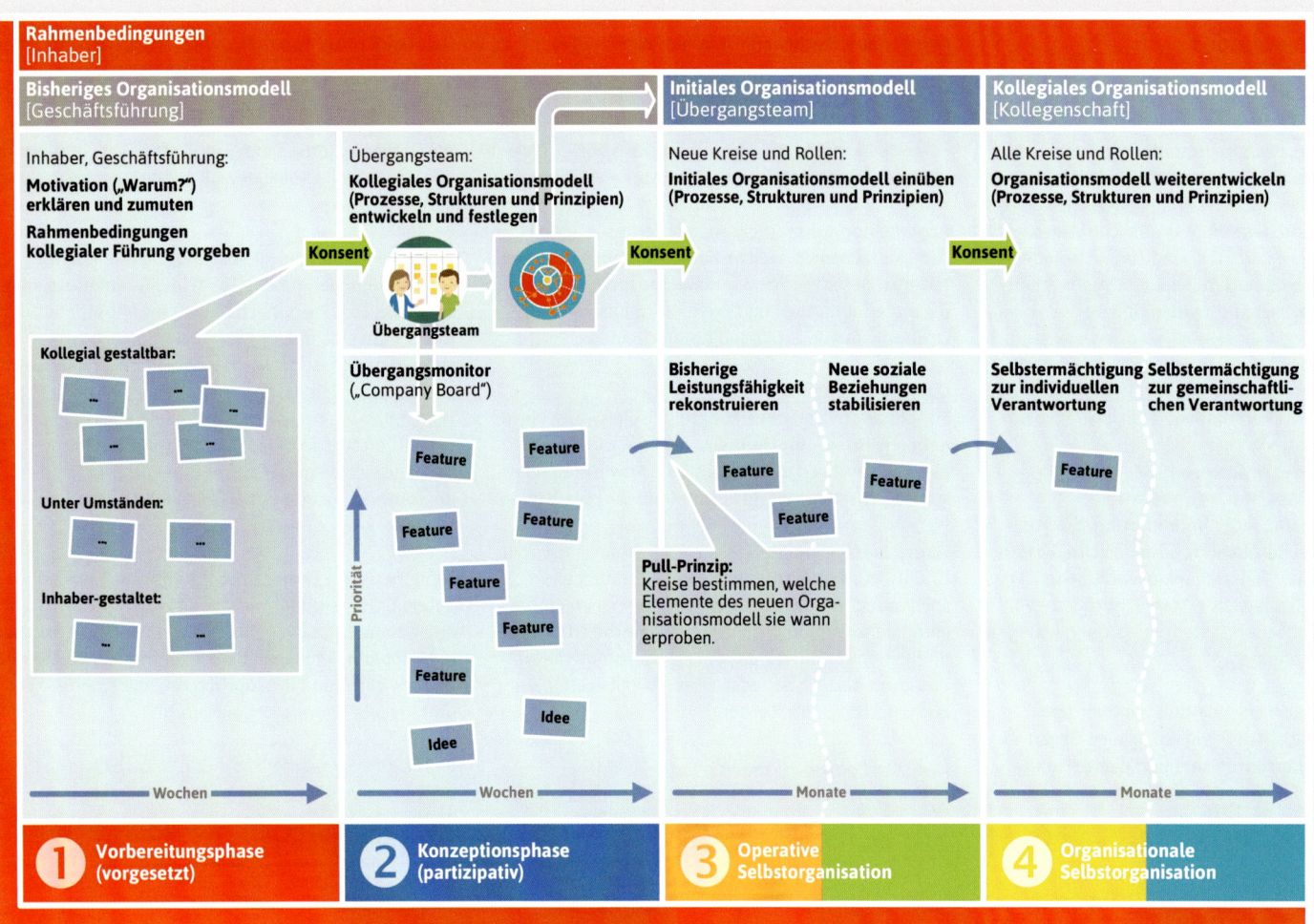

Abb. 27: Das Übergangsmodell zeigt die typischen Phasen für die Einführung einer kollegial geführten Organisation. [http://kollegiale-fuehrung.de/transition-phasenmodell/]

Typische Phasen des Übergangs

Als Erstes ist der grundsätzliche Rahmen durch die Inhaber abzustecken: Welche Möglichkeiten und Grenzen, Rechte und Pflichten räumen die Inhaber der kollegialen Führung ein?

Anschließend ist zu klären (Konsent), was der Kollegenschaft ggf. fehlt, um diese Rahmenbedingungen zu akzeptieren.

Erst jetzt wird das alte Organisationsmodell abgelöst, und alle gemeinsam erproben operativ im gegebenen Rahmen das neue Modell.

Änderungen an dem Organisationsmodell bleiben übergangsweise noch dem Übergangsteam vorbehalten.

Die Phasen werden ab der folgenden Seite ausführlicher beschrieben. Die Farben der einzelnen Phasen korrespondieren ganz bewusst mit denen aus Abb. 11 (→ S. 17).

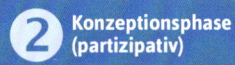

Als Nächstes ist dieser Rahmen initial auszufüllen und zu konkretisieren: Wie soll die Führung ganz konkret organisiert sein? Initial heißt, zu bestimmen, wie angefangen wird – danach wird sich die Führung selbstorganisiert weiterentwickeln.

Typischerweise konzipiert ein Übergangsteam aus Vertretern der Inhaberinnen, der bisherigen Führungskräfte und interessierter Kolleginnen das neue, initiale Organisationsmodell, wobei wiederum abschließend geprüft wird, was die Kollegenschaft insgesamt benötigt, um damit starten zu können.

Sobald alle Beteiligten ausreichend Erfahrungen mit dem neuen Modell haben und beweisen konnten, damit wirtschaftlich und sozial ebenso erfolgreich zu arbeiten wie vorher, kann die Kollegenschaft auch die organisationale Selbstorganisation übernehmen, d.h., das Organisationsmodell selbst auch kollegial weiterzuentwickeln. Erst dann ist die Selbstorganisation etabliert.

1. Motivation und Rahmenbedingungen der Inhaber klären (Vorbereitungsphase)

> Bevor eine kollegiale Führung in einem Unternehmen eingeführt und der Übergang (auch Transition genannt) dorthin gestartet wird, hat die oberste Führung des Unternehmens die Aufgaben,
> - zu klären und zu vermitteln, warum eine Transition sinnvoll ist,
> - die neuen Führungsprinzipien selbst zu verstehen, um die Bedeutung einschätzen zu können,
> - und den Rahmen abzustecken, was künftig kollegial gestaltbar sein soll und was nicht oder ab wann.

Warum überhaupt?

Der Wunsch der Inhaber und Geschäftsführer nach einem Übergang zu einem kollegialen Organisationsmodell wird bei der Kollegenschaft sofort Fragen nach den Gründen auslösen. Deshalb sollten die Inhaber zuerst ihre Motivation ergründen. Dabei werden die einzelnen Inhaberinnen und Geschäftsführerinnen einerseits sehr individuelle und meistens auch persönliche Gründe haben, andererseits auch Gemeinsamkeiten entdecken.

Neben den vielen sachlichen und zumeist abstrakt klingenden Gründen für eine Umstellung (Zukunftsfähigkeit des Unternehmens sichern usw.) achten die Mitarbeiterinnen meistens sehr aufmerksam auf die persönlichen Gründe.

Ausschließlich Rationalisierungen anzubieten, wird viele Kollegen nicht befriedigen. Deswegen sollten Inhaber in sich hineinspüren, was sie hierzu antreibt und welche Hoffnungen und Sorgen sie leiten. Diese Gefühle sollten den Mitarbeitern ebenso zugemutet werden wie die sachlichen und rationalen Gründe. Systemische Einzel- und Gruppen-Coachings der Inhaber und Geschäftsführer sind ein mögliches unterstützendes Mittel, die notwendige Klarheit zu gewinnen und verständlich kommunizieren zu können. Manchmal helfen auch ein paar Tage Klosteraufenthalt, wie Bodo Janssen (Inhaber der Hotelkette Upstalsboom) berichtet [Janssen2016].

Üblicherweise können nicht alle Gründe von den Mitarbeitern nachvollzogen werden, denn sie leben als Angestellte in einem anderen sozialen und wirtschaftlichen Kontext als ein Inhaber – gerade wenn es um die mögliche Last von Verantwortung geht. Auch wenn nicht alles von jedem verstanden werden kann, so ist es völlig legitim, wenn sich Inhaber mit all ihren Gründen für ein neues Organisationsmodell äußern.

So wie Angestellte ihre individuellen Interessen, Bedürfnisse oder ihre aktuelle Verfassung ihrem Arbeitgeber zumuten, so dürfen auch die spezifischen Bedürfnisse der Inhaber Raum finden. Die Interessen der Gemeinschaft stehen dabei stets über den individuellen. Einzelbedürfnisse dürfen nicht das Gesamtsystem dominieren – das gilt für Mitarbeiterinnen ebenso wie für Inhaberinnen.

Nichtsdestotrotz können die Konsequenzen höchst unterschiedlich sein: Wenn ein Mitarbeiter sein Leben grundsätzlich ändern möchte, kann er kündigen; er ist weitgehend für sich selbst verantwortlich. Wenn ein Inhaber-Geschäftsführer entscheidet, das Unternehmen zu verlassen, kann das die Existenz und Zukunftsfähigkeit der Organisation insgesamt bedrohen und Unsicherheiten für viele andere Menschen auslösen. Für die Betroffenen ist es deswegen sehr relevant, die Gründe der Inhaber und Geschäftsführer zu verstehen.

Rahmenbedingungen klären

Notwendige Rahmenbedingungen lassen sich systematisch durch negatives Denken gewinnen: Was muss passieren, dass die kollegiale Führung scheitert, Selbstorganisation nicht funktioniert oder die Beteiligten nicht mehr ausreichend überzeugt sind? Die Antworten darauf führen zu den Inhalten der Rahmenbedingungen. Ansonsten gilt: Was nicht verboten ist, ist erlaubt.

Folgende Fragen haben die Inhaberinnen zusammen mit der Geschäftsführung zu beantworten:
- Was soll kollegial gestaltbar sein und was nicht?
- Welche Möglichkeiten und Grenzen, Rechte und Pflichten räumen die Inhaber der (Geschäfts-) führung ein? Was darf entschieden werden? Was bedarf welcher Zustimmung?
- Wie kann das kollegial Gestaltbare von dem nicht Gestaltbaren unterschieden werden? Welche Regeln, Kriterien, Heuristiken, Zuständigkeiten, Prinzipien, Werte und Ähnliches sollen hierfür gelten?

Beispielsweise könnten der Erwerb und die Veräußerung von Unternehmensbereichen, die Anmietung von Büro- oder Geschäftsräumen, ein Standortwechsel, die Expansion ins Ausland oder Verträge und Verpflichtungen über 100.000 € nicht zum kollegial Gestaltbaren gehören.

Vielleicht müssen aber auch solche Entscheidungen gar nicht konkret aufgelistet werden, sofern die Inhaber an entscheidenden Stellen (wie alle anderen Mitarbeiter auch) Vetomöglichkeiten haben, wenn beispielsweise in einem obersten Führungskreis im soziokratischen Konsent mit Vetomöglichkeit entschieden wird und ein Vertreter der Inhaber dort garantiert Mitglied ist. In Abb. 27 (→ S. 58) ist der von den Inhabern vorgegebene Rahmen rot dargestellt. Die Erarbeitung dieses Rahmens fällt in die Vorbereitungsphase.

ANONYMISIERTES REALES BEISPIEL

Die Inhaber-Geschäftsführer eines Unternehmens mit rund 100 Mitarbeitern an drei Standorten haben folgenden Rahmen für die kollegiale Selbstorganisation vorgegeben:

Niemals abzugebende Zuständigkeiten der Inhaber:
- Gründung und Schließung von Geschäftsstellen
- Gründung neuer Geschäftsbereiche
- Definition von Strategiefeldern
- Renditeuntergrenzen
- Höhe der Gesellschaftererlöse
- Änderung der Organisationsform

Ausnahmsweise abzugebende Zuständigkeiten der Inhaber:
- Verschuldung, Kreditaufnahme

Normalerweise abzugebende Zuständigkeiten der Inhaber:
- Arbeitsorganisation, Aufgabenteilung, Zuständigkeitsbereiche (Kreise, Rollen)
- Einstellung, Vertragsparameter (bspw. Gehalt) und Kündigung von Mitarbeitern (im jeweiligen Zuständigkeitsbereich)
- Wirtschaftliche Entscheidungen im Rahmen jährlich vereinbarter Grenzen (Budgets) für die obersten Kreise
- Arbeits- und Urlaubszeiten, Arbeitsort, Jobtitel, Arbeitsplatzgestaltung, Arbeitsmittel
- Im Zweifelsfall alles Weitere, was nicht ausgeschlossen wurde.

Später abzugebende Zuständigkeiten der Inhaber:
- Gehaltserhöhungen, Gehaltstransparenz

QUERVERWEISE
→ S. 125 Rolle Inhaber
→ S. 115 Rolle Geschäftsführung

Abschlusskonsent der ersten Phase

Die erste Phase endet mit einem Konsent der betroffenen Kollegenschaft. Die Inhaber stellen die Rahmenbedingungen bereit – aber passt der Rahmen auch für die Kollegenschaft, die diesen nun ausfüllen soll?

Deswegen sind die Rahmenbedingungen gemeinsam zu beschließen.

Die Inhaber arbeiten sie aus. Es ist ihr Recht, die Rahmenbedingungen festzulegen. Aber so, wie sich ein angestellter Geschäftsführer entscheiden muss, ob er den Geschäftsführervertrag mit den damit verbundenen Rahmenbedingungen unterschreibt, so hat bei einer kollegial geführten Organisation die Kollegenschaft zu entscheiden, ob sie die Bedingungen akzeptieren kann.

Ein soziokratischer Konsent mit Einwandintegration ist ein aufwendiger, aber probater Weg. Er stellt durch passende Moderation sicher, dass alle Beteiligten die Rahmenbedingungen verstanden haben, wichtige Fragen dazu geklärt und ggf. weitere Ergänzungen vereinbart werden.

Abb. 28 zeigt ein reales Beispiel. Die obere Formulierung wurde seitens der Geschäftsführung als Entscheidungsvorschlag eingebracht. Nach ca. 20 Minuten Fragenklärung und Einwandintegration wurden drei Ergänzungspunkte vereinbart. Schließlich wurde die Entscheidung ohne Vetos und ohne Einwände von allen akzeptiert.

Was ist zu tun, wenn Vetos oder schwere Einwände bestehen bleiben? In diesem Fall gibt es mindestens die folgenden Möglichkeiten:

▶ Alles bleibt, wie es ist. Die Geschäftsführung respektiert, dass die Kollegenschaft unter diesen Bedingungen sich nicht selbst organisieren und führen möchte. Vor allem wenn es deutliche Vorbehalte vieler Kollegen gibt. Ggf. wird zu einem späteren Zeitpunkt mit anderen Rahmenbedingungen ein neuer Versuch gestartet.
▶ Sofern nur sehr wenige Kollegen ein Veto haben, alle anderen aber den Weg in die kollegiale Führung gehen wollen, besteht die Möglichkeit, die Vetogeber bewusst (aus der Organisation) auszuschließen. Sie hätten in diesem Fall kein Stimmrecht mehr und die Organisation muss zusätzlich zu der Umstellung auf eine kollegiale Organisation dann auch die fürsorgende Verantwortung für den Kollegenausschluss übernehmen.

Jede größere strategische oder organisatorische Veränderung in einem Unternehmen kann dazu führen, dass dies für einige Mitarbeiter nicht passt, ebenso wie andere sich vielleicht genau dadurch angezogen fühlen. Die Zukunftsfähigkeit der Organisation hat im Konfliktfall stets Vorrang vor den individuellen Bedürfnissen (→ S. 275).

Abb. 28: Beispiel aus einem realen Konsent zum Abschluss der ersten Phase.

QUERVERWEISE
→ S. 160 Konsent-Moderation
→ S. 227 Ausschluss von Kollegen
→ S. 275 Individuelle vs. gemeinschaftliche Interessen

2. Initiales Organisationsmodell entwerfen (Konzeptionsphase)

> Dieser Schritt ist vermutlich der wichtigste beim Start in die Selbstorganisation. Die Kollegenschaft wäre völlig überfordert, wenn sie mit den Rahmenbedingungen allein gelassen würde und es einfach hieße, jetzt organisiert euch selbst.

Es sind neue Führungs- und Arbeitskonzepte zu lernen und zu entwickeln – die Kolleginnen sind jedoch in der Regel keine Expertinnen für Organisationsentwicklung oder Führung. Sie sind Expertinnen ihrer Fachlichkeit und können meistens auch ihre eigene Arbeit gut organisieren. Schwerer fällt ihnen die Wahrnehmung, Koordination und Führung übergeordneter Belange.

Die Kollegen können sich nicht selbst organisieren, wenn sie nicht wissen, wie.

Es ist auch schwierig, nach etwas zu fragen, das man nicht kennt. Deswegen sind initiale Prozesse, Strukturen und Prinzipien vorzugeben oder bereitzustellen (in Abb. 27 blau dargestellt). Sie sind initial, weil sie von den Beteiligten anschließend selbst verändert und weiterentwickelt werden können, sobald sie sich sicher genug fühlen oder es für notwendig halten.

QUERVERWEISE
- S. 139 Gastgeber
- S. 92 Organisationsstrukturmodell
- S. 123 Übergangsteams

Folgendes sollte bereitgestellt werden:
- Welche Kreise gibt es? Wie heißen sie? Welche Zuständigkeiten, Rechte, Pflichten, Ressourcen etc. haben sie? Welche Beziehungen (Repräsentanten, Ansprechpartner) zu anderen Kreisen sollen bestehen?
- Wer ist Mitglied in welchem Kreis oder wie wird über die Mitgliedschaft entschieden?
- Welche speziellen Rollen hat der Kreis zu besetzen?
- Wann soll ein Kreis welche Entscheidungsverfahren anwenden?
- Welche regelmäßigen Arbeitstreffen gibt es?

Die Bereitstellung dieses Ausgangszustands könnte eine der letzten Aufgaben und Leistungen der bisherigen Führungskräfte sein, da es um deren bisherige Domänen geht – unterstützt und begleitet von einem Team interessierter und gestaltungsfreudiger Kollegen (Übergangs- bzw. Transitionsteam).

Das Übergangsteam

Die initialen Organisationsstrukturen, -prinzipien und -prozesse können weder vom bisherigen Management allein noch von der gesamten Kollegenschaft entwickelt werden.

Die Kollegenschaft muss die neue Organisation maßgeblich mitgestalten, denn sie muss diese akzeptieren und in Gebrauch nehmen wollen. Andererseits interessieren sich nicht alle Kollegen für diese Gestaltungsaufgabe und nicht alle verfügen über ausreichende Erfahrung mit Organisations- und Führungsthemen. Außerdem genießen nicht alle Mitarbeiter gleichermaßen das Vertrauen ihrer Kollegen bei solchen Entscheidungen.

Ein Übergangsteam (Transitionsteam, → S. 123) kann hier helfen:
- Die Inhaber und die oberste Geschäftsführung entsenden selbst Mitglieder in das Transitionsteam,
- das bisherige mittlere Management ebenfalls und
- auch die Kollegenschaft wählt Personen zur Mitarbeit aus.

Das Übergangsteam kann sich bereits wie die späteren Führungskreise organisieren, also einige interne Rollen wählen (→ S. 139, Gastgeber etc.) und Einwandintegration mit Vetomöglichkeit als Entscheidungsverfahren verwenden.

Zusätzlich ist Wissen über die Gestaltungsmöglichkeiten kollegial geführter Organisationen notwendig. Entweder gibt es bereits Wissen in der Organisation, dann gehören die Wissensträger unbedingt in das Transitionsteam. Oder Teile bzw. das komplette Übergangsteam lernen dazu, durch Bücher wie das vorliegende, Trainings oder den Austausch mit bereits kollegial geführten Organisationen. Das Übergangsteam kann auch externe Experten und Prozessbegleiter in diese Phase einbeziehen – was nicht nur bequemer, sondern vor allem auch effizienter sein kann.

Das Übergangsteam sollte sowohl von den Inhabern und der Geschäftsführung als auch von der Kollegenschaft einen klaren Auftrag erhalten. Die Wahl und Beauftragung dieses Teams ist eine der ersten wichtigen Aktivitäten der zweiten Phase.

Transformation Linien- zu Kreismodell

Wie im Abschnitt über Soziokratie beschrieben wird (→ S. 73), kann auch eine vorhandene Linienorganisation als Ausgangspunkt für die Transformation verwendet werden, wobei die bisherigen Organisationseinheiten (bspw. Abteilungen) nicht zu Kreisen werden, sondern vielmehr die Beziehungen („Berichtswege") zwischen den Hierarchieebenen repräsentieren.

Ein Informatiker, der ein Organigramm als ein Graph aus Knoten und Kanten sieht, würde sagen: Aus den bisherigen Kanten werden die neuen Knoten. Die Kreise können zunächst die Namen der früheren oberen Organisationseinheiten tragen.

Im nächsten Schritt können dann die tatsächlich gelebten Zuständigkeiten und Arbeitsbeziehungen identifiziert werden, um besondere permanente Koordinationsbeziehungen im Kreismodell zu berücksichtigen, bspw. durch Rollen oder Nachbarkreis-Repräsentanten (vgl. → S. 110). Dabei sollten so wenig Rollen und Kreise wie nötig kreiert werden. Die Mitarbeiter kennen ihre Arbeit und wissen, was zu tun ist. Deswegen muss nicht die gesamte Ist- oder Soll-Situation beschrieben werden, sondern nur so viel, dass die Koordination und Kollaboration angemessen gut funktioniert.

Dieses Transformationsmuster berücksichtigt auch ein anderes Verständnis über den Zweck der Organisationseinheiten:

▶ *Arbeitsorganisation*: In der Linienorganisation wird die operative Arbeit abgeteilt. Die Mitarbeiter werden Abteilungen zugewiesen, in denen die Arbeit für einen Zuständigkeitsbereich geleistet wird. Dies ist eine Pfadabhängigkeit aus der Zeit, als die Produktionsarbeit dominierte, denn heute dominieren Service- und Wissensarbeit.
▶ *Führungsorganisation*: In der kollegial geführten Kreisorganisation bilden sich Führungskreise. Es finden sich die Mitarbeiter zu Kreisen zusammen, die etwas zu entscheiden und koordinieren haben, die miteinander im Interesse des Unternehmens kommunizieren müssen.

Es geht also nicht mehr darum, wer was arbeitet, sondern wer was zu koordinieren und zu führen hat:

Die neue Organisation ist keine Arbeitsorganisation, sondern eine Führungsorganisation.

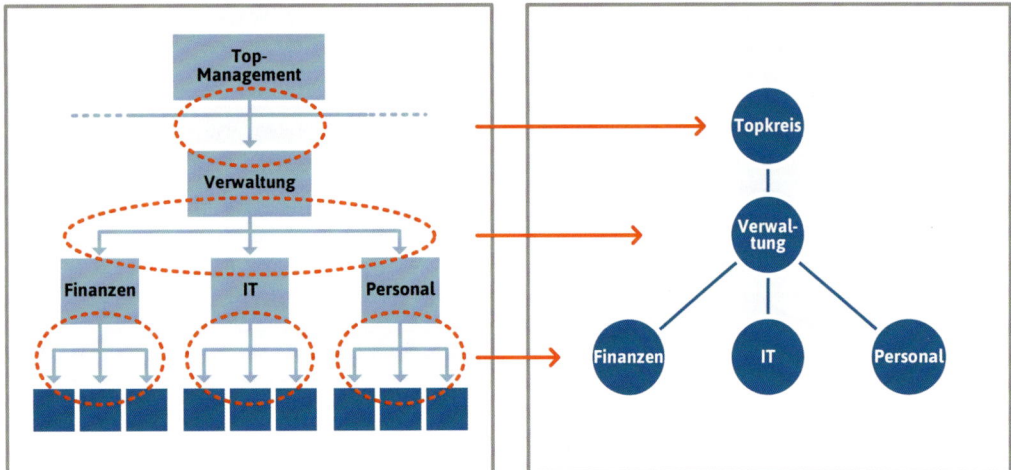

Abb. 29: Transformationsmuster für den ersten Schritt zur neuen Führungsstruktur. [⬇ http://kollegiale-fuehrung.de/strukturtransformation/]

3. Operative Selbstorganisation erproben

Erst in dieser Phase wird das neue Führungs- und Organisationssystem in Betrieb genommen. Die Rahmenbedingungen (rot in Abb. 27 auf S. 58) und das entwickelte initiale Organisationsmodell (blau) mit seinen Prozessen, Strukturen und Prinzipien sind zu vermitteln und nun einzuüben. Dafür muss ausreichend Zeit eingeplant werden.

Übergangsritual

Der Übergang von der zweiten zur dritten Phase kann als Ritual mithilfe eines soziokratischen Konsents begangen werden. Selbst wenn kein Konsent veranstaltet wird, wäre zumindest ein Ritual, eine Feier dieses Ereignisses, ein ganz wichtiger Schritt, da sich jetzt die Zusammenarbeit tatsächlich ändert. Dieses Ritual ist ein wichtiger Beitrag, um den auf Seite 40 beschriebenen Kontextwechsel deutlich spürbar werden zu lassen.

Das neue Modell wurde nicht von allen aktiv mitgestaltet, sondern von einem Übergangsteam konzipiert. Ob dieses Modell mit einem Konsent zu bestätigen ist, hängt von der Beauftragung des Übergangsteams ab. Hatte es nur den Auftrag, das neue initiale Führungs- und Organisationssystem zu entwickeln und dem Plenum zur Entscheidung vorzulegen? Oder handelte es sich um einen konsultativen Fallentscheid (⮕ S. 187), dass also mit der Beauftragung des Übergangsteams bereits die Akzeptanz verbunden war?

QUERVERWEISE
⮕ S. 40 Kontextwechsel markieren
⮕ S. 16 Evolution menschlicher Organisationen

Sofern mit der neuen Organisationsform auch formale Änderungen verbunden sind, beispielsweise Satzungsänderungen, Geschäftsordnungen, Geschäftsführungsverträge, Mitarbeiterbeteiligungen, Prokuren und andere Handlungsvollmachten, dann ist auch für diese jetzt möglicherweise der passende Umsetzungszeitpunkt gekommen.

Ziel der Phase

Die Sicherheit dieser initialen Vorgaben ist die Basis, um die Führung in Selbstorganisation zu übernehmen. Um jedoch wirklich selbstorganisiert zu arbeiten, müssen sich alle Beteiligten erst einmal gemeinsam mit dem Neuen vertraut machen. Diese Phase ist in Abb. 27 orange und grün dargestellt.

Das Ziel der orangenen Phase ist, zu beweisen, dass mit dem neuen System weiterhin die bisherigen Leistungen erbracht werden können – die Organisation muss ihre bisherige Leistungsfähigkeit im neuen Rahmen wiederherstellen bzw. beweisen.

Die Beteiligten finden sich in neuen Gruppen und Teams wieder, die Zuständigkeiten und Rollen sind neu verteilt, was weitere gruppendynamische Prozesse auslöst. Die sozialen Beziehungen sind in den neuen Konstellationen neu auszuhandeln, zu erproben und einzuüben. Dies gibt der grüne Abschnitt in Abb. 27 (⮕ S. 58) wieder. Der Übergang zwischen Orange und Gelb ist fließend.

Die Weiterentwicklung der organisationalen Ebene der Selbstorganisation steht jetzt noch nicht im Vordergrund; es geht zunächst um die operative Ebene.

Natürlich beginnt die Organisation bereits zu lernen, wie das neue System funktioniert, und es entstehen Impulse, das System zu ändern. Die Hoheit darüber verbleibt aber zunächst beim Übergangsteam, das eben diese initialen Prozesse, Strukturen und Prinzipien (blau in Abb. 27) festgelegt hat.

Abb. 30: Der Wechsel in die operative Selbstorganisation ist ein Ereignis.

Zirkuläre Organisationsentwicklung mit priorisierten Organisationsexperimenten

Die Aufgabe des Übergangsteams ist die konsentreife Entwicklung eines initialen Organisationsmodells. Das Modell dient der Orientierung, damit sich jeder ein Gesamtbild machen und die grundlegenden Zusammenhänge überblicken kann. Die tatsächliche Umsetzung des Modells wird zum einen Überraschungen beinhalten und regelmäßig vom Modell abweichen. Zum anderen ist die Umsetzung ein schrittweiser Prozess. Nicht alle Elemente der neuen Organisation können und sollten auf einen Schlag fertig sein. Wir orientieren uns an einem zirkulären Modell (➔ S. 35, Abb. S. 19).

Umstellung von Push auf Pull
Außerdem geht es um Selbstorganisation, d.h., die einzelnen Kreise und Kollegen sind selbst für die Umsetzung verantwortlich. Mit dem Konsent für den Phasenübergang in die operative Selbstorganisation (➔ S. 58, Abb. 27) klären wir die grundsätzliche Akzeptanz des Überganges. Die Umsetzung der einzelnen Elemente sollte dann jedoch nicht verordnet und vorgesetzt (Push-Verfahren), sondern von den Beteiligten selbst begonnen werden (Pull-Verfahren). Manche Elemente benötigen auch bestimmte Gelegenheiten oder sind erst nach einer gewissen Zeit überhaupt möglich, beispielsweise Abmahnung und Kündigung (➔ S. 225).

Kleinste brauchbare Organisationselemente identifizieren
Aufgabe des Übergangsteams ist es, die einzelnen zu erprobenden Modellelemente (Features genannt) zu identifizieren und zu priorisieren. Der Übergang wird in kleine, separat zu bewältigende Portionen zerlegt.

Dabei handelt es sich nicht um ein beliebiges kleines Aufgabenpaket, sondern vielmehr um einen Schritt, der eigenständig und unabhängig von den noch offenen Features bereits einen nachprüfbaren Nutzen erzeugt. In Anlehnung an entsprechende Praktiken agiler Softwareentwicklungsmethoden und Lean-Start-up-Prinzipien wird auch von MVP (Minimal Viable Products) gesprochen.

Feature-Liste
Die Elemente können in einer Übergangsmonitor genannten Liste gesammelt und priorisiert werden. Manchmal werden solche Listen auch Backlog (Rückstandsliste) genannt. Wir vermeiden diesen Begriff, weil er Defizite statt Möglichkeiten konnotiert.

Beispiele für separat einführbare Organisationselemente sind:
▶ Dienst- und Urlaubsplanung im monatlichen Entscheidungs-Jour-fixe des Kreises aktualisieren,
▶ Ausprobieren kollegialer Neueinstellungen (➔ S. 216, Anwendungsfall Bewerbung),
▶ Ausprobieren der Kreisrollen Gastgeber, Ökonom und Lernbegleiter (➔ S. 138, Kreiskonstitution) in allen konstituierten Kreisen.

Das Übergangsteam kann die Feature-Liste zentral pflegen und sichbar machen, in welchem Zustand sich der Übergang gerade befindet, welche Elemente erprobt werden oder mit welchem Ergebnis sie bereits eingeführt wurden. Die transparente und regelmäßige Pflege einer Übergangs-Feature-Liste steigert die Flexibilität und Kreativität im Übergang. Die Vorgehensweise verdeutlicht, dass es nicht um die plangemäße Abarbeitung eines Veränderungsvorhabens geht, sondern um die gemeinsame fortlaufende Koordination verschiedener Organisationsexperimente.

Je nach Mut und Sicherheitsbedürfnissen beginnen entweder alle Kreise und Kollegen gemeinsam die Einführung neuer Praktiken oder nur bestimmte Pilot-Teams oder -Bereiche. Manchmal sind auch nur bestimmte Kreise oder Rollen betroffen.

Das Übergangsteam verantwortet das initiale Organisationsmodell
Nichtsdestotrotz empfehlen wir für den Übergang ein machtvolles Übergangsteam. Der Zweck ist nicht, dass jedes Team und jede Kollegin irgendwelchen Organisationsexperimenten nachgeht, dass unreflektiert beliebige Features in die Liste aufgenommen werden oder weniger erfolgreiche Experimente unmittelbar zu Veränderungen am Organisationsmodell führen.

Während der dritten Phase der operativen Selbstorganisation (➔ S. 58, Abb. 27) erhält die Organisation eine weitgehende Freiheit darin, ihre operative Arbeit selbst zu gestalten (bspw. Dienstplanung). Für die organisationale Ebene bleibt vorerst das Übergangsteam verantwortlich. Wurde ein organisationales Konzept wenig überzeugend getestet, obliegt es dem Übergangsteam, diese Entwicklung zu reflektieren und zu entscheiden, ob oder mit welchen Variationen das Konzept weiterhin verfolgt werden soll.

4. Organisationale Selbstorganisation übernehmen

Galten bisher die initialen Prozesse, Strukturen und Prinzipien als vorgegeben und nur über das Übergangsteam änderbar, übernimmt nun die Organisation auch hierfür Verantwortung und beginnt, ihre eigenen Rahmenbedingungen weiterzuentwickeln.

Übergangs-Konsent

Wir empfehlen an dieser Stelle wieder einen Konsent als Basis für einen gemeinsamen und rituellen Übergang. Das vom Übergangsteam entwickelte und vorgegebene Modell wurde nun erprobt. Alle wissen jetzt, wie es sich anfühlt und was es bedeutet, so miteinander zu arbeiten, sodass sich jeder Einzelne eine Meinung dazu bilden konnte.

Sofern dieses Modell gar nicht überzeugt hat, also einige oder viele Vorbehalte und Einwände gegen diese neue Organisationsform bestehen, dann wäre nun die letzte Möglichkeit, diese zu stoppen (➔ S. 87, vgl. Zappos).

Falls einzelne Mitarbeiter in dem neuen Modell keinen passenden Platz gefunden haben, würde dies auch gemeinsam erkannt und geklärt werden können. Auch die Inhaber müssen von der Zukunftsfähigkeit des neuen Modells überzeugt sein.

Insofern dient der Konsent dazu, auszuloten und auszuhandeln, welche Rahmenbedingungen (roter Bereich in Abb. 27 auf Seite 58) und Modellelemente (blauer Bereich ebenda) noch zu entwickeln und zu verändern sind, um offene individuelle Einwände und Bedürfnisse zu integrieren, oder inwieweit die Organisation ihr gemeinschaftliches Interesse ganz bewusst über diese individuellen Interessen stellen möchte.

Die priorisierte Feature-Liste kann hilfreich sein, um spezifische Interessen zu integrieren.

Der Konsent verdeutlich verbliebene Spannungen und klärt sie in der einen oder anderen Weise.

Sollten diesbezügliche Spannungen bis zum Wechsel in die vierte Phase noch nicht geklärt worden sein, werden sie die Organisation weiterhin belasten und stören. Möglicherweise zeigt der Versuch zu einem Konsent also auch, dass die Organisation für den Übergang noch nicht reif ist und noch Zeit, Entwicklungen und Klärungen benötigt.

Würdiger Abschluss des Vergangenen

Mit dem akzeptierten Übergang in die nächste Phase wird das Übergangsteam aufgelöst und möglicherweise durch einen vergleichbaren übergeordneten Führungskreis (➔ S. 124, Topkreis) ersetzt. Das Übergangsteam sollte hierfür angemessen verabschiedet werden. Die Mitglieder des Teams hatten eine anspruchsvolle Aufgabe zu bewältigen. Sie mussten einen Rahmen mit neuen und wenig vertrauten konkreten Prozessen, Strukturen und Prinzipien füllen

und dabei gleichzeitig die Interessen, Bedürfnisse und Möglichkeiten aller Beteiligten angemessen berücksichtigen. Ein kleines Dankeschön ist für diese Arbeit angebracht.

Sinnvoll kann es auch sein, die früheren Führungskräfte, die nicht Inhaber waren, noch einmal zu würdigen und ihnen zu danken. Deren Rollen sind im neuen Organisationsmodell vermutlich entfallen oder haben sich radikal geändert. Die systemischen Veränderungen sind für diese Personen wahrscheinlich am deutlichsten spürbar.

Auch die Inhaber sollten dabei nicht vergessen werden, vor allem dann nicht, wenn sie Inhaber-Geschäftsführer sind oder waren. Ohne ihre Unterstützung wäre eine Transformation hin zu einem kollegial geführten Unternehmen gar nicht möglich gewesen.

Die ehemaligen Führungskräfte und Geschäftsführer haben Macht, Status und klassische Karriereperspektiven abgegeben und aufgegeben ohne die Sicherheit, zu wissen, ob, wo und wie genau ihr neuer Platz und ihre neue Rolle in der Organisation aussehen wird. Das war sehr mutig.

Sofern im Prozess Konflikte aufgetreten sind und nicht alle Bedürfnisse und Interessen befriedigend und angemessen berücksichtigt oder kompensiert werden konnten, ist der Übergang in die vierte Phase vermutlich die passendste Möglichkeit, in einem gemeinsamen Ritual Verzeihung und Versöhnung zu üben.

QUERVERWEISE
➔ S. 42 Ausgleichsprinzipien

Wie geht es weiter?

Die Organisation beginnt in der gelben Phase (➜ S. 58, Abb. 27) nun auch, die Verantwortung und Gestaltung ihres Führungs- und Organisationsmodells zu übernehmen, da das Organisationsmodell nun nicht mehr vom Übergangsteam, sondern von der Kollegenschaft insgesamt verantwortet und agil weiterentwickelt wird.

Sowohl innerhalb der einzelnen Kreise und Rollen als auch im Plenum, Topkreis oder anderen übergeordneten Strukturen und Prozessen (in Abb. 27 gelb dargestellt) werden alle operationalen Aspekte der Selbstorganisation übernommen. Die Selbstorganisation wird selbstbestimmt effizienter und effektiver und in vielen kleinen Schritten evolutionär und empirisch (➜ S. 35) weitertransformiert.

Der Rahmen wird durchlässiger und flexibler. Erlaubt ist, was zu den gemeinsamen Werten und Prinzipien passt.

Statt ermächtigt zu werden oder andere zu ermächtigen, ermächtigt sich jeder selbst in Kooperation und durch Konsultation mit den anderen.

Das heißt, eine Aktion geht vom Einzelnen aus. Das Handeln nach dem Prinzip, lieber hinterher Verzeihung üben, statt vorher jedes Mal alle einzubeziehen, ist nicht automatisch vorhanden, ist für alle Beteiligten anfangs ungewohnt und muss vermutlich erst eingeübt werden.

Kreise können sich unabhängig vom Rest und völlig eigenverantwortlich neu aufteilen, fusionieren, andere Rollen einrichten, sich für andere Entscheidungsverfahren entscheiden usw.

Selbst ihren Zweck und Zuständigkeitsbereich können sie in sich selbst ermächtigender Weise gestalten, soweit die übrige Organisation sie gewähren lässt. Möchte ein Kreis also seine Zuständigkeit oder seinen Zweck ändern, muss er nicht die anderen um Zustimmung fragen, sondern den übergeordneten Instanzen lediglich eine Einwandintegration und Vetomöglichkeit gewähren oder ihnen sogar nur Transparenz und Feedback ermöglichen.

Die einzigen weiterhin zu respektierenden (aber verhandelbaren) Rahmenbedingungen sind die der Inhaber (rot).

Der Übergang in die gelbe und türkise Phase ist vermutlich der anspruchsvollste Schritt. Was Gelb und Türkis bedeuten, wurde im Abschnitt über die Evolution menschlicher Organisationsformen (➜ S. 58, Abb. 27) beschrieben.

Auch mit den für den grünen Bereich typischen Eigenschaften ist ein kollegial geführtes Unternehmen gut vorstellbar und funktionsfähig. Das dominierende Bedürfnis, sich in allem Handeln stets von der Gemeinschaft und seinen Kreisen ermächtigen zu lassen, bremst jedoch.

Um diese Bremse zu überwinden, braucht die Organisation belastbare gemeinsame Werte und Prinzipien,

damit die Selbstermächtigungen in Bezug auf die gemeinsame Verantwortung und das Gemeinwohl beurteilbar werden und Vertrauen aufbauen können.

Das Lernfeld der Organisation liegt darin, sich in Abhängigkeit von der Komplexität eines zu lösenden Problems der passenden Handlungsprinzipien (im Sinne von Abb. 16 ➜ S. 25) zu bedienen, den Führungsfokus passend zu wählen (im Sinne von Abb. 15 ➜ S. 24) und die passende Führungsebene (➜ S. 289, Abb. 125) zu praktizieren.

Damit die kreisübergreifende Weiterentwicklung der Gesamtorganisation und deren Phasenübergänge für alle sichtbar organisiert werden können, kann ein übergreifender Ideen- und Entscheidungsmonitor (➜ S. 200) vom Topkreis oder Plenum geführt werden.

QUERVERWEISE
➜ S. 16 Evolution menschlicher Organisationsformen
➜ S. 24 Komplexitätsspezifische Führungsfoki
➜ S. 25 Komplexitätsspezifische Handlungsprinzipien
➜ S. 289 Führungsebenen
➜ S. 200 Ideen- und Entscheidungsmonitor

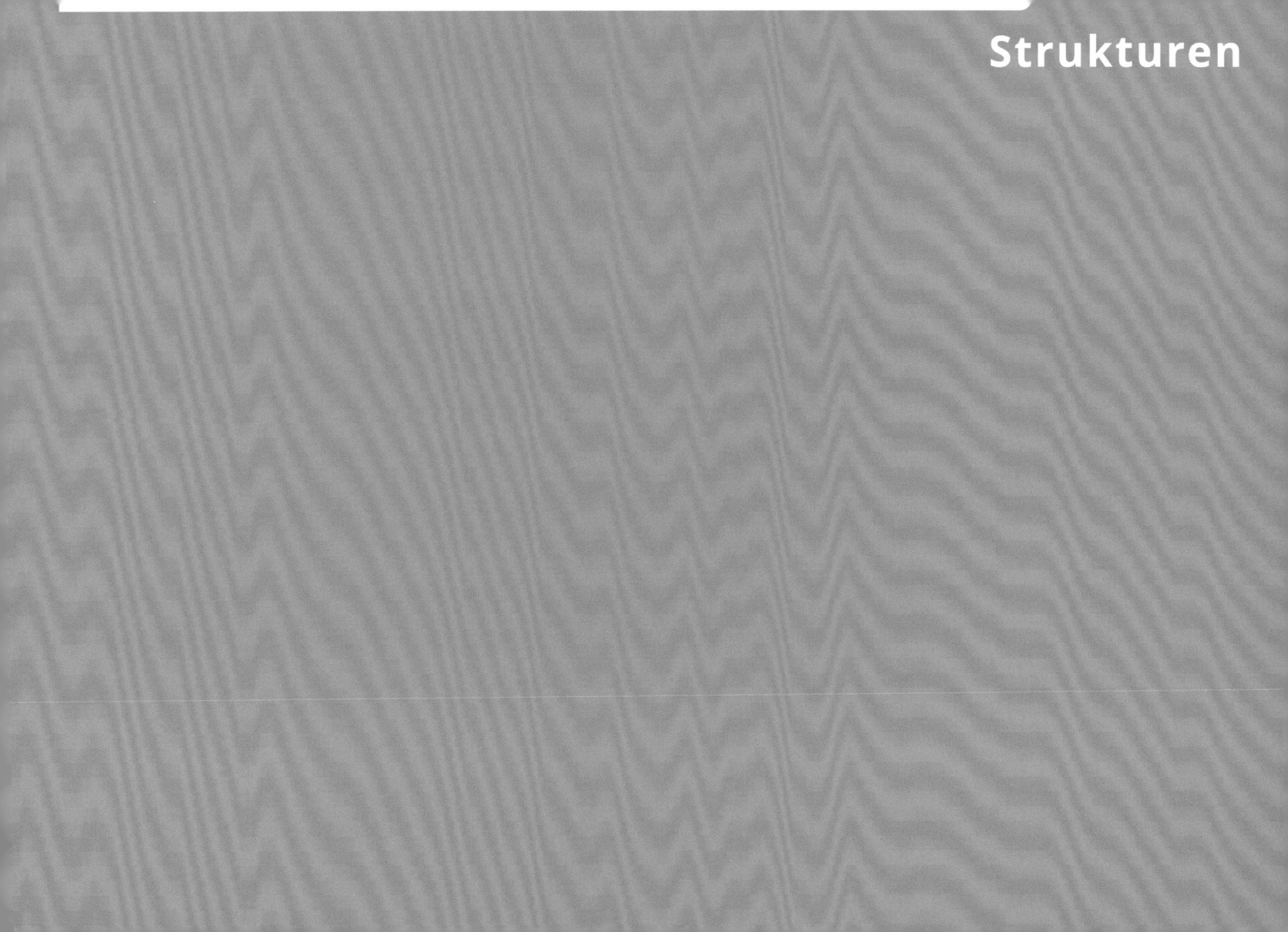

Strukturen

Rollen

Kreise

Zuständigkeiten

Organisationsstrukturmodelle

 S. 72

Pyramidenförmige Linienorganisation
Das traditionelle Modell, an dem sich heute noch viele orientieren.

 S. 73

Soziokratische Kreisorganisation
Die Herkunft und das Labor moderner Führungs- und Organisationsprinzipien.

 S. 80

Kollegial geführte Kreisorganisation
Die Essenz unserer Praxiseinsichten.

 S. 76

Holokratische Kreisorganisation
Die amerikanisch-attraktive Tochter der Soziokratie.

 S. 78

Netzwerke
Das Orientierungsmuster für moderne Organisationsformen.

Pyramidenförmige Linienorganisation

Das bekannteste Strukturmodell ist die pyramidenförmige Linienorganisation. In diesem Modell findet die Wertschöpfung auf der untersten Ebene statt und darüber liegen eine Reihe von Managementebenen bis hin zum Top-Management. Die Ebenen sind streng hierarchisch aufgebaut, d.h., jede Organisationseinheit hat eine Obereinheit, abgesehen vom Top-Management. Die unteren Einheiten werden oft Teams oder Abteilungen genannt, die oberen Einheiten heißen beispielsweise Bereiche.

Jeder Mitarbeiter ist gewöhnlich Mitglied in genau einer Abteilung bzw. Organisationseinheit. Jede Einheit hat gewöhnlich eine Leitung, die von einer einzelnen von der Obereinheit bestimmten Person unbefristet wahrgenommen wird. Die Macht verläuft damit von oben nach unten. Die direkte Wertschöpfung findet in einem Teil der untersten Ebene statt.

Die pyramidenförmige Linienorganisation ist der Standard für tayloristisch strukturierte Unternehmen und kann strukturell ergänzt werden um
- *Stabsstellen*, das sind Rollen oder Einheiten, die keine weiteren Untereinheiten haben, sondern unmittelbar ihrer Obereinheit zuarbeiten.
- *Projekte*, das sind zielgebundene, zeitlich befristete Organisationseinheiten, die oft eine direkte Wertschöpfung erbringen sollen. Projektmitarbeiter bleiben disziplinarisch meistens Mitglieder der Linienorganisation.
- *Matrixorganisation*, das ist die Überlagerung der Pyramide durch eine zweite, um 90 Grad gedrehte Pyramide, sodass alle Beteiligten in zwei Dimensionen hierarchisch eingeordnet sind, bspw. in einer funktionalen (Einkauf, Verkauf, Produktion) und einer fachlichen Dimension (Produkt A, Produkt B).

Die Ideen des pyramidenförmigen Strukturmodells gehen auf Henri Fayol und Frederick Taylor zurück.

Die Macht in der Linienorganisation verläuft zum einen von oben nach unten und zum anderen seitwärts, beispielsweise dadurch, dass Fachabteilungen, wie IT oder HR, den anderen Abteilungen Arbeitsmittel, Prozesse und Regeln vorgeben.

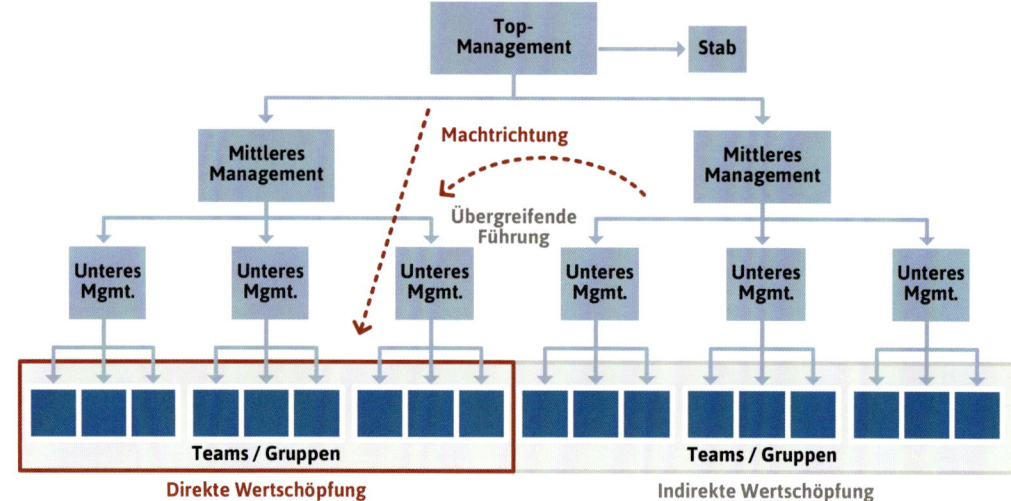

Abb. 31: Das Strukturprinzip der pyramidenförmigen Linienorganisation. [http://kollegiale-fuehrung.de/linienorg/]

Soziokratische Kreisorganisation

Die soziokratische Kreisorganisation ist wie die pyramidenförmige Linienorganisation hierarchisch strukturiert, d.h., jede Organisationseinheit, hier Kreis genannt, hat genau einen Oberkreis.

Topkreis, allgemeiner Kreis und weitere Kreise

Im Kern steht der sogenannte Allgemeine Kreis, eine Art Geschäftsführungskreis, der das oberste Organ innerhalb der Organisation darstellt.

Der Topkreis stellt eine Art Aufsichtsrat dar und bildet die Schnittstelle zur Umwelt, in welcher der CEO, jeweils ein Vertreter des Allgemeinen Kreises und der Eigentümer sowie externe Experten Mitglied sind. Er bestimmt die Rahmenbedingungen der Organisation, beispielsweise die Gewinnverwendung.

Unter dem Topkreis organisieren sich Bereichskreise, wahlweise Abteilungen und schließlich die einzelnen Teams.

Die direkte Wertschöpfung liegt typischerweise in Teilen des unteren Randes (➔ Abb. 32). So weit unterscheidet sich diese Struktur nicht wesentlich vom Pyramidenmodell. Aufgrund dieser Ähnlichkeit lässt sich eine initiale soziokratische Kreisstruktur schematisch aus einer Linienorganisation ableiten (➔ S. 64, Abb. 29).

Gewählte Repräsentanten zwischen den Kreisen

Im Unterschied zur pyramidalen Organisation entsenden Unterkreise jedoch gewählte Repräsentanten in Oberkreise und die Oberkreise wiederum Kreisführungen in die Unterkreise (➔ S. 110, Doppelverbinder). Innerhalb eines Kreises sind die Mitglieder prinzipiell gleichberechtigt. Mitarbeiter sind typischerweise Mitglied in mehreren Kreisen.

Durch die gewählten Repräsentanten der Unter- in die Oberkreise in Verbindung mit der Gleichberechtigung innerhalb der Kreise wird im Gegensatz zur Pyramidenorganisation zusätzlich zur von oben nach unten verlaufenden Konstitutionsrichtung auch eine entgegengesetzte Machtrichtung zugelassen und aufgebaut. Die Repräsentanten, d.h. die Inhaber von Führungsrollen, sind stets gewählt, was in der Pyramidenorganisation untypisch ist.

Entscheidungen im Konsent

Das Standardentscheidungsverfahren der soziokratischen Kreisorganisation ist der soziokratische Konsent (➔ S. 160, Konsent), was dem Einzelnen mehr Macht verleiht und die Entscheidungsqualität durch die Einwandintegration fördert.

> **BEGRIFFLICHKEIT**
>
> Der Topkreis ist in der Soziokratie ein definierter Terminus, der eher so etwas wie einen Aufsichtsrat meint. Wir verwenden den Begriff Topkreis jedoch analog zum Begriff Top-Management.

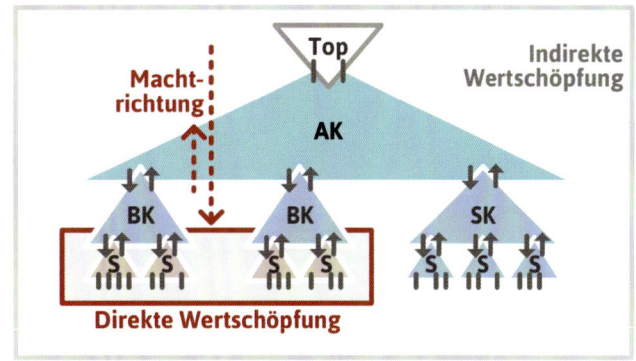

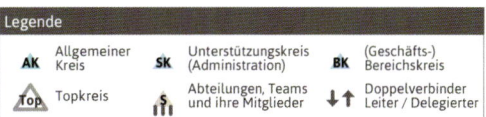

Abb. 32: Das Strukturprinzip der soziokratischen Kreisorganisation – aus pragmatischen Gründen visualisieren die Soziokraten die Kreise gerne als Dreiecke.
[➔ http://kollegiale-fuehrung.de/soziokratieorg/]

Herkunft der Soziokratie

Kees Boeke

Die ersten Impulse zur Entwicklung der Soziokratie gingen von dem niederländischen Reformpädagogen Kees Boeke aus. Er schilderte das Konzept 1946 in seinem Buch „Redelijke ordening von de mensengemeenschap" (Vernünftige Ordnung der menschlichen Gemeinschaft). Seine Frau erzählte später, dass ihr Mann die Grundprinzipien kurz vor Kriegsende 1945 in einem Essay mit dem Titel „Geen Dictatuur!" (Keine Diktatur!) formulierte, den er in seiner Manteltasche mit sich trug, weshalb er beinahe von den Nazis erschossen wurde.

Ganz neu erfunden hat Boeke das Konzept jedoch nicht. Er wurde vom konsensbasierten Entscheidungsprinzip der Quäker, deren Glaubensgemeinschaft er angehörte, und vom französischen Philosophen Auguste Comte inspiriert (übrigens stammte auch Frederick Taylor aus einer Quäker-Familie).

Das Wort Soziokratie selbst leitet sich aus dem lateinischen „socius" (gemeinsam, verbunden) und dem griechischen „krateia" (Herrschaft) ab.

1926 gründete Boeke in Bilthoven bei Utrecht die Reformschule „Werkplaats Kindergemeenschap" und entwickelte dort grundlegende soziokratische Werte und Prinzipien. Interessanterweise schickte das niederländische Königshaus drei seiner Töchter, nämlich Beatrix, Irene und Magriet, auf diese Schule. Die Reformschule existiert noch immer: http://www.wpkeesboeke.nl/.

Abb. 34: Prinzessin (und spätere Königin) Beatrix 1951 in der Reformschule von Kees Boeke. (Quelle: http://www.wpkeesboeke.nl/)

Gerald Endenburg

Ein Schüler von Kees Boeke, der später seine Ideen adaptierte und unter anderem für die Anwendung in Unternehmen weiterentwickelte, war Gerald Endenburg (1933).

Abb. 33: Kees Boeke (1884-1966) (Foto: 1953 von Henk Blansjaar)

Abb. 35: Gerald Endenburg in den 1970er-Jahren. (Quelle: http://www.transitioncville.org/)

Endenburg bemerkte bei seinem Wechsel von der Reformschule auf eine traditionell organisierte Universität (er studierte Elektrotechnik), dass die dortigen Studenten weniger Verantwortung für ihr eigenes Lernen übernahmen, sondern sich auf die Erfüllung von Vorgaben und fremden Zielen konzentrierten.
Nach einigen Jahren Arbeit für Philips übernahm Endenburg 1968 von seinen Eltern das bis heute bestehende Unternehmen Endenburg Elektrotechniek. Immer noch inspiriert von Kees Boeke und der Soziokratie krempelte er, 36 Jahre alt, das Unternehmen zwei Jahre später um. Top-down-Entscheidungen wollte er ebenso vermeiden wie demokratische mehrheitsbasierte Abstimmungen, bei denen selten die beste Lösung herauskommt und oft viele Beteiligte unzufrieden zurückbleiben.

So entwickelte er schließlich die soziokratische Kreisorganisation. Endenburgs Unternehmen durchstand die Schiffbaukrise in den 1970er-Jahren und wuchs später auf 150 Mitarbeiter an.

Er verkaufte sein Unternehmen ab Mitte der 1980er-Jahre schrittweise an eine Stiftung, damit das Unternehmen fortan sich selbst gehörte und die soziokratische Organisation nicht mehr durch neue Inhaber zurückgenommen werden konnte. 1997 trat Endenburg als CEO zurück. Diese Rolle übernahm Piet Slieker, ebenfalls ein leidenschaftlicher Soziokrat.

1978 wurde das Soziokratische Zentrum der Niederlande gegründet, welches die soziokratischen Prinzipien weiterentwickelt und -verbreitet. Später entstand darüber „The Sociocracy Group (TSG)" als weltweite Dachorganisation der Soziokratie.

WEITERFÜHRENDES
- Barbara Strauch, Anneweik Reijmer: *Soziokratie – Das Ende der Streitgesellschaft.* Soziokratie Zentrum Österreich.
- Gerhard Endenburg: *Sociocracy – The organization of decision-making 'no objection' as the principle of sociocracy.* Eburon,1998, Holländische Originalausgabe 1981.
- Endenburg Elektrotechniek: http://www.endenburg.nl/
- Die Verbreitung der Soziokratie wird von The Sociocracy Group als Franchisesystem betrieben (http://thesociocracygroup.com/).
- Im deutschsprachigen Raum ist das Soziokratsche Zentrum Österreich derzeit am aktivsten: http://www.soziokratie.at/.
- Als einer der deutschsprachigen Pioniere hat Christian Rüther sehr viel Material über Soziokratie zusammengetragen und in seinem Blog veröffentlicht: http://www.soziokratie.org.

Werte
Die von Gerald Endenburg eingeführten Werte lauten:
- Gleichwertigkeit alle Beteiligten, beispielsweise durch Konsent und Reden im Kreis.
- Das Subsidaritätsprinzip, nach dem Entscheidungen stets möglichst von der untersten sinnvollen Ebene ausgehen sollen.
- Weitgehende wirtschaftliche, soziale, inhaltliche und organisatorische Transparenz. Beispielsweise legte Endenburg von Anfang an sein Gehalt offen.
- Fairness zwischen Kapitalgebern und Arbeitskräften, beispielsweise durch gemeinsame Entscheidungen im Topkreis.

Grundprinzipien
Die vier Grundprinzipien der Soziokratie sind:
- Konsent als primäres Entscheidungsverfahren,
- Aufgliederung der Zuständigkeiten in hierarchisch gegliederte Kreise,
- doppelte Verknüpfungen zwischen den Kreisen und
- offene Wahl der Repräsentanten im Konsent.

Zusätzlich verfügt eine soziokratische Organisation über eine Vision, die mithilfe einer Mission verfolgt wird.

Jeder Kreis betreibt einen dynamischen Steuerungsprozess, bestehend aus den Teilaufgaben Leiten, Ausführen und Messen (vgl. S. 132 ff.). Die Funktion Leiten wird dabei dem Repräsentanten aus dem (leitenden) Oberkreis zugeschrieben und Messen dem in den Oberkreis entsandten Repräsentanten.

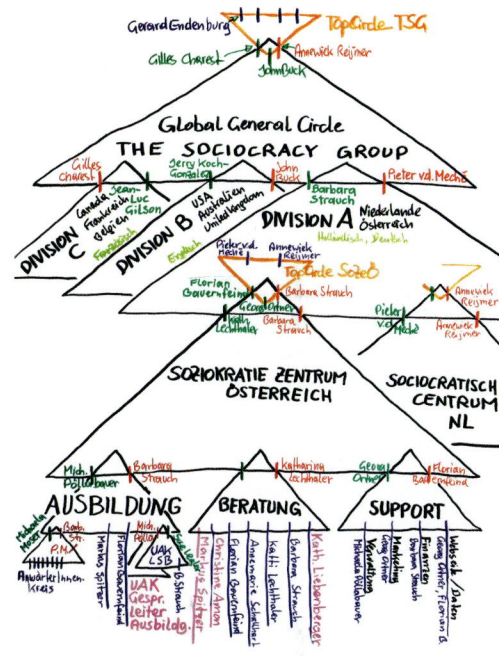

Abb. 36: Das Organisationsmodell des Soziokratie Zentrums Österreich in der weltweiten Soziokratie-Gruppe (Stand 08/2015, Quelle: http://www.soziokratie.at/).

Holokratische Kreisorganisation

Der US-Amerikaner Brain Robertson lernte 2006 vom Soziokratie-Trainer John Buck (vgl. Topkreis in Abb. 36 auf Seite 75) die Soziokratie kennen, veröffentlichte diese zunächst mit geringen Änderungen und später mit praktischen Weiterentwicklungen unter dem Namen Holacracy (deutsch: Holokratie oder Holakratie). John Buck stellte auch den direkten Kontakt zu Gerald Endenburg her.

Neben der Soziokratie ist die Holokratie durch weitere Entwicklungen beeinflusst:
▶ Einerseits durch die Arbeiten von Ken Wilber zur integralen Theorie (vgl. Abschnitt Evolution menschlicher Organisationsformen ab Seite 16), aus deren Einfluss sich auch der Name Holokratie ergab.
▶ Andererseits durch agile Softwareentwicklungsverfahren wie Scrum. Das ergab sich daraus, dass Brain Robertson agile Verfahren in seiner Softwareentwicklungsfirma Ternary einsetzte.
▶ Und schließlich auch durch die Selbstmanagement-Methode Getting Things Done (GTD) von David Allen.

Bei Ternary begann Robertson auch mit agilen Organisationsformen und Holokratie zu experimentieren, wobei das Unternehmen danach in eine wirtschaftliche Krise geriet, die es nicht überlebte.

Weiterentwickelt hat Brain Robertson die Holokratie dann mit seinem neuen Unternehmen Holacracy One.

Trotz der offensichtlichen Übernahme des soziokratischen Modells benennt Brain Robertson diese Quelle nicht, wodurch ihm die Urheberschaft fälschlicherweise öfter zugeschrieben wird.

Deutlicher, als dies für die soziokratische Kreisorganisation üblich ist, ist Holokratie vor allem ein Modell, um entstehende Spannungen zu verarbeiten. Eine Spannung ist dabei jede Art von Anliegen die Organisation betreffend. Dies kann eine Störung in Arbeitsabläufen sein ebenso wie eine Verbesserungsidee. Jede Kollegin wird in ihrer jeweilgen Rolle und in ihren jeweiligen Kreisen immer wieder Spannungen spüren, die sie dann entsprechend zu prozessieren hat. Entweder direkt gegenüber anderen Rollen oder aber, je nach Art der Spannung, in einem taktischen Treffen oder Steuerungstreffen eines Kreises.

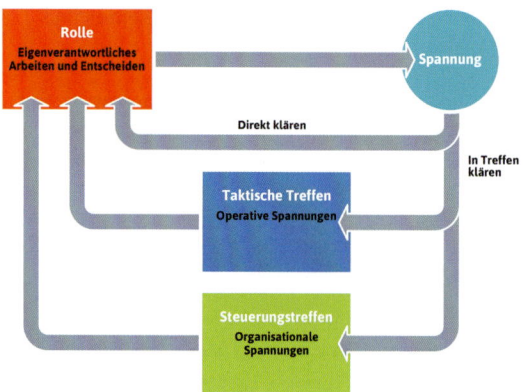

Abb. 38: Holokratie ist ein System, um Spannungen zu prozessieren. [⬇ http://kollegiale-fuehrung.de/spannungen/]

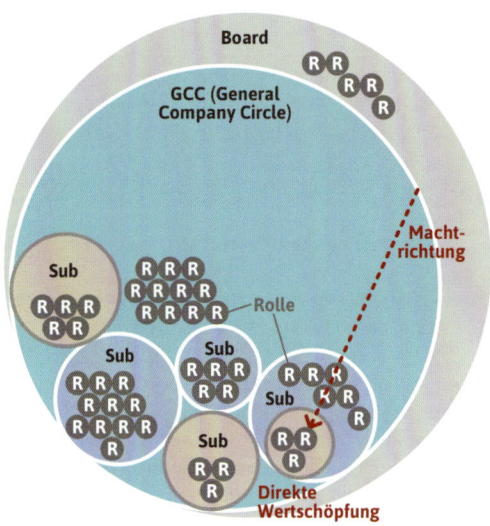

Abb. 37: Prinzipbild der holokratischen Kreisorganisation [⬇ http://kollegiale-fuehrung.de/holokratieorg/]

WEITERFÜHRENDES

➔ Brian Robertson: *Holocracy – Ein revolutionäres Management-System für eine volatile Welt.* Vahlen, 20

UNTERSCHIEDE ZUR SOZIOKRATIE

Die Holokratie verwendet einige andere Begriffe für gleiche oder ähnliche soziokratische Konzepte, beispielsweise integratives Entscheidungsverfahren statt Konsent-Moderation. Darüber hinaus existiert eine Reihe kleinerer und größerer Unterschiede:

- Wie in der Soziokratie entscheidet der Einwandgeber über die Gültigkeit eines Vetos. In der Holokratie existiert jedoch eine Validitätsprüfung, mit der die sachliche Berechtigung eines Einwands hinterfragt wird.
- In der Soziokratie werden Entscheidungsprobleme in den Oberkreis delegiert, in der Holokratie wird dagegen der Moderator durch den Moderator des Oberkreises ersetzt.
- Die Holokratie verteilt Zuständigkeiten systematisch auf Rollen, in der Soziokratie ist dies optional.
- Die Holokratie kennt neben den hierarchischen Verbindungen der Kreise zu Ober- und zu Unterkreisen auch offiziell Verbindungen zu Nachbarkreisen. In der Soziokratie ist dies allenfalls inoffizielle Praxis.
- Rolleninhaber werden in der Soziokratie nach der Qualität (Integration der Einwände per Konsent), in der Holokratie nach der Quantität (Anzahl der Zustimmungen) der Stimmen gewählt.
- In beiden Modellen haben die Interessen der Organisation Vorrang vor den Egos und individuellen Bedürfnissen. Die Holokratie trennt hier strikt und gibt persönlichen Belangen keinen unmittelbaren Raum.
- Holokratie und Holacracy sind geschützte Wortmarken von Holacracy One. Die Soziokratie ist markenrechtlich lockerer.
- Beide Modelle bieten Ausbildungen und Akkreditierungs- bzw. Zertifizierungsprogramme an. Beides sind kommerziell ausgerichtete Franchise-Systeme, die Umsatzbeteiligungen für die Markeninhaber und besondere Franchise-Bedingungen beinhalten.
- Zum holokratischen Modell existieren zahlreiche frei zugängliche Informationen. Die Soziokratie ist etwas verschlossener.
- Beide Modelle wirken auf uns etwas formal und bürokratisch, die Holokratie sogar mechanistisch.
- Das soziokratische Kreismodell wird vorwiegend von gemeinwohlorientierten Organisationen praktiziert, es gibt wenige Referenzen für den Einsatz in Unternehmen.

Beide Modelle sind universell anwendbar. Viele anwendende Unternehmen implementieren sie jedoch sehr flexibel.

Netzwerkorganisation

Ein Netzwerk ist eine Form von Organisation, deren Mitglieder
- eine Menge von Prinzipien, Werten und einen gemeinsamen Zweck teilen,
- nur lose miteinander verbunden sind und
- sich wiederholt, temporär und in variierenden Zusammensetzungen zu bestimmten gemeinsamen Handlungen (Wertschöpfungen) zusammenfinden.

Auf den ersten Blick sind Netzwerkorganisationen wie Wohngemeinschaften: Man wohnt zusammen, um Kosten zu sparen und Ressourcen zu teilen, jeder führt sein eigenes Leben und in der Küche trifft man sich zu interessanten Gesprächen. Dabei muss man nicht befreundet sein, aber weil jeder die Eigenheiten der anderen kennt, wird alles berechenbarer. Und was die Menschen verbindet, ist eher ihre Unterschiedlichkeit.

Mitglieder einer Netzwerkorganisation treten wiederkehrend aus latenten (schlafenden) in aktive Beziehungen zueinander ein, mit denen sie wiederum ihre Beziehungen auffrischen, vertiefen und auch neue Netzwerkmitglieder kennenlernen. Es sind gewissermaßen Plug-and-Play-Organisationen. Wer nichts mehr beiträgt, gehört immer weniger dazu.

Diese gemeinsamen Handlungen oder Projekte können unterschiedlich intensiv sein (Intensität), werden durch unterschiedlich viele Mitglieder getragen (Ausdehnung), können ihre Intensität und Ausdehnung im Laufe der Zeit ändern (Dynamik) und sind emergent. Es sind Orte und Zeiten, „an denen etwas los ist" (Aktivitätspunkte, Hotspots).

Da in Projekten meistens unterschiedliche Fähigkeiten benötigt werden und diese nicht immer vollständig aus dem Netzwerk rekrutiert werden können (weil sie dort nicht vorhanden sind oder gerade keine Zeit haben), erweitern sich Netzwerke regelmäßig. Ein Netzwerkmitglied bringt ein neues Mitglied ein, das es aus anderen Kontexten (Netzwerken) kennt.

Ein Mitglied, das viele Kontakte außerhalb eines Netzwerkes hat, ist für dieses Netzwerk deswegen in der Regel wertvoller als solche, die nur innerhalb des aktuelles Netzwerkes Kontakte führen; wobei sich der Wert des einbringenden Mitgliedes natürlich mit jedem eingebrachten Neumitglied reduziert. Umgekehrt lernen andere Netzwerkmitglieder das neue Mitglied kennen, was ihren Kontaktpotenzialwert in anderen Netzwerken steigen lässt. Letztendlich profitieren also alle davon. Deutlich wird damit aber auch, dass die Grenzen eines Netzwerkes und seine Zugehörigkeiten nicht nur vage sind, sondern auch noch dynamisch bzw. instabil.

Zwischen den einzelnen Mitgliedern eines Netzwerks gibt es in der Regel kaum formale oder vertragliche Beziehungen und daher auch keine eindeutige Machtrichtung. Allenfalls bestimmte Aktivitätspunkte transformieren und konstituieren sich bspw. als Projekte, BGB-Gesellschaften o. Ä.

Von der Struktur her ist ein Netzwerk keine Hierarchie, sondern eher eine Heterarchie, d.h., Über- und Unterordnungsverhältnisse werden durch dezentrale Selbststeuerungsmechanismen ersetzt. Die Mitglieder bleiben weitgehend autonom.

LITERATUR
- Jan van Dijk: *The Network Society*; SAGE Publications, 2006; Erstauflage von 1991.
- Marshall McLuhan, Quentin Fiore: *Das Medium ist die Massage*; Klett-Cotta 2011; Originalausgabe von 1967.

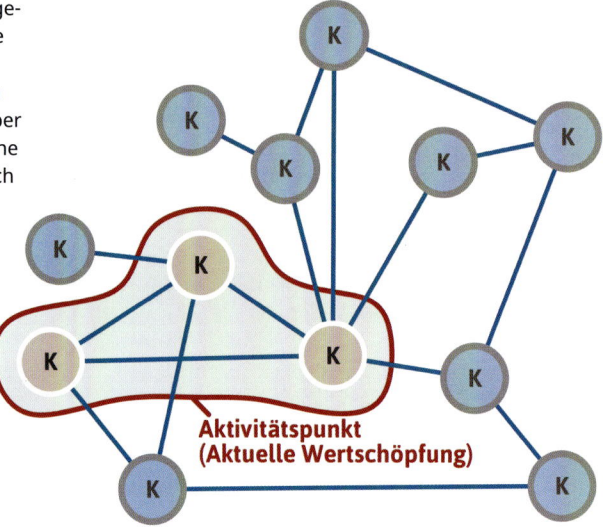

Abb. 39: Das Strukturprinzip von Netzwerkorganisationen. [http://kollegiale-fuehrung.de/netzwerkorg/]

Pfirsichorganisation

Die Pfirsichorganisation ist eine Mischung aus sozio- und holokratischer Kreisstruktur und Netzwerkorganisation.

Die Macht verläuft entgegengesetzt zur soziokratischen Kreisorganisation von außen nach innen, und es geht von den äußeren Kreisen (Peripherie) die direkte Wertschöpfung aus. Innen liegen dienstleistende Kreise und indirekte Wertschöpfung (Zentrum). Die Trennung von Peripherie und Zentrum geht auf Gerhard Wohland [Wohland2013] zurück, der Begriff Pfirsichorganisation auf Niels Pfläging [Pfläging2013].

Die Mitarbeiter sind typischerweise Mitglied in mehreren Kreisen. Die Trennung in die verschiedenen Bereiche ist nicht an Personen, sondern an deren Rollen und Kreismitgliedschaften orientiert.

Niels Pfläging beschreibt die Pfirsichorganisation in seinem Buch *Organisation für Komplexität* [Pfläging2013]. Dabei rechnet er Kunden, Lieferanten, Wettbewerber und Eigentümer des Unternehmens ebenso zur Außenwelt wie die Gesellschaft.

Im Zentrum befinden sich die typischen zentralen Dienstleistungen, wie Personal, IT, Forschung, Finanzen, Recht etc., die Niels Pfläging auch einfach Org-Shops nennt, um deutlich zu machen, dass die wertschöpfenden Kreise hier interne Dienstleistungen einkaufen, die Machtrichtung also von außen nach innen verläuft.

Unterschiede zu anderen Organisationsmodellen

Die Beziehungen der einzelnen Kreise unterliegen, anders als bei der Holokratie und Soziokratie, keinen zwingenden Gestaltungskriterien, sondern folgen einfach den von außen nach innen verlaufenden Anforderungen.

Der wesentliche Unterschied zur Linienorganisation besteht darin, dass die Kreise, vor allem die peripheren, ihre Ergebnisse ganzheitlich und Disziplinen übergreifend erbringen, sie also alle für ihre Wertschöpfung notwendigen Fertigkeiten beinhalten.

Im Gegensatz dazu werden in Linienorganisationen wertschöpfende Leistungen üblicherweise funktional zerteilt. Jeder macht dann einen Teil der Arbeit, ohne das Ganze noch im Blick haben zu müssen oder zu können. Der einzelne Beitrag zur Wertschöpfung geht verloren.

In Linienorganisationen verfügen die Mitglieder einer Abteilung häufig über die gleichen Fähigkeiten und stammen aus der gleichen fachlichen Disziplin. Die Kreise einer Pfirsichorganisation sind multidisziplinär und sie profitieren von komplementären fachlichen Spezialisierungen.

LITERATUR
- Niels Pfläging: *Organisation für Komplexität*; BetaCodexPublishing, 2013.
- Gerhard Wohland, Matthias Wiemeyer: *Denkwerkzeuge der Höchstleister*; Unibuch Verlag Lüneburg, Erstauflage Verlag Monsenstein und Vannerdat, Münster, 2006.

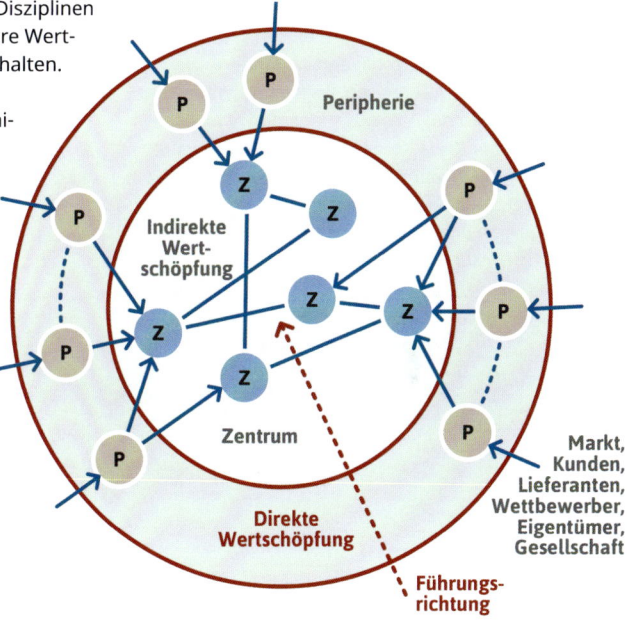

Abb. 40: Prinzipbild einer Pfirsichorganisation. [http://kollegiale-fuehrung.de/pfirsichorg/]

QUERVERWEISE
- S. 280 Zentrum vs. Peripherie
- S. 281 Direkte vs. indirekte Wertschöpfung

Kollegiale Kreisorganisation

Die in diesem Buch beschriebene kollegiale Kreisorganisation ist eine Synthese aus sozio- und holokratischer Kreisorganisation, Netzwerkorganisation, Systemtheorie, systemischer Organisationsentwicklung und reflektierter Praxis agiler Unternehmen.

In dem Modell wird die Organisation sowohl vom Marktumfeld (außen) als auch von den Inhabern (innen) unterschieden. Intern wird es in verschiedene Ringe sowie Bereiche untergliedert und differenziert verschiedene Arten von Kreisen, Rollen und Prozessen. Wir unterscheiden das Organisationsmodell als Makroebene, von der Kreis-Konstitution als Mikroebene:

▶ Das *Organisationsmodell* beschreibt, welche Kreise in einer Organisation existieren und in welchen Beziehungen diese stehen.
▶ Die *Kreis-Konstitution* beschreibt, wie diese Kreise in sich organisiert sind, welchen Zweck, welche Mitglieder und welche Rollen sie beinhalten.

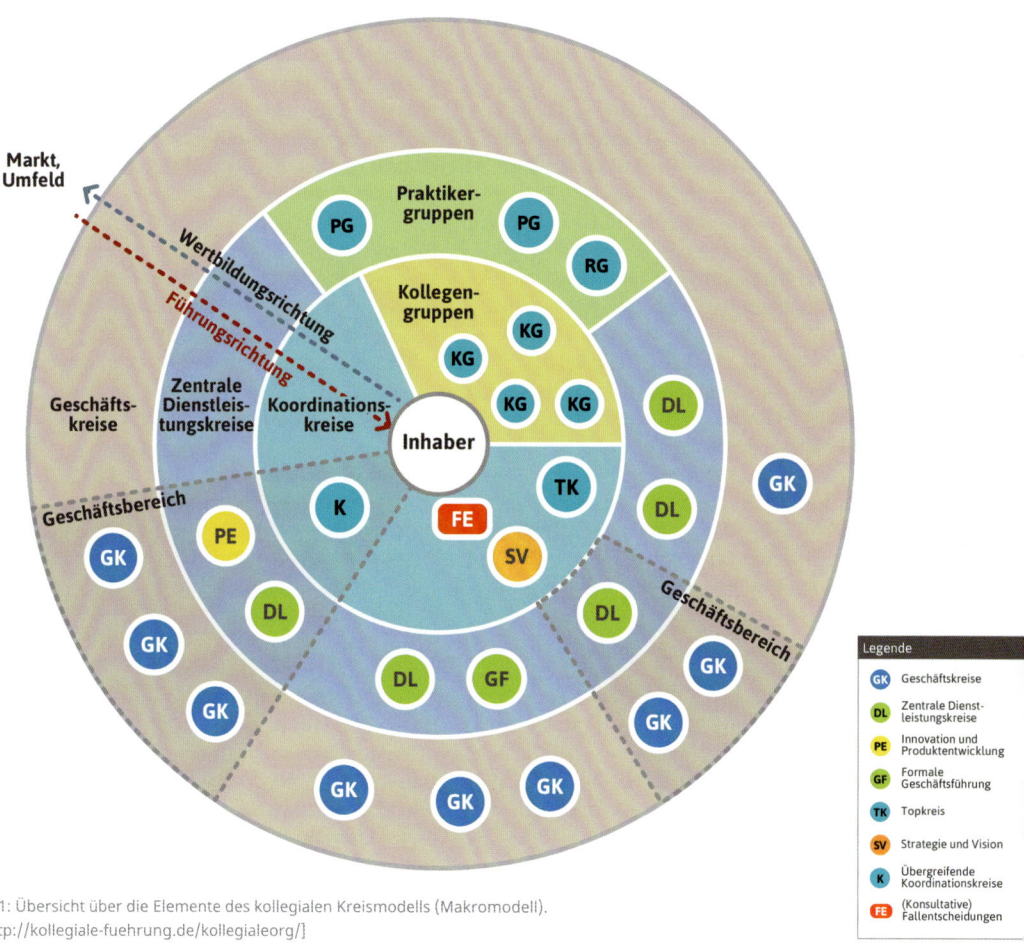

Abb. 41: Übersicht über die Elemente des kollegialen Kreismodells (Makromodell). [⬇ http://kollegiale-fuehrung.de/kollegialeorg/]

GRUNDPRINZIPIEN DER KOLLEGIALEN KREISORGANISATION

Unserer Meinung nach sind lediglich die acht nachfolgenden Prinzipien für kollegiale Kreisorganisationen wirklich verbindlich. Sie repräsentieren ein Meta-Meta-Modell und sind entsprechend abstrakt formuliert:

1. **Kreise:** Um den spezifischen Organisationszweck zu erfüllen, gliedert sich die Organisation in eine Reihe von exklusiven (d.h. von allen anderen unterscheidbaren) Verantwortungsbereichen, die Kreise genannt werden.

2. **Hierarchie:** Jeder Kreis kann Unterkreise gründen (und wieder auflösen), an die er Teile seines Verantwortungsbereiches delegiert. Mindestens eine vom Kreis gewählte Person ist dann in beiden Kreisen Mitglied.

3. **Mitglieder:** Ein Kreis besteht aus 1 bis 10 Personen und entscheidet selbst, wer als Mitglied aufgenommen oder ausgeschlossen wird. Jedes Organisationsmitglied ist Mitglied in beliebig vielen Kreisen.

4. **Entscheidungen:** In einem Kreis entstehen Entscheidungen dadurch, dass ein Mitglied einen Vorschlag macht und kein anderes Mitglied ein Veto äußert. Auf diese Weise kann der Kreis auch andere Entscheidungsverfahren beschließen.

5. **Inhaber:** Die Inhaber der Organisation konstituieren den obersten Kreis, sind in diesem durch mindestens einen Vertreter repräsentiert und legen als Rahmenbedingungen schriftlich fest, welche Elemente und Aspekte der Organisation kollegial gestaltbar und welche von den Inhabern vorgegeben sind.

6. **Rolle:** Ein Verantwortungsbereich, der bewusst nur von einer einzelnen Person wahrzunehmen ist, wird Rolle genannt.

7. **Repräsentant:** Ein Mitglied, das von einem Kreis mit einem definierten Anliegen in einen anderen Kreis entsendet wird, wird Repräsentant genannt.

8. **Spezifika:** Diese Regeln sind durch weitere spezifische Regeln, Prinzipien und Standards zu ergänzen.

Alle anderen in diesem Buch beschriebenen Inhalte sind also lediglich Angebote und Ideen, um die achte Regel in einfacher Weise individuell erfüllen zu können.

Gestaltungsprinzip:

So wenig Kreise, Rollen und feste Beziehungen, wie (zur Reduktion von Transaktionskosten) nötig, und so viele, wie (für die Orientierung der direkt Betroffenen) nötig.

Was ist dieses Modell und wie ist es entstanden?

Wir haben Soziokratie und Holokratie in der eigenen Unternehmenspraxis erprobt und sind dabei verschiedenen Impulsen und Anforderungen nach Vereinfachungen und größerer Flexibilität gefolgt.

Beispielsweise erschienen uns einige der Elemente, Regeln und Prinzipien zu formal, zu unpraktisch und teilweise zu bürokratisch. Einzelne Elemente und Standards, von den Doppelverbindern (➜ S. 110) bis hin zum Konsent, erschienen uns nicht für alle Anwendungsfälle und Situationen nutzbringend genug.

Ebenso haben wir im Laufe der Zeit weitere Praktiken kennengelernt, gefunden und erfunden, die sich für bestimmte Kontexte, für eine bestimmte Zeit oder auch generell als nützlich erwiesen haben, sodass wir sie unserem Werkzeugkoffer als Möglichkeit hinzugefügt haben.

Während der Erarbeitung dieses Buches haben wir diese und andere reale Entwicklungen reflektiert, den Werkzeugkasten aufgeräumt, Begriffe und Werkzeuge gesäubert und geschärft, um dieses verdichtete Erfahrungswissen in Form dieses Buches weitergeben zu können.

Unser Ziel ist also,
- mit möglichst wenig wirklich verbindlichen Regeln auszukommen,
- eine große Offenheit und Vielfalt gegenüber den praktischen Anwendungsfällen zu ermöglichen,
- gleichzeitig eine sprachlich und konzeptionell reflektierte Sammlung bewährter Werkzeuge zu zeigen,
- neben der Mechanik (Strukturen, Prozesse) auch ein umfassendes Verständnis für die Funktionsprinzipien von Organisationen zu liefern und
- hilfreiche Haltungen und Werte zu benennen und zu unterstützen.

Wichtige Unterschiede zu sozio- und holokratischen Kreisorganisationen

Welches sind die wesentlichen Unterschiede des hier beschriebenen kollegialen zum sozio- oder holokratischen Kreismodell?

- **Fokus auf direkter Wertschöpfung:** Die Führung der Organisation soll von den Kreisen und Rollen mit den direktesten Beiträgen zur Wertschöpfung ausgehen – unabhängig von der (oft gegenläufigen) Konstitutionsrichtung der Kreise.
- **Netzwerk-Organisation:** Keine ausschließliche Konstitution von oben nach unten, Kreise können sich nach Bedarf kreuz und quer verbinden und Teile der eigenen Zuständigkeiten gemeinsamen Koordinationskreisen übertragen (von außen konstituierte übergeordnete Führung und Koordination im inneren).
- **Konsequente Verteilung der Führungsarbeit:** Statt einer Wahl fest definierter Führungskräfte (bspw. Lead-Links) mit vorgegeben Verantwortungsbereichen werden differenziert gestaltbare Verantwortungsbereiche an passende Rollen oder Unterkreise übertragen.
- **Differenziertere Nutzung unterschiedlicher Entscheidungsverfahren.**

Weitere Unterschiede beschreiben wir auf den folgenden Seiten.

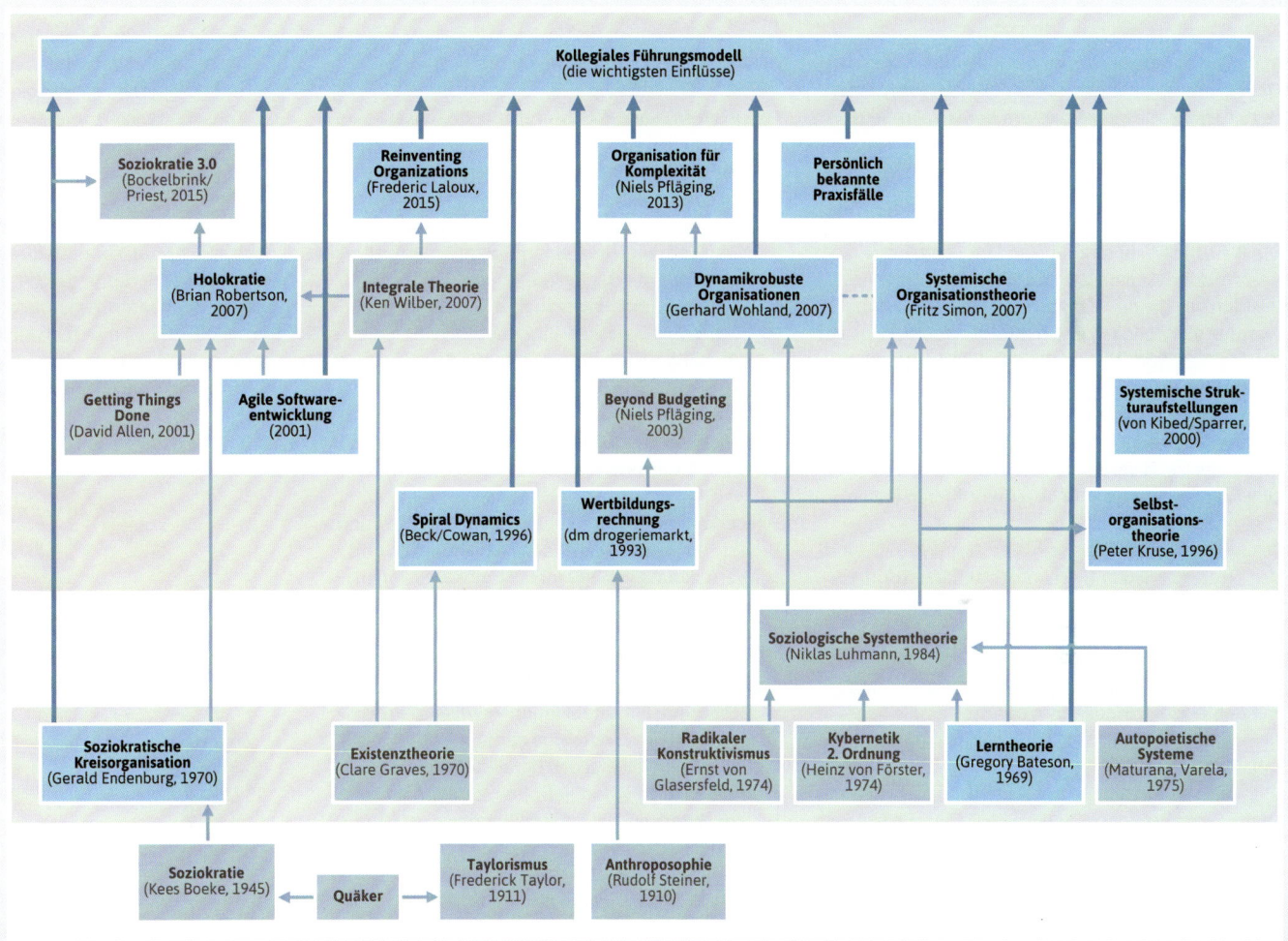

Abb. 42: Unsere wichtigsten Einflüsse. [http://kollegiale-fuehrung.de/einfluesse/]

Unterschiede zwischen den Modellen

Leitung eines Kreises

In der Holokratie bestimmt der Rolleninhaber des Oberkreises die Rolleninhaber der untergeordneten Leitungsrollen. Das Kreissystem der Holokratie ist ein machtzentriertes System. Die holokratischen Kreise unterscheiden sich wenig von klassischen Abteilungen in Linienorganisationen.

Die Führungsverbindung (Lead-Link) genannte Kreisführung ist eine beinahe ebenso machtvolle Position wie die der klassischen Abteilungsleitung: Es „werden alle Rollen in einem Kreis vom Lead-Link des Kreises bestimmt, der die Rolle jemanden zuweist" [Robertson2016, S. 53]. Die Kreisführung bestimmt somit auch die Kreisführungen der Unterkreise und fungiert auch explizit als Schnittstelle an der Grenze des Kreises und verteilt ankommende Informationen und Anfragen an die ihm untergeordneten Rollen.

Die Rollen, die der Kreis selbst bestimmen darf, sind der Prozessbegleiter (Facilitator), der Schriftführer (Secretary) und der Repräsentant für den Oberkreis (Rep-Link).

Damit ist die Kreisführung nicht auf Augenhöhe mit den übrigen Mitgliedern des Kreises. Sie hat disziplinarische Macht (→ S. 13, disziplinarische und inhaltliche Führung trennen).

Dies ist also weniger eine verteilte kollegiale Führung, sondern eine mit demokratisch oder soziokratisch gewählten Chefs. Gegenüber der klassischen Linienorganisation ist die Wahl von Chefs flexibler. Wir erwarten jedoch, dass die Dynamik und Komplexität unseres ökonomischen Umfeldes zunehmen und eine deutlich weitergehende Agilität fordern wird.

Für unser kollegiales Führungsmodell schlagen wir (unverbindlich) vor:

- Die Führung eines Kreises bedarfsweise auf verschiedene spezialisierte Rollen aufzuteilen, beispielsweise einen Gastgeber, einen Ökonom, einen Lernbegleiter, einen Dokumentar und weitere kreisspezifische Rollen.
- Alle Rollen und Rolleninhaber vom Kreis selbst bestimmen zu lassen – im Konsent, wenn der Kreis keine anderen Standards beschließt.

Statt dass also ein Kreismitglied den Hut aufhat, kreieren die Kreismitglieder eine Reihe von Hüten und verteilen diese innerhalb des Kreises.

Wiederkehrende und zu erwartende Entscheidungsbedarfe sollte ein Kreis aus Effizienzgründen und zur Vermeidung von Verantwortungsdiffusionen nicht jedes Mal individuell verteilen, sondern hierfür passende Unterstrukturen (Rollen, Unterkreise) einrichten. Die Gesamtverantwortung eines Kreises wird also typischerweise aufgeteilt:

- Bestimmte Entscheidungen werden im Kreis getroffen (im Zweifelsfall per Konsent (→ S. 160)).
- Soweit sinnvoll, werden bereits diese Entscheidungen nicht direkt getroffen, sondern an einen (konsultativen) Fallentscheider delegiert (→ S. 187).
- Andere Entscheidungen werden als pauschale Bereiche dauerhaft in Unterkreise delegiert (die im Konsent eingerichtet und ggf. wieder aufgelöst werden).
- Und auch weitere Entscheidungen werden pauschal und dauerhaft an spezielle Rollen, also an Einzelpersonen, delegiert (die vom Kreis im Konsent definiert und deren Rolleninhaber vom Kreis im Konsent gewählt werden).

Mit dieser Praxis gibt es nicht mehr „die eine" Leitung des Kreises, wie sie in Soziokratie und Holokratie noch spürbar ist, sondern die Gesamtverantwortung wird differenziert und gefühlt auf alle verteilt, wobei gewisse Standardrollen (Kreis-Gastgeber, Moderator, Protokollant etc.) durchaus sinnvoll sind. Der Einsatz dezidierter Rollen ist in der Holokratie vorhanden und in der Soziokratie nicht ausgeschlossen.

Trennung von operativen und organisationalen Entscheidungen

Die Trennung von operativen und organisationalen Entscheidungen ist für viele Kollegen in der Praxis nicht immer klar nachzuvollziehen. In der Holokratie werden diese Entscheidungsarten strikt getrennt und auf verschiedene Arbeitstreffen aufgeteilt, den operativen Treffen und den „Steuerungstreffen" (Governance). Wir finden es auch wichtig, diese Unterscheidung zu kennen, sehen aber keine Notwendigkeit zu dieser sehr strikten Trennung. Es sind jeweils die gleichen Menschen, die in gleicher Weise Entscheidungen treffen können, weswegen wir die Trennung für hilfreich, aber keineswegs für erforderlich halten.

Häufig hängen die Ebenen auch zusammen: Wenn verschiedene operative Entscheidungen nicht zu einer Verbesserung geführt haben, dann ist es sinnvoll, über organisatorische Veränderungen nachzudenken.

Unscharfe Rollen (-beschreibungen)

Holokratie ist sehr regelbasiert. Sie definiert als Regel „die Gewährung oder Begrenzung der Autorität, auf den Bereich eines Kreises oder einer Rolle einzuwirken" [S. 76]. Regeln dienen also dazu, Zuständigkeits- und Herrschaftsbereiche festzulegen. Unser Bild von einer kollegialen Führung ist aber dadurch geprägt, dass die Menschen miteinander ihre Zuständigkeiten klären, um die Kooperation effizient zu gestalten. Wenn ich nicht weiß, wer für was zuständig ist, und ich lange suchen muss, bevor es zu einer Kooperation mit einem Kollegen kommt, dann sind wir ineffizient. Die Transaktionskosten sind zu hoch.

Deswegen sehen wir Zuständigkeiten eher als hilfreiches Wissen über die Organisation. Die Festschreibung von Zuständigkeiten und Rollen in Regelwerken erinnert uns an traditionelle Stellen- und Positionsbeschreibungen. Wir sehen nicht nur die Gefahr, dass die Zuständigkeiten zu starr und zu wenig inhaltlich geprägt sind, sondern auch sachfremd als Macht- und Einflussbereiche benutzt werden.

Unserer Erfahrung nach lesen die meisten Mitarbeiter die Rollendefinitionen und Regeln bei einer zu großen Zahl nicht mehr und ignorieren sie einfach.

Feedback statt Regeln

Hinzu kommt, dass wir eine immer höhere Dynamik in unseren Organisationen zu bewältigen haben. Dabei sind statische Rollen und Regeln das größte Hindernis. Wegen der schieren Menge von Überraschungen sollten wir gar nicht mehr versuchen, alle Anpassungen formal auszuhandeln und zu dokumentieren, weil auch hier die Transaktionskosten zu hoch wären.

Eine Verständigung über gemeinsame Werte und Prinzipien sowie wirksame Feedback-Schleifen erscheinen uns nützlicher. Es wird aufgrund der Dynamik und Komplexität immer wieder zu Handlungen und Entscheidungen kommen, die wir nicht rechtzeitig, nicht umfassend, nicht klar oder aufwandsangemessen genug mit den (zuständigen) Kolleginnen absprechen können. Das bedeutet aber nicht, dass die Organisation und ihr Geschäft deswegen einen Schaden nimmt. Ganz im Gegenteil. Für den Kunden und die Wertschöpfung kann der flexible Umgang mit Zuständigkeiten nützlich sein.

Dennoch ist es ganz natürlich, dass wir unsicher werden, sobald Kollegen ohne Rücksprache mit uns etwas tun, das für die Arbeit in unserem Einflussbereich Folgen haben könnte. Transparenz und ein respektvoller Umgang miteinander können hier Vertrauen aufbauen. Auch sind klare Rückmeldungen, eine gewisse Konfliktfähigkeit und das Verzeihen äußerst hilfreich, um gemeinsam zu lernen und sich zu entwickeln.

Wir plädieren also dafür,
- weniger Regeln festzuschreiben,
- Zuständigkeitsbereiche und Rollen nur grobgranular zu beschreiben,
- detaillierte Abgrenzungen der informellen Selbstorganisation zu überlassen,
- zur Verbesserung der Kooperation regelmäßige Retrospektiven und gegenseitige Feedback-Gespräche zu ermöglichen und
- einen regelmäßigen Diskurs über gemeinsame Prinzipien und Werte zu führen.

Hierarchische Konstitution

Wie eine Abteilung ist ein Kreis ein Verantwortungsbereich, den dieser eigenständig weiter in Unterkreise bzw. Unterabteilungen unterteilen kann.

In der Holokratie ist vorgesehen, dass Kreise auch Repräsentanten mit anderen mehr oder weniger entfernten Nachbarkreisen austauschen und sich somit ganz direkt koordinieren können, ohne den umständlichen Auf- und Abwärtsweg durch die Hierarchie zu nehmen.

Die Teilung oder Zusammenlegung von Verantwortungsbereichen in andere Richtungen ist jedoch, von klassischen Projektstrukturen abgesehen, nicht explizit vorgesehen. Insofern ist die Holokratie und vermutlich auch die gelebte Praxis der Soziokratie vergleichbar mit der Praxis in modernen Ausprägungen der Linienorganisation. In denen wird es zunehmend selbstverständlich, direkte Kommunikation zwischen den passenden Parteien zu ermöglichen und nicht immer den hierarchischen Weg nehmen zu müssen.

Größere strukturelle Unterschiede zur pyramidenförmigen Linienorganisation ergeben sich daraus noch nicht. Praktisch wird die Linienorganisation einfach von einem (um eine halbe Ebene versetzten) Kreismodell überlagert (➔ S. 64, Abb. 29): Die Berichtswege der Linienorganisation (zwischen Leitung und Untergebenen) werden zu Kreisen und die bisherigen Abteilungsleitungen werden, in Form von doppelten Ober-/Unterkreisrepräsentanten, zu Beziehungen zwischen Kreisen.

Der wesentliche Unterschied der soziokratischen Kreisorganisation zur Linienorganisation besteht dann darin, dass die meisten operativen Entscheidungen nicht mehr von einer Abteilungs- oder Kreisleitung alleine bestimmt, sondern nun vom Kreis gemeinsam getroffen werden.

Es bleibt aber eine pyramidenförmige Hierarchie und stellt kein echtes Netzwerk dar, selbst wenn diese nun durch sich überlagernde Kreise (➔ S. 76 Holokratie) oder Dreiecke (➔ S. 75 Soziokratie) oder im Stil eines Netzwerkdiagrammes visualisiert werden.

So, wie Niels Pfläging im Pfirsichmodell eine komplexe Netzwerkstruktur zwischen den Kreisen darstellt, sind die sozio- und holokratischen Organisationen unseres Erachtens nicht oder nur ansatzweise strukturiert. Und eine Unterscheidung zwischen Zentrum und Peripherie (➔ S. 280) entsprechend dem Wertschöpfungsbeitrag fehlen in der Sozio- und Holokratie auch.

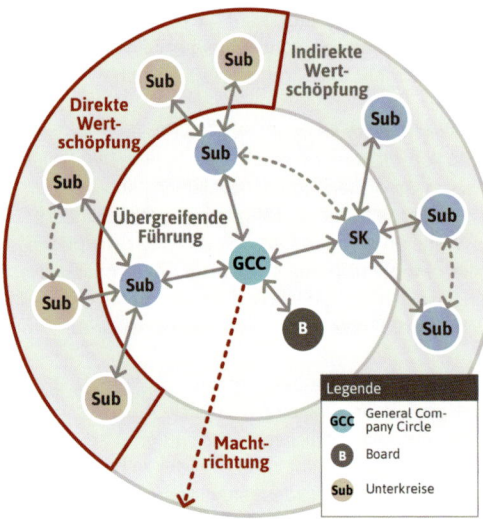

Abb. 43: Holokratie dargestellt als Kreismodell zum Vergleich mit dem Pfirsichmodell (➔ S. 79, Abb. 40) und dem kollegialen Kreismodell (➔ S. 80, Abb. 41). [⬇ http://kollegiale-fuehrung.de/holokratie-als-pfirsich/]

Für das kollegiale Kreismodell schlagen wir explizit vor:
▶ beliebige netzwerkartige Konstitutionsrichtungen und Verbindungen der Kreise (mit der Einschränkung, Verantwortungsdiffusion durch abgetrennte Teilnetzwerke zu vermeiden) sowie
▶ differenzierte Verbindungsmöglichkeiten durch Doppelverbinder, Einfachverbinder und spezifische Ansprechpartner zu ermöglichen.

Auch wenn viele Menschen immer wieder gern den plakativen Spruch vom „hierarchiefreien" Unternehmen wiederholen: die Bildung von Hierarchien in Organisationen ist generell sinnvoll und menschlich unvermeidbar. Problematisch ist nur, wenn die formalen und offiziellen Strukturen nicht mehr ausreichend zu den tatsächlichen oder notwendigen passen.

Zu kollegial geführten Organisationen gehören unbedingt Möglichkeiten, dass sich Kreise nach Bedarf kreuz und quer in differenzierterer Form verbinden und wieder lösen und dass Kreise auch Teile der eigenen Zuständigkeiten gemeinsamen übergeordneten Koordinationskreisen übertragen können. Die Machtkonstitution kann bedarfsweise von unten nach oben (bzw. von außen nach innen) erfolgen, während die Machtausübung, also die operativen Koordinationsleistungen, in der Gegenrichtung verlaufen.

Kreise und Rollen sollten in der Lage sein, die ihnen zugebilligten Zuständigkeiten in beliebige Richtungen zu delegieren oder zusammenzulegen, damit echte Netzwerkstrukturen entstehen und Netzwerkprinzipien wirksam werden. Gerade für „gelbe" oder „türkise" Organisationen, wie auf Seite 17 beschrieben, ist dies relevant.

Evolution oder Revolution?
Mit der Aussage: „Man kann Holacracy nicht praktizieren, indem man nur einen Teil der Regeln annimmt" [Robertson2016, S. 139] entsteht eine Einstiegshürde. Wir verstehen die Sorge dahinter, dass das neue Organisationsmodell durch einen unklaren Übergang nicht gut zum Laufen kommt. Dennoch: Der initiale Aufwand, damit alle Beteiligten des umzustellenden Unternehmensbereiches die neuen Konzepte (Regeln, Prozesse, Praktiken etc.) verstehen und berücksichtigen, ist nicht zu unterschätzen.

Mit den alten Regeln entfallen auch gewohnte Sicherheiten. Es braucht aber eine Weile, bis die neuen Regeln sich bewähren und die Beteiligten zu ihnen Vertrauen und Sicherheit entwickeln. Mit neuen Regeln und Machtverhältnissen steigt zudem die Gruppendynamik. Das soziale Miteinander muss neu eingeübt werden, wodurch die Kooperationsfähigkeit übergangsweise strapaziert wird. Währenddessen muss das operative Tagesgeschäft weitergehen. Unserer Erfahrung nach besteht bei einem sehr umfassenden Übergangsschritt die ernste Gefahr, die Organisation und ihre Mitarbeiter gefährlich zu überlasten.

Die neuen Praktiken können durchaus separat eingeführt werden, sofern
- eventuelle Abhängigkeiten zwischen den verschiedenen Praktiken und Prinzipien reflektiert
- und der Kontextwechsel für den jeweiligen Bereich klar markiert wurden. Die Klarheit, wo welche Regeln und Prinzipien gelten, ist unserer Erfahrung nach wichtiger, als alle Regeln und Prinzipien auf einen Schlag einzuführen (➲ S. 40, Kontexte spürbar umschalten).

Wir suchen daher eher nach Möglichkeiten, kollegiale Führung nicht nur lokal begrenzt, sondern auch konzeptionell schrittweise einzuführen. Und wir versuchen darüber hinaus, die Einführung auch nicht von außen vorgeben zu müssen („Das sind die neuen Regeln, die ihr jetzt lernen müsst."), sondern – soweit praktisch möglich – die Kollegenschaft eigenverantwortlich die nächsten Lernschritte wählen zu lassen (➲ S. 58, Übergangsmonitor, Pull statt Push).

Für einen schrittweisen Übergang spricht auch, dass niemand vorhersehen kann, ob die vorgesehene Blaupause Holokratie von einer konkreten Organisation erfolgreich eingeführt werden kann, weswegen eine schrittweise zirkuläre Vorgehensweise (➲ S. 31) überlegenswert ist.

Die formale Umstellung
Die Einführung der Holokratie beginnt mit der formalen Akzeptanz der Holokratie-Verfassung durch das bisherige Management, mit der es seine Macht abgibt.

Unserer Erfahrung nach ist der Übergang in der Praxis differenzierter und sehr unterschiedlich. Je nach vorhandener Kultur, Sicherheitsbedürfnissen der Inhaber, Geschäftsführer und Mitarbeiter verbleiben mehr oder weniger Rechte bei den Inhabern. Wir fragen daher als Erstes die Inhaber ganz konkret, welche operativen und organisationalen Rechte sie generell oder vorerst behalten möchten (➲ S. 60, Rahmenbedingungen festlegen).

Darüber hinaus hatten wir in allen uns bekannten Fällen den Eindruck, dass es für alle Beteiligten durchaus in Ordnung wäre, ja sogar erwartet wird, wenn die Inhaber und die formal verbleibende Geschäftsführung in existenziellen Ausnahmefällen direktiv Entscheidungsnotstände behebt.

Zusätzlich halten wir es für hilfreich, auch die Mitarbeiter vorher zu befragen, ob sie unter den von den Inhabern formulierten Rahmenbedingungen eine kollegiale Führung ausprobieren wollen. So wie ein angestellter traditioneller Geschäftsführer seinen Vertrag gründlich lesen würde und sich entscheiden müsste, ob er die dort formulierten Rahmenbedingungen, Einschränkungen und Zustimmungspflichten der Gesellschafter akzeptieren möchte. Auch würden wir nicht nur den Inhabern, sondern auch der Kollegenschaft als Ganzes das Recht einräumen, ein kollegiales Führungsmodell einseitig wieder zu beenden, so wie auch ein bestellter Vorstand nicht unbedingt den Anweisungen der Inhaber folgen muss bzw. als Geschäftsführer zurücktreten kann.

Da sich viele Kollegen und bisherige Führungskräfte zu Beginn gar nicht richtig vorstellen können, wie Selbstorganisation funktionieren soll, halten wir es für angemessen, die Einführung von Anfang an als herantastendes Experiment zu gestalten, um dann, wenn die neue Organisationsform für die Kollegen erlebbar und beurteilbar geworden ist, tatsächlich zu fragen, ob sie diese akzeptieren möchten.

Damit kann möglicherweise auch eine kritische Kündigungswelle vermieden werden, wie sie beispielsweise bei Zappos rund ein Jahr nach der Holokratie-Einführung auftrat. Um die Akzeptanz des Organisationsmodells herzustellen, hatte der Zappos-Chef den Mitarbeitern eine Abfindung angeboten, falls sie den Holokratie-Weg nicht mehr mitgehen wollten. Daraufhin verließen mehrere Hundert Angestellte das Unternehmen. Jede strategische und organisatorische Weichenstellung löst Kündigungen aus. Ab einer bestimmten kritischen Masse kann dies für eine Organisation jedoch destruktiv werden.

Die Absicht hinter der formalen Akzeptanz der Holokratie-Verfassung halten wir ebenfalls für wichtig. Die bisherige Führung sollte transparent und für alle sichtbar eine Selbstverpflichtung eingehen, sich an die Rahmenbedingungen zu halten und nicht willkürlich einzugreifen. Damit wird die Führung moralisch angreifbar, womit gleichzeitig das Vertrauen gestärkt werden kann.

Unterscheidung der direkten Wertschöpfung

Eine wesentliche Motivation zu neuen Führungsmodellen ist das angestrebte Primat der direkten Wertschöpfung. Die Macht, Führung und Strategie einer Organisation sollen vorrangig von denen ausgehen, welche die direkteste Wertschöpfung (➔ S. 281) erbringen, und nicht mehr von der Verwaltung oder zentralen Führungseinheiten. Statt von oben nach unten möchten wir mit modernen Führungsmodellen eine Führung von außen nach innen bewirken, wobei der Markt und die Kunden für die äußere Führung stehen.

Die Unterscheidung von direkter und indirekter Wertschöpfung und die Führung von außen nach innen sind in den sozio- und holakratischen Organisationsmodellen nicht vorgesehen. Durch die Wahl von Repräsentanten von unten nach oben haben Soziokratie und Holokratie eine Macht-Gegenrichtung zur traditionellen Linienorganisation etabliert. Damit wird der von oben nach unten herrschenden Macht etwas entgegengesetzt. Die Richtung wird aber nicht umgekehrt und die Umkehrung würde auch nicht entlang der Unterscheidung direkte vs. indirekte Wertschöpfung erfolgen.

Mit der einen oder anderen wohlwollenden Dehnung der sozio- und holokratischen Strukturprinzipien lässt sich diese Unterscheidung implementieren – ein vorgesehenes Qualitätsmerkmal dieser Modelle ist es nicht.

Differenzierte Entscheidungsverfahren

Wir gehen nun über in das Zeitalter, in der Führungsarbeit prozessualisiert wird. Anstatt dass einzelne Führungskräfte individuell entscheiden, werden Entscheidungsbedarfe in kollegialen Führungsprozessen verarbeitet.

Entscheidungsbedarfe sind das Material der Führungsarbeit.

Je nach Entscheidungsbedarf und Kontext landen Entscheidungsbedarfe bei anderen Rollenträgern und kommen andere Entscheidungsverfahren zum Einsatz. Eine gewisse Vielfalt von Rollen und Entscheidungsverfahren ist notwendig, um Entscheidungsbedarfe effizient und effektiv zu bearbeiten.

Das Konsentverfahren (➔ S. 160) ist ein grundlegendes und universelles Entscheidungsverfahren, das aber im Einzelfall ebenso wenig passend sein kann wie ein Schraubendreher, um einen Nagel in eine Wand zu schlagen.

Soziokratie und Holokratie verbieten keine Vielfalt differenzierter Rollen, Entscheidungs-, Kommunikations- und Kooperationsverfahren, sind aber mit ihren wenigen Standards von Haus aus eher bescheiden und wenig inspirierend.

„Wir dürfen das Unternehmen nicht von oben nach unten denken,
sondern wir müssen es von außen nach innen denken.
Der Mitarbeiter, der mit dem Kunden redet, ist in diesem Moment der Wichtigste;
alle anderen sind aus dieser Perspektive nur rückwärtig Dienstleistende."

Götz Werner / Gründer vom dm drogeriemarkt
[Werner2013, Seite 90]

„In einem anständigen Unternehmen führt der Kunde das Unternehmen, nicht der Vorstand."

Reinhard Sprenger
[Sprenger2015, S. 67]

Organisationskonfiguration (Makrostruktur)

*Warum benutzen wir
hier das Wort „Konfiguration"?*
*Um die Beweglichkeit und Anpassungsfähigkeit
der Organisationsstruktur hervorzuheben.
Aus unserer Sicht geht es (nach der Umstellung
auf eine kollegiale Führung) nicht mehr darum,
große Veränderungen an der Organisationsstruktur
zu verfolgen, sondern schrittweise kleine
Anpassungen auszuprobieren.*

 S. 92

Überblick
*Einführung in die Elemente
der sozialen Architektur kollegialer
Führung.*

 S. 103

Organisations-Pinnwand
*Wie behält die Organisation
den Überblick über ihre aktuelle
Konstitution?*

 S. 104

Hilfreiche Überlegungen
*Wie entsteht und wächst die
kollegiale Organisation?*

 S. 110

Typische Kreisbeziehungen

 S. 114

Typische Unterstützungskreise

 S. 124

**Typische Koordinationskreise
und -rollen**

Elemente der sozialen Architektur

Markt und Umfeld

Auf den folgenden Seiten beschreiben wir die wichtigsten Architekturelemente einer kollegialen Kreisorganisation.

- Als Erstes grenzen wir dabei die Organisation von ihrer Umwelt ab. Eine Grenze verläuft dabei zwischen der Organisation und dem Markt. Zum Markt rechnen wir (mögliche) Kunden, Lieferanten, Kooperationspartner, Wettbewerber, die Gesellschaft, den Gesetzgeber und auch den Arbeitsmarkt, also mögliche Angestellte. Dieses Umfeld betritt die Organisation mit ihrer Gründung.

- Die andere Grenze ist die zu ihren Gründern und Inhabern. Irgendjemand hatte die Idee zu einer Organisation, hat sie gegründet und wird damit zum Inhaber. Die Inhaberschaft ist durch einschlägige Gesetze vom Bürgerlichen Gesetzbuch (BGB) bis hin zum Aktienrecht geregelt. Bei juristischen Personen werden die Inhaber durch die Gesellschafterversammlung o.Ä. repräsentiert.

Wir unterscheiden (anders als das Pfirsichmodell ➔ S. 79) sowohl Markt als auch Inhaber von der Organisation selbst, weil ihre Funktionen grundsätzlich andere sind: Die Inhaber schaffen die Organisation, der Markt empfängt sie.

Inhaber

Im innersten Kreis stehen die Gründer bzw. Inhaber der Organisation. Ihre Konstitution ist normalerweise nicht soziokratisch, sondern durch GmbH- und Aktienrecht vorgegeben. So verteilen sich beispielsweise die Stimmrechte in der Regel proportional nach der Höhe des eingelegten Kapitals eines Gesellschafters, und die meisten Entscheidungen fallen demokratisch nach Zustimmung mit einfacher Mehrheit.

Die Gründer und Inhaber sind die Keimzelle, aus der die Organisation erwachsen ist, sie sind aber nicht ihr operativer Teil. Ihre Führungskompetenzen sind reglementiert, im Aktien- und Genossenschaftsrecht beispielsweise sind Vorstände nicht an Weisungen der Gesellschafter gebunden.

Die Inhaber bestimmen mit der Satzung und der Wahl der Geschäftsführung maßgeblich die Organisationsform. Eine kollegiale Kreisorganisation, die nicht auf den Gestaltungswillen der Inhaber zurückgeht, ist fragil.

Organisationszweck

Mit den Gründern verbunden ist auch der Geschäftszweck des Unternehmens. Zwar gibt es in jüngerer Zeit mehr Gründer, die ein Unternehmen nur des Unternehmens oder eines passiven Einkommens wegen gründen – sie funktionieren jedoch nur, wenn sie auch einen geschäftlichen Zweck haben und einen konkreten Nutzen für Kunden erzeugen können.

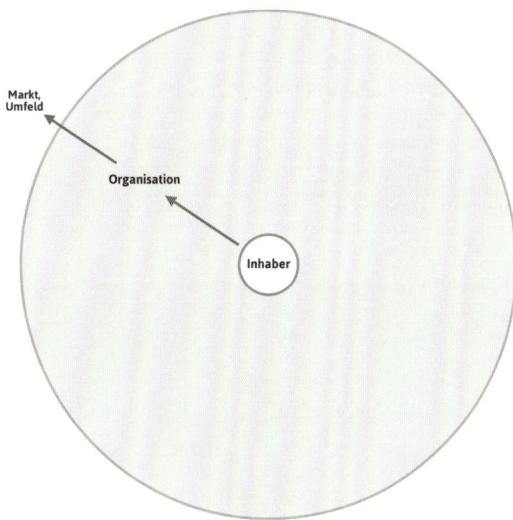

Abb. 44: Eine Organisation entsteht durch die Abgrenzung von ihrer Umwelt nach innen und nach außen. [⬇ http://kollegiale-fuehrung.de/inhaber-org-markt/]

Geschäftskreise

Kreisringe und -segmente

Die Abb. 45 zeigt eine erste Untergliederung des Inneren einer kollegialen Kreisorganisation in Form von zwei konzentrischen Ringen für die Geschäftskreise (GK), die der direkten Wertschöpfung, und die unterstützenden Kreisen (DL) in der Mitte, die der indirekten Wertschöpfung zugeordnet werden.

Auf dieser Seite beschreiben wir den äußeren Ring mit den Geschäftskreisen, auf der nächsten den mittleren Ring mit den zentralen Dienstleistungen.

Der äußerste Ring (Peripherie) enthält per Definition die Kreise der direkten Wertschöpfung. Hier sind alle Rollen, Aufgaben und Prozesse versammelt, die unmittelbar eine Wertschöpfung erbringen.

Direkt wertschöpfende Leistungen sind jene, die für den Kunden einen unmittelbaren und von ihm zu bezahlenden Wert erzeugen.

Wertbildende Leistungen sind also typischerweise Produktion, Transport, Beratung und Nutzungsrechte.

Diese Kreise werden Geschäftskreise, Geschäftsteams oder Geschäftszellen genannt, die wiederum weiter untergliedert werden können.

Exklusive Geschäftsbereiche

Typischerweise sind die Geschäftskreise in einer kollegialen Organisation weitgehend wettbewerbsexklusiv, das heißt, sie stehen untereinander in keinem bedeutsamen Wettbewerb. Der Marktdruck wird exklusiv verteilt. In diesem Fall gibt es klare Unterscheidungsmerkmale, beispielsweise in

- Länder und Regionen,
- Produktgruppen oder -komponenten,
- Branchen, Zielgruppen, Kundengruppen,
- Dienstleistungsarten oder Geschäftsmodelle,
- Vertriebskanäle

oder Ähnliches. Selbstverständlich sind niemals ganz eindeutige Abgrenzungen möglich, sodass es zu einem prinzipiellen, aber eben vernachlässigbaren Wettbewerb zwischen den Geschäftskreisen kommen kann.

Minimal funktionierende Organisationseinheiten

Wollte man eine minimal funktionierende Organisation kreieren (minimal viable organization), dann wäre dies ein Geschäftsteam.

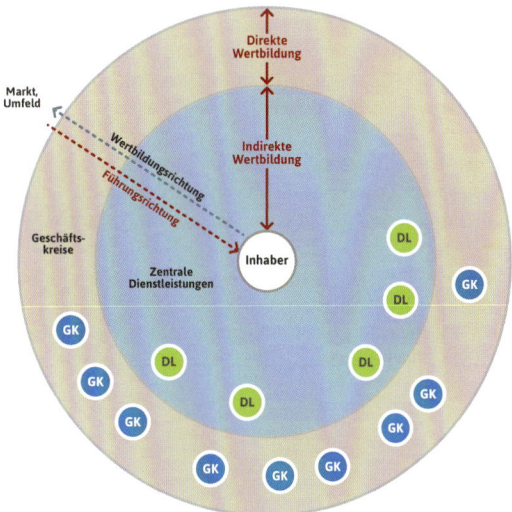

Abb. 45: Unterscheidung der direkten und indirekten Wertbildung im kollegialen Kreismodell. [⬇ http://kollegiale-fuehrung.de/direkte-vs-indirekte-wertbildung/]

QUERVERWEISE
- S. 280 Zentrum vs. Peripherie
- S. 281 Direkte vs. indirekte Wertschöpfung
- S. 282 Team vs. Gruppe
- S. 298 Das DevOp-Prinzip

Unterstützungskreise

Die Geschäftskreise konzentrieren sich ausschließlich auf die direkte Wertschöpfung, verwenden aber typischerweise eine Reihe von (zentralen) Unterstützungsleistungen, z.B.:
- Buchhaltung
- Marketing
- Personalwesen
- Interne IT
- Forschung
- Produktentwicklung
- Innovation
- Verkauf
- Geschäftsführung

Generell sind die Geschäftskreise als interdisziplinäre, ganzheitliche Einheiten anzusehen, die alle für die Wertschöpfung notwendigen Fähig- und Fertigkeiten in sich vereinen – was jedoch nicht immer sinnvoll oder praktikabel ist.

Traditionell: machtvolle Zentrale
In pyramidenförmigen Linienorganisationen sind Zentralabteilungen dadurch gekennzeichnet, dass sie hierarchisch Macht über die Organisationseinheiten der direkten Wertschöpfung ausüben: Die Marketingabteilung schreibt ein bestimmtes Grafikdesign vor, die IT-Abteilung die zu verwendenden IT-Arbeitsmittel, die Personalbuchhaltung die Auflagen zur Reisekostenabrechnung usw. (vgl. ❯ S. 72 Linienorganisation).

Kollegial: Primat der direkten Wertschöpfung
In von außen nach innen organisierten selbstgeführten Unternehmen ist es genau umgekehrt. Wir nennen es Primat der direkten Wertschöpfung. Die Zentrumskreise sind Dienstleister für die Peripherie. Niels Pfläging verwendet den Begriff Org-Shop, um deutlich zu machen: Das Zentrum bietet Leistungen wie in einem Laden an, die Peripherie kauft dort diese Leistungen ein.

In Abb. 45 ist die Wertbildungsrichtung deswegen von innen nach außen eingezeichnet und die Führungsrichtung entgegengesetzt, was bedeuten soll, dass sich die Organisation vom Markt führen lassen möchte und nicht von den Zentralabteilungen.

Generell ist die Zentralisierung bestimmter Fertigkeiten eine sinnvolle Arbeitsteilung, da Spezialwissen, Expertentum, Standards, Effizienz und Skalenvorteile nutzbar werden. Nicht jeder Mitarbeiter möchte oder kann seinen Computer selbst konfigurieren.

Dynamische Marktreize oder stabile zentrale Prozesse
Dies gilt aber auch nur für solche Aufgaben und Funktionen, die von der Komplexität und Dynamik des Marktes weitgehend unabhängig sind und dadurch auf stabilen Prozessen basieren können – siehe hierzu die Trennung von stabilen Prozessen (blau) und Überraschungen handhaben (rot) von Gerhard Wohland [Wohland2006] (❯ S. 11, Abb. 7 sowie S. 285).

Eine Organisation muss deswegen erkennen und laufend überprüfen, ob und welche Prozesse stabil sind und daher separiert, delegiert und zentralisiert werden können und welche Marktreize dynamisch sind, komplexes Verhalten zeigen und entsprechend direkt an der Schnittstelle zum Markt kreativ zu handhaben sind, damit die Überraschungen nicht auf das Zentrum durchschlagen und dort stabile Prozesse stören (vgl. Dynamikfalle ❯ S. 11).

Die Frage, welche Kreise kreiert werden und in welchem Ring sie in dem Modell positioniert werden, ist also auch eine organisationsgestalterische Entscheidung.

Die Frage, ob Geschäftskreise die Möglichkeit haben sollten, die zentralen Dienstleistungen nicht abzunehmen und sie stattdessen auf dem Markt einzukaufen, bearbeiten wir anderer Stelle in diesem Buch (❯ S. 109).

QUERVERWEISE
- ❯ S. 72 Traditionelle Linienorganisation
- ❯ S. 280 Zentrum vs. Peripherie
- ❯ S. 281 Direkte vs. indirekte Wertschöpfung
- ❯ S. 115 Geschäftsführung
- ❯ S. 11 Die Dynamikfalle
- ❯ S. 109 Optionale oder verpflichtende Zentrumsleist.
- ❯ S. 114 Typische Unterstützungskreise

Koordinationskreise

Warum überhaupt?
Jeder Kreis führt sich und seinen Zuständigkeitsbereich selbst. Der Zweck einer Organisation ist jedoch die vertrauensvolle Zusammenarbeit der einzelnen Organisationseinheiten, um auf diese Weise Transaktionskosten zu sparen. Das unterscheidet eine Organisation vom Markt.

Im Unterschied zu einer Organisation wird die Zusammenarbeit in einem Markt immer wieder neu ausgehandelt. Dadurch ist der Markt flexibler, hat aber auch höhere Transaktionskosten.

> **DEFINITION TRANSAKTIONSKOSTEN**
>
> Transaktionskosten sind Kosten, die für die Benutzung eines Marktes oder einer Organisation entstehen, beispielsweise zur Informationsbeschaffung, Kontaktaufnahme, Angebotserstellung und -beurteilung, Vertragsverhandlung, -änderungen und -überwachung.
>
> Unternehmen und Märkte unterscheiden sich dadurch, dass Unternehmen wegen ihrer festen und keine individuellen Verträge erfordernden Kooperationsbeziehungen niedrigere Transaktionskosten haben, während Märkte eine höhere Flexibilität haben, weil sie jede Transaktion neu aushandeln.

QUERVERWEISE
- S. 94 Unterstützungsteams
- S. 93 Geschäftsteams

Eine Organisation hingegen hat feste Koordinationsmechanismen und -prinzipien. Im kollegialen Führungsmodell sind dies die Verbindungen zwischen den Kreisen und übergeordnete Führungs- und Koordinationskreise.

Jeder Kreis in einer kollegialen Organisation führt und organisiert sich selbst. Darüber hinaus muss in einem Unternehmen auch übergreifende und unternehmensweite Führungs-, Entscheidungs- und Koordinationsarbeit geleistet werden. Dies ist die Arbeit der Koordinationskreise.

Unterscheidung zentraler Dienstleistungen und übergreifender Koordination
Im Organisationszentrum können also, wie in Abb. 45 dargestellt, zwei Arten von Kreisen unterschieden werden:
▶ Zentrale Dienstleistungskreise und -rollen wie Buchhaltung, Marketing, formale Geschäftsführung, Produktentwicklung etc.
▶ Zentrale Koordinationskreise und -rollen wie das Plenum, der Topkreis, ein Strategiekreis, konsultative Fallentscheidungen und Ähnliches.

Wenn jeder Geschäftskreis prinzipiell macht, was er selbst bestimmt, so haben alle gemeinsam normalerweise dennoch den Bedarf, gegenüber dem Markt koordiniert aufzutreten und zu kommunizieren, also eine gemeinsame Marke zu bilden, als Gesamtheit und Identität wahrgenommen zu werden, voneinander zu lernen, gemeinsam Skaleneffekte zu realisieren und vieles mehr. Immer dann kommen Koordinationskreise und -rollen ins Spiel.

Koordinationskreise haben also einen anderen Charakter, als sich beispielsweise eine zentrale Buchhaltung zu teilen, wenngleich die Unterscheidung zwischen zentralen Dienstleistungen und zentraler Führung sicherlich nicht immer eindeutig ist.

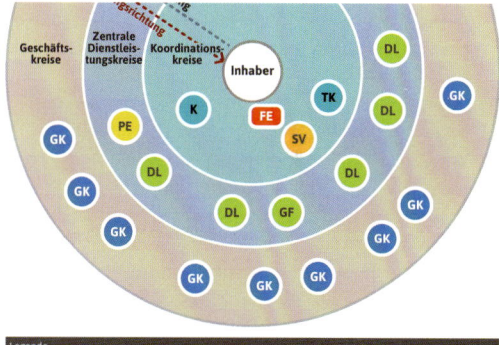

Abb. 46: Weitere Untergliederung der indirekten Wertschöpfung in Dienstleistungs- und Koordinationskreise. [⬇ http://kollegiale-fuehrung.de/dl-und-koord-keise/]

Dieser Unterscheidung folgend werden die Geschäftsführung (GF), eine zentrale Produktentwicklung (PE) und alle anderen zentralen Dienstleister (DL) im Dienstleistungsring notiert. Ein Topkreis (TK), ein Strategie- und Visionskreis (SV) und alle anderen Koordinationskreise (K) stehen im inneren Ring. Sofern (konsultative) Fallentscheide (FE) oder andere temporäre Rollen oder Kreise gerade aktiv sind, können diese auch in dem Modell festgehalten werden.

Geschäftsbereiche

Geschäftsbereiche sind Aggregationen von Kreisen, die für einen abgrenzbaren geschäftlichen Bereich grundsätzlich gemeinsam agieren.
Für die Untergliederung in Geschäftsbereiche wie in Abb. 47 kann es verschiedene Gründe geben:

▶ **Von außen nach innen**
Eine Gruppe von inhaltlich ähnlichen oder verbundenen Geschäftskreisen bildet gemeinsame Kreise für spezielle zentrale Dienstleistungen oder zu ihrer Koordination. Ansonsten eigenständige und unabhängige Kreise geben also bestimmte Verantwortungsbereiche an übergeordnete Kreise ab, die sie sich mit anderen teilen. Dadurch entstehen zwischen diesen Kreisen freiwillige Abhängigkeiten.

▶ **Von innen nach außen**
Das Unternehmen ist in seiner grundsätzlichen Architektur in verschiedene Geschäftsbereiche gegliedert. Die Entscheidung für Geschäftsbereiche entsteht also nicht emergent aus den Geschäftskreisen heraus, sondern durch Initiativen und Entscheidungen bestehender zentraler Führungs- und Koordinationskreise wie Topkreis oder Strategiekreis.

Dabei müssen nicht alle Kreise einem Geschäftsbereich zugeordnet sein, vor allem keine Dienstleistungs- und Koordinationskreise, die über alle Kreise (und damit auch über alle eventuellen Geschäftsbereiche) hinweg Leistungen erbringen.

Letztendlich sind Geschäftsbereiche lediglich nur visuelle oder über ihren Namen identitätsstiftende Bereiche; aus ihnen folgen zunächst keine spezielle Konstitution oder keine neuen Rollen. Praktisch gibt es die natürlich, möglicherweise auch eine Art Topkreis für einen Bereich. Sie entstehen aber nicht durch die Darstellung eines Geschäftsbereiches, sondern resultieren aus den neu entstandenen gemeinsamen Kreisen.

Sofern man Geschäftsbereiche als Bereiche versteht, innerhalb derer Kreise größere Abhängigkeiten und mehr Koordination haben als mit außerhalb gelegenen, kann es diese auch implizit geben, d.h., es gibt verdichtete Abhängigkeiten, aber niemand gibt ihnen einen (Bereichs-)Namen.

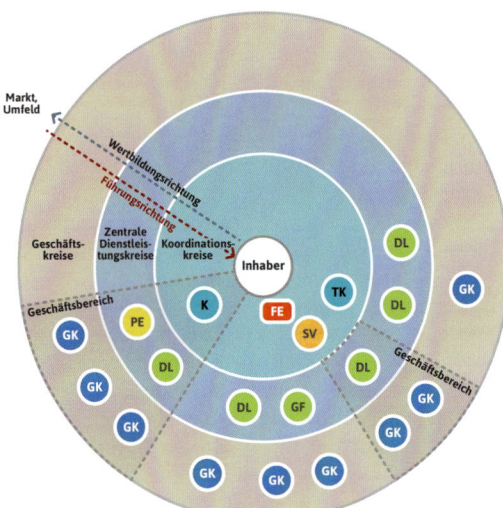

Abb. 47: Untergliederung der kollegialen Kreisorganisation nach Geschäftsbereichen. [http://kollegiale-fuehrung.de/geschäfts-bereiche/]

> **BEISPIEL SPOTIFY**
>
> Im Unternehmen Spotify werden die Geschäftsbereiche Tribes (Stämme) genannt und heißen bspw. Music-Player, Backend oder Infrastruktur.
>
> Jeder Stamm wiederum besteht aus einer Reihe von Teams, die Squads genannt werden. Die Teams sitzen auch jeweils in räumlicher Nähe zueinander [Kniberg2012], ⊃ S. 97.

QUERVERWEISE
⊃ S. 107 Skalierung von kollegialen Organisationen

Rollen- und Praktikergruppen

In unterschiedlichen Kreisen gehen die jeweiligen Mitglieder trotzdem regelmäßig ähnlichen Aufgaben nach.
- Zum einen haben verschiedene Kreise wahrscheinlich die gleichen oder ähnliche Rollen, beispielsweise Kreis-Gastgeber, Ökonomen, Oberkreis-Repräsentanten etc.
- Zum anderen tritt vor allem in cross-funktionalen Teams das Phänomen auf, dass bestimmte Spezialisierungen und Qualifikationen in allen oder vielen dieser Teams gleichermaßen vertreten sind, innerhalb eines Teams aber nur einmal. Beispielsweise arbeitet in verschiedenen Softwareentwicklungsteams jeweils ein Experte für User-Experience.

Diesen Beispielen gemeinsam ist, dass die Spezialisten innerhalb ihrer Kreise mit ihrem Expertentum allein sind und dort niemanden zum Austausch auf fachlicher Augenhöhe haben. Um einen Austausch zu ermöglichen, können Praktikergemeinschaften (Communities of Practice), Rollengemeinschaften oder Ähnliches gebildet werden.

HERKUNFT DES BEGRIFFES "COMMUNITY OF PRACTICE":
- Jean Lave, Étienne Wenger: *Situated Learning: Legitimate Peripheral Participation*; Cambridge University Press, 1991.
- Étienne Wenger: *Communities of Practice: Learning, Meaning, and Identity*; Cambridge University Press, 1998.

Beispielsweise können sich alle Kollegen, die regelmäßig Retrospektiven für ihre Kreise organisieren, in einer Praktikergruppe treffen, um sich auszutauschen. Sie können dort Tipps, Tricks und Erfahrungen weitergeben, sich gegenseitig kollegial beraten oder gemeinsam Fortbildungen organisieren. Ebenso könnten sich Vertriebler aus verschiedenen Kreisen und übergreifend über alle Geschäftsbereiche zu einer Praktikergruppe zusammenfinden.

Praktikergemeinschaften (Communities of Practice) sind regelmäßige, selbstorganisierte und informelle Treffen von Spezialisten eines Fachgebietes, um gemeinsam Erfahrungen und Wissen auszutauschen und miteinander zu lernen.

Die Gemeinschaften sind in verschiedener Weise hilfreich:
- Sie erhöhen ganz allgemein die kommunikative und soziale Dichte und somit die Komplexität der Organisation.
- Novizen, also Personen, die zum ersten Mal eine Rolle einnehmen, erhalten kollegiale Unterstützung und Einarbeitungshilfe.
- Alte Hasen hingegen können ihr Erfahrungswissen in einfacher Weise weitergeben.
- Strukturelle und übergreifende Organisationsphänomene werden eher identifiziert und gemeinschaftlich bearbeitbar.
- Lokal erfolgreiche Innovationen verbreiten sich schneller im Unternehmen.

3 BEISPIEL SPOTIFY

Im Unternehmen Spotify existieren teamübergreifende Guilds und Chapter, die gleichzeitig auch für eine gewisse fachliche Konvergenz oder gar Standardisierung sorgen können [Kniberg2012].

Chapter (in diesem Kontext als „Fachgruppen" zu übersetzen) sind Gruppen von wenigen Mitarbeitern mit ähnlichen Fähigkeiten und Herausforderungen (beispielsweise zum Thema Softwaretest), die sich über eingesetzte Werkzeuge, Rahmenwerke, Vorgehensweisen und Standards innerhalb eines Produktbereiches („Tribe" genannt) austauschen.

Jedes Chapter hat allerdings auch eine Führungskraft mit ähnlichen Kompetenzen wie in einer klassischen Linienorganisation, was für eine komplett kollegial geführte Kreisorganisation nicht notwendig wäre.

Guilds (Gilden) sind größere, offene und eher informelle Gemeinschaften für den Austausch zu einem Themengebiet über die Grenzen von Produktbereichen hinweg. Praktisch sind sie meistens Treffen aller Chapter zu einem Thema. Jede Gilde hat einen koordinierenden Gastgeber.

Spotify möchte mit diesen Konzepten unter anderem auch Skaleneffekte in der ansonsten aus weitgehend unabhängigen Einheiten bestehenden Organisation nutzbar machen, damit zum Beispiel der Entwickler in einem Team nicht lange an einer Lösung arbeitet, die ein anderer in einem anderen Team längst umgesetzt hat.

Formate und Varianten

Rollen- und Praktikergruppen lohnen sich insbesondere, wenn es wenig Menschen mit der gleichen Spezialisierung in einem Unternehmen gibt. Davon abgesehen existieren aber mittlerweile für fast jede Art von Fachdisziplin unternehmensunabhängige regionale Stammtische, User Groups oder Barcamps.

In vielen Fällen funktionieren die Zusammenkünfte als Open Space – manchmal mit einem Impulsvortrag zu Beginn oder im Stil eines Hackathons, bei dem gemeinsam für die Gruppe etwas Nützliches geschaffen wird. Für größere Gruppen ist es empfehlenswert, bei jedem Treffen die Gastgeberin oder ein Gastgeberteam für das nächste Treffen zu bestimmen und damit auch die Verantwortung für das jeweilige Format zu übertragen.

Beispielhafte Rollengruppen

▶ Kreis-Gastgeber (⊕ S. 139)
▶ Ökonominnen, Controller (⊕ S. 141)
▶ Lernbegleiter (⊕ S. 145)
▶ Coaches und Moderatorinnen (⊕ S. 121)
▶ Aufnahmeteams, Mentorinnen (⊕ S. 118)
▶ In Geschäftskreisen verteilte Fachdisziplinen ohne zentrale Dienstleistungskreise (möglicherweise Marketing, Vertrieb, Einkauf, Datenschutz, Arbeitssicherheit, Teamassistenzen etc.)

Visualisierung in der Organisationsstruktur

Rollen- und Praktikergruppen sind wichtige Institutionen für die Spezialistinnen in einer Organisation und sollten deshalb in dem kollegialen Organisationsmodell sichtbar sein.

Sie stellen Kreise dar, wobei sie offeneren Prinzipien und deutlich schwächeren Regeln folgen und keine unmittelbare geschäftliche Verantwortung wahrnehmen. Rollen- und Praktikergruppen sind informeller, können mehr als zehn Mitglieder umfassen und benötigen im einfachsten Fall nicht viel mehr als eine Gastgeberrolle. Um diese Unterschiede zu anderen Arten von Kreisen zu würdigen und zu verdeutlichen, nehmen sie in der Visualisierung der kollegialen Organisationsstruktur ein spezielles abgegrenztes Segment ein. Praktikergruppen erbringen keine direkte Wertschöpfung und dienen auch nicht der Entscheidungsfindung oder Koordinierung, wenngleich gewisse angleichende Effekte beabsichtigt sind. Deswegen haben wir sie dem mittleren Ring zugeordnet.

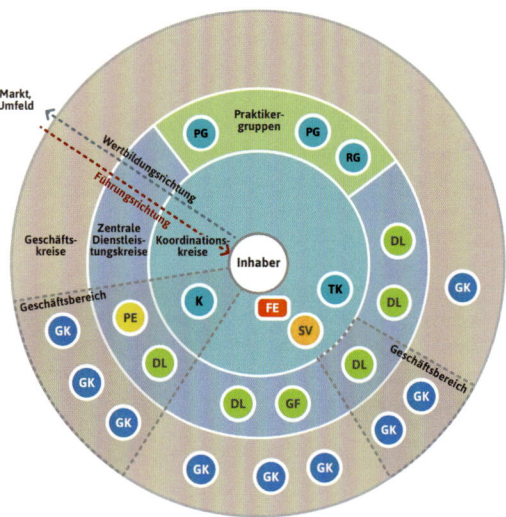

Abb. 48: Praktikergruppen in der kollegialen Organisationsstruktur.
[⬇ http://kollegiale-fuehrung.de/praktikergruppen/]

QUERVERWEISE

⊕ https://de.wikipedia.org/wiki/Open_Space
⊕ https://de.wikipedia.org/wiki/Hackathon

Kollegengruppen

Eine Kollegengruppe ist eine feste, mindestens mittelfristig stabile Gruppe von Kolleginnen, die sich gegenseitig vertraulich in ihrer persönlichen und fachlichen Weiterentwicklung unterstützen sowie gemeinschaftlich auch Arbeitgeberaufgaben übernehmen.

Die Kollegenentwicklung (traditionell Personalentwicklung genannt) hat zwei Aspekte:
- Einerseits leistet sie einen Beitrag zur Organisationsentwicklung.
- Andererseits geht es um die individuelle Weiterentwicklung, für die jede Kollegin selbst zuständig und verantwortlich ist.

Für die individuelle Weiterentwicklung gilt das Grundprinzip:

Jede Kollegin ist für ihre eigene fachliche und persönliche Entwicklung selbst zuständig und verantwortlich.

Dazu gehören
- die eigene Arbeitsorganisation,
- die Gestaltung des eigenen Arbeitskontextes,
- die Beschaffung von persönlichen Arbeitsmitteln,
- die eigene Arbeitszufriedenheit,
- die eigenen Beiträge zur Gesamtheit und
- die eigene persönliche und fachliche Weiterentwicklung.

QUERVERWEISE

- S. 220 Kollegengruppenprozess
- S. 250 Kollegiales Feedback

Um diese Verantwortung wahrzunehmen, brauchen wir unsere Kolleginnen, denn wir können uns nicht im luftleeren Raum selbst führen. Wir benötigen Rückmeldungen, Beurteilungen, Fremdbilder, andere Perspektiven, Anregungen, kritische Fragen, Bestätigungen, Rückhalt und Konflikte (→ S. 250).

In einem traditionellen Unternehmen führen die Führungskräfte hierzu regelmäßig Personalgespräche. In einer kollegialen Organisation, in der es Führungskräfte in dieser Form nicht mehr gibt, können die Kollegen dies miteinander leisten.

Größe und Zusammensetzung

Eine Kollegengruppe sollte aus 3 bis 5 Personen bestehen, da Zweiergruppen zu sehr aufeinander bezogen sind (sie sind alternativlos an jeder Interaktion beteiligt) und bei mehr als fünf Personen die Untergruppenbildung zunimmt. Mit wachsender Größe verlieren Kollegengruppen außerdem ihre Effizienz und Vertraulichkeit.

Es ist nicht notwendig, eine heterogene Gruppe (Alter, Betriebszugehörigkeit, Geschlecht oder Aufgabengebiet) zusammenzusetzen. Für homogene Gruppen kann ein tieferes Verständnis des Aufgabengebietes und Arbeitskontextes sprechen. Dagegen ermöglicht Heterogenität vielfältigere Perspektiven, die sich oftmals nicht auf den ersten Blick erschließen lassen.

Eine Kollegengruppe arbeitet vertraulich. Nach außen hin ist lediglich bekannt, dass es die Gruppe gibt, wer dort Mitglied ist und dass die Gruppe halbwegs funktioniert.

Während alle anderen Kreise in einer kollegialen Organisation prinzipiell transparent, offen und für alle nachvollziehbar arbeiten, sind Kollegengruppen vertrauliche Kreise, haben keine Ober- oder Unterkreise und unterhalten keine Verbindungs- bzw. Repräsentantenbeziehungen.

Ziele

Ziel ist, Personalentwicklungsaufgaben an die Kollegenschaft abzugeben oder zusätzliche Rückmeldungen als Teil des Personalwesens zu initiieren:

1. Kollegiale Personalentwicklung: Unterstützung bei der fachlichen und persönlichen Weiterentwicklung.
2. Kollegiale Personalführung: kollegiale Rückmeldung zum Verhalten und zu den Leistungen.

Aufgaben

Aufgaben der Kollegengruppe sind:
- sich gegenseitig in der persönlichen und fachlichen Weiterentwicklung zu unterstützen (Personalentwicklung), beispielsweise durch Rückmeldungen und Fremdbilder;
- sich gegenseitig bei besonderen fachlichen und sozialen Herausforderungen in der Arbeit und in der Organisation zu unterstützen, beispielsweise durch kollegiale Beratung und kollegiales Coaching;
- füreinander Teile der Arbeitgeberrolle wahrzunehmen, beispielsweise Beurteilungen und Informationen für Arbeitszeugnisse zu sammeln.

Der innere Ring der Koordinationskreise in dem kollegialen Organisationsmodell in Abb. 49 beinhaltet alle Kreise, die der zentralen oder übergreifenden Führung und Koordination dienen. Bei diesen steht stets das Interesse der Gesamtorganisation im Vordergrund.

Die Kollegengruppen dienen dagegen der individuellen Führung und den individuellen Interessen und Bedürfnissen, weswegen sie in dem Organisationsmodell einen eigenen, von den Koordinationskreisen abgegrenzten Bereich erhalten.

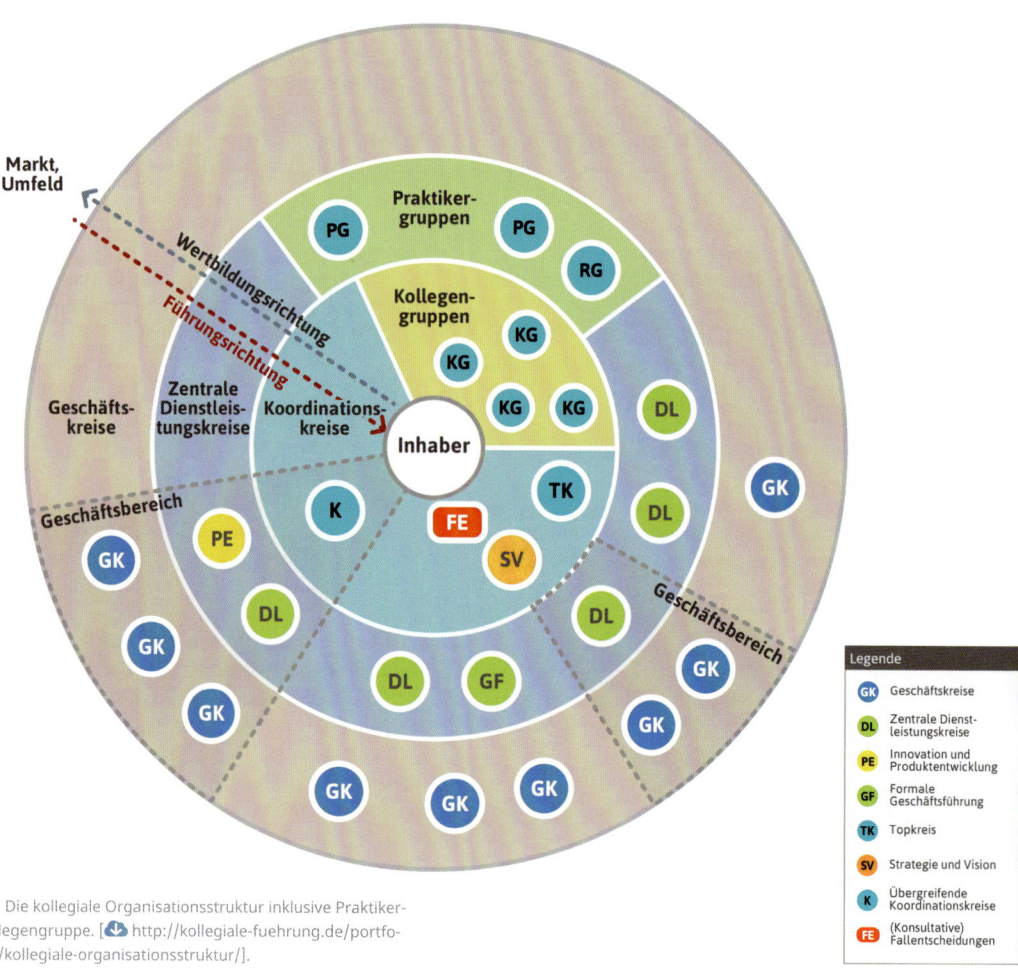

Abb. 49: Die kollegiale Organisationsstruktur inklusive Praktiker- und Kollegengruppe. [⬇ http://kollegiale-fuehrung.de/portfolio-item/kollegiale-organisationsstruktur/].

Ablauf der Kollegengruppenarbeit

Im einfachsten Fall sind Kollegengruppen regelmäßige selbstorganisierte Treffen ohne weitere Vorgaben. Möglicherweise werden die Kollegengruppen zur Orientierung durch einen zentralen Leitfaden unterstützt.

Möglicherweise gibt es aber auch optionale oder verpflichtende zentrale Veranstaltungen (⊃ S. 220 Kollegengruppenprozess) wie Feedback-Märkte, bereitstehende Kollegengruppen-Coaches, Workshops für grundlegende kollegiale Kommunikationsfertigkeiten oder Ähnliches.

Integration neuer Kollegen

Treten neue Kolleginnen in eine Organisation ein, empfiehlt es sich, dass sie zunächst Teil der Kollegengruppe ihres Mentors sind, der dabei unterstützen kann, dass neue Kollegen spätestens bis zum Ende des Mentorings eine eigene Kollegengruppe finden, (⊃ S. 217).

Arbeitgeberaufgaben

Kollegengruppen können auch Arbeitgeberaufgaben übernehmen oder hierfür relevante Beiträge leisten. Beispielsweise stehen Mitarbeitern Arbeitszeugnisse zu. Sie bestehen aus der Beschreibung der Tätigkeiten und Leistungen sowie deren Bewertung und Beurteilung (⊃ S. 222, Anwendungsfall Arbeitszeugnis). Sofern sich die Kolleginnen einer Gruppe sowieso gegenseitig beurteilen, können diese Beurteilungen in der Personalakte abgelegt und dokumentiert werden, um daraus später Arbeitszeugnisse abzuleiten.

Können sich die Kolleginnen nicht ausreichend gegenseitig beurteilen, dann kann die Kollegengruppe zumindest die Selbstführung beobachten und dafür sorgen, dass sich jeder Kollege regelmäßig Beurteilungen einholt (von relevanten Kollegen außerhalb der eigenen Kollegengruppe, aber auch von Kunden, Lieferanten und anderen Partnern).

Zentrale Unterstützung (HR-Kreis)

Nicht alle Arbeitgeberaufgaben lassen sich von Kollegengruppen übernehmen, weswegen es auch in einer kollegialen Organisation immer noch eine zentrale HR- oder Arbeitgeberrolle (⊃ S. 119) geben wird, die beispielsweise Personalexperten oder in kleineren Unternehmen direkt die formale Geschäftsführung wahrnehmen.

Eine zentrale Instanz ist hilfreich und zweckmäßig, weil auch eine vertrauliche Kollegengruppe nicht für alle Anliegen und Situationen geeignet ist. Hierzu können neben arbeitsrechtlichen vor allem sehr persönliche Fragen gehören: Krankheiten, wirtschaftliche, steuerliche, familiäre oder strafrechtliche Angelegenheiten.

Zentrale Personalexperten unterstützen möglicherweise also sowohl die Kollegengruppe als auch jedes einzelne Mitglied der Kollegengruppe in Personalangelegenheiten (⊃ S. 118).

QUERVERWEISE
⊃ S. 220 Kollegengruppenprozess
⊃ S. 215 Weitere Personalprozesse
⊃ S. 115 Geschäftsführung
⊃ S. 217 Mentoringprozess

Spezifische Rollen

Eine Rolle ist ein Zuständigkeits- und Verantwortungsbereich innerhalb eines Kreises oder einer Organisation, die von einer gewählten Person wahrgenommen wird. Der Kreis, der die Rolle schafft, wählt gewöhnlich auch die aktuelle Rolleninhaberin.

Rollen sind somit gewählte Führungskräfte für einen gemeinsam bestimmten und abgegrenzten Bereich. Sie dienen gewöhnlich der Führungsteilung innerhalb eines Kreises. Der Zuständigkeitsbereich des Kreises wird damit durch den Kreis intern weiter differenziert.

Auch das Plenum, also die Gesamtorganisation, kann eine Rolle kreieren. Beispielsweise ist ein konsultativer Fallentscheid (→ S. 187) eine temporäre Rolle. Hier wird eine klar abgegrenzte Zuständigkeit und Verantwortung an eine Person übertragen

Die Geschäftsführung, sofern sie nicht durch einen Kreis wahrgenommen wird, ist ebenfalls eine globale Rolle. Typisch sind Rollen jedoch innerhalb der Kreise.

Rollen können dauerhaft bis auf Widerruf oder temporär eingerichtet werden. Ebenso können die Rolleninhaber unbefristet oder temporär gewählt werden.

Anders als in traditionellen Linienorganisationen ist eine kollegiale Organisation flexibler darin, die Rolle dem Inhaber anzupassen und nicht umgekehrt. Es hat einige Vorteile, die Rollenabgrenzung auch an den Interessen, Bedürfnissen, Fähigkeiten und Möglichkeiten des aktuellen Rolleninhabers zu orientieren, als diesem eine Rolle wie einen schlecht sitzenden Anzug überzustülpen.

Rollen sollten regelmäßig reflektiert (beispielsweise einmal jährlich) und ggf. weiterentwickelt werden, und zwar sowohl im Hinblick auf den Nutzen der Rolle für den Kreis bzw. die Organisation als auch in Hinblick darauf, ob die Rolle durch die passende Person besetzt ist und die Rolle zur Person passt.

Neue Rollen können zunächst auch ganz bewusst auf Zeit angelegt werden, um Erfahrungen zu sammeln.

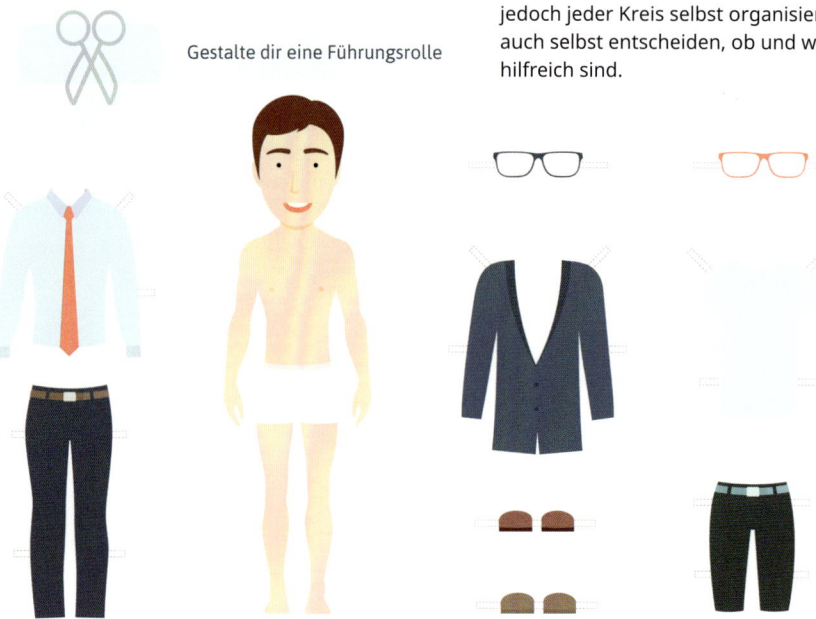

Abb. 50: Kreise führen und organisieren sich selbst durch bewusst gestaltete und besetzte (Führungs-)Rollen.

Die Rollenkreation und -besetzung in Kreisen wird möglicherweise auch dadurch einfacher, wenn sie nicht (mehr oder weniger reflektiert) einfach fortgeschrieben, sondern stattdessen einmal jährlich genau angeschaut wird. Damit ergibt sich die Chance, alle Rollen von Grund auf neu zu gestalten und die Rolleninhaber neu zu wählen.

Die in diesem Buch beschriebenen Rollen sind Beispiele und Anhaltspunkte – letztendlich muss sich jedoch jeder Kreis selbst organisieren, führen und auch selbst entscheiden, ob und welche Rollen dafür hilfreich sind.

QUERVERWEISE
→ S. 187 (Konsultativer) Fallentscheid
→ S. 139 Typische kreisinterne Rollen

Organisationsstruktur-Pinnwand

In einem kollegial geführten Unternehmen sind die Kollegen oft in mehr als nur einem Kreis aktiv. Auch die Kreiszugehörigkeit unterliegt einer gewissen Dynamik. Deswegen visualisieren sie ihre Team- oder Kreisstruktur eher an Pinnwänden oder Ähnlichem, wie die folgenden Beispiele zeigen.

BEISPIEL JIMDO

Bei jimdo (ca. 200 Mitarbeiter) sitzen Teams immer beisammen, sodass der Organisationsplan einfach nach Etagen und Teams gegliedert ist. Für jedes Team gibt es ein Blatt mit Foto und Namen der Mitglieder (9/2015).

Für eine funktionierende Selbstorganisation ist es wichtig, Transparenz und Verlässlichkeit über die existierenden Kreise und Rollen sowie deren Aufgaben und Zuständigkeiten zu haben. Neben den Teams oder Kreisen sollten daher auch wichtige Rollen, Ansprechpartner, feste Verbindungen zwischen Kreisen und andere organisatorische Schnittstellen einfach sichtbar sein. Das gilt ebenso für übergeordnete globale oder temporäre Rollen, wie sie sich aus konsultativen Fallentscheiden ergeben.

In welchen Führungskreisen und mit welchen Rollen die einzelnen Mitarbeiter mitentscheiden, sagt zwar oft, aber nicht immer etwas darüber aus, welche operative Arbeit eine Person macht (➔ vgl. S. 133 die Unterscheidung zwischen entscheidungsbeteiligten Kernmitgliedern und nicht entscheidungsbeteiligten Unterstützern). Führungs- und Organisationsmodell sind also möglicherweise unterschiedliche Perspektiven.

Die Organisationsstruktur-Pinnwand hat dabei weniger den Charakter einer Soll-Struktur, sondern soll einfach eine halbwegs aktuelle Momentaufnahme darstellen.

Für die Pinnwand wird daher jemand benötigt, der sich um die Aktualisierung kümmert, also die Organisation wie ein Ethnograf (➔ S. 242, vgl. Benutzungsanleitung) aufmerksam beobachtet, Veränderungsanzeichen verfolgt und die einzelnen Kreise und Rollen um die Aktualisierung des Modells bittet. Innerhalb eines Kreises liegt die Aufgabe normalerweise beim Kreis-Dokumentar (➔ S. 144), der ggf. auch weitergehende Konstitutionsänderungen im eigenen Wiki dokumentiert.

Dennoch ist es wichtig, eine klare Verantwortung für Pinnwand und übergreifende Dokumentation an sich zu haben. Sofern ein Organisationsentwicklungskreis existiert, kann dieser eine entsprechende Rolle einrichten, ansonsten könnte der Topkreis oder das Plenum eine Person wählen.

Die Kreisstruktur und die Veränderungen daran sind hilfreiche Grundlagen für Retrospektiven und die weitere Organisationsentwicklung. Hilfreich kann auch sein, jede Änderung intern zu teilen oder bereitzustellen (in festen Intervallen, durch Fotos des aktuellen Standes).

ORGANISATIONSSTRUKTUR-PINNWAND

Schon für verschiedene Unternehmen haben wir jeweils eine spezielle Pinnwand mit einem Kreismodell geschaffen, die an zentraler Stelle im Büro hängt und die aktuelle Organisationsstruktur beschreibt. Jeder Kreis wird mit einer Karte repräsentiert, auf der die Namenskürzel der jeweiligen Mitglieder notiert sind. Formen und Farben der Karten haben dabei eine bestimmte Bedeutung. Zusätzlich haben die meisten Kreise eine Seite im internen Wiki, wo sich jeder Kreis selbst vorstellt und seine aktuelle Konstitution beschreibt

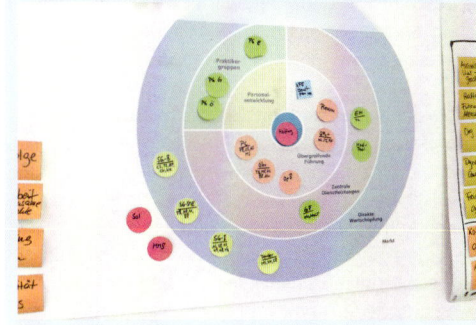

Abb. 51: Führungsmodell-Pinnwand für einen Teilbereich eines mittelständischen Unternehmens (Stand Juni 2016).

Hilfreiche Überlegungen
Konstitutionsreihenfolge

> Nun geht es um die Frage, in welcher Reihenfolge die einzelnen Kreise entstehen, wer welchen Kreis einrichtet, teilt, ggf. wieder schließt und wie sich dies im Laufe der Zeit entwickelt.

Wir beziehen uns dabei nicht speziell auf Neugründungen, sondern vor allem auf die Umstellung bestehender Organisationen.

Streng formal gesehen entwickelt sich die Organisation von innen nach außen. Die Gründer und Inhaber entscheiden über die Gründung der Organisation. Als eine der ersten Handlungen müssen sie eine Geschäftsführung bestimmen. Hierbei gilt das jeweilige Gesellschaftsrecht, also bspw. GmbH-, AG-, Genossenschafts- oder Vereinsrecht.

Die Geschäftsführung verantwortet die weitere Unterteilung. Spätestens hier beginnen die Unterschiede zwischen einer Linien- und einer kollegialen Organisation.

Eine Organisation benötigt Elemente aus allen drei Organisationsringen:
▶ eine zentrale, übergreifende Führung, weil sie gesellschaftsrechtlich zwingend und als Schnittstelle zu den Inhabern auch zweckmäßig ist,
▶ die direkte Wertschöpfung, weil dies schließlich den eigentlichen Zweck der Organisation betrifft.
▶ Da nicht jede Tätigkeit in einer Organisation die Wertschöpfung oder übergreifende Führung betrifft, wird es immer auch unterstützende Leistungen geben. Auch ein dynamisches Start-up wird, gerade wenn es erfolgreich ist und wächst, früher oder später Strukturen ausbilden.

Hierarchisch-konzentrische Konstitutionsrichtung
Die Modelle der Soziokratie und Holokratie gehen von einer hierarchisch-konzentrischen Konstitutionsrichtung von innen nach außen aus, wobei es in diesen Modellen dafür klare Vorgaben und Konzepte gibt (Topkreis etc.), die wir für die Praxis etwas zu eng finden.

Unsere Erfahrung und Meinung ist, dass eine streng hierarchisch-konzentrische Konstitutionsreihenfolge nicht immer angemessen und oft etwas praxisfremd ist. Wir beginnen daher von innen nach außen und lassen später aber ebenso Konstitutionsrichtungen

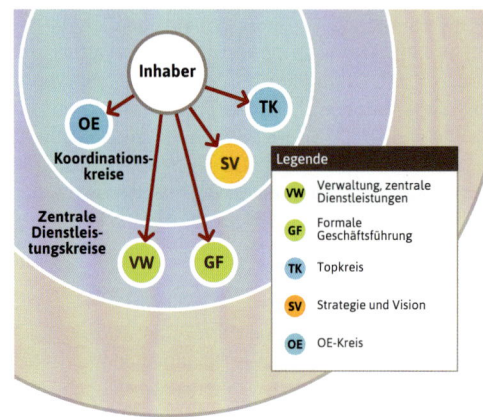

Abb. 52: Konstitution der ersten Kreise durch die Inhaber
[⬇ http://kollegiale-fuehrung.de/inhaberkonstitution/]

von außen nach innen zu. Schließlich soll die Macht maßgeblich von der direkten Wertbildung ausgehen.

Im ersten Schritt müssen sich jedoch Inhaber und formale Geschäftsführung (GF-Kreis in Abb. 52) fragen, wie sie den ersten konzentrischen Kreis strukturieren möchten. Beispielsweise könnten sie drei Unterkreise definieren, wie in Abb. 52 gezeigt wird:
▶ einen Strategie- und Visionskreis (SV-Kreis in Abb. 52), denn die inhaltliche Führung des Unternehmens ist eine wichtige übergreifende Führungsaufgabe,
▶ einen Verwaltungskreis (VW-Kreis in Abb. 52), der alle notwendigen zentralen Unterstützungsleistungen verantwortet (z.B. Bereitstellung einer Büro- und einer betriebswirtschaftlichen Infrastruktur),
▶ einen Selbstorganisationskreis (OE-Kreis für Organisationsentwicklung in Abb. 52), der die Selbstbeobachtung, Reflexion und Weiterentwicklung der organisatorischen Metaebene organisiert.

Das Plenum, also die Kolleginnen-Vollversammlung, oder der Topkreis (siehe S. 124) sind für alle Angelegenheiten zuständig, die nicht eindeutig bei den anderen übergreifenden Führungskreisen liegen und die auch nicht von den Inhabern oder der Geschäftsführung allein zu bestimmen sind.

Diesen Kreisen ist es nun überlassen, weitere Unterkreise auszubilden, mit denen sie ihren Zuständigkeitsbereich weiter differenzieren.

QUERVERWEISE
➜ S. 125 Inhaber
➜ S. 124 Plenum, Topkreis

Überforderung durch Selbstüberlassung vermeiden

Auf der vorigen Seite haben wir die ersten Konstitutionsschritte durch Inhaber und Geschäftsführung beschrieben. Die danach folgenden Schritte sind anspruchsvoller, denn:
- Die weitere Untergliederung ist deutlich vielfältiger und differenzierter und
- bei der weiteren Untergliederung sind zunehmend weniger Personen beteiligt, die (wie zumeist Inhaber und Geschäftsführung) über Organisations- und Führungskompetenz verfügen.

Den im ersten Schritt entstandenen Kreisen die weitere Untergliederung komplett selbst zu überlassen würde diese deswegen höchstwahrscheinlich überfordern.

Selbstüberlassung ist keine Selbstorganisation.

Deren Mitarbeiter besitzen vor allem spezifische fachliche Kompetenzen, beispielsweise zur Buchhaltung oder Produktion – aber sie sind keine Führungsexperten. Das müssen wir bei der weiteren Organisationsgestaltung berücksichtigen.

Ist die kollegiale Organisation erst einmal ins Laufen gekommen, sollen und können die Kreise sehr wohl die weitere Entwicklung auch von Führungs- und Organisationsprinzipien verantworten.

Identitätsbildung und Gruppendynamik

Neben der notwendigen Organisations- und Führungskompetenz gibt es noch weitere Gründe, die Kreise initial nicht sich selbst zu überlassen: Jeder neue Kreis muss sich zunächst selbst finden.

Er muss Sicherheit und Klarheit über seinen eigenen Zweck finden und sein Selbstverständnis klären. Zusätzlich beginnen ganz natürliche gruppendynamische Prozesse. Die Kollegen müssen sich in den jeweiligen Kreiszusammensetzungen kennenlernen und miteinander Rollen, Einfluss und Positionen aushandeln.

Es ist also möglicherweise nicht gerade der geschickteste Zeitpunkt, um die weitere Differenzierung in Unterkreise sachgerecht zu betreiben. Im Gegenteil. Es kann unmittelbar zu einer Überforderung der beteiligten Personen kommen.

Offenheit braucht Sicherheit.

Initiale Vorgabe der gesamten Organisationsstruktur

Deswegen kann es bei einer Umstellung von einer Linien- zu einer kollegialen Organisation hilfreich sein, wenn mehr oder weniger die komplette Kreisstruktur von der Geschäftsführung oder einem Übergangsteam vorgegeben wird, durchaus sogar mit einer initialen Zuteilung der Personen auf die Kreise und Rollen.

Es muss aber auch unmissverständlich klar sein, dass die Struktur und Besetzung initial vorgegeben werden und jede weitere Entwicklung emergent und selbstbestimmt erfolgt.

Damit wird auch ein Henne-Ei-Problem vermieden, denn irgendwie muss es ja losgehen können. Die Entscheidung darüber liegt bei den Inhabern in Kooperation mit der von ihnen initial eingesetzten Geschäftsführung.

Die Inhaber können von Anfang an bestimmen, welche Entscheidungsmacht sie welchem Kreis geben, vor allem aber, welche Zuständigkeiten die Geschäftsführung und das Plenum oder der Topkreis erhalten sollen. Beispielsweise könnte das Plenum beauftragt werden, die Geschäftsführung künftig selbst zu bestimmen.

QUERVERWEISE
- S. 55 Übergang und Einführung kollegialer Führung
- S. 123 Übergangsteam

Emergentes Wachstum

Spätestens nach der Etablierung der initialen Struktur können alle weiteren Entwicklungen emergent stattfinden. Wer in welchem Kreis Mitglied ist, welche Beziehungen die Kreise untereinander unterhalten, welche Unterkreise sie einrichten oder in welche sie sich teilen – diese Entscheidungen gehen von den Kreisen selbst aus, in übergeordneten Fällen vom Plenum oder dem Topkreis.

Eine ähnlich emergente Entwicklung ist auch bei neu gegründeten Unternehmen denkbar, bei der die Inhaber typischerweise nicht mit der Konstitution eines Plenums, eines Verwaltungskreises oder eines Organisationsentwicklungskreises beginnen, sondern sich auf die Entwicklung der direkten Wertschöpfung konzentrieren, aus deren Handeln und Wachstum sich dann allmählich erst der Bedarf nach unterstützenden Dienstleistungen und übergeordneter Führung ergibt.

Eine solche Entwicklung visualisiert Abb. 53. Sie zeigt, wie Geschäftskreise direkt von den Inhabern ins Leben gerufen werden (GK1, GK2, GK3), vom Strategiekreis (SV-DL3, SV-GK5) und vom Topkreis (TK-DL4, TK-GK9, TK-SV), von Dienstleistungskreisen (GF-DL3-GK7-GK8) oder von Geschäftskreisen (GK3-GK4, GK7-GK6) geschaffen werden.

Wie entstehen und verschwinden Kreise?

Die Kreation neuer Kreise kann von Bedarfen bestehender Kreise ausgehen. Beispiele wären:
- Ein Kreis möchte sich auf sein Kerngeschäft refokussieren und lagert deswegen unterstützende Dienstleistungen als zentralen Service aus (Beispiel GK1 kreiert PE in Abb. 53). Das kann auch zusammen mit anderen Kreisen geschehen, die ähnliche Bedarfe haben (gestrichelte Pfeile von GK2 und GK3 zu PE).
- Ein bestehender Kreis wird personell zu groß und sucht deshalb nach einer passenden inhaltlichen Aufteilung, beispielsweise entlang bestimmter Produkte. Dies wäre also eine Art Zellteilung (Beispiel GK7-GK6 in Abb. 53).
- Ein Kreis bemerkt, dass er intern inhaltlich in zwei Fraktionen zerfallen ist und akzeptiert diese informelle Entwicklung explizit durch eine Kreisteilung (Beispiel DL4-DL5 in Abb. 53).

Dynamische, dezentrale Strukturänderungen

Ebenso können kraftvolle Ideen zu einer Reorganisation und Weiterentwicklung der Organisationsstruktur führen:
- Ein Kollege oder ein kleines Team hat eine Idee für ein neues Produkt, ein neues Geschäftsmodell oder möchte anderweitig neue geschäftliche Möglichkeiten erschließen, die nicht zur bestehenden Kreisstruktur passen. Sie lagern diese Ideen in einen neuen Kreis aus (GK3-GK4 in Abb. 53 könnte hierfür ein Beispiel sein).
- Der Kollege könnte auch über das Plenum oder den Topkreis gehen und sich das Einverständnis und die Unterstützung zur Eröffnung eines neuen Geschäftsbereiches oder -kreises (TK-GK9) holen.
- Sofern noch keine unmittelbare neue Wertschöpfung möglich ist, könnte ein Kreis (oder das Plenum) auch beschließen, für die Innovation und Produktentwicklung einen neuen Kreis zu bilden, der sich – weil keine direkte Wertschöpfung enthalten – im Ring der zentralen Dienstleistungen befindet (mögliche Beispiele SV-DL2 oder Tk-DL4 in Abb. 53).

Kollegial selbstgeführte Organisationen sind Netzwerke

Das Beispiel in Abb. 53 zeigt, wie eine kollegiale Organisation nicht nur hierarchisch-konzentrisch gedacht und praktiziert werden kann, sondern auch eine dynamische und fließende und dennoch kollegial gestalt- und kontrollierbare Netzwerkstruktur (→ S. 78) bilden kann.

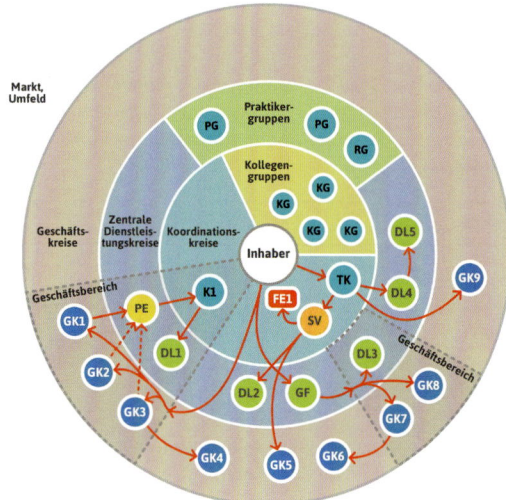

Abb. 53: Emergente Konstitutionsentwicklung. Die roten Pfeile zeigen, wer welchen Kreis initiiert hat. [⤓ http://kollegiale-fuehrung.de/konstitutionsreihenfolge/]

QUERVERWEISE
→ S. 124 Topkreis, Plenum
→ S. 78 Netzwerkorganisationen

Skalierung auf über 150 Mitarbeiter und Konzernstrukturen

Wie groß kann eine kollegiale Organisation werden? Lassen sich kollegiale Organisationsstrukturen auch mit 100, 1000 oder 10.000 Kollegen betreiben? Funktioniert die Struktur auch für (räumlich oder zeitlich) verteilt arbeitende Organisationen?

Plenum oder Topkreis

Innerhalb einer Einzelorganisation ist die Rolle des Plenums oder eines Topkreises bei einer Skalierung beachtenswert. Sobald mehrere Standorte oder ein 24-Stunden- bzw. Schichtbetrieb zu berücksichtigen sind, unterliegen diese Kreise deutlichen Einschränkungen, weil ganz praktisch nicht mehr alle immer dabei sein können. Für ein Plenum ist außerdem die Konsent-Moderation und die Gleichberechtigung mit hoher Teilnehmerzahl nicht mehr praktikabel (→ S. 124, Topkreis).

Beispiele für Konzernstrukturen

Die Frage nach einer Skalierung kollegialer Organisationsprinzipien lässt sich aber trotzdem grundsätzlich mit Ja beantworten. Es gibt auch Beispiele dazu, von Semco [Semler1993] über Gore bis hin zum dm drogeriemarkt.

Zu beachten bleibt aber, dass jedes Unternehmen seinen eigenen Weg gegangen ist und geht. Sie folgen nicht genau den hier beschriebenen Strukturen und habe alle eigene Prinzipien ausgeprägt und kultiviert.

Zellteilung

Das Zellteilungsmuster von Gore (gegründet 1958, mittlerweile ca. 9000 Mitarbeiter weltweit) umgeht die Herausforderungen, deutlich mehr als 150 oder 200 Mitarbeiter (→ S. 50, Dunbar-Zahl) innerhalb einer Organisation kollegial zu führen. Ab einer bestimmten Größe teilt sich ein Unternehmen in zwei eigenständige und meistens inhaltlich abgegrenzte Unternehmen auf.

Prinzipiell wäre es möglich, aufbauend auf eigenständigen Einheiten von 100 bis 200 Mitarbeitern eine Konzernstruktur zu schaffen (fraktale Skalierung). Ein Konzern mit insgesamt 9000 Mitarbeitern würde beispielsweise aus etwa 60 Einheiten mit je 150 Mitarbeitern bestehen können.

Hierbei würde man die Eigentumsverhältnisse in den Vordergrund stellen und die Einzelunternehmen ebenso als Teil des Konzerns betrachten, wie man einen einzelnen Kreis als Teil einer Einzelorganisation betrachtet.

Holding-Strukturen

Das in Abb. 54 skizzierte Skalierungsmuster folgt jedoch einem anderen Prinzip in der Beziehung zwischen Holding und Einzelunternehmen.

Die hier vorgeschlagene Perspektive lautet:

Die Einzelunternehmen sind nicht als Inhaber-Untereinheiten, sondern als Kunden bzw. Geschäftspartner der Holding zu betrachten.

Diese Perspektive entspricht einer verbreiteten Haltung von Holding-Beteiligungen, und die maximale Größe des Konzerns ist nur noch davon abhängig ist, wie viele Kunden bzw. Geschäftspartner eine Holding-Organisation bedienen kann.
Das Beteiligungsverhältnis, das ja auch gar nicht immer das eines Alleingesellschafters ist, gleicht dann eher dem Geschäftsverhältnis zu einem Anlageobjekt. Firmen und Firmenanteile werden gekauft und wieder verkauft. Nicht das Eigentum an sich ist relevant, sondern der Austausch von Leistungen, also Kapital gegen Rendite.

Nur wenn auch die Holding türkis (→ S. 17, Abb. 11) ist, geht es hier um die Steigerung der Wirksamkeit und eine gemeinsame Mission.

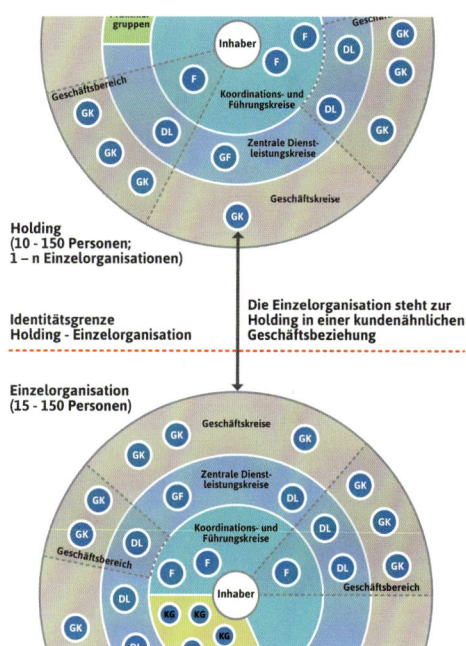

Abb. 54: Skalierung von Organisationen.
[→ http://kollegiale-fuehrung.de/skalierung/]

Mitarbeiterbeteiligung

Die Identifikation mit dem Unternehmen, die Bereitschaft, unternehmerische Verantwortung zu übernehmen und aus einer langfristigen Perspektive heraus zu entscheiden und zu handeln, hängt auch von der Frage ab, ob den Kollegen Anteile am Unternehmen gehören.

Die Beteiligung von Mitarbeitern ist ein wichtiges unterstützendes Element bei der Entwicklung des Kontextes der Führungskultur.

Dazu kann auch – alternativ oder zusätzlich – eine kollektive Erfolgsbeteiligung gehören (➔ S. 54). Es ist nicht notwendig und oftmals gar nicht sinnvoll, die Kollegen direkt als Einzelgesellschafter aufzunehmen, sondern nur als Gesamtheit über eine Mitarbeiterbeteiligungsgesellschaft. In einem kollegial geführten Unternehmen hat die Kollegenschaft die Führung und Macht innerhalb der Organisation. Jeder Einzelne kann sich dort einbringen und hat relevante Gestaltungsmöglichkeiten. Deswegen benötigen sie gar keine individuellen Stimmen in der Gesellschafterversammlung.

Beispielsweise können Willensbildungs- und Entscheidungsprozesse zur Wahl der formalen Geschäftsführung innerhalb der Kreisstruktur der Organisation stattfinden, deren Ergebnisse dann geschlossen in die Gesellschafterversammlung eingebracht werden.

Steuerrechtliche Herausforderungen

Ein immer wieder auftretendes Problem bei der Beteiligung von Mitarbeitern ist das Steuerrecht. Wenn ein Mitarbeiter einen Anteil an seinem Unternehmen übernimmt, läuft er Gefahr, diesen Anteil entsprechend dem Unternehmenswert mit seinem persönlichen Steuersatz versteuern zu müssen.

Wenn der Inhaber eines Unternehmens seinen Mitarbeitern Anteile übertragen möchte und dafür nur den vom Mitarbeiter auch wirklich leistbaren Kaufpreis erlangen möchte, ja selbst wenn er die Anteile verschenken wollte: Im Zweifelsfall bemisst das Finanzamt die zu zahlende Steuer am höheren Unternehmenswert und dem persönlichen Steuersatz, was sich normal vermögende Mitarbeiter kaum leisten können. Das ist ein echtes Hindernis.

Neben der Beteiligung als stille Gesellschafter sind uns zwei Lösungen für dieses Problem bekannt, die wir aus eigener Erfahrung kennen: die Beteiligung über eine Genossenschaft oder über einen eingetragenen (nicht gemeinnützigen) Verein.

Die beiden letzgenannten Varianten sind ähnlich, denn eine Genossenschaft ist in ihrer Gesellschafterstruktur, also im Innenverhältnis, wie ein Verein. Allerdings ist die Genossenschaft bürokratischer und reglementierter als ein Verein.

Der Grund für die fehlenden Steuerbenachteiligungen liegt im indirekten Besitzverhältnis und der fehlenden Partizipationsmöglichkeit am Unternehmenswert: Wenn ein Mitarbeiter aus dem Verein (oder der Genossenschaft) ausscheidet, dann partizipiert er nicht am Unternehmenswert. Bei einer Genossenschaft bekommt er in der Regel seine Einlage zurück, bei einem Verein in der Regel gar nichts. Dies ist in der Satzung geregelt.

Dem Finanzamt geht ein Argument verloren. Es kann vielleicht feststellen, dass das Unternehmen bzw. der Unternehmensanteil zwischen Ein- und Austritt des Mitarbeiters deutlich an Wert gewonnen hat, aber der Mitarbeiter hat keine Möglichkeit, dies für sich zu nutzen. Für alle, die mit dem Wertzuwachs eines Unternehmens spekulieren möchten, eignet sich eine solche Vereins- oder Genossenschaftskonstruktion nicht.

Ein weiteres relevantes steuerrechtliches Modell wäre die Stiftung, hier fehlen uns jedoch Erfahrung und Wissen. Wir sind auch keine Steuer- oder Rechtsberater, sodass die Übertragbarkeit der hier beschriebenen Beispiele offenbleibt.

Unterschiede: Vereins- und Genossenschaftsmodell

Beim Vereins-GmbH-Modell existieren zwei Kapitalgesellschaften: zum einen der eingetragene Verein, der als Holding fungiert, und Allein- oder Mitgesellschafter des operativen Unternehmens, also bspw. eine GmbH oder AG.

Die Genossenschaft vereint diese Funktionen in einer einzigen Kapitalgesellschaft, was aber dennoch nicht einfacher ist, denn das Gesetz schreibt einen mehrköpfigen Vorstand, einen Aufsichtsrat und einen Einfluss habenden und Kosten verursachenden Genossenschafts- bzw. Prüfungsverband vor.

Optionale oder verpflichtende Zentrumsleistungen?

Sollen die Peripheriekreise die Möglichkeit haben, die zentralen Dienstleistungen nicht abzunehmen, indem sie diese zum Beispiel selbst übernehmen? Oder dürfen sich Kreise andere, auch externe Alternativen suchen?

Typische Gründe dafür sind mangelhafte Qualität, ungenügende Flexibilität, zu lange Liefer- oder Reaktionszeiten, ein zu hoher Preis, geringe Leistungsfähigkeit oder zu hohe Transaktionskosten durch andauernde Konflikte oder Kommunikationsschwierigkeiten.

Die Beantwortung dieser Frage hat heikle soziale Implikationen, denn hierbei geht es schließlich um die Sicherheit von Arbeitsplätzen der Kollegen.

Unterstützende Zentrumsleistungen sind, anders als die direkte Wertschöpfung selbst, prinzipiell austauschbar, ohne die direkte Wertschöpfung grundlegend zu gefährden. Zentrumleistungen können die Wettbewerbsfähigkeit des gesamten Unternehmens aber gefährden, wenn sie keine marktgerechten Leistungen erbringen. Andererseits arbeiten sie ja per Definition nicht für den Markt (sonst würden sie zur Peripherie gezählt) – wie können sie sich da am Markt orientieren?

Viele Unternehmen hatten in den 1990er- und 2000er-Jahren ausgewählte zentrale Dienstleistungen, beispielsweise die IT, in eigenständige Unternehmen ausgelagert („outgesourct") und ihnen aufgetragen, auch selbst am Markt tätig zu werden.

Gerhard Wohland [Wohland2013] erklärt, dass solche Versuche meistens scheitern, solange die ausgelagerten Bereiche nicht deutlich über die Hälfte ihres Umsatzes mit den Wettbewerbern (!) des Mutterunternehmens machen. Solange also die überwiegende Wertschöpfung für das eigene Mutterunternehmen erbracht wird, hat das ausgelagerte Unternehmen seine Wettbewerbsfähigkeit nicht bewiesen und wird möglicherweise mehr oder weniger subventioniert. Sobald aber die Wettbewerber des Mutterunternehmens die ausgelagerten Leistungen auch attraktiv finden, beweist sich die Wettbewerbsfähigkeit.

Jetzt wäre es für ein Unternehmen jedoch eine besondere Anstrengung, alle internen unterstützenden Dienstleistungen auszulagern und auf den Markt zu bringen, gerade auch dann, wenn diese womöglich sogar wettbewerbsfähig sind.

Vom Nobelpreisträger Ronald Coase wissen wir, dass Unternehmen gegründet werden, um die Transaktionskosten des Marktes zu sparen. Dies sollte also in jedem Fall berücksichtigt werden.

Auch die Wertbildungsrechnung zeigt uns, dass eine Auslagerung kontraproduktiv für die Eigenleistung ist. Es muss also wirklich gute Gründe dafür geben, Zentrumsleistungen auszulagern.

Die Wertbildungsrechnung und deren Element der Leistungskataloge sind hingegen eine gute Möglichkeit, die Wettbewerbsfähigkeit zentraler Leistungen mit externen Referenzen zu vergleichen und gemeinsam an Verbesserungen zu arbeiten.

QUERVERWEISE
➔ S. 299 Wertbildungsrechnung
➔ S. 206 Leistungskatalog, Ökonomieprozess

Typische Kreisbeziehungen

Doppelverbinder

Die klassische Verbindung in soziokratischen und holokratischen Kreisorganisationen ist der Doppelverbinder zwischen Ober- und Unterkreis. Hierbei entsendet der Oberkreis einen Repräsentanten in den Unterkreis und der Unterkreis einen in den Oberkreis, wobei dies zwei verschiedene Personen sein müssen.

Damit sind jeweils zwei benachbarte Kreise durch zwei Personen miteinander verbunden. In jedem Kreis können damit die Interessen des jeweils anderen Kreises vertreten und über den jeweils anderen Kreis informiert werden.

Dadurch, dass die Doppelverbindung durch zwei verschiedene Personen wahrgenommen wird, geraten sie nicht unmittelbar in Interessenkonflikte und können stets klar aus der Perspektive des sie entsendenden Kreises handeln. Die Beziehung zwischen den Kreisen wird dadurch belastbarer und robuster.

Anderseits liegt der Aufwand erheblich höher als bei einer Einfachverbindung. Nicht nur dadurch, dass die Verbindung zwischen zwei Kreisen von zwei statt nur einer Person wahrgenommen wird. Die Kreise werden insgesamt durch systematische Doppelverbinder viel größer, es nehmen viel mehr Kollegen an einem Kreis teil, wodurch auch der Kommunikationsaufwand insgesamt überproportional steigt.

Wir kennen kollegiale Organisationen, die deshalb konsequent auf Doppelverbinder verzichten oder diese nach und nach wieder aufgegeben haben.

Doppelkoordination (Doppelverbinder)

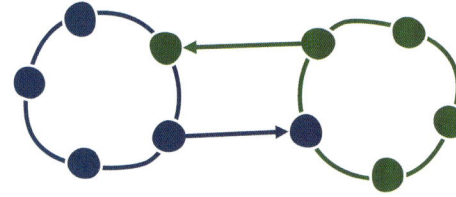

Abb. 55: Doppelverbinder.
[http://kollegiale-fuehrung.de/doppelverbinder/]

Kreiskoordination (Einfachverbinder)

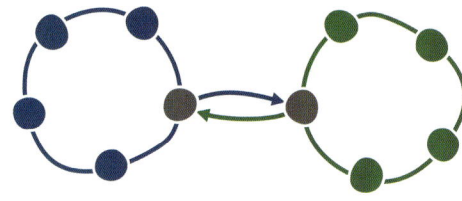

Abb. 56: Einfachverbinder.
[http://kollegiale-fuehrung.de/einfachverbinder/]

Einfachverbinder

Eine Alternative zu den Doppelverbindern ist der Einfachverbinder. Hier ist einfach eine Person Mitglied in beiden Kreisen und übernimmt die Koordination und den Austausch zwischen ihnen.

Diese Person muss in jedem Kreis jeweils auch die Interessen des anderen Kreises berücksichtigen und vertreten, was anstrengender ist und zu inneren Interessenkonflikten führen kann. Sofern diese potenziellen Konflikte offen angesprochen und gewürdigt werden und die Kreise kooperativ und wohlwollend zueinander eingestellt sind (was auszuprobieren und zu beobachten ist), sind Einfachverbinder eine attraktive Alternative.

Weil Einfachverbinder weniger kosten, bieten sie sich auch an, um nicht nur zwischen Ober- und Unterkreis, sondern zwischen beliebigen koordinationsintensiven Nachbarkreisen oder entfernteren Kreisen Querverbindungen zu schaffen.

Da die jeweiligen Repräsentanten von den Kreisen selbst gewählt werden, können Einfachverbinder nur entstehen, wenn beide Kreise sich auf dieselbe Person einigen.

Sowohl bei Doppel- wie bei Einfachverbindern gilt: Die jeweiligen Repräsentanten sind vollständige und uneingeschränkte Mitglieder und Mitentscheider in den beteiligten Kreisen. Die Entsendung in den anderen Kreis ist eine vom entsendenden Kreis geschaffene Rolle (S. 142).

Unterkreise

Unterkreise sind in unterschiedlicher Weise gestaltbar. Beim disjunkten Unterkreis sind die Mitglieder des Oberkreises keine Mitglieder des Oberkreises bis auf die eine Person, die die Verbindungsrolle übernimmt.

Dies entspricht dem bereits beschriebenen Einfachverbinder, nur mit der Besonderheit, dass die Verbindung nicht zwischen beliebigen, sondern zwischen einem Ober- und Unterkreis besteht.

Zwischen einem Ober- und einem Unterkreis gibt es also ein (Einfachverbinder) oder zwei (Doppelverbinder) Repräsentanten. Zusätzlich können beliebig viele weitere Mitglieder in beiden Kreisen Mitglied sein, auch wenn sie keine Repräsentantenrolle einnehmen (sie sind in der Abbildung hellgrau eingezeichnet).

Beim mehrfach konjugierten Unterkreis sind mehrere Mitglieder in beiden Kreisen, wobei einer (→ S. 110, Einfachverbinder) oder zwei (→ S. 110, Doppelverbinder) die Verbindungsrolle(n) verantworten (vgl. hierzu auch die Kooperationsbeziehungen zwischen Fachrollen auf Seite 143).

Unterkreise können gebildet werden, um einen Teil des Zuständigkeitsbereiches des Oberkreises dauerhaft an einen Unterkreis zu delegieren oder um eine konzeptionelle Trennung entsprechend den Ringen aus Abb. 47 (→ S. 96) zu berücksichtigen – beispielsweise gründet ein Geschäftskreis (direkte Wertschöpfung) einen Forschungskreis (Unterstützungskreis).

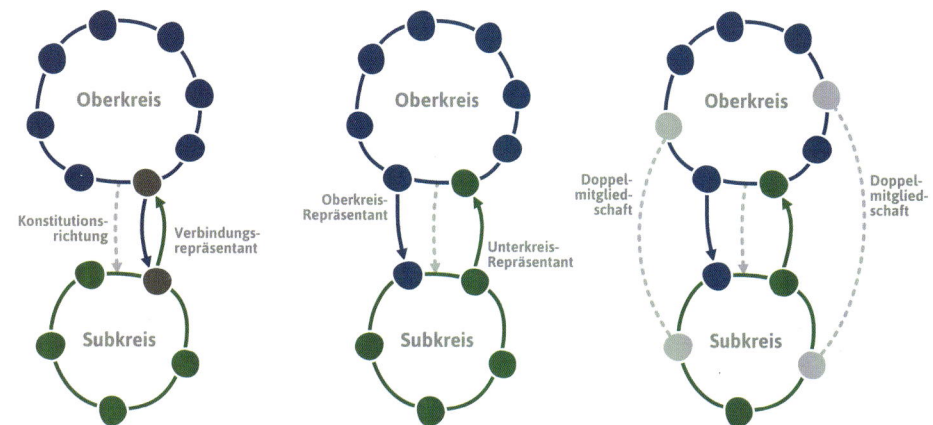

Abb. 57: Links ein Beispiel für einen einfach verbundenen Unterkreis, in der Mitte ein doppelt verbundener und rechts ein doppelt verbundener, bei dem zusätzlich zwei Mitglieder ohne besondere Funktion in beiden Kreisen sind. [⬇ http://kollegiale-fuehrung.de/subkreismuster/]

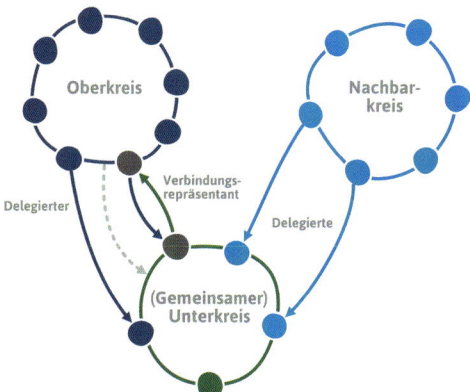

Abb. 58: Bei einem gemeinsamen Unterkreis übernimmt ein Oberkreis die formale Konstitution und der andere Kreis entsendet delegierte Mitglieder. [⬇ http://kollegiale-fuehrung.de/gemeinsamer-subkreis/]

Ansprechpartner

Nicht immer ist für die Koordination zweier Kreise eine Doppel- oder Einfachverbindung notwendig. Manchmal genügt es, einem anderen Kreis einen festen Ansprechpartner bereitzustellen.

Ein Kreis kann entweder zu spezifischen inhaltlichen Bereichen (Themen) spezielle Ansprechpartner bestimmen, die für jede Kollegin auch ansprechbar sind. Beispielsweise könnte ein zentraler Organisationskreis einen Ansprechpartner für Fragen zur Gehaltsbuchhaltung benennen. Oder er kann für einen speziellen anderen Kreis einen Ansprechpartner bestimmen, damit die Kommunikation zwischen den Kreisen überschaubar bleibt. Abb. 59 zeigt beide Varianten.

Im Unterschied zu den Einfach- und Doppelverbindern ist der von einem Kreis benannte Ansprechpartner jedoch kein Mitglied in den anderen Kreisen. Die Kreise sind nicht konstitutiv durch Repräsentanten verbunden, sondern es werden lediglich Kommunikationsmöglichkeiten bereitgestellt.

Manche Kreise nennen als Ansprechpartner bestimmte Personen mit Namen, andere stellen lediglich einen Kanal (eine E-Mail-Adresse oder Telefonnummer) bereit und organisieren dessen Nutzung. Ab und an werden auch mehrere Ansprechpartner bestimmt oder zeitliche und räumliche Beschränkungen gestaltet. („In der Nachtschicht zu XY-Fragen bitte Kollege Z ansprechen.")

Wichtig bleiben Transparenz und einfache Zugänglichkeit der Informationen, welche Ansprechpartner für welche Zwecke existieren.

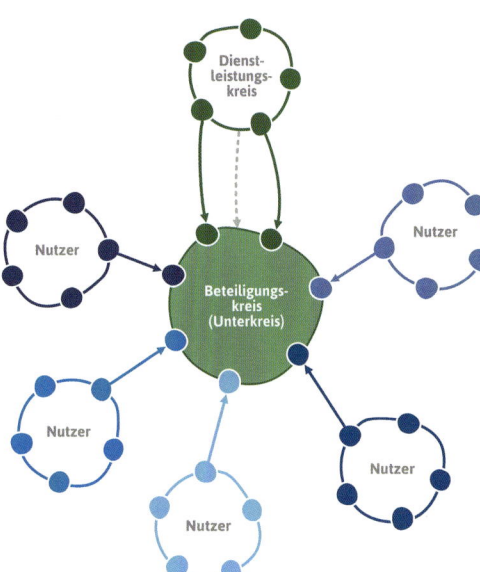

Abb. 59: Ein (interner) Dienstleistungskreis, der Vertreter seiner (internen) Kundenkreise in einen Beteiligungskreis einlädt. [http://kollegiale-fuehrung.de/beteiligungskreis/]

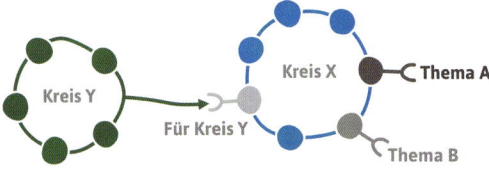

Abb. 60: Ansprechpartner entweder für spezielle Themen oder für spezielle andere Kreise. [http://kollegiale-fuehrung.de/ansprechpartner/]

Beteiligungskreis

Ein Beteiligungskreis ist ein passendes Muster für zentrale Dienstleistungskreise, die systematisch ihre (internen) Kunden einbeziehen möchten, wie ein Kreis für die zentrale IT-Infrastruktur, in dem repräsentative Nutzer der Infrastruktur Mitglieder sind.

Hierzu nimmt der Dienstleistungskreis Vertreter aus seinen Kundenkreisen in seinem eigenen Kreis auf. Eine Variante davon wäre, dass der Dienstleistungskreis einen Unterkreis bildet und in diesen dann Vertreter der Kundenkreise aufnimmt. Diese Variante zeigt Abb. 61.

Weitere Gestaltungsmöglichkeiten ergeben sich aus der Frage, ob die Kundenkreise im Beteiligungskreis vollständig oder nur repräsentativ vertreten sind (vgl. Abb. 62).

Koordinationskreis

Dieses Muster ist typisch für Kreise, die organisatorische Gemeinsamkeiten haben, beispielsweise

- ▶ sich eine gemeinsame Infrastruktur teilen (eine Internetseite, ein Lager, ein IT-System, ein Geschäftsmodell, gemeinsame Geschäftsbedingungen etc.),
- ▶ ihre Außenkommunikation gemeinsam koordinieren oder
- ▶ mit- und voneinander lernen wollen.

Alle davon betroffenen Kreise entsenden dann je einen Repräsentanten in den Koordinationskreis. Dieser Kreis ist ein Gremium, in dem alle (oder ausgewählte) gemeinsam relevante Entscheidungen getroffen oder Informationen ausgetauscht werden. Dabei ist grundsätzlich zu klären, ob die beteiligten Kreise auch Entscheidungsmacht übertragen oder lediglich ein unverbindlicher Gesprächskreis etabliert wird.

Wenn in einem Kreis nicht die Einzelinteressen von Kreisen koordiniert werden, sondern lediglich Interessengruppen repräsentiert sein sollen, passt eher das Schema aus Abb. 62, wenn beispielsweise in einem Filialbetrieb aus jeder Region oder jedem Bundesland nur jeweils ein Kreis stellvertretend Mitglied im Koordinationskreis sein soll.

Das gilt auch, wenn Interessen von zwei unterschiedlichen Gruppen ausgeglichen werden müssen, beispielsweise ausgewählte Vertriebsmitarbeiter aus Geschäftskreisen und ausgewählte Vertreter aus Verwaltungskreisen, wie Abb. 62 dies schematisch zeigt.

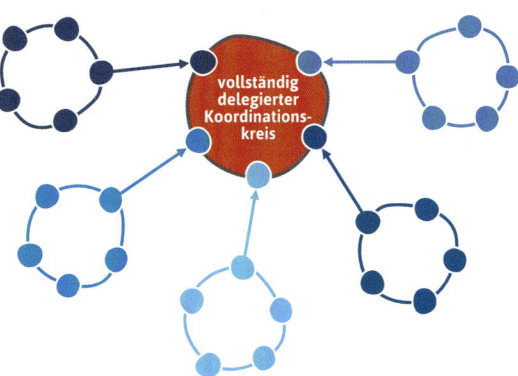

Abb. 61: Koordinationskreis, für den jeder betroffene Einzelkreis einen Repräsentanten entsendet. [⬇ http://kollegiale-fuehrung.de/koordinationskreis-komplett/]

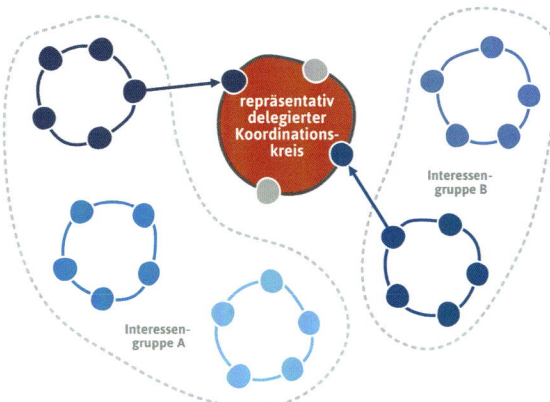

Abb. 62: Koordinationskreis mit repräsentativen Vertretern. [⬇ http://kollegiale-fuehrung.de/koordinationskreis-repraesentativ/]

Typische Unterstützungskreise

In Linienorganisationen hat die Zentrale normalerweise eine sehr machtvolle Position. Die Zentrale besteht aus fachlich spezialisierten Abteilungen, die über Entscheidungs- und Weisungsmacht für ihre jeweilige Fachdisziplin verfügen.

Ob Rechtsabteilung, Personalabteilung oder interne IT – für ihr jeweiliges Fachgebiet bestimmen sie mehr oder weniger unternehmensweit gültige Regeln, Prinzipien, Arbeitsmittel und Prozesse. In dieser antiquierten Form setzen sich Zentralabteilungen dabei über die Interessen und Bedürfnisse der direkt wertschöpfenden Abteilungen regelmäßig hinweg und reglementieren maßgeblich deren Arbeit.

In modernen Ausprägungen einer Linienorganisation verstehen sich die Zentralabteilungen dagegen eher als Dienstleister, geben aber dennoch oftmals verbindliche Standards vor. Die Macht verläuft in der Pyramide weiterhin von oben nach unten.

In einer kollegial geführten Organisation verläuft die Macht, wie in Abb. 41 (➜ S. 80) dargestellt, von außen nach innen. Die direkt wertschöpfenden Kollegen und Kreise sind für die Wertschöpfung komplett selbst verantwortlich. Sie könnten prinzipiell alles selbst machen, also alle für ihre Leistung notwendigen Fertigkeiten und Arbeitsmittel selbst vorhalten. Eine hundertprozentige Fertigungstiefe ist dabei weder erstrebenswert noch praktisch möglich. Für viele Tätigkeiten reichen marktübliche Standards.

Wer eine Krankenpflege oder ein Sanitärunternehmen betreibt, kann die Buchhaltung oder die Reinigung des eigenen Büros von externen Dienstleistern erledigen lassen, ohne dass dies nennenswert seine eigentliche Dienstleistung beeinflusst. Auch der Bezug von Strom, Wasser oder Versicherungen hat für solche Unternehmen nur einen unterstützenden Zweck (siehe hierzu auch den Abschnitt ab Seite 93).

Welche zentralen Dienstleistungskreise es gibt, entscheiden letztendlich die peripheren und direkt wertschöpfenden Kreise. Dies hängt vom individuellen Geschäftsinhalt und -modell ab. Insofern zeigt die folgende Liste nur typische Beispiele, die in diesem Buch nicht weiter vertieft werden:

▶ Finanzbuchhaltung
▶ Gehaltsbuchhaltung
▶ Telefonzentrale
▶ Recht
▶ Technische Infrastruktur (interne IT)
▶ Büroinfrastruktur
▶ Produktionsinfrastruktur
▶ Zentraler Einkauf
▶ Arbeitsplatzgestaltung
▶ Kantine
▶ Marketing
▶ Datenschutz
▶ Arbeitsschutz

Einige Dienstleistungskreise sind für kollegial geführte Unternehmen jedoch von besonderem Interesse und werden daher im Folgenden vertieft. Dazu gehören:

▶ Strategieentwicklung und -koordination (➜ S. 128)
▶ Organisationsentwicklung (➜ S. 124)
▶ Geschäftsführung (➜ S. 115)
▶ Forschung und Produktentwicklung (➜ S. 117)
▶ Organisations-Coaching (➜ S. 121)
▶ Personalsekretariat (➜ S. 118)
▶ Aufnahmeteam (➜ S. 118)
▶ Gehaltsüberprüfungskreis (➜ S. 119)
▶ Geldverfüger (➜ S. 120)

QUERVERWEISE
➜ S. 94 Unterstützungskreise

Geschäftsführung

Eine kollegial geführte Organisation braucht im Innenverhältnis keine zentrale oberste Geschäftsführung, um erfolgreich zu sein. Es existieren jedoch formalrechtliche Auflagen und Rahmenbedingungen, die für die Außenperspektive notwendig und sinnvoll sind.

Im Handelsregister (oder Vereins- bzw. Genossenschaftsregister) ist für jede Kapitalgesellschaft eingetragen, wer diese nach außen hin vertreten darf und handlungsbevollmächtigt ist (Geschäftsführung, Prokura). Außenstehende gewinnen dadurch Sicherheit.

Zusätzlich regelt die Satzung des Unternehmens die Rechte und Pflichten der Geschäftsführung im Innenverhältnis, beispielsweise welche Geschäfte nur gemeinsam mit anderen Vertretungsberechtigten oder nur mit Zustimmung der Gesellschafterversammlung oder eines Beirates zulässig sind. Meistens sind Unternehmensbeteiligungen, Immobiliengeschäfte und Verträge mit außerordentlich hohen Beträgen reglementiert.

Traditionelle Zuständigkeiten der Geschäftsführung: Die traditionell wichtigsten Aufgaben der Geschäftsführung sind
- die betriebswirtschaftliche Kontrolle und Steuerung,
- die Rolle des Arbeitgebers,
- die Strategieentwicklung des Unternehmens,
- der Vertrieb und
- die interne Betriebsorganisation.

Kollegial organisierte Geschäftsführung

All diese Aspekte können auch kollegial und dezentral organisiert werden, sodass es eigentlich keiner zentralen Geschäftsführung bedürfte:

- Die betriebswirtschaftliche Kontrolle und Steuerung obliegt den jeweiligen wertschöpfenden Kreisen und kann durch zentrale Dienstleistungskreise unterstützt werden, die beispielsweise die benötigten betriebswirtschaftlichen Auswertungen in der passenden Form bereitstellen.

- Die Rolle des Arbeitgebers (→ S. 119) ist etwas differenzierter zu betrachten. Die Einstellung und Einarbeitung neuer Kolleginnen können die vorhandenen Kollegen selbst leisten. Etwas anspruchsvoller ist die Trennung oder Entlassung von Mitarbeitern (→ S. 225). Darüber hinaus sind gesetzliche Rahmenbedingungen, die die formalen Arbeitsverträge, die Fürsorge- und Sozialversicherungspflicht, gewerkschaftliche Mitbestimmung, Arbeitszeugnisse oder arbeitsrechtliche Streitigkeiten betreffen, zu berücksichtigen.

- Die Strategieentwicklung und ebenso Einkauf und Vertrieb können gut kollegial über eine entsprechende Kreisstruktur organisiert werden oder gänzlich emergent laufen.

- Für den Vertrieb (und auch den Einkauf) können allerdings formale Handlungsvollmachten, wohlklingende Funktionsbezeichnungen oder Statussymbole hilfreich sein. Es kann Kunden und Lieferanten irritieren, wenn das Machtgefüge und die Handlungsbefugnisse ihres Gegenübers ganz anderen Spielregeln und Prinzipien folgen als im eigenen Unternehmen. Darauf kann ein selbstgeführtes Unternehmen jedoch passende Antworten finden (bspw. Jobtitel).

- Die interne Betriebsorganisation (Aufbau- und Ablauforganisation) ist das Kernstück kollegial geführter Unternehmen und wird durch die Kollegenschaft selbst gewährleistet, beispielsweise durch eine entsprechende Kreis- und Rollenstruktur.

Aufgaben der Geschäftsführung eines kollegial geführten Unternehmens

Welche Aufgaben verbleiben dann in einem kollegial geführten Unternehmen bei der formalen Geschäftsführung? Die wichtigsten sind:

Rahmenbedingungen und Leistungsfähigkeit der Selbstorganisation herstellen
Wie in traditionellen Unternehmen hat die Geschäftsführung auch in kollegial geführten Unternehmen die Aufbau- und Ablauforganisation maßgeblich gestaltet. Dabei kommen lediglich andere Prinzipien zur Anwendung: Statt Abteilungen und Führungskräfte werden Führungskreise und Führungsprozesse definiert (vgl. Elemente der sozialen Architektur auf S. 92). Die Organisation verfügt aber weiterhin über eine Hierarchie, weil sie ein Wesensmerkmal ist, wie sich Menschen organisieren. Das hierarchiefreie Unternehmen ist Unsinn. Es existiert nicht.

Wichtig dabei ist, immer die Angemessenheit und Funktionsfähigkeit der hierarchischen Gliederung im Blick zu behalten. Zu dieser Verantwortung gehört insbesondere auch, allen Beteiligten Prozesssicherheit zu geben. Die Kollegen müssen wissen, wie das Unternehmen organisiert ist, welche Prinzipien und Regeln gelten, und sie müssen sich darauf verlassen können. So wie es in patriarchalisch geführten Unternehmen negative Folgen hat, wenn der Chef unberechenbar ist, so ist es für kollegial geführte Organisationen schädlich, wenn Entscheidungs- und Willensbildungsprozesse willkürlich ablaufen.

Insofern muss die Geschäftsführung nicht nur die Rahmenbedingungen zur Selbstorganisation herstellen, sondern auch gewährleisten, dass die Organisation sich an ihre eigenen Entscheidungen und selbst gewählten Prinzipien hält und darin verlässlich bleibt. Typischerweise leistet die Geschäftsführung dies jedoch nicht selbst, sondern setzt hierfür einen Organisations-Coach (→ S. 121) ein.

Vertretung des Unternehmens gegenüber den Gesellschaftern
Zu dieser Aufgabe gehören vor allem die Vorlage der Bilanz, die regelmäßige Information der Eigentümer über die wirtschaftliche Situation des Unternehmens sowie die Einbeziehung der Inhaber bei zustimmungspflichten Entscheidungen.

Gewährleistung und Haftung entsprechend den formalrechtlichen Rahmenbedingungen
Die Geschäftsführung hat in diesem Kontext die Rolle eines Spezialisten für die (sich fortlaufend ändernden) formalrechtlichen Rahmenbedingungen, also vor allem für Fragen des Handels-, Steuer- und Sozialversicherungsrechts. Sie muss wissen, welche rechtlichen Auflagen in welcher Weise zu beachten und wie diese intern gewährleistet sind.

Die meisten Verpflichtungen werden, wie in traditionellen Organisationen auch, an entsprechende Spezialisten delegiert. Der Vorstand eines Konzerns wird sich gewöhnlich nicht selbst damit beschäftigen, ob die Pflichtangaben auf der Homepage oder dem Briefpapier gesetzeskonform sind.

Die beiden für die persönliche Haftung der Rollenträger wirklich zentralen Risiken sind die Insolvenzverschleppung und der Sozialversicherungsbetrug. Beides ist allerdings in der Praxis gut zu gewährleisten. So gewährleisten beispielsweise Lohnabrechnungsprozesse und -systeme Sicherheit bei der Sozialversicherung. Kritische Situationen entstehen meistens nicht aus Versehen, sondern fast immer durch entsprechende absichtsvolle Interventionen der Geschäftsführung. Ebenso bedarf es schon einer groben Fahrlässigkeit, die Liquidität und Wirtschaftlichkeit des Unternehmens nicht angemessen zu beobachten. Für die meisten anderen Risiken gibt es Versicherungen.

Übersteuerung der kollegialen Führung in Ausnahmesituationen
Sofern die Geschäftsführung erkennt oder erfährt, dass öffentliches oder privates Recht verletzt wird oder der Organisation anderweitig ein außerordentlicher Schaden droht, muss sie intervenieren. Im einfachsten Fall geschieht das durch einen Hinweis auf die entsprechende Erkenntnis. Notfalls ist aber auch eine Anordnung über die gesamte Selbstorganisation, Kreise und anderen Rollen hinweg nötig. In einer kollegial geführten Organisation nehmen die Kolleginnen diese organisatorischen Übergriffe normalerweise nicht übel, sondern erwarten sie sogar, solange sie Ausnahme bleiben und das Unternehmensinteresse und Gemeinwohl damit glaubhaft vertreten werden (→ S. 127 Ausnahmeentscheider).

QUERVERWEISE
→ S. 121 Organisations-Coaching
→ S. 119 Arbeitgeberschaft
→ S. 127 Ausnahmeentscheider

Interne Forschung und Produktentwicklung

Ein interner Forschungsbereich erbringt keine direkte, sondern eine indirekte Wertschöpfung. Die Forschungsergebnisse leisten einen Beitrag, zu einem späteren Zeitpunkt neue Produkte oder Dienstleistungen zu entwickeln.

Die Abnehmer oder Auftraggeber der internen Forschung sind die Geschäftsteams. Sofern es die Geschäftsteams selbst sind, also dieselben Personen, die auch die interne Forschung leisten, resultieren daraus dennoch getrennte Kreise, denn die Unterscheidung der Kreise erfolgt nicht danach, ob es die gleichen Personen sind, sondern was der Zweck des Kreises ist.

Wenn ein Mitarbeiter beispielsweise einen Teil seiner Arbeitszeit, vermutlich den größeren, in der Produktion tätig ist, ist er im Rahmen dieser Tätigkeiten Mitglied eines Geschäftsteams. Die übrige Zeit könnte er an neuen Produktionsverfahren, Produkten oder Dienstleistungen forschen, was einem internen Unterstützungskreis zur Forschung zugeordnet wäre. Dieser Forschungskreis könnte von dem Geschäftsteam als Unterkreis gegründet werden. In vielen Fällen sind es jedoch auch andere Menschen, die in der internen Forschung arbeiten.

Forschung ist einerseits eine Investition, die sich die einzelnen Geschäftsteams allein wirtschaftlich gar nicht leisten können und wollen, weshalb sich verschiedene Geschäftsteams zusammenschließen und einen gemeinsamen Forschungskreis oder -bereich betreiben.

Zum anderen werden für die Forschung sehr spezielle und seltene Fähigkeiten und Kenntnisse benötigt, sodass solche Talente dann auch vollständig für die Forschung genutzt werden.

Ein besonderes Phänomen von Forschung ist, dass ihr Nutzen nur bedingt zu bestimmen ist und dann meistens auch nur retrospektiv. Vielleicht wird viel investiert und es kommt nichts Nützliches dabei heraus. Oder es entsteht ein ganz anderer Nutzen als beabsichtigt oder erwartet.

Deswegen sind Entscheidungen über Forschungsinvestitionen echte Herausforderungen. Die für die Organisationsführung entscheidende Frage ist, wer darüber entscheidet (→ S. 208 Ressourcenverteilung). Für kollegial geführte Organisationen lautet die Antwort darauf, sofern keine besonderen anderen Gründe vorliegen: Die Geschäftsteams entscheiden, also die Kreise und Rollen, welche die direkteste Wertschöpfung erbringen, kurz, die das Geld verdienen.

Für die Produktentwicklung gilt sinngemäß das Gleiche wie für die interne Forschung.

Übertrieben genaue Kreisunterscheidung?

Jeder Geschäftskreis, egal ob er Produkte herstellt oder Dienstleistungen erbringt, wird kaum darum herumkommen, neben seiner eindeutig wertschöpfenden Tätigkeit auch unterstützende Leistungen zu nutzen – auch und gerade solche, die sie selbst, also dieselben Menschen, erbringen. Insofern würde es zu jedem Geschäftskreis auch einen Unterstützungskreis geben.

Die Unterscheidung zwischen direkter und indirekter Wertschöpfung ist nicht trivial und auch kein Selbstzweck, wie im Abschnitt über direkte und indirekte Wertschöpfung (→ S. 281) beschrieben.

QUERVERWEISE
→ S. 281 Direkte vs. indirekte Wertschöpfung
→ S. 299 Wertbildungsrechnung
→ S. 208 Ressourcenverteilung

Aufnahmeteam

Für die Neueinstellung von Kollegen bilden die meisten selbstorganisierten Unternehmen temporäre Aufnahmeteams (oft auch Recruiting-Team genannt). Meistens sind dies kleine Teams mit 3 bis 4 Kolleginnen. Die Teams können spezifisch für einen Bewerber oder davon abhängig sein, wer zu dem Zeitpunkt gerade verfügbar und interessiert ist, also jedes Mal anders besetzt sein. Typisch ist jedoch, für einen konkreten Personalbedarf ein festes Team zu bilden, bis der Bedarf gedeckt ist.

Offen ist, ob der Bedarf von einem speziellen Kreis ausgeht und aus diesem dann das Aufnahmeteam gebildet wird, ob sich hierfür mehrere Kreise zusammenschließen oder möglicherweise sogar die Initiative von einem zentralen Unterstützungs- oder Koordinationskreis ausgeht und beispielsweise Personal- und HR-Spezialisten initiativ sind.

Weitere Hinweise zur Neueinstellung von Kollegen und zu den möglichen Aufgaben eines Aufnahmeteams finden Sie im Abschnitt über den Anwendungsfall Bewerbung (➔ S. 216).

Personalsekretariat

Wesentliche Teile der Personalentwicklung und Personalarbeit können von den Kollegengruppen (vgl. ➔ S. 99 und S. 220) geleistet werden. Für bestimmte, rein administrative Tätigkeiten und für einige Spezialwissen erfordernde Aufgaben können die Kollegengruppen und Kreise jedoch durch ein Personalsekretariat entlastet werden. In diesem Fall müssen sich die Kollegengruppen beispielsweise nicht mehr um die ordnungsgemäße Ablage und Aufbewahrung wichtiger Dokumente kümmern. Auch datenschutzrechtliche Auflagen sind einfacher zu erfüllen.

Beispielsweise könnte jede Kollegengruppe und die in ihr organisierten Kolleginnen den gleichen festen Ansprechpartner im Personalsekretariat haben.

Zu den wichtige Aufgaben des Personalsekretariats für einzelne Mitarbeiter gehören, die Krankmeldungen zu bearbeiten, die Personalakte zu führen, den Arbeitsvertrag zu verwalten, vertragsrelevante Leistungsdaten, wie Überstunden, Urlaub und Fehlzeiten, zu dokumentieren, Parameter für die Gehaltsabrechnung an die Gehaltsbuchhaltung zu melden oder ein Arbeitszeugnis zu erstellen und abzustimmen.

Wichtige Aufgaben des Personalsekretariats für Kollegengruppen sind:
▶ die proaktive Organisation von Kollegengruppentreffen (Raumbuchung, Einladung, Protokollablage),
▶ Ablage von Feedback-Protokollen in den Personalakten und
▶ die Bereitstellung von Standards (bspw. Checklisten).

Neben den Kollegengruppen kann ein Personalsekretariat auch Aufnahmeteams unterstützen.

QUERVERWEISE
➔ S. 216 Anwendungsfall Bewerbung
➔ S. 99   Kollegengruppen
➔ S. 220 Kollegengruppenprozess
➔ S. 215 Personalprozesse

Arbeitgeberschaft

Die Neueinstellung von Mitarbeitern kann kollegial erfolgen. Bestehende Kolleginnen können entscheiden, welche neuen Mitarbeiter zu welchen Konditionen eingestellt werden sollen.

Dennoch ist im Einzelfall und im Detail arbeitsrechtliches Spezialwissen erforderlich. Kann eine bestehende Direktversicherung übernommen werden? Welche geldwerten Vorteile oder Privilegien können gewährt werden oder welche vertraglichen Formulierungen sind hier relevant? Welche besonderen Rechte und Pflichten sind bei jungen Eltern, Behinderten, Ausländern, Privatinsolvenzen oder Geheimnisträgern zu beachten?

Ab einer bestimmten Unternehmensgröße ist es effizienter, dieses Spezialwissen zentral bereitzuhalten. Dabei kann es sich um eine einzelne oder eine Gruppe von speziellen Fachkräften handeln, aber auch um Mitarbeiter, die aufgrund ihrer früheren Tätigkeit über besonderes Wissen verfügen. Auch der Einsatz von externen Dienstleistern ist sinnvoll.

Formale Arbeitgeberrolle

Aufgrund verschiedener Gesetze und Rechtsprechungen sollte auch ein selbstgeführtes Unternehmen eine formale Arbeitgeberrolle definieren. Dabei sind zahlreiche Fragen zu beantworten:

- Wer verhandelt den Arbeitsvertrag? Wer unterschreibt ihn?
- Wer entscheidet über Abmahnungen und Kündigungen und wie werden sie umgesetzt?
- Wie erfolgt die systematische Einarbeitung und die soziale Integration (Onboarding) neuer Kollegen? Gibt es ein Mentoring?
- Wer entscheidet über Urlaub und Überstunden und wie werden diese dokumentiert?
- Wie können Gehälter erhöht, Urlaubs- und Arbeitsvolumen, Privilegien und andere Aspekte im Arbeitvertrag angepasst werden?
- Wie können die Arbeitsinhalte, Tätigkeitsbereiche und Aufgaben festgelegt und angepasst werden?
- Wie werden Mitarbeiter in ihrer fachlichen und persönlichen Weiterentwicklung gefordert und gefördert?
- Wie entstehen Arbeitszeugnisse?
- Wie wird die Personalakte gepflegt?
- Wie werden der Arbeitsschutz und die Fürsorgepflicht sichergestellt oder sonstige soziale und organisatorische Interessen gewährleistet?
- Wer berät Arbeitnehmer und gibt ihnen Auskünfte zu arbeitsrechtlichen Fragen?
- Wer legt die Parameter für die Gehaltsabrechnung fest?
- Wie werden Krankmeldungen behandelt?

Gehaltsüberprüfungskreis

Es gibt so viele Ideen und Experimente zu der Frage, wie die Höhe von Gehältern oder Gehaltserhöhungen kollegial bestimmt werden können, dass dies vermutlich ein eigenes Buch füllen könnte. Deswegen sind unsere Ausführungen zu diesem Thema an dieser Stelle lediglich als Beispiele zu verstehen, die zeigen, dass Gehälter und Gehaltserhöhungen grundsätzlich kollegial gestaltet werden können.

Eine Möglichkeit, Gehaltserhöhungen zu organisieren, besteht in der Einrichtung eines aus 4 bis 5 Personen bestehenden Gehaltsüberprüfungskreises. Größere Unternehmen können für verschiedene Unternehmensbereiche separate Gehaltskreise einrichten.

Die Mitglieder des Kreises sollten mindestens für ein Jahr zur Verfügung stehen und nie alle gleichzeitig ausgetauscht werden, um eine gewisse Kontinuität zu gewährleisten. Sie sollten andererseits aber auch regelmäßig wechseln, um keine dauerhaften Machtpositionen zu schaffen. Beispielsweise könnten jährlich ein oder zwei Mitglieder, die am längsten im Kreis sind, ausgetauscht werden.

Der Gehaltsüberprüfungskreis betreibt den Gehaltserhöhungsprozess (→ S. 224).

QUERVERWEISE
→ S. 224 Gehaltserhöhung

Geldverfüger

Entscheidungen über Investitionen, der Abschluss von Verträgen und wirtschaftlichen Verpflichtungen sowie der Einkauf von Arbeitsmitteln und -materialien sind in kollegial geführten Unternehmen dezentral organisiert. Im Prinzip kann jeder Kollege in seiner Rolle und jeder Kreis frei entscheiden und handeln. Möglicherweise sind noch nicht einmal bestimmte Limits definiert.

Dennoch hat aus verschiedenen Gründen nicht jeder Kollege die rein praktische Möglichkeit, Geld auszugeben. Beispielsweise sind hierfür Kreditkartendaten oder ein Bankkontozugang notwendig. Und nicht jeder Kollege hat eine Zugangsberechtigung zum Girokonto, zu einer Firmenkreditkarte oder ist unterschriftsberechtigt.

Wir kennen zwar Unternehmen, bei denen die Kontozugangsdaten offen im internen Wiki stehen, aber das ist selbstverständlich formal nicht ganz korrekt. Mitarbeiter, die solche Daten nutzen, begeben sich in die Gefahr, sich strafbar zu machen.

Andererseits möchte ein selbstgeführtes Unternehmen vermeiden, die Verantwortung für eine inhaltliche Entscheidung dadurch zu untergraben, dass die finanzielle Verfügungsmacht abgetrennt oder gar eine Kontrollfunktion eingeführt wird. Es würde das Machtgefälle und die Führungsrichtung wieder umkehren: statt von außen nach innen würde dann wieder durch die Zentrale geführt werden.

Deswegen ist die Rolle (oder der Prozess) des Geldverfügers explizit zu regeln. Alle müssen wissen, wer technisch und formal über Geld verfügen kann, welche Befugnisse diese Rolle hat und welche nicht.

Geldverfügung kann ein zentraler Service sein, der auf Anforderung Geld überweist oder Bestellungen vornimmt. Die inhaltliche Verantwortung bleibt dabei beim Anforderer. Der Geldverfüger gewährleistet lediglich, dass die Geldausgabe für die Organisation angemessen transparent und nachvollziehbar wird. Zusätzlich ist der Geldverfüger oder ein entsprechender zentraler Dienstleistungskreis dafür zuständig, die notwendigen Voraussetzungen und Grundlagen zu gewährleisten, also beispielsweise die liquiden Mittel vorausschauend zu disponieren, den Cashflow zu beachten, absehbare Engpässe angemessen zu kommunizieren und Interessierten über die aktuellen Möglichkeiten Auskunft zu geben.

Die Rolle des Geldverfügens berührt auch Fragen der ökonomischen Reflexion und Gestaltung, Kosten- oder Wertbildungsrechnung sowie Controlling und ist von diesen abzugrenzen.

QUERVERWEISE
➔ S. 299 Wertbildungsrechnung
➔ S. 141 Kreis-Ökonom
➔ S. 206 Ökonomieprozess

Organisations-Coaching

Warum?

Je einfacher die Spielregeln und Organisationsprinzipien innerhalb einer Organisation geändert werden können, desto wichtiger wird es, diese zu berücksichtigen.

Wenn wir uns auf die miteinander vereinbarten Prozesse und Prinzipien nicht mehr verlassen können, entstehen Fehler, kommt es zu Konflikten, Vertrauen schwindet und die Kooperationsfähigkeit leidet.

Organisations-Coaching ist die Aufgabe, Organisationsmitglieder dabei zu unterstützen, das notwendige Maß an Prozesssicherheit herzustellen.

In jeder Organisation brauchen die Mitglieder eine Klarheit über die geltenden Spielregeln.

Dazu gehören Rahmenbedingungen und Grenzen (Wer darf was tun?) und zu beachtende Wege und Verfahren (Wie soll etwas ablaufen?).

Wer nicht weiß, was er darf, was erlaubt ist und in bestimmten Situationen erwartet wird, der hält sich im Zweifelsfall zurück. Die Organisation wird gelähmt.

In einer tayloristisch geprägten Linienorganisation werden die Spielregeln von Vorgesetzten und Zentralabteilungen festgelegt, manchmal sogar in Form von Verfahrenshandbüchern.

Aber wie entsteht diese Sicherheit, wenn die Kollegen die Spielregeln selbst aushandeln? Wer kann verbindliche Sicherheit hierzu geben?

Wie wird ein neuer Kollege eingestellt? Wie wird ein Projekt oder Budget genehmigt? Wie bekomme ich eine Gehaltserhöhung?

Mangelnde Prozesssicherheit entsteht nicht aus Böswilligkeit, sondern meistens aus einer gemeinsamen Überforderung, weil wir nicht nur operative und inhaltliche Fragen (1. Ordnungsebene) im Auge haben müssen, sondern zusätzlich auch stets die geltenden Verfahrensfragen (2. Ordnungsebene).

Ungeklärte, unsichere und instabile Prozesse untergraben und stören die Selbstführung.

Was ist Organisations-Coaching?

Die Mitglieder einer Organisation können sich entlasten, indem sie sich bei der Beobachtung und Einhaltung der selbst gegebenen Regeln und Prinzipien durch eine eigens dafür geschaffene Coaching-Rolle unterstützen lassen: durch einen sogenannten Organisations-Coach.

Für die Initiierung dieser Rolle ist es hilfreich, den Bedarf zu ermitteln und den Aufgabenbereich zu beschreiben (➜ S. 219, Rollenklärung/Auftragsklärung).

Ein Coach bzw. Prozessbegleiter trifft selbst keine inhaltlichen Entscheidungen, sondern leitet seine Klienten zur Selbstreflexion an.

Aufgaben

Ein Organisations-Coach beobachtet die Einhaltung der in einem Unternehmen geltenden Prinzipien und Regeln, die er selbst jedoch nicht kreiert und verantwortet. Er registriert genau, welche Regeln und Prinzipien sich die Mitglieder einer Organisation selbst geben, wie diszipliniert sie sich daran halten, und unterstützt die Beteiligten dabei, die selbst kreierten Prozesse, Strukturen und Rollen zu beachten, zu reflektieren und möglicherweise weiterzuentwickeln.

Diese Rolle hat keine inhaltliche Entscheidungsmacht. Sie kann die Prinzipien, Regeln und andere Rollen nicht ändern. Ihr sollte jedoch ermächtigt sein, auf der Meta-Ebene aktiv zu werden und beispielsweise Retrospektiven und Reviews zu veranstalten.

Der Organisations-Coach hat das Recht, die Aufmerksamkeit der Organisationsmitglieder auf ihm relevant erscheinende Phänomene zu lenken. Daneben kann der Organisations-Coach das Unternehmen auch ganz praktisch unterstützen, indem er beispielsweise Arbeitstreffen der Organisationsmitglieder organisiert und moderiert, Verläufe und Ergebnisse visualisiert und protokolliert.

Er kann auch als Organisationsethnograf tätig sein und kulturelle Eigenheiten oder geltende Werte herausarbeiten, Essenzen bilden und diese dokumentieren oder spiegeln (➜ S.242, Organisations-Benutzungsanleitung). In diesem Sinne bietet er der Organisation Thesen zur Selbstreflexion (➜ S. 230 Reflexion) an.

Qualifikation

Ein Organisations-Coach ist eine spezialisierte Führungskraft und repräsentiert ausschließlich den Führungsaspekt ohne die Managementaspekte. Ihre Spezialisierung umfasst zwei Bereiche:

Eine **organisationsunabhängige Qualifikation** als Coach und Prozessbegleiter: Hierzu gehören Kompetenzen zur Kommunikation zwischen Menschen und in sozialen Systemen, Klein- und Großgruppen-Moderation, konstruktive Konfliktklärung, Konfliktmoderation und -mediation, Gruppendynamik, Verhandlungstechniken, Coaching-Werkzeuge, Rollen- und Selbstreflexion, Selbstmanagement, Organisationsprinzipien und Kompetenzen zu einem systemischen Organisationsverständnis.

Die **organisationsspezifische Qualifikation** zu den in genau dieser Organisation geltenden Prinzipien, Werten, Regeln, Prozessen, Rollen, Strukturen, bewährten sozialen Werkzeugen, Techniken und sozialen Formaten. Diese Qualifikation muss sich ein Coach selbst erarbeiten. Sie ist hilfreich für die Effizienz und Wirksamkeit, aber letztendlich nachrangig.

Wie eine traditionelle Führungskraft ist ein Organisations-Coach kein „normaler" Kollege. Während ein Vorgesetzter prinzipiell nicht auf Augenhöhe seiner unterstellten Mitarbeiter agieren kann und immer eine gewisse Distanz zu ihnen existieren wird, so ist auch für den Coach ein Abstand notwendig, mit dem er eine übergeordnete, neutrale, unabhängige und allparteiliche Perspektive und Haltung einnehmen kann.

Die Rolle erfordert eine professionelle Distanz und stellt somit eine besondere Anforderung und Einschränkung dar, die in geeigneter Weise kompensiert werden sollte. Dazu gehören eigene Supervisionsmöglichkeiten, kollegialer Austausch mit anderen Coaches aus anderen Organisationsbereichen oder Organisationen und möglicherweise auch eine passende Vergütung (➔ S. 219 Reflexion, Rollenklärung).

Personen, die erfolgreich und wirkungsvoll innerhalb des Unternehmens in dieser Rolle arbeiten möchten, benötigen neben einer entsprechenden fachlichen Ausbildung auch eine bestimmte Reife und Haltung den Menschen und sich selbst gegenüber. Weiter dürfen sie keine zusätzlichen Nebenrollen im Unternehmen einnehmen, die ihre Neutralität gefährden, was in der Praxis jedoch oft vorkommt.

Es gibt vielfältige Gestaltungsmöglichkeiten dieser Rolle. Dazu können gehören:
- Ausprägung des Organisations-Coachings als einzelne Rolle, als Pool von qualifizierten Kollegen (Dienstleistungskreis) oder als Koordinationskreis,
- Bereitstellung von Moderationsdienstleistungen und Prozesskompetenz,
- aktive Prozessarbeit im Unternehmen,
- Unterstützung bei der Klärung von Spannungen zwischen Mitarbeitern.

HALTUNG EINES COACHES

- Ich habe Respekt gegenüber Menschen und verhalte mich entsprechend gegenüber deren Ideen und Realitätskonstruktionen.
- Mein Gegenüber ist ein autonomes Wesen, es ist selbst verantwortlich für sein Leben.
- Ich arbeite aus dem Nichtwissen heraus. Wir wissen nicht, welche Realität und welches Wissen die andere Person hat, und urteilen nicht darüber.
- Ich bleibe allparteilich und wahre personenorientierte Neutralität.
- Ich verinnerliche eine fragende Haltung.
- Ich bleibe inhaltlich neutral und bin fähig, meine eigene Meinung nicht in doktrinärer Form einzubringen.
- Ich halte meine Neugierde aufrecht und gebe ihr Raum.
- Ressourcenorientierung: Ich fokussiere auf Stärken und Potenziale statt auf Defizite.
- Alles, was der Mensch benötigt, ist in ihm vorhanden. Es kann passieren, dass er ab und zu eine passende Anregung benötigt.

QUERVERWEISE
➔ S. 59 Typische Übergangsphasen
➔ S. 210 Kreis-Konstitution
➔ S. 139 Typische kreisinterne Rollen
➔ S. 149 Willensbildungs- und Entscheidungsprozesse

Übergangsteam

> Das Übergangsteam ist ein temporärer Kreis, der den Übergang von der traditionellen Linienorganisation zu einer kollegial geführten Organisation verantwortlich begleitet. Während des Übergangs (➜ S. 55) ist das Übergangsteam der erste Kreis, der neue Führungsprinzipien ausprobiert und anwendet.

Mitglieder

Die Mitglieder des Übergangsteams sollten Vertreter aller relevanten Interessengruppen einer Organisation repräsentieren. Das birgt einerseits die Gefahr eines trägen Proporzgremiums, andererseits sind im Übergang einfach sehr unterschiedliche Interessen und Bedürfnisse zu integrieren. Die gemeinsame Arbeit mit allen Organisationsmitgliedern kommt höchstens für kleine Organisationen infrage. Typische Interessengruppen sind:

- Inhaber,
- Geschäftsführung und bisherige Führungskräfte,
- ggf. offizielle Arbeitnehmervertreter,
- Mitarbeiter.

Um ein effizientes Arbeiten zu gewährleisten, empfehlen wir, das Übergangsteam während der gesamten Existenzdauer (typischerweise mehrere Monate) durch ausgebildete systemische Coaches moderieren zu lassen. Darüber hinaus sollte ein praxiserfahrener, neutraler und allparteilicher externer Berater für kollegial geführte Organisationen als Mitglied in das Übergangsteam aufgenommen, sofern nicht anderweitig entsprechendes Erfahrungswissen im Team vorhanden ist.

Die Teammitglieder können vom Plenum in einfacher Weise mit dem kollegialen Rollenwahlverfahren (oder Ähnlichem) gewählt werden. Wir empfehlen, die Kandidaten jeweils von allen wählen zu lassen (nicht nur von der jeweiligen Interessengruppe) und zuvor die Gesamtzahl und eine Mindestanzahl pro Interessengruppe festzulegen.

Das Team sollte eher klein sein und 3 bis 7 Mitglieder umfassen, beispielsweise einen Inhabervertreter, zwei Führungskräfte und zwei Mitarbeiter. Die gewählten Kollegen brauchen für die Mitarbeit im Übergangsteam ausreichend Zeit und sollten für diese Zeit in ihren bisherigen Aufgaben entlastet werden.

Konstitution

Das Übergangsteam sollte wie ein (späterer) normaler Kreis konstituiert werden (➜ S. 210). Dazu gehören:

- Auftrag und Zweck des Übergangsteams beschreiben

    Das Team sollte von den Inhabern, der Geschäftsführung oder möglicherweise vom Plenum einen klaren Auftrag erhalten. Anschließend sollte es sein Selbstverständnis des Zweckes konkretisieren.

- Notwendige interne Prozesse, regelmäßige Arbeitstreffen und Rollen kreieren und entsprechende Rolleninhaber bzw- verantwortliche wählen.

    Beispielsweise die Rollen Kreis-Gastgeber (➜ S. 139), einen Kreis-Dokumentar (➜ S. 144) und vielleicht einen Kreis-Sprecher zur Kommunikation gegenüber der Kollegenschaft.

Die interne Arbeit kann mit einem Ideen- und Entscheidungsmonitor (➜ S. 201, Feature-Liste, Backlog) gemeinsam organisiert werden.

- Entscheidungsverfahren
    Wir empfehlen für gemeinsame Entscheidungen ein wöchentliches Entscheidungs-Jour-fixe, für Rollenwahl das kollegiale Rollenwahlverfahren, für vorbereitungsintensive Entscheidungen konsultative Fallentscheide und im Zweifelsfall den Konsent.

Soweit möglich, sollte bereits das Übergangsteam probieren, möglichst wenig Entscheidungen gemeinsam im Konsent zu treffen und gemeinsam Lösungen zu erarbeiten, sondern die Arbeit mit den dazugehörigen Entscheidungen an die einzelnen Mitglieder zu verteilen, also konsultative Fallentscheide zu präferieren.

Typische Koordinationskreise und -rollen

Plenum

Das Plenum ist die Vollversammlung aller Organisationsmitglieder. Es ist die höchste Entscheidungsinstanz der Organisation (ggf. nach der Geschäftsführung). Das Plenum trifft die wenigsten, dafür aber meistens die übergreifenden Entscheidungen.

Mit der Organisationsstruktur werden die Zuständigkeiten innerhalb der Organisation verteilt, sodass für die allermeisten Entscheidungsbedarfe klar sein sollte, welcher Kreis dafür zuständig ist. Diesem Kreis obliegt dann auch die Bearbeitung.

Das Plenum wird nur gebraucht, um Belange zu bearbeiten,
- die keinem Kreis zuzuordnen sind,
- deren Zuordnung zu einem Kreis unklar ist,
- die aufgrund von Konflikten nicht von den eigentlich zuständigen Kreisen und Rollen getroffen werden können oder
- wenn andere die Entscheidungen der zuständigen Kreise und Rollen ersetzen möchten.

Soweit nichts anderes vereinbart ist, gelten für ein Plenum die gleichen Regeln und Prinzipien wie für andere Kreise auch (beispielsweise soziokratische Entscheidungen im Konsent).

Da Plenen gewöhnlich deutlich mehr als 10 Mitglieder umfassen, sind Entscheidungen entsprechend aufwendiger. Mit zunehmender Größe werden inhaltliche Konsentscheidungen schwieriger. Unserer Erfahrung nach sind Plenen mit bis zu 30 Personen möglich und für bestimmte Situationen auch passend.

Im Gegensatz zu inhaltlichen Entscheidungen sind die Beauftragung von Fallentscheidungen und die Wahl von Rolleninhabern auch bei mehr als 30 Personen gut möglich, beispielsweise die Wahl von Repräsentanten für einen Topkreis.

Sofern es gleichzeitig ein Plenum und einen Topkreis gibt, sind diese unbedingt klar voneinander abzugrenzen. Für größere Organisationen empfehlen wir, einen vom Plenum gewählten Topkreis zu kreieren, der dann anstelle des Plenums alle weiteren Entscheidungen trifft.

Topkreis

Eine Alternative zum Plenum ist der Topkreis oder auch oberster Führungskreis, der im Gegensatz zum Plenum aus Repräsentanten besteht. Der Name Topkreis ist eine bewusste Anspielung an den traditionellen Ausdruck Top-Management (➔ S. 73, Topkreis in der Soziokratie).

Werden die Repräsentanten des Topkreises nicht vom Plenum gewählt, dann kann er von Vertretern der darunterliegenden Kreise und von Vertretern der Gesellschafterversammlung (Inhaber) gebildet werden. Diese Variante fördert allerdings ein gewisses Funktionärstum, da ja auch die Unterkreise des Topkreises üblicherweise aus gewählten Vertretern bestehen. Die Wahl durch ein Plenum eröffnet hingegen allen Mitgliedern die gleichen Möglichkeiten.

Eine weitere Konstitutionsvariante für den Topkreis, die ohne Plenum auskommt, ist, wenn nur die Wertschöpfungs- und Dienstleistungskreise Repräsentanten (also nur aus Kreisen der beiden äußeren Ringe des kollegialen Kreismodells, ➔ S. 93) entsenden, nicht jedoch Kreise, die ihrerseits bereits Repräsentanzen darstellen.

QUERVERWEISE
➔ S. 115 Geschäftsführung
➔ S. 125 Inhaber
➔ S. 113 Koordinationskreis
➔ S. 104 Konstitutionsreihenfolge
➔ S. 107 Skalierung

Inhaberkreis

Jede Organisation muss das für sie passende Konstitutionsverfahren finden.

Oft hören wir die Meinung, dass die Mitglieder des Topkreises entsprechend ihrer fachlichen Qualifikation ausgewählt werden sollten. Wir können das aus unserer Beobachtung bislang nicht bestätigen und halten andere Verfahren, wie querschnittlich oder zufällig zusammengesetzte Mitgliederstrukturen, Proporzverfahren, Rotationsprinzipien und Ähnliches, für ebenso tauglich.

Für ein Plenum anstelle eines Topkreises spricht, dass es damit jedem Organisationsmitglied gleichermaßen möglich wird, direkt Entscheidungsbedarfe einzubringen und unmittelbare Einsicht in die obersten Willensbildungsprozesse zu erlangen.

> Mit dem Inhaberkreis ist die Gesellschafterversammlung gemeint, deren grundlegende Konstitution und Funktionsweise durch Gesetze festgelegt ist, vor allem durch das GmbH- und das Aktiengesetz.

Während die Führung und Organisation eines Unternehmens unterhalb der Gesellschafterversammlung weitgehend frei gestaltbar ist, unterliegen die Gesellschafterversammlungen engen Vorschriften. Die Rechte und Pflichten der Gesellschafter sind weitgehend gesetzlich geregelt.

Im folgenden Abschnitt werden nur solche Inhaberaspekte dargestellt, die für die Gestaltung kollegial geführter Organisationen besonders relevant sind.

Bestellung der Geschäftsführung

Die Geschäftsführung, je nach Rechtsform auch Vorstand genannt, wird von den Inhabern bestimmt. Schon in traditionell geführten Unternehmen hat die Gesellschafterversammlung damit ganz grundlegenden Einfluss auf die Organisations- und Führungskultur. Sie kann beispielsweise einen anweisungsorientierten Chef einsetzen oder einen eher partizipativ und im Dialog führenden. Sie kann eine Einzelperson oder ein Führungsteam, einen Bürokraten, einen Sanierer, einen Querdenker, einen Kreativen oder ein Proporzgremium bestellen.

In einer GmbH ist die Geschäftsführung weisungsgebunden, d.h., die Gesellschafter können intervenieren. In einer Aktiengesellschaft oder Genossenschaft ist dies nicht möglich, hier kann die Gesellschafterversammlung allenfalls dem Vorstand drohen, ihn abzuberufen.

Tatsächlich kennen wir (fast) kein Beispiel von selbstgeführten Organisationen, in denen die Initiative dazu nicht von den Inhabern ausging. Die Mitarbeiterschaft kann gute Argumente und viele Wünsche und Sehnsüchte nach anderen Organisationsformen haben – ohne die Inhaber geht hier gar nichts.

Die Inhaber sind die Initiatoren für die Umstellung auf eine kollegial geführte Organisation.

Inhaberstruktur ist entscheidend

Die Frage, ob ein Unternehmen sich organisatorisch neu erfinden kann, hängt maßgeblich von der Struktur der Gesellschafterversammlung ab – einige haben es leichter, andere ganz schwer.

Inhaberunternehmen

Unternehmen mit einem beherrschenden Mehrheitsgesellschafter haben es am einfachsten. Hier prägt der Inhaber maßgeblich das Unternehmen. Götz Werner als Inhaber von dm drogeriemarkt ist hier ein prominentes Beispiel. Werner ist anthroposophisch und humanistisch geprägt, bezieht sich auf Rudolf Steiner und Joseph Beuys und sein Unternehmen ist in diesem Sinne gestaltet.

Familienunternehmen

Unternehmen in Familienbesitz oder im Besitz eines eingeschworenen Freundeskreises haben es ebenfalls leicht, solange sie nicht in Streit untereinander verfallen. Familienunternehmen haben fast immer eine langfristige Orientierung. Das Unternehmen soll über Generationen der Familie erhalten bleiben, weswegen sie modernen Organisationsformen gegenüber aufgeschlossen sind – sofern sie an deren langfristige Überlegenheit glauben.

Finanzinvestierte Unternehmen

Größere heterogene Gesellschafterversammlungen haben es dagegen etwas schwerer. Insbesondere zwei Inhaberstrukturen behindern organisatorische Modernisierungen:

- Unternehmen, vor allem Aktiengesellschaften in Besitz von Finanzinvestoren, und
- Unternehmen in öffentlicher Hand.

Sobald Finanzinvestoren dominieren, ist eine langfristige Orientierung unwahrscheinlich. Außerdem verwalten diese nur fremdes Geld. Ein machtvoller Vorstand kann hier zwar maßgeblich gestalten, er kann aber jederzeit ausgetauscht werden. Und der Nachfolger macht das zarte Pflänzchen kollegialer Führungskultur dann wieder zunichte.

Öffentliche Unternehmen

Noch schlimmer sind allerdings politisch dominierte Organisationen, in denen gewählte Politiker opportunistisch und nur mit einer Perspektive von vier Jahren agieren. Dies ist im Falle der Sparkassen fatal – deren Geschäftsmodell bedarf zwar einer Neuerfindung, die Gesellschafterversammlungen und Aufsichtsräte denken und handeln aber nicht langfristig. Der Personenkreis in den Gremien ist oft instabil (manchmal weniger als eine Legislatur), was die inhaltliche Kontinuität untergräbt. Stabil ist allenfalls der Proporz. Und auch diese Akteure verwalten und verantworten fremden und nicht den eigenen Besitz.

Start-ups mit Hockeystick

Für junge, schnell gewachsene Unternehmen („Hockeystick" ist die Metapher für die angestrebte Wachstumskurve), deren Gründer nicht die langfristige Zukunftssicherung des Unternehmens verfolgen, sondern schnell durch den Verkauf von Mehrheitsanteilen Kasse machen möchten („Exit"), ist es eine große Herausforderung, innovative Organisationsformen zu etablieren und zu bewahren.

Entscheidendes Kriterium

Wenn es also ein Kriterium gibt, das für die Transformation und Etablierung kollegial geführter Organisationen relevant ist, dann ist es die Frage, ob die Vertreter in der Gesellschafterversammlung mehrheitlich eigenes oder fremdes Kapital vertreten.

GESELLSCHAFTSSATZUNG

Die höchste Entscheidungsinstanz innerhalb einer Organisation ist in deren Satzung geregelt. Die Satzung wird von der Gesellschafterversammlung bestimmt, deren Geschäftsordnung wiederum vom Gesetzgeber reglementiert ist, ebenso wie der Gesetzgeber gewisse Anforderungen an die Satzung stellt.

Die Satzung definiert in jedem Fall die Rechte, Pflichten und Bestellungsmodalitäten der Geschäftsführung. Ebenso kann aber auch das Plenum in der Satzung verankert werden und von der formalen Geschäftsführung abgegrenzt werden.

Sollte die Geschäftsführung durch die Kollegenschaft gewählt oder bestätigt werden, sollten diese Modalitäten belastbar und klar in der Satzung oder in der von den Inhabern vorgegebenen Geschäftsordnung geregelt werden.

Fehlt das Plenum in der Satzung, obliegt es der Geschäftsführung, Modalitäten eines Plenums zu bestimmen.

Fallentscheidungen

Wie im Abschnitt über Entscheidungsverfahren beschrieben, existieren verschiedene Varianten von Fallentscheidungsverfahren (➔ S. 155).

Sofern es sich um kreisübergreifende oder organisationsweite Entscheidungen handelt, empfehlen wir die Sichtbarmachung dieser temporären Rollen (oder Kreise, sofern es ein Entscheidungsteam ist) innerhalb der Organisationsstruktur-Pinnwand (➔ S. 103). Ein gutes Beispiel liefert Abb. 49 (➔ S. 100), in der ein Fallentscheid (rotes Element FE) eingetragen ist.

Abb. 63: Paul Neal Adair alias Red Adair. (Quelle: http://redadair.com/awards.php)

Ausnahmeentscheider

Manchmal versagen alle Prozesse und Strukturen einer Organisation und eine für sie nicht akzeptable Störung lässt sich partout nicht beseitigen. In diesem Fall benötigt eine Organisation vielleicht jemanden mit besonderem Mut.

Wenn die Gemeinschaft überfordert ist

Ein Kreis hat vergeblich versucht, eine Herausforderung selbst zu bewältigen. Auch die übergeordneten Kreise, der Topkreis oder das Plenum haben es vergeblich versucht, obwohl verschiedene Rollen oder Entscheidungsverfahren berücksichtigt wurden. Es wurden auch schon externe Experten, Unterstützer oder Mediatoren einbezogen. Eine Überforderung kann auch eintreten, wenn die Zeit drängt oder Entscheidungen mit großer Tragweite und hohen Risiken sehr schnell zu treffen und umzusetzen sind, weshalb die üblichen Vorgehensweisen in der kollegial geführten Organisation nicht infrage kommen.

Ein Team hat seine Arbeitsfähigkeit verloren, ist komplett zerstritten und mit sich selbst beschäftigt. Oder es leistet aus Sicht der Gemeinschaft keine angemessenen Beiträge mehr, womit die Gemeinschaft überfordert ist. Es mangelt meistens aber nicht an Ideen, diese Situationen zu bearbeiten, sondern am Mut und an der Courage zu deren Umsetzung, weil zum Beispiel die Lösung außerordentliche finanzielle oder soziale Risiken oder Aufwände beinhaltet.

Wer hilft dann?

Nun gilt es, die passende Person zu finden, die sich zutraut, die Störung bzw. das Problem mit unkonventionellen Mitteln zu beseitigen, die für die anderen durchs Feuer geht. Mit unkonventionell ist hier gemeint, dass die Mittel außerhalb der üblichen Regeln und des selbstbestimmten Werte- und Prinzipienrahmens liegen.

Staaten haben hierfür beispielsweise die Möglichkeit eines formalen Ausnahmezustands, die Wirtschaft hat das Insolvenzrecht. In Ausnahmesituationen werden also die ansonsten geltenden Regeln zeitlich oder inhaltlich begrenzt aufgehoben.

> **DEFINITION**
>
> In einer kollegial geführten Organisation ist der Ausnahmeentscheider eine Rolle, die dem konsultativen Einzelentscheider entspricht, die zusätzlich jedoch die explizite Erlaubnis erhält, Entscheidungen ausnahmsweise jenseits der geltenden (sozialen, wirtschaftlichen oder organisatorischen) Standards zu treffen und umzusetzen.

Bei einem Ausnahmeentscheider handelt es sich um einen Red Adair der Selbstorganisation. Paul Neal Adair (Spitzname Red Adair) ist ein in den 1960er-Jahren bekannt gewordener Feuerwehrmann, der mit üblichen Standards als nicht mehr löschbar geltende Brände dennoch löschte, vor allem brennende Öl- und Gasquellen. Dass derartige Brände durch gezielte Sprengstoffexplosionen gelöscht werden konnten, wussten auch andere. Red Adair jedoch hatte den Mut zur lebensgefährlichen und heldenhaften Umsetzung.

Strategiekreis oder -rolle

Kaum ein Begriff wird in der Wirtschaftsliteratur so vielfältig benutzt wie Strategie. Und wir fügen jetzt eine weitere Sichtweise hinzu!

- Eine Strategie ist die Festlegung eines Prinzips, nach dem wir entscheiden, was wir weglassen oder vermeiden wollen und was wir bevorzugen möchten.
- Eine Strategie beeinflusst die Kommunikation und die praktischen Handlungen in einem Unternehmen, weil sie die Konvergenz von Denkmustern, Überzeugungen und Wertvorstellungen unterstützt.
- Glaubwürdig ist eine Strategie, wenn sie existierende Phänomene gut zu erklären vermag – sie hat damit Ähnlichkeit zu einer Theorie. Ansonsten wären es lediglich Ideen, Pläne und Absichtsbekundungen.

In vielen Unternehmen werden mit Strategien einfach nur langfristige Pläne und Ziele bezeichnet. Strategien sind oftmals auch nachträgliche Rationalisierungen und Erklärungen von dem, was ohne bewusste Strategie passiert ist und dann von jemandem als funktionierend wahrgenommen wurde.

Selbstbeobachtung und Weiterentwicklung

Strategiearbeit besteht unserer Meinung nach aus der regelmäßigen Selbstbeobachtung, welche Strategien in der Organisation wirksam sind, und der Reflexion darüber, ob diese als nützlich beibehalten oder als weniger hilfreich aufgegeben werden sollten (→ S. 204, vgl. systemische Schleife). Dabei ist der offene Diskurs darüber vermutlich wertvoller als ein Ergebnis.

Strategien haben den Nachteil, dass sie die Aufmerksamkeit auf die Anpassung eben an diese Strategie als interne Referenz lenken und den (von extern eintreffenden) veränderten Veränderungsbedarf verdrängen können. Außerdem fördert diese Herangehensweise, dass sich alle die gleiche Realität kreieren und man somit im Mittelmaß landet.

Deswegen ist es sinnvoll, Möglichkeiten herzustellen,
- dort hinzusehen, wo andere nicht hinschauen, und
- schwache Signale zu antizipieren.

Das gelingt der Organisation allerdings nicht direkt durch definierte Prozesse, sondern durch eine offene Suche nach dafür talentierten Kolleginnen, denen dann besondere Einflussmöglichkeiten auf die Strategie übertragen werden.

LITERATUR
→ Reinhart Nagel, Rudolf Wimmer: *Einführung in die systemische Strategieentwicklung*. Carl Auer, 2015.

QUERVERWEISE
→ S. 187 Konsultative Fallentscheidung
→ S. 115 Geschäftsführung
→ S. 293 Mythos Unternehmensziel und gemeinsame

Interessenvertretungskreise

Man könnte meinen, dass in einem kollegial selbstorganisierten Unternehmen besondere Interessenvertretungen überflüssig sind, weil ja jedes Organisationsmitglied seine Interessen in seinen Kreisen einzubringen vermag. Auch wenn dies bereits weitreichende Möglichkeiten bietet, spezielle Interessen zu vertreten, so existiert doch ein systemtheoretisch relevantes Gegenargument.

Selbst wenn sich jeder Einzelne in einem sozialen System wohlwollend und konstruktiv verhält, kann das Gesamtsystem gegenüber einzelnen Mitgliedern dennoch komplett versagen und unzumutbar sein. Das Verhalten des Gesamtsystems ist nicht einfach die Summe der Einzelhandlungen, sondern es zeigt emergente Eigenschaften. Und auch ein soziales System kann blinde Flecken haben.

Aus diesen Gründen kann es zweckmäßig sein, bestimmte Interessengruppen über die gewöhnliche Kreisstruktur hinaus als eigene Rollen oder Kreise zu konstituieren. Da es in der Regel um übergreifend wahrzunehmende Interessen geht, ist der Topkreis (oder das Plenum) ein passender Ort.

Gesellschafter
Die Interessen der Gesellschafter sollten im Topkreis sowieso standardmäßig vertreten sein, da deren originäre Aufgabe ist, die Geschäftsführung zu bestimmen. Die Gesellschafterversammlung ist aus Sicht einer kollegialen Kreisstruktur ein Koordinationskreis, der einen Vertreter in den Topkreis entsendet.

Aufsichtsrat
Vor allem Aktiengesellschaften und größere Unternehmen bilden Aufsichtsräte, die mit externen Experten und Interessenvertretern besetzt sind. Sie sind teilweise gesetzlich vorgeschrieben und meistens zusätzlich in den Satzungen verankert. Ein Aufsichtsrat kontrolliert und unterstützt die Geschäftsführung. Ein Aufsichtsrat ist aus Sicht einer kollegialen Kreisstruktur ein Koordinationskreis, der einen Vertreter in den Topkreis entsendet.

Gewerkschaftliche Mitbestimmung
Gewerkschaften sind branchenweite, d.h. über einzelne Unternehmen hinausgehende Interessenverbände der Angestellten und Arbeiter. Sie vertreten damit einen nennenswerten Teil der Kollegen. Die Interessen von Führungskräften, Einzelselbstständigen und Leihbeschäftigten können oder wollen Gewerkschaften nicht immer ausreichend wahrnehmen. Dies hat auch historische Gründe. Aus heutiger Sicht erschiene es uns sinnvoller, die Interessen der gesamten Kollegenschaft unternehmensübergreifend und gesellschaftlich orientiert zu vertreten. Eine türkise (➔ S. 17) Organisation sähe sich sowieso als Teil eines größeren Ganzen. Wie auch immer – auch gewerkschaftliche Mitbestimmung beispielsweise in Form eines Personalrates kann als Koordinations- oder Dienstleistungskreis verstanden werden und über einen Repräsentanten im Topkreis vertreten werden.

Lieferanten und Kunden
Ebenso könnten Lieferanten und Kunden in Interessenvertretungskreisen organisiert werden.

Wertbildungskontext
An dieser Stelle sollten wir uns jedoch den Primat der direkten Wertschöpfung vergegenwärtigen. Die Grundidee der kollegialen Kreisorganisation ist, dass die Macht von außen nach innen verlaufen und von den Personen mit der direktesten Wertschöpfung ausgehen soll. Die Kunden sind die zahlenden Abnehmer der Wertschöpfung. Unternehmensübergreifende Interessensverbände von Lieferanten oder Arbeitnehmern sind keine zahlenden und direkten Empfänger der Wertschöpfung. In ihrer Rolle sind sie kein Teil der direkten Wertschöpfung. Insofern sind ihre organisationsinternen Repräsentanten als interne Dienstleister zu verstehen – ähnlich wie die Geschäftsführung. Der Wert und Nutzen dieser Interessenvertretungen ist von den Empfängern und Nutznießern dieser Interessenvertretung zu bestimmen, denn diese müssen die Kosten dafür tragen. Aus Sicht der Wertbildungsrechnung handelt es sich um Vorleistungen, die die jeweilige Eigenleistung schmälert.

Während es im vorigen Kapitel darum ging, wie und aus welchen Elementen die Organisation als Ganzes strukturiert (konfiguriert) ist, geht es in diesem Abschnitt darum:

Wie und mit welchen typischen Rollen organisiert sich ein einzelner Kreis intern?

Kreiskonfiguration (Mikrostruktur)

Kreisinterne Führung
Grundlegende Prinzipien und Überlegungen zur kreisinternen Führung.

Kreis-Gastgeber
Verantwortet die angemessene Arbeitsfähigkeit und die Rahmenbedingungen des Kreises.

Arbeitstreffen-Gastgeber
Verantwortet die Arbeitsfähigkeit und Rahmenbedingungen eines einzelnen Arbeitstreffens.

Kreis-Ökonom
Verantwortet die Reflexion und Entwicklung der ökonomischen Leistungen des Kreises.

Kreis-Repräsentant
Repräsentiert den Kreis gegenüber anderen Kreisen.

Fachentscheider
Verantwortet ein bestimmtes Fachgebiet.

Kreis-Dokumentar
Sorgt für die Information, Dokumentation und das Logbuch über die Arbeit des Kreises.

Kreis-Lernbegleiter
Sorgt für Möglichkeiten zur Reflexion und Weiterentwicklung des Kreises.

Teamleiter?
Sind Teamleiter obsolet?

Kreisinterne Führung

> Im Prinzip obliegt es jedem Kreis selbst, welche speziellen Rollen (→ S. 102, spezifische Rollen) er schafft, um seine Führungsarbeit zu gewährleisten. Es haben sich jedoch bestimmte Führungselemente als äußerst hilfreich herausgestellt.

In den folgenden Abschnitten werden die vier Segmente Führen, Informieren, Folgen und Reflektieren paarweise erläutert – jeweils die in Abb. 64 gegenüberliegenden Elemente, also Führen und Folgen sowie Informieren und Reflektieren.

- **Führen** beinhaltet alle Aktivitäten, mit denen der Kreis intern zu Entscheidungen kommt und sich extern mit anderen Kreisen und Organisationseinheiten abstimmt.
- **Informieren** beinhaltet alle Aktivitäten, die der Herstellung von Transparenz und der Information dienen, sowohl innerhalb des Kreises als auch nach außen.
- **Folgen** beinhaltet alle operativen Tätigkeiten, für die der Kreis zuständig und verantwortlich ist.
- **Reflektieren** beinhaltet alle Tätigkeiten, die der kritischen Selbstbeobachtung und dem Lernen über die (Zusammen-)Arbeit im Kreis, aber auch mit Kreisexternen dienen.

All diese Aktivitäten werden von bestimmten Personen wahrgenommen – entweder ungeplant oder beabsichtigt durch selbstbestimmte Rollen, durch Rolleninhaber oder unterstützende Prinzipien, Prozesse und Regeln.

Dabei stehen die vier Segmente in verschiedenen Zusammenhängen:

- Die jeweils gegenüberliegenden Segmente bedingen aneinander: Führen ist ohne Folgen nicht denkbar. Und Reflexion basiert auf Informiertsein.
- Gleichzeitig stehen die vier Segmente in einer logischen Kette: Führung produziert Entscheidungen, über die informiert werden muss, damit man ihr folgen (d.h. sie umsetzen) kann, worüber wiederum reflektiert werden kann, um gemeinsam zu lernen und sich weiterzuentwickeln, d.h., wieder neue Entscheidungen zu treffen.

In der Soziokratie werden im Kreisprozess statt vier die drei Segmente Leiten-Ausführen-Messen verwendet.

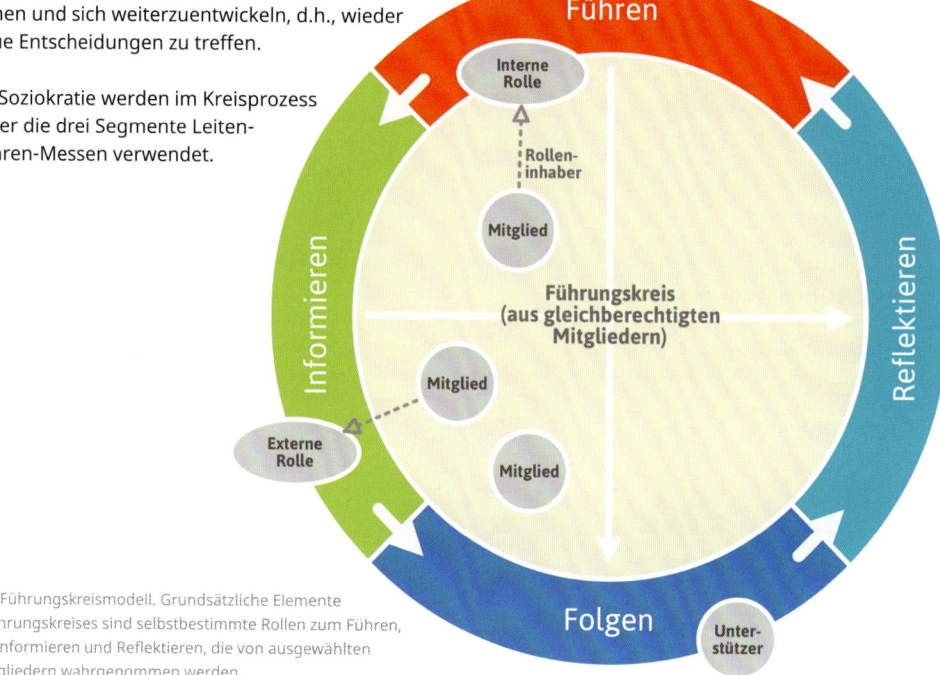

Abb. 64: Führungskreismodell. Grundsätzliche Elemente eines Führungskreises sind selbstbestimmte Rollen zum Führen, Folgen, Informieren und Reflektieren, die von ausgewählten Kreismitgliedern wahrgenommen werden.
[→ http://kollegiale-fuehrung.de/kreisintern-muster/]

Führen und Folgen

Die Hauptaufgabe eines Führungskreises ist die Führung (in Abb. 64 im oberen roten Segment dargestellt). Dies klingt zunächst trivial, es folgen nun jedoch höchst relevante Unterscheidungen.

In einer Abteilung unterscheiden wir die Abteilungsleitung und deren Mitarbeiter. Die Mitarbeiter folgen (den Anweisungen, Arbeitszuteilungen etc.) der Leitung.

In einem Führungskreis (auch einfach nur Kreis genannt) teilen sich die Mitglieder des Kreises die Führungsarbeit zu einem Verantwortungsbereich, d.h., bestimmte Kolleginnen verantworten bestimmte Teilaspekte. Hat eine Kollegin beispielsweise die Rolle übernommen, Marktpreise zu beobachten und die eigenen Preise regelmäßig anzupassen, dann führt sie ihre Kollegen in diesem Bereich an.

Führen und Folgen bedingen einander. Das eine ist ohne das andere nicht denkbar. Deswegen stehen sie sich im Führungskreismodell in Abb. 64 gegenüber.

Eine reife, kollegial geführte Organisation ist sich der Unterscheidung Führen versus Folgen bewusst und nutzt sie aktiv, um explizit klarzustellen, wer wen wofür führt und wer wem worin folgt.

Ganz praktisch bedeutet dies, dass auch in einer Selbstorganisation nicht jeder macht, was er will, oder willkürlich handelt, sondern jeder Einzelne den gemeinsam bestimmten (und auch gemeinsam wieder änderbaren) Führungsermächtigungen folgt.

Jedes Kreismitglied kann den Kreis in Bezug auf bestimmte Aspekte führen und folgt dann jeweils der Führung der übrigen Kreismitglieder in Bezug auf die übrigen Aspekte.

Wie in der Abteilungsorganisation gibt es wenige Menschen, die führen, und viele, die folgen – nur dass diese Unterscheidung in einer kollegialen Organisation nicht entlang der Personen, sondern kontextspezifisch entlang verteilter Rollen erfolgt.

Oder anders ausgedrückt: In der kollegialen Organisation führt jeder jeden – aber immer nur in Bezug auf bestimmte Kontexte und Aspekte.

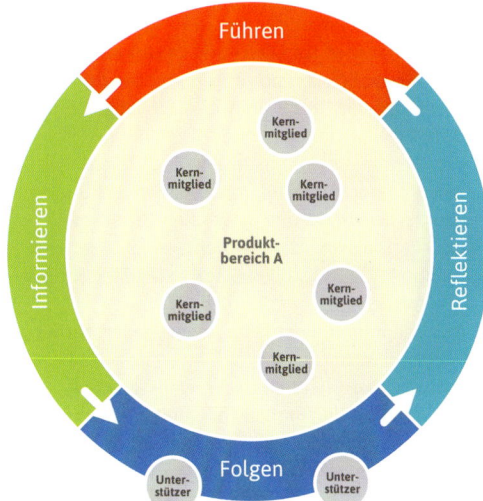

Abb. 65:
Unterscheidung Kernmitglieder und Unterstützer im Führungskreismodell. [⬇ http://kollegiale-fuehrung.de/kreisintern-folgen/]

Einfach nur die Arbeit machen?

Führt wirklich jeder jeden? Nein, manchmal möchte ein Kollege in einem Kreis ganz bewusst nur folgen.

Zum einen gibt es immer wieder Kollegen, die wollen gar nicht führen, sondern einfach nur ihre Arbeit erledigen. Sie wollen geführt werden, und zwar grundsätzlich. Das ist für eine kollegiale Organisation kein besonderes Problem, solange dies eine deutliche Minderheit der Kollegenschaft ist.

Es gibt aber auch Kolleginnen, die wollen nur in bestimmten Bereichen und Kreisen führen und in den anderen geführt werden. Die meisten Kollegen sind ja typischerweise Mitglied in mehreren Kreisen – schon deshalb, weil benachbarte Kreise untereinander Repräsentanten entsenden und es übergeordnete Koordinationskreise gibt. Aber eben auch, weil ein Kollege an mehreren Aufgabenbereichen interessiert sein kann.

BEISPIEL FACHLICH MOTIVIERTE DOPPELMITGLIEDSCHAFT

Unser ehemaliger Kollege Marcus hatte in einem Kreis zusammen mit anderen die Verantwortung für eine Produktgruppe übernommen, war also führend tätig, und gleichzeitig arbeitete er in einem anderen Kreis, ohne dort eine Führungsrolle zu übernehmen und in Entscheidungen involviert zu sein. Er war also in einem Bereich gestaltend und führend tätig und in dem anderen erledigte er einfach nur seine wertschöpfende Arbeit.

PRAXISBEISPIEL KERNMITGLIEDER VERSUS UNTERSTÜTZER

Nach der Umstellung auf die Kreisstruktur in unserem Beratungsunternehmen existierten sechs verschiedene Geschäftsbereiche, die Themenkreise genannt wurden.

In der Vergangenheit hatte es sich bei uns nicht bewährt, dass Berater gleichzeitig in unterschiedlichen Bereichen verantwortlich arbeiteten. Es gab immer wieder Situationen, in denen die verschiedenen Bereiche ihre Arbeitstreffen zeitgleich veranstalteten. Dann mussten sich die in mehreren Bereichen engagierten Beraterinnen für die Teilnahme an einem Kreis entscheiden, was sie aber leider nicht kontinuierlich taten. Stattdessen wechselten sie ihre Teilnahmen, wodurch es an Kontinuität in den Entscheidungen und Umsetzungen mangelte.

Mit der Umstellung auf die Kreisstruktur wurde daher auch die Regel wirksam, dass jeder Berater nur in einem Themenkreis Vollmitglied wurde, also verantwortlich mitentscheiden und gestalten konnte. In den übrigen Kreisen galt er als (wertvoller und ggf. auch beratender) Unterstützer, dessen Loyalität im Falle von Terminkonflikten und anderen Prioritäten aber immer seinem Hauptkreis galt.

In einem Kreis sind Kollegen reguläre Mitglieder, die mitentscheiden und dort prinzipiell Rollen übernehmen. Und in einem anderen Kreis sind sie bewusst nicht entscheidungsberechtigt und übernehmen dort auch keine Führungsrollen.

Wir sprechen hier einerseits von Kernmitgliedern oder Vollmitgliedern und andererseits von Unterstützern, also eher sekundären Mitgliedern oder Satelliten. Die Kernmitglieder bewegen sich im Zentrum von Abb. 65, die Unterstützer am Rande des Folgen-Segmentes.

Typische Führungsrollen

Typische Führungsrollen eines Kreises ergeben sich aus der Makrostruktur der Gesamtorganisation:

▶ Repräsentanten für Ober- und Unterkreise
Kreise koordinieren sich untereinander durch den Austausch von Repräsentanten. Ein Ober- und ein Unterkreis sind miteinander durch mindestens eine Person, unter Umständen auch durch Doppelverbinder (➔ S. 110), miteinander verbunden. Ein Kreis wählt, wen er in welchen Unter- oder Oberkreis als Repräsentant entsendet. Dies sind wichtige Führungsrollen einer kollegialen Kreisorganisation.

▶ Repräsentanten oder feste Ansprechpartner für Nachbarkreise
Zusätzlich können sich zwei ansonsten nicht direkt verbundene Kreise jederzeit entscheiden, sich direkt (d.h. quer über alle sonstigen Ebenen) zu verbinden und hierfür Repräsentantenrollen einzurichten oder spezielle Ansprechpartner (➔ S. 112) zu benennen.

Andere Rollen ergeben sich aus der Mikrostruktur eines Kreises:

▶ Kreis-Gastgeber (➔ S. 139)
Eine Person muss sich um die interne Führung kümmern und die Führungsarbeit des Kreises organisieren. Dazu gehören ganz praktische Dinge, wie die Festlegung von Ort und Zeit für ein Arbeitstreffen, die Einladung aller Mitglieder, ggf. vorweg Diskussionsthemen und Entscheidungsbedarfe zu sammeln und für die Arbeitstreffen Moderatoren, Protokollanten und notwendige Arbeitsmittel zu gewinnen.
▶ Kreis-Ökonom (➔ S. 141)
▶ Kreis-Lernbegleiter (➔ S. 145)
▶ Kreis-Dokumentar (➔ S. 144)
▶ Zusätzlich definieren Kreise manchmal für bestimmte Teilaspekte spezielle Rollen. Wir nennen sie Fachentscheider (➔ S. 143). Beispielsweise könnte ein Produktbereich einen Verantwortlichen für die Preisgestaltung benennen oder einen Verantwortlichen für die Arbeitssicherheit.
▶ (Konsultative) Fallentscheidungen (➔ S. 187)
Zusätzlich zu den längerfristig eingerichteten Rollen sind konsultative Fallentscheide eine weitere Möglichkeit, individuell und effizient innerhalb eines Kreises zu entscheiden. Da für jede Fallentscheidung ein Entscheider bestimmt wird, kann eine Fallentscheidung auch als Rolle angesehen werden.

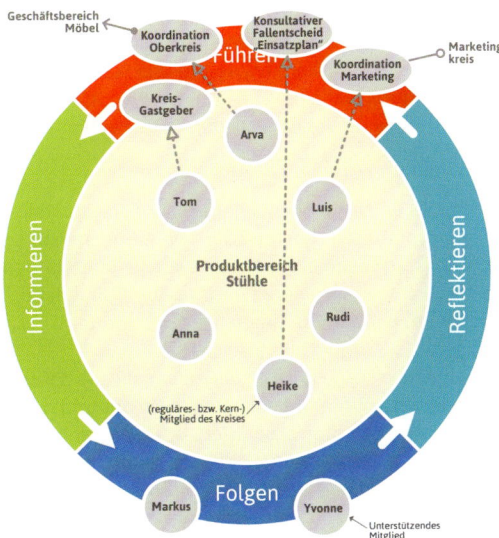

Abb. 66: Typische Führungsrollen eines Kreises für die Aspekte Führen und Folgen. [🔽 http://kollegiale-fuehrung.de/kreisintern-rollen/]

Je nachdem, ob sich der jeweilige Verantwortungsbereich einer Rolle auf die Koordination Externer bezieht (andere Kreise oder fremde Organisationen) oder primär auf den eigenen Kreis und dessen Mitglieder, sind die Rollen in Abb. 66 am inneren oder äußeren Rand des roten Kreissegmentes platziert. In der Abb. 66 hat Arva beispielsweise die Koordination gegenüber dem Oberkreis übernommen und repräsentiert damit den Produktbereich Stühle im Oberkreis Geschäftsbereich Möbel. Das bedeutet, dass Arva Mitglied in zwei Kreisen ist, einmal als normales Mitglied im Kreis Produktbereich Stühle und einmal im Oberkreis Geschäftsbereich Möbel, in dem sie die Interessen des Kreises Produktbereich Stühle vertritt. In beiden Kreisen ist sie stimmberechtigt.

Luis ist Ansprechpartner gegenüber dem Marketingkreis. Er ist jedoch kein Mitglied im Marketingkreis, weshalb er nicht (wie Arva) Repräsentant genannt wird, sondern Ansprechpartner. Luis verantwortet für seinen Kreis die Kooperationsbeziehung zwischen dem Marketing und dem Produktbereich Stühle.

Tom koordiniert die kreisinterne Führungsarbeit als Gastgeber. Er lädt zu den vereinbarten regelmäßigen Arbeitstreffen ein, sorgt dafür, dass alle Rollen des Kreises gewählt und besetzt werden und achtet einfach darauf, dass der Kreis gut arbeitsfähig ist.

Heike ist auch Mitglied des Kreises, hat aber keine dauerhafte Rolle, sondern ist von ihrem Kreis beauftragt worden, zu einer bestimmten Frage zum Einsatzplan eine Entscheidung für den Kreis zu treffen. Heike hat damit also eine temporäre Führungsaufgabe.

Prozesssicherheit

Die Festlegung von Rollen und die Klarheit darüber, wer gerade welche Rolle innehat, also wer aktuell welche Führungsaspekte verantwortet, ist ganz entscheidend für die Prozesssicherheit. Wenn unklar wäre, an wen ich mich wenden kann, um beispielsweise einen Diskussions- oder Entscheidungsbedarf in den Kreis einzubringen (im Zweifelsfall der Gastgeber), können Mitglieder verunsichert werden oder sie beginnen, unkoordiniert und ineffizient nebeneinander her zu agieren.

Grundsätzlich trifft ein Kreis alle Entscheidungen im Konsent (außer der Kreis beschließt per Konsent etwas anderes).
- Für manche Entscheidungen ist es sinnvoll, zunächst ausgiebig eine Frage oder ein Thema zu diskutieren.
- Manche Entscheidungen lassen sich gut mit allen gemeinsam im Konsent (➜ S. 160) treffen. Insofern ist das Kreisplenum eine Standardmöglichkeit zur Führung. Das Kreisplenum ist in Abb. 66 nicht speziell eingezeichnet.
- Für andere Entscheidungen ist es hilfreicher und effizienter, sie als konsultativer Fallentscheid (➜ S. 187) an eine Person zu delegieren.
- Und für bestimmte Arten und Bereiche von Entscheidungen bieten sich eher feste Rollen an.

Jeder Kreis wird im Laufe der Zeit selbst herausfinden, welche Entscheidungsmechanismen zu ihm passen. Dazu braucht es aber Klarheit und Reflexion. Dazu mehr im folgenden Abschnitt.

QUERVERWEISE
➜ S. 155 Entscheidungsverfahren
➜ S. 187 Konsultativer Fallentscheid
➜ S. 160 Konsent

Informieren und Reflektieren

Information

Transparenz und Nachvollziehbarkeit der Arbeit, der Diskussionen, der Entscheidungen und der wirtschaftlichen, sozialen und organisatorischen Situation und Standards sind für eine kollegiale Führung lebenswichtig. Wenn es daran mangelt, werden Mitglieder verunsichert und defensiver, fühlen sich abgehängt oder ausgeschlossen, geraten unnötig in Missverständnisse und Konflikte oder agieren bestenfalls einfach nur ineffizient.

Zur Information gehört in jedem Fall die Information über die Konstitution des Kreises und seiner Rollen (→ S. 210, Kreis-Konstitution). Jeder Kreis sollte mindestens eine Rolle definieren und besetzen, die die Verantwortung dafür trägt, diese grundlegenden Informationen bereitzustellen und einfach zugänglich zu machen.

Die Rolleninhaberin muss die Informationen nicht selbst bereitstellen. Kennzahlen zur Wertschöpfung des Kreises könnten beispielsweise vom zentralen Buchhaltungskreis oder vom Kreis-Ökonom (→ S. 141) zur Verfügung gestellt werden. Und die Ergebnisse aus einem Arbeitstreffen kommen vom jeweiligen Protokollanten oder von der Moderatorin dieser Treffen.

Zur Informationsbereitstellung gehört auch ein Stück weit Selbstbeobachtung, denn idealerweise arbeitet ein Kreis möglichst emergent und selbstorganisiert, sodass auch spontan, ungeplant und informell informationswürdige Aktivitäten und Ergebnisse entstehen. Vielleicht hat ein Kreismitglied zufällig eine interessante Bewerberin oder Kooperationspartnerin getroffen, sodass andere im Kreis vielleicht interessiert wären, mehr darüber zu erfahren.

Für den Austausch solcher Informationen bieten sich regelmäßige Austauschtermine an, bspw. tägliche kurze Stehtreffs, wöchentliche Inforunden oder unterstützende elektronische Medien. Der Dokumentar als Transparenz-Verantwortlicher (→ S. 144) kann derartige Veranstaltungsformate und Medien, soweit sie nicht von alleine entstehen, organisieren.

Sofern einzelne Kreise mit vertraulichen Informationen arbeiten, ist ggf. zu unterscheiden zwischen den innerhalb des Kreises zugänglichen Informationen und den nach außen hin kommunizierten.

Reflexion

Um sich verantwortlich verhalten zu können, müssen alle Kreismitglieder wissen, was gerade passiert. In einem dynamischen Umfeld ist es jedoch ebenso wichtig, sich immer wieder selbst zu beobachten und das eigene Verhalten, die eigenen Leistungen, Fähigkeiten, Bedürfnisse sowie das äußere Geschehen kritisch zu reflektieren, um daraus zu lernen und sich weiterzuentwickeln.

Jede Organisation muss sich dauerhaft anpassen. Je reflektierter diese permanente Anpassungsleistung abläuft und je systematischer sie betrieben wird, desto überlebensfähiger, wirksamer und damit erfolgreicher wird die Organisation.

Das hier verwendete Führungskreismodell (→ S. 132, Abb. 64) bildet mit seinen vier Segmenten Führen, Folgen, Informieren und Reflektieren einen Lernzyklus, ähnlich wie die Modelle PDCA (Planen – Durchführen- Checken- Anpassen) und Systemische Schleife (Informationen aufnehmen – Hypothesen bilden – Interventionen festlegen – Interventionen anwenden, → S. 204).

Auf Basis der vorhandenen Informationen kann der Kreis Hypothesen zum tatsächlichen Geschehen bilden und sich dann überlegen, welche Veränderungen er daraufhin ausprobieren möchte. Diese sind dann wieder zu beobachten und erneut zu bewerten.

Es ist sinnvoll, eine Rolle zu benennen, die die dafür notwendigen Rahmenbedingungen schafft und die Reflexionstätigkeiten organisiert, um klarzustellen, wer sich darum kümmert. Der Kreis bestimmt selbst, wie, wann und in welcher Form er reflektieren möchte. Das verantwortliche Kreismitglied versucht dann, diese Absichten umzusetzen und zu organisieren.

Hierzu kann der Lernbegleiter (→ S.145) beispielsweise regelmäßig Retrospektiven ansetzen, zu diesen einladen und sie vor- und nachbereiten oder einige der zahlreichen anderen bekannten und bewährten Formate einsetzen (Zukunftswerkstatt, Feedbackmarkt, World Café, Reflecting Team etc.).

Soweit für eine Reflexionsarbeit notwendig, sind externe Spezialisten dazu zu holen, wie ausgebildete Moderatoren, Coaches und Mediatoren, vielleicht aber auch Fachexperten.

Beispiel

Gegenstand der Reflexion ist sowohl die operative Ebene (Produkte, Dienstleistungen, Kennzahlen, Wirtschaftlichkeit, Produktivität, Marktumfeld, Arbeitsformen, Werkzeuge, Produktionsmittel, Materialien, Hilfsmittel etc.) als auch die organisationale Ebene (Meta-Ebene: Wie arbeiten wir zusammen? Haben wir die notwendigen und passenden Rollen? Passen die Rolleninhaber? Welche neuen Organisations- und Kollaborationsformen möchten wir testen?).

Die Abb. 67 zeigt das Beispiel eines Kreises mit sechs Mitgliedern (Arva, Anna, …), zwei Unterstützern (Markus und Yvonne) und einigen intern (beispielsweise Kreis-Gastgeber) und extern (beispielsweise Koordination Oberkreis) orientierten Rollen sowie die Mitglieder, die die Rollen aktuell wahrnehmen.

Viele dieser Rollen sind mit gar nicht so viel Arbeit verbunden; oft genügen wenige Stunden pro Monat. Wichtig sind sie dennoch, um ausreichend Prozess- und Inhaltssicherheit sowie eine hohe Entscheidungs- und Anpassungsfähigkeit zu ermöglichen.

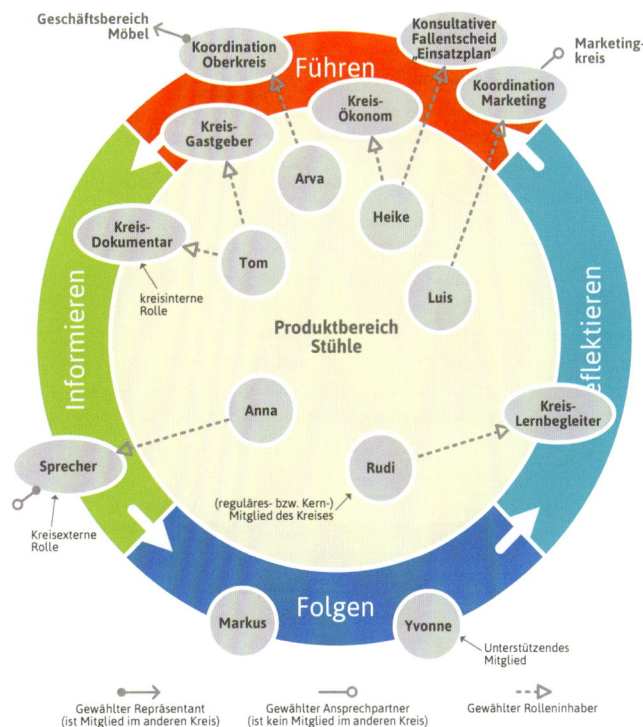

Abb. 67: Beispiel einer Kreis-Konstitution.
[http://kollegiale-fuehrung.de/kreisintern-beispiel/]

QUERVERWEISE
- S. 144 Kreis-Dokumentar
- S. 145 Kreis-Lernbegleiter
- S. 204 Systemische Schleife

Kreis-Konstitution

Zur Konstitution eines Kreises gehören folgende Aspekte:

- **Zweck:** Was ist der Zweck des Kreises? Wofür ist er zuständig und verantwortlich? Der Zweck eines Kreises sollte so beschrieben werden, dass ein neuer Kollege, der selbst nicht Mitglied des Kreises ist, ihn gut und schnell versteht.
- **Mitglieder:** Wer sind die Mitglieder?
- **Rollen und Unterkreise:** Welche Rollen, Ansprechpartner und Repräsentanten gibt es? Welche Verantwortungsbereiche umfassen die jeweiligen Rollen? Wer sind die aktuellen Rolleninhaber?
- **Prozesse und Arbeitstreffen:** Welche regelmäßigen Arbeitstreffen, Aktivitäten und Prozesse plant der Kreis und wer verantwortet diese bzw. ist ihr Gastgeber? Die Verantwortung für einen Prozess ist auch eine Rolle, weswegen die Unterscheidung zwischen Rollen und Prozessen nicht wesentlich ist.
- **Entscheidungsprinzipien:** Wie entscheidet der Kreis? Welche Entscheidungsprinzipien wendet er an?
- **Weitere Ressourcen:** Gibt es unterstützende Mitglieder? Welche anderen Ressourcen sind für den Kreis relevant? Zu welchen anderen Kreisen und Rollen bestehen feste oder besondere Beziehungen?
- **Erreichbarkeit, weitere Information:** Wo erfährt man mehr über den Kreis, seine operative und organisationale Arbeit, seine Entscheidungen, seine Leistungs- und Wertbildungskennzahlen? An wen kann man sich wenden? Welche Entscheidungen hat der Kreis getroffen (→ S. 144, Logbuch)? Hat der Kreis eine eigene E-Mail-Adresse, Verteilerliste, Wiki- oder Webseite?
- Ggf. **Leistungskatalog:** Welche Wertschöpfungen (Produkte, Dienstleistungen) bietet der Kreis intern und extern an (ggf. dargestellt im Sinne einer Wertbildungsrechnung, → S. 299)? Welche Leistungseinheiten werden zu welchen Preisen hergestellt?

Wie ein Kreis seine Konstitution beschreibt, pflegt und weiterentwickelt, bleibt dem Kreis selbst überlassen, sofern der Oberkreis oder das Plenum nichts anderes vorgegeben haben.

Zweck, Mitglieder, Rollen, Arbeitstreffen und Entscheidungsprinzipien sind von jedem Kreis explizit festzulegen, da anderenfalls das Risiko steigt, durch Unsicherheit und Missverständnisse die Zusammenarbeit zu bremsen oder zu belasten.

> **EMPFEHLUNG: UNSCHARFE ROLLEN**
>
> Definieren Sie nicht zu viele Rollen. Die Kolleginnen wissen normalerweise, was zu tun ist. Der Zweck einer Rollenbeschreibung ist nicht, dem Inhaber Vorgaben zu machen, sondern allen eine einfache Orientierung über Zuständigkeiten zu ermöglichen.
>
> Wenn der Kreiszweck klar ist, sind differenzierte Rollenbeschreibungen innerhalb eines Kreises möglicherweise gar nicht mehr relevant.

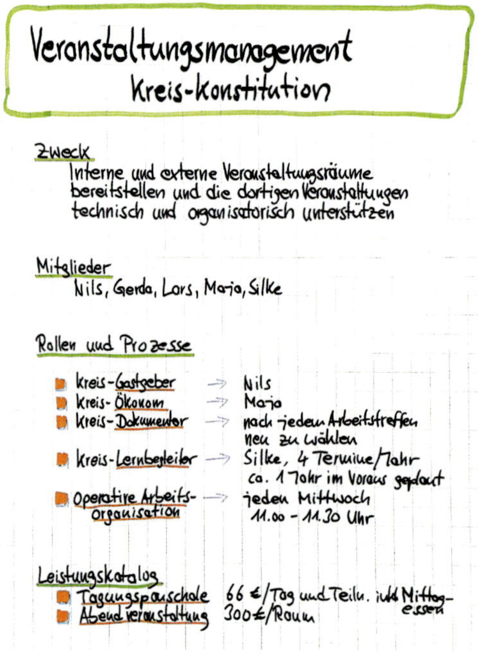

Abb. 68: Beispiel einer Kreis-Konstitution.

QUERVERWEISE
→ S. 299 Wertbildungsrechnung
→ S. 85   Unscharfe Rollen

Typische kreisinterne Rollen
Kreis-Gastgeber

> Der Kreis-Gastgeber hat die Verantwortung, den Kreis intern organisatorisch (nicht inhaltlich) zu führen, sodass der Kreis, wie von seinen Mitgliedern vereinbart, funktioniert.

Er kümmert sich um die interne Führung und organisiert die Führungsarbeit des Kreises. Wie der Gastgeber einer Party sorgt der Kreis-Gastgeber dafür, dass alle Teilnehmer sich wohlfühlen und orientieren können, gut informiert und miteinander in Kontakt sind. Er hält den Raum und organisiert die Beseitigung eventueller Störungen.

Zu den Aufgaben des Kreis-Gastgebers gehören:
- Vereinbarte Konstitution des Kreises sicherstellen. Hierzu gehören wiederum:
  - Sind alle Rollen des Kreises besetzt oder sind Rolleninhaber zu wählen?
  - Sind Repräsentanten für Ober-, Unter- und Nachbarkreise gewählt und aktiv?
  - Haben alle vereinbarten Prozesse einen Verantwortlichen?
- Alle vereinbarten Arbeitstreffen organisieren oder sicherstellen, dass jemand anders diese Verantwortung übernommen hat. Hierzu gehören wiederum:
  - Ort und Zeit festlegen,
  - alle Mitglieder einladen,
  - ggf. vorweg Diskussionsthemen und Entscheidungsbedarfe sammeln und
  - Moderatoren, Protokollanten und notwendige Arbeitsmittel gewinnen.

Der Kreis-Gastgeber ist nicht der Chef, Anleiter oder Antreiber des Kreises. Er achtet lediglich darauf, dass der Kreis seinen selbst vereinbarten Aufgaben und Zielen und der übernommenen Verantwortung in passender Weise nachkommt. Sofern der Gastgeber hier Defizite entdeckt, wird er aktiv und versucht entweder selbst oder durch Delegation, die Lücken zu schließen:
- Hat ein Kollege gekündigt und ist dadurch eine Rolle verwaist, so initiiert er die Neuwahl eines Rolleninhabers.
- Wurden eine oder mehrere Rolleninhaber für ein Halbjahr gewählt und nähert sich die Amtszeit dem Ende, initiiert er deren Neuwahl bzw. Bestätigung.
- Hat der Kreis vereinbart, die Agendapunkte für ein regelmäßiges Arbeitstreffen vorab an einem bestimmten Ort zu sammeln, aber niemand hält sich daran, dann initiiert der Gastgeber die Reflexion und Aktualisierung (ggf. Abschaffung) dieser Vereinbarung.

Der Gastgeber kann dem Kreis keine Inhalte und Vorgehensweisen aufzwingen. Er hat aber das Recht und die Pflicht, die Aufmerksamkeit des Kreises auf Dysfunktionalitäten zu lenken und für Transparenz zu sorgen.

Gelingt es dem Kreis trotz Initiativen des Gastgebers nicht, seinen selbst vereinbarten Regeln und Prinzipien zu folgen, muss er diesen Sachverhalt sichtbar machen und dokumentieren.

In schwerwiegenden Fällen hat der Gastgeber die Störung des Kreises gegenüber dem Oberkreis, dem Topkreis oder einem anderen dafür passenden Kreis zu melden.

Sofern die Gastgeberrolle selbst nicht besetzt ist oder nicht aktiv ausgeübt wird, liegt eine Störung des Kreises vor, die in jedem Fall gemeldet werden sollte. Dabei ist nicht wichtig, ob es die Gastgeberrolle genau in der hier beschriebenen Form gibt, solange die Verantwortung in vergleichbarer Weise wahrgenommen wird. Verfügt ein Kreis jedoch über keinen Mechanismus der Selbstbeobachtung seiner formalen Konstitution, dann birgt er ein Risiko für die Organisation insgesamt.

Der Gastgeber kooperiert mit den anderen Kreisrollen, wie dem Kreis-Dokumentar, Kreis-Ökonomen oder Lernbegleiter.

QUERVERWEISE
→ S. 140 Gastgeber für Arbeitstreffen

Arbeitstreffen-Gastgeber

> Arbeitstreffen jeglicher Art verlaufen effizienter, wenn jemand als Gastgeber fungiert, für den passenden Rahmen sorgt und strukturierende Prinzipien anwendet.

Zweck und Aufgaben

Der Gastgeber verantwortet die Vorbereitung, Durchführung und Nachbereitung eines Arbeitstreffens. Er lädt zu dem Arbeitstreffen ein, organisiert den Ort, legt die genauen Arbeitszeiten fest, bestimmt den Ablauf sowie die Agenda eines Treffens und organisiert die Ergebnissicherung sowie Protokollierung.

Alle diese Aufgaben kann er auch delegieren, sodass beispielsweise die einzelnen Agendapunkte von unterschiedlichen Personen moderiert werden, jemand anders sich ums Fotoprotokoll kümmert und noch ein anderer Teilnehmer die Rolle des Achtgebers (vgl. ⮕ S. 241) übernimmt.

Wahl

Der Gastgeber kann nach einem der folgenden Prinzipien bestimmt werden:

- **Unbefristet:** Für eine bestimmte Art von Treffen wird unbefristet ein Gastgeber gewählt. Der Rolleninhaber behält die Rolle also solange, bis ein neuer gewählt wird.
- **Befristet:** Die Rolle wird für einen bestimmten Zeitraum vergeben. In diesem Fall verantwortet der jeweils aktuelle Rolleninhaber auch die rechtzeitige Wahl eines neuen Rolleninhabers.
- **Pipeline:** Jeweils während eines Arbeitstreffens wird der Gastgeber für das nächste oder gleich für mehrere Treffen im Voraus bestimmt.
- **Rotation:** Jeder Teilnehmer des Arbeitstreffens ist rotierend Gastgeber.

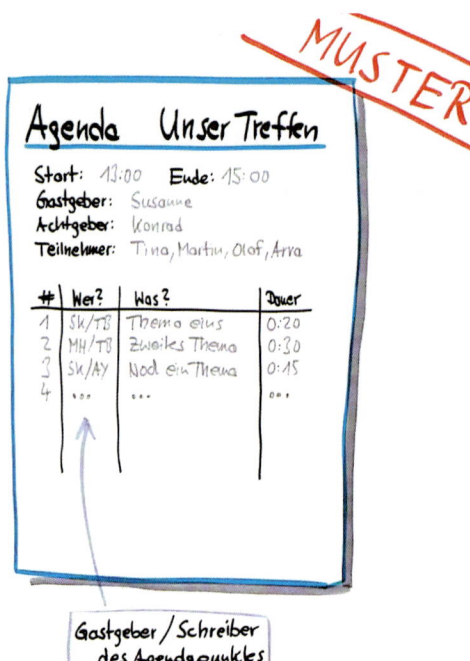

Abb. 69: Beispiel-Agenda mit verteilten Rollen.

Für kollegial geführte Organisationen finden wir das Pipeline-Prinzip angemessen. Es ist einfach, agil und lehrreich. Zum einen wird die Verantwortung über die Zeit auf viele verteilt. Andererseits ist es wegen des kurzen Planungshorizontes sehr flexibel. Vor allem aber entsteht eine große Vielfalt, denn jeder hat seinen eigenen Stil, Arbeitstreffen zu gestalten. Der eine legt viel Wert auf bestimmte Moderationstechniken, jemand anders auf eine ordentliche Protokollierung, für andere sind einladende Räume und das Wohlbefinden der Teilnehmer oder Schnelligkeit und Effizienz des Treffens besonders wichtig.

Durch den regelmäßigen Wechsel lernen alle zusammen viele verschiedene Möglichkeiten eines Arbeitstreffens kennen und können so im Laufe der Zeit die jeweils für sie gerade passenden Fertigkeiten und Eigenschaften herausbilden oder verbessern.

Kreis-Ökonom

> Die Aufgabe des Kreis-Ökonomen besteht darin, seinen Kreis zu befähigen, seine ökonomische Situation zu verbessern. Er stellt seinem Kreis die notwendigen Kennzahlen, Auswertungen und sonstigen Informationen bereit, kann sie erklären und unterstützt den Kreis, seine Leistungen zu reflektieren und sich weiterzuentwickeln.

Er ist nicht verantwortlich dafür, dass bestimmte Kennzahlen erreicht werden; das ist die Aufgabe des gesamten Kreises, aber er unterstützt den Kreis, seine Wirtschaftlichkeit stetig zu verbessern.

Jeder Kreis muss sich (weil es keinen Vorgesetzten mehr gibt) selbst die Frage stellen, ob er seinen Zweck gut erfüllt und für seine externen oder internen Leistungsempfänger die passenden Leistungen mit angemessenem Aufwand erbringt.

Welche Aspekte hier relevant sind, hängt auch von der Art des Kreises ab. Im Abschnitt 2) Leistungen und Ökonomie des Kreises (→ S. 211) ist dies näher beschrieben. Für einen wertschöpfenden Kreis können das beispielsweise die extern erzielten Umsätze abzüglich der eingekauften Fremdleistungen und der Vorleistungen aus anderen Kreisen sein. Für einen internen Koordinationskreis sind dies eher effiziente und effektive Arbeitstreffen und Aufgabenbearbeitungen. Ein interner Dienstleistungskreis kann interne Verrechnungspreise oder Kosten für die erbrachten internen Leistungen betrachten.

Ein wichtiges Hilfsmittel für die Zweckbestimmung eines Kreises sind interne Leistungskataloge der Kreise (→ S. 300).

In der Holokratie ist es üblich, dass der jeweilige Oberkreis die Wirtschaftlichkeit seiner Unterkreise beurteilt – damit werden die Unterkreise jedoch ein Stück weit aus der Verantwortung genommen, was gegenüber der traditionellen Linienorganisation keine Vorteile ermöglicht. In kollegial geführten Unternehmen ist der Kreis selbst dafür verantwortlich und leistet diese Verantwortung am einfachsten dadurch, sie in Form einer eigenen Rolle zu definieren, dem Kreis-Ökonom.

Die Kreis-Ökonomen aller Kreise können eine Praktikergemeinschaft (Community of practice) bilden, um sich gegenseitig in ihrer Rolle zu unterstützen und mögliche Standards herauszuarbeiten. Oder sie bilden alternativ (bzw. zusätzlich) einen zentralen Ökonomiekreis (klassisch vielleicht Controlling oder Finanzvorstand genannt), der die ökonomische Situation des Gesamtunternehmens beobachtet und zu gestalten versucht und übergeordnete ökonomische Entscheidungen trifft oder unterstützt.

Die Rolleninhaber sollten nicht zu oft ausgewechselt werden, da ein besonderes Maß betriebswirtschaftlichen Wissens aufgebaut werden muss und eine längere Erfahrungszeit notwendig ist, um ein Gefühl für Zahlen entwickeln zu können.

In welchen Abständen der Kreis-Ökonom seinen Kreis informiert sowie zur Reflexion und Verbesserung anregt, hängt vom konkreten Geschäft des Unternehmens ab. Für viele Unternehmen wird es ausreichend sein, monatlich zu informieren und quartalsweise an konkreten Verbesserungen zu arbeiten.

QUERVERWEISE
→ S. 299 Wertbildungsrechnung
→ S. 210 Kreis-Konstitution
→ S. 206 Ökonomischer Prozess

Kreis-Repräsentant

> Kreise koordinieren sich untereinander durch den Austausch von Repräsentanten. Ein Ober- und ein Unterkreis sind miteinander durch eine (Einfachverbinder) oder zwei (Doppelverbinder) Personen miteinander verbunden.

Die Besonderheiten, Vor- und Nachteile dieser Verbindungsmöglichkeiten sind im Abschnitt über Beziehungsmuster auf (→ S. 110) beschrieben.

Soziokratie und Holokratie basieren auf Doppelverbindern zwischen Ober- und Unterkreis, d.h., der Oberkreis entsendet einen Vertreter in den Unterkreis und der Unterkreis seinerseits einen Vertreter in den Oberkreis, wobei dies unterschiedliche Personen sein müssen. In der Holokratie schlägt der vom Oberkreis entsendete Repräsentant auch die Repräsentanten für den Unterkreis vor. Das holokratische Verfahren folgt hier dem traditionellen Führungsverständnis, bei dem beispielsweise Direktoren ihre Abteilungsleiter bestimmen.

Im Falle von Doppelverbindern ist das Verfahren einfach: Jeder Kreis bestimmt je einen Repräsentanten. Bei Einfachverbindern wird nur eine Person gewählt, entweder vom Ober- oder Unterkreis, wobei zunächst offen ist, von welchem genau. Möglicherweise gibt es eine organisationsweite Empfehlung oder Verpflichtung hierzu. Ansonsten klärt sich die Frage bei der Konstitution des Unterkreises. Da der Oberkreis einen Unterkreis kreiert, obliegt ihm auch die Entscheidung dieser Frage.

Kreisteilung

Sofern die Unterkreise aus einer Verantwortungsteilung eines Oberkreises entstanden sind, entsteht die Einfachverbindung meistens durch einen Repräsentanten des Oberkreises, weil dieser dann auch den Unterkreis aufbaut und konstituiert.

Koordinationskreis

Sofern eine Reihe von Kreisen beschließen, einen gemeinsamen Koordinationskreis für ihre Arbeit zu bilden, entsteht die Einfachverbindung meistens in umgekehrter Richtung. Jeder Kreis entsendet dann einen Vertreter in den Koordinationskreis.

Wir haben mit Einfachverbindern in diesen beiden Anwendungsfällen (Kreisteilung, Koordinationskreis) gute Erfahrung gemacht und halten sie für eine effiziente Alternative zu den soziokratischen und holokratischen Doppelverbindern.

Querverbindungen und Ansprechpartner

Zusätzlich können sich zwei ansonsten nicht direkt verbundene Kreise jederzeit entscheiden, sich direkt (d.h. quer über alle sonstigen Ebenen) zu verbinden und hierfür Repräsentantenrollen einzurichten oder spezielle Ansprechpartner (→ S. 112) zu benennen. Die Aufgaben eines Kreis-Repräsentanten sind:

▶ die zur Koordination notwendigen Informationen und Anliegen zwischen den Kreisen auszutauschen, also bereitzustellen oder zu besorgen. Dazu gehören inhaltliche und ökonomische ebenso wie formale konstitutionelle Informationen.

▶ Entscheidungen oder spezielle Aufgaben von dem einen in den anderen Kreis weiterzuleiten.

Ein Oberkreis delegiert seine Entscheidungen in einen Unterkreis, wenn sein Zweck hierzu passt. Ein Unterkreis delegiert Entscheidungen in den Oberkreis, falls er selbst eine Entscheidung nicht treffen mag oder kann.

In holokratischen Organisationen obliegt dem Oberkreis auch die wirtschaftliche Verantwortung für den Unterkreis. In einer kollegial geführten Organisation ist der Kreis selbst und der Oberkreis allenfalls dafür verantwortlich, dass der Unterkreis seiner Verantwortung überhaupt nachkommt. Siehe hierzu auch die Rolle des Kreis-Ökonomen (→ S. 141).

Ein Repräsentant nimmt (im Gegensatz zum Ansprechpartner) normalerweise an den Treffen beider Kreise teil; er ist vollwertiges stimmberechtigtes Mitglied in beiden Kreisen. Er kann aber auch nur an solchen Treffen teilnehmen, die für seine Rolle relevant sind.

Der Kreis, der den Repräsentanten des anderen Kreises empfängt, kann sich den gewählten Rolleninhaber nicht aussuchen, da er vom anderen Kreis gewählt wird. Kann ein Kreis einen empfangenen Repräsentanten, aus welchem Grund auch immer, nicht akzeptieren, dann kann er den Repräsentanten bitten, seine Rolle freiwillig zur Verfügung zu stellen. Der Kreis hat jedoch auch die Möglichkeit, im Konsent den Ausschluss des Mitgliedes zu beschließen (→ S. 160, 227). In diesem Fall muss der andere Kreis einen anderen Repräsentanten wählen.

Fachentscheider

> Ein Fachentscheider (oder eine Fachrolle) ist eine Rolle in einem Kreis, der bestimmte fachliche Entscheidungen und Aufgaben dauerhaft übertragen werden.

Ein Kreis kann damit den ihm übertragenen Verantwortungsbereich weiter aufteilen und verfeinern, wobei hier ein Teil an eine Rolle übertragen wird. Ebenso könnte der Kreis auch Teile an einen Unterkreis auslagern, was für umfangreichere Bereiche sinnvoller sein kann.

Beispielsweise könnte ein Produktbereich einen Verantwortlichen für die Preisgestaltung benennen oder einen Verantwortlichen für die Arbeitssicherheit. Oder ein interner Dienstleistungskreis wie Finanzen könnte spezielle Fachrollen für den Jahresabschluss und für Steueroptimierung einrichten.

Die genauen Aufgaben und die Verantwortung sind in der Rollenkonstitution (➔ S. 214) zu beschreiben. Darin wäre auch festzulegen, welche Entscheidungen der Rolleninhaber eigenständig trifft und welche er möglicherweise seinem Kreis zur Entscheidung vorlegt.

QUERVERWEISE
➔ S. 214 Rollenkonstitution
➔ S. 112 Ansprechpartner
➔ S. 97 Praktikergruppen (CoP)

Fachrollen entwickeln häufig den Bedarf, mit anderen Rollen und Ansprechpartnern vor allem auch außerhalb des eigenen Kreises zu kooperieren. Insofern ergeben sich indirekt auch feste Kooperationsbeziehungen zu anderen Kreisen und Rollen.

Somit erfüllt die Fachrolle eine ähnliche Funktion wie eine Verbindung mit einem Nachbarkreis oder eine Ansprechpartnerrolle (➔ S. 112). Im Unterschied zu diesen Rollen hat die Fachrolle organisational mehr Eigenverantwortung und größere Gestaltungsmöglichkeiten. Sie bestimmt eigenständig, mit wem sie sich in welcher Form abstimmt oder zusammenarbeitet. Die Fachrolle kapselt Kooperationsbeziehungen und Abhängigkeiten und schirmt den Kreis davon ab.

Wenn beispielsweise zwei Fachrollen aus verschiedenen Kreisen zu einem Fachthema oder gemeinsamen Anliegen regelmäßig zusammenarbeiten und sich abstimmen, bilden sie letztendlich eine Art Unterkreis, ohne dass dieser aber explizit benannt und konstituiert wird.

Fachrollen bieten also bei speziellen Fachthemen einfache Möglichkeiten zu Kooperation. Treffen mehr als zwei Fachrollen regelmäßig zusammen, sollten die Beteiligten jedoch überlegen und bewusst entscheiden, ob sie ihren emergenten, faktisch entstandenen Kooperationskreis auch explizit gründen, also ihren Kreisen die entsprechende Konstitution vorschlagen.

Der wesentliche Unterschied zwischen einer einfachen Kooperationsbeziehung und einem expliziten Kreis sind die höheren formalen Anforderungen an den Kreis und die Verlagerung der fachlichen, organisatorischen (wer wählt wen und entscheidet was) und ökonomischen (eigener Leistungskatalog, eigene ökonomische Beobachtung) Verantwortung.

Einfacher und unbürokratischer ist die informelle Kooperationsbeziehung zwischen Fachrollen.

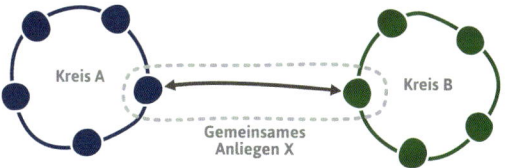

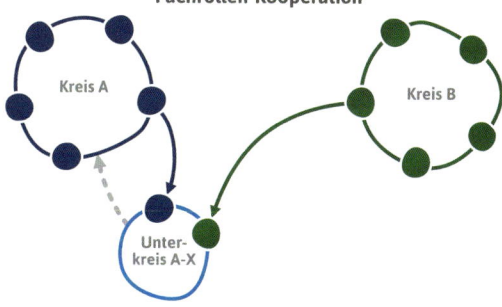

Abb. 70: Verschiedene Möglichkeiten der Koordination und Kollaboration von Fachexperten zu einem Thema oder Anliegen.
[➔ http://kollegiale-fuehrung.de/fachrollen/]

Kreis-Dokumentar

> Die Aufgabe des Kreis-Dokumentars ist, die Arbeit des Kreises, insbesondere seine Entscheidungen und Ergebnisse, für alle sichtbar und einfach zugänglich zu machen.

Zu den wichtigsten konkreten Aufgaben gehören:

- Aktualisierung des Logbuches
  Alle Entscheidungen des Kreises außer solche, die nur kurzfristig relevant sind, werden im Logbuch dokumentiert. Der Dokumentar ist verantwortlich für die Vollständigkeit und Korrektheit des Logbuches.

- Aktualisierung der Beschreibung der Kreis-Konstitution
  Die Mitgliederliste, der Kreiszweck, die vom Kreis kreierten Rollen und ihre aktuellen Rolleninhaber und alle anderen zur Kreis-Konstitution gehörenden Informationen (→ S. 138, Kreis-Konstitution) sind an den dafür vorgesehenen oder passenden Stellen zu dokumentieren, sodass alle Mitglieder der Gesamtorganisation die Möglichkeit haben, die aktuelle Verfassung des Kreises zu verstehen.

Der Dokumentar arbeitet hierzu mit dem Kreis-Gastgeber zusammen, der dafür verantwortlich ist, dass alle Rollen besetzt sind und die Konstitution des Kreises valide ist.

- Dokumentation ökonomischer Kennzahlen und des Leistungskataloges
  Für die Bereitstellung der Inhalte ist der Kreis-Ökonom verantwortlich, mit dem der Dokumentar deshalb zusammenarbeitet.

- Dokumentation von allen Protokollen und allen anderen Arbeitsergebnissen aller Arbeitstreffen, Prozesse und Verantwortungsbereiche des Kreises

Soweit Verantwortungsbereiche des Kreises an spezielle Rollen delegiert sind, obliegt es dem Dokumentar, mit den jeweiligen Rolleninhabern zu vereinbaren, wer sich um welche Dokumentation kümmert. In jedem Fall muss der Dokumentar sicherstellen, dass bei Verwaisung oder Wegfall einer Rolle, die bisherigen Dokumente weiterhin zugänglich sind.

Soweit Verantwortungsbereiche an Unterkreise ausgelagert wurden, obliegt den Unterkreisen die Dokumentation. Der Dokumentar des Oberkreises hat lediglich sicherzustellen, dass der Unterkreis angemessen dokumentiert.

Der Kreis-Dokumentar ist nicht die Person, die jedes Arbeitstreffen protokolliert, am Flipchart steht, ein Fotoprotokoll erstellt und deshalb an jedem Arbeitstreffen teilnimmt. Diese Aufgabe übernimmt der Gastgeber für Arbeitstreffen (→ S. 140). Wenn aber der Protokollant eines Arbeitstreffens seine Dokumente ablegen, sichern oder über den Teilnehmerkreis hinaus verteilen möchte, dann unterstützt oder übernimmt dies der Kreis-Dokumentar.

Der Kreis-Dokumentar ist auch für die Angemessenheit der Dokumentation verantwortlich. Es geht dabei weniger darum, jedes Ereignis vollständig zu dokumentieren noch alle Dokumente auf Hochglanz zu bringen, sondern nur so viel Aufwand zu betreiben, wie notwendig ist, um die Ansprüche und Erwartungen der Kreismitglieder, der übrigen Organisation und externer Interessenten (bspw. Gesetzgeber, Aufsichts- und Prüfungsverbände, Aufbewahrungsfristen) angemessen erfüllen zu können.

Sofern der Kreis mit vertraulichen Daten arbeitet, obliegt es auch dem Dokumentar, für einen angemessenen Datenschutz zu sorgen, indem er beispielsweise darauf achtet, vertrauliche Informationen zu anonymisieren, unkenntlich oder nur den berechtigten Rollenträgern zugänglich zu machen.

Jeder Kreis ist verpflichtet, dem Rest der Organisation gegenüber Rechenschaft zu leisten und transparent zu sein, soweit dies möglich und sinnvoll ist. Nur so ist eine gegenseitige soziale Kontrolle und der verantwortungsvolle Verzicht auf zentrale Kontrollinstanzen möglich.

QUERVERWEISE
→ S. 138 Rollenkonstitution
→ S. 97 Praktikergruppen (CoP)
→ S. 206 Leistungskatalog

Kreis-Lernbegleiter

> Der Lernbegleiter unterstützt einen Kreis, eine Rolle oder ein Mitglied bei seiner individuellen Weiterentwicklung durch Prozessdienstleistungen.

Jeder Kreis hat die Pflicht gegenüber der Gesamtorganisation, einen angemessenen (wirtschaftlichen, inhaltlichen, organisatorischen, sozialen) Beitrag für die Gesamtorganisation und deren Zweck zu erbringen. Daraus ergibt sich die Notwendigkeit, die Angemessenheit regelmäßig zu beobachten, zu bestimmen, zu reflektieren und weiterzuentwickeln: Erfüllt der Kreis noch seinen Zweck? Erfüllt er den Zweck mit angemessenem Aufwand, Risiko und Chancen? Sind die Kreismitglieder zufrieden mit ihrer Arbeit und den Rahmenbedingungen?

Die Aufgabe des Kreis-Lernbegleiters ist, den Kreis bei seiner Weiterentwicklung zu unterstützen, ihn zur Weiterentwicklung zu befähigen. Er ist damit entweder ein Coach und Prozessbegleiter oder er organisiert nur entsprechende Prozessbegleitungen – für die Ergebnisse und Fortschritte ist der Kreis selbst und insgesamt verantwortlich.

QUERVERWEISE
- S. 121 Moderatoren-Pool
- S. 97   Praktikergruppen (CoP)
- S. 204 Systemische Schleife

Die wichtigsten konkreten Aufgaben sind:
- Regelmäßig, mindestens einmal jährlich, eine Retrospektive für den Kreis zu organisieren: Sofern er es passend findet, kann der Lernbegleiter eine Retrospektive auch selbst moderieren, wobei er dann, da er selbst Kreismitglied ist, in einen Interessen- und Aufgabenkonflikt geraten kann. Deshalb ist es meistens hilfreicher, einen kreisexternen Moderator zu engagieren (→ S. 121, Unternehmens-Coach, Moderatoren-Pool).
- Retrospektiven inhaltlich unterstützen: Beispielsweise kann die Lernbegleiterin zusammen mit dem Kreis-Dokumentar hilfreiche Informationen zusammenstellen und vorbereiten (wichtige Entscheidungen und Ereignisse der zurückliegenden Reflexionsperiode); siehe hierzu den Abschnitt Informationen aufnehmen in der systemischen Schleife (→ S. 204).

Im Normalfall lässt die Lernbegleiterin den Kreis entscheiden, wie oft, mit welchen Schwerpunkten und in welchem Rahmen Retrospektiven und andere Entwicklungsaktivitäten stattfinden sollen. Die Lernbegleitung kann darüber hinaus aber auch selbstständig initiativ werden, wenn sie entsprechenden Bedarf identifiziert.

Neben Retrospektiven kann die Lernbegleitung weitere Aspekte bearbeiten, soweit diese nicht Teil der Retrospektiven werden, beispielsweise

- Weiterentwicklung und Veränderung des Kreiszweckes,
- strategische Entscheidungen und Entwicklungen des Kreises zu seinen Leistungen, Produkten und Geschäftsmodellen,
- Qualität und Hindernisse in der Zusammenarbeit innerhalb des Kreises und mit Kreisexternen,
- Aufteilung oder Fusion des Kreises, Bildung oder Auflösung von Unterkreisen, Einrichtung oder Aufgabe von Rollen und ähnliche konstitutive Veränderungen,
- Unterstützung und Mediation bei Konflikten,
- Neuaufnahme oder Ausschluss von Mitgliedern,
- weitere soziale und organisationale Themen und Anliegen.

Teamleiter?

Teamleiter sind üblicherweise die Führungskräfte auf der untersten Management-Ebene einer traditionellen Linienorganisation. Für diese Rolle ist beim Übergang zu einer kollegialen Führung grundsätzlich zu hinterfragen, ob und in welcher Form diese Rolle weiterhin benötigt wird.

Sind Teamleitungen obsolet?
Für die Teamleiterinnen stellt sich beim Wechsel die Frage, was mit ihrer Position passiert. Werden sie überhaupt noch gebraucht?

Die in diesem Buch beschriebenen kreisinternen Führungsrollen (Gastgeber, Ökonom etc.) würden beispielsweise eine Teamleitungsrolle mehr oder weniger komplett ersetzen und überflüssig machen.

Oder werden Teamleitungen die neuen Kreisführer?
Andererseits kann es für die oberste Führung naheliegend sein, den bisherigen Teamleiterinnen auch in der neuen Organisationsform eine exponierte Rolle zu geben und ihnen sogar maßgeblich die Aufgabe zu übertragen, ihre Teams nun zur Selbstorganisation zu befähigen.

Dieses Spannungsfeld möchten wir im Folgenden vertiefen und klären.

Wie ändert sich die Rolle?
Um die typischen Veränderungen der Teamleiterrolle zu identifizieren, haben wir verschiedene Unternehmen daraufhin untersucht.

Die Veränderungen beginnen oft mit dem Namen der Rolle. War bis dahin noch ein „Manager" im Rollennamen, wird der Begriff nun durch einen anderen Anglizismus ersetzt, beispielsweise durch „Leader".

Bei den Aufgaben, Zuständigkeiten und Befugnissen fallen die Veränderungen sehr unterschiedlich aus. Manchmal sind es faktisch keine Veränderungen, sondern nur das Etikett wurde geändert. Meistens geht es aber um eine oder mehrere der folgenden Aufgaben:
- das Team anleiten, selbst Entscheidungen zu treffen,
- Entscheidungen nur bei Entscheidungsunfähigkeit des Teams treffen,
- Entscheidungen des Teams stoppen oder genehmigen,
- Personalgespräche führen, Mitarbeiter beurteilen, Mitarbeiter entwickeln, loben, anerkennen,
- Verantwortung für die wirtschaftliche und inhaltliche Leistung des Teams (Kennzahlen, Ziele und Pläne einhalten oder erreichen),
- neue Teammitglieder einstellen, ggf. auch einarbeiten,
- Sprecher des Teams gegenüber anderen Teams und Abteilungen sein,
- das Team gegenüber Kunden oder Lieferanten vertreten,
- dem Team eine Vision oder Strategien vermitteln,
- Prioritäten setzen,
- Priorisierungsprozesse des Teams moderieren,
- das Team motivieren,
- Zufriedenheit der Teammitglieder fördern,
- Konflikte im Team moderieren oder
- organisatorische Hindernisse für das Team aus dem Weg räumen.

Typische Risiken
Je nach Konfiguration dieser Aspekte für die Teamleitungsrolle ergeben sich folgende typische Risiken:
- Die Teamleitung soll Ergebnisse im oder mit dem Team erreichen, die sie kausal kaum beeinflussen kann (vgl. ⮕ S. 12).
- Die Teamleitung gerät in Rollenkonflikte, wenn sie einerseits mehr Coach sein soll, andererseits aber disziplinarische Macht hat.
- Die Teamleitung soll nun „auf Augenhöhe" oder in der Art eines Coaches das Team und seine Mitglieder führen, der konkrete Rolleninhaber war aber vorher längere Zeit Vorgesetzter, also nicht auf Augenhöhe, was systemisch (⮕ S. 35, Abb. 19, eingeübte Beziehungsmuster) für die Beteiligten kompliziert ist.
- Die Teamleitung soll das Team ermächtigen, muss aber dennoch immer wieder direktiv handeln, was das Team dann demotiviert.

QUERVERWEISE
⮕ S. 42 Ausgleichsprinzipien
⮕ S. 34 Die Organisation als Kommunikationssystem
⮕ S. 30 Die Integrität von Menschen respektieren
⮕ S. 286 Führungsstile

Prozesse

Werkzeuge

Fertigkeiten

Was sind Organisationsprozesse, -praktiken und -werkzeuge?

Allgemein ist ein Prozess der Ablauf eines Geschehens. Im konkreten Sinne unseres Buches verstehen wir unter einem Prozess wiederkehrende und sich gleichartig wiederholende Abläufe. Prozess, Vorgehensweise, Verfahren oder Praktik sind häufig synonym verwendete Begriffe. Auch der Begriff Organisationswerkzeug wird manchmal mit einer ähnlichen Bedeutung verwendet. Ein Werkzeug benötigt einen erfahrenen Anwender.

Prozess oder kreativ

Jede Organisation benötigt bestimmte Fertigkeiten und Fähigkeiten, um sich, vor allem aber um definierte Prozesse für Standardsituationen zu organisieren. Wie im Abschnitt über die Dynamikfalle (➜ S. 11) deutlich wird, können mit Prozessen nur vorhersehbare Situationen, aber keine Überraschungen gehandhabt werden. Jede Organisation hat beide Aspekte stets auszubalancieren:

▸ Alles, was mit definierten Prozessen angemessen bearbeitet werden kann, sollte aus Effizienzgründen mit Prozessen standardisiert werden.
▸ Und für alles, was durch diese Prozesse nicht abgebildet und angemessen bearbeitet werden kann, müssen kreative Ressourcen verfügbar sein.

Operative oder organisationale Arbeit?

Dabei gilt es zusätzlich zu unterscheiden, ob ein Prozess den Umgang mit operativen und inhaltlichen Ereignissen beschreibt oder ob es sich um einen Meta-Prozess handelt, der beschreibt, wie die Mitglieder einer Organisation kommunizieren und sich koordinieren können (➜ S. 288, Kollegiale Führungsebenen). In diesem Kapitel geht es vor allem um Meta-Prozesse, beispielsweise darum, wie ein Team Entscheidungen treffen kann.

Anwendungsfälle

In diesem Kapitel werden wir auch konkrete Anwendungsfälle beschreiben, beispielsweise wie eine kollegiale Führung arbeitsrechtlich relevante und obligatorische Arbeitszeugnisse (➜ S. 222) ermöglichen kann. Mit diesen konkreten Abläufen und Vorgehensweisen möchten wir Ihnen Ideen geben und zum Denken in Möglichkeiten anregen. Sie resultieren aus dem immer wiederkehrenden Einwand: „Ja aber, wie können wir denn sicherstellen, dass [...]."

Der primäre Zweck dieser Anwendungsfallbeschreibungen ist also nicht, vorzugeben, wie etwas richtig zu tun ist, sondern anhand von Beispielen zu beweisen, dass gängige Anwendungsfälle in traditionell geführten Unternehmen auch von einer kollegialen Selbstorganisation verantwortet und gelöst werden können.

Vorbereitet sein

Ein anderer Zweck ist jedoch auch, deutlich zu machen, dass kollegial geführte Unternehmen nicht allein dadurch entstehen, Führungskräfte und traditionelles Management abzuschaffen.

Für den Anfang reicht es vielleicht, zu klären, wie neue Mitarbeiter in kollegialen Organisationen eingestellt werden (➜ S. 216). Es wäre aber naiv, zu glauben, dass diese niemals Arbeitszeugnisse benötigten oder es keinen Konflikthandhabungs- oder Trennungsbedarf (➜ S. 227) gäbe. Dabei wäre es durchaus verschwenderisch, Prozesse für Situationen zu planen, die noch gar nicht oder sehr unwahrscheinlich vorkommen. Vorhersehbare Situationen zu leugnen wäre aber ebenso fahrlässig.

Insofern kommt es darauf an, die wahrscheinlichen Anwendungsfälle zu identifizieren, zu priorisieren und für diese zumindest eine Strategie zu bestimmen, wie das folgende Beispiel von Mayflower zeigt.

> **BEISPIEL: ANWENDUNGSFALL ARBEITSVERTRAG**
>
> Das Unternehmen Mayflower ist bestrebt, die Arbeitsverträge mit seinen Mitarbeitern auf maximal eine Seite zu beschränken. Damit geht Mayflower bewusst arbeitsrechtliche Risiken ein, weil nicht alle Eventualitäten geregelt sind, die im Zweifelsfall zulasten des Arbeitgebers gehen. Das ist jedoch erklärte Strategie: Vertrauen und Risikobereitschaft statt Regelungsdetails und vermeintliche Sicherheit.
>
> Der Arbeitsvertrag des Unternehmens enthält die wichtigsten Vereinbarungen (Vertragsbeginn, Wochenarbeitszeit, Urlaubsanspruch, Kündigungsfrist, Gehaltshöhe). Alles andere wird erst bei Bedarf geregelt. Dafür spart Mayflower viel Zeit und Geld, weil der Aufwand zur Erstellung der Arbeitsverträge gering ist.
>
> Mayflower hat also arbeitsrechtliche Anwendungsfälle nicht vergessen, sondern sich bewusst für einen bestimmten Umgang damit entschieden.

Willensbildungs- und Entscheidungsprozesse

 S. 150

Einführung
Kollegial geführte Unternehmen entscheiden anders.

 S. 155

Unterschiede, Übersicht
Übersicht über die wichtigsten Unterschiede möglicher Entscheidungsverfahren.

 S. 159

Direkte Entscheidungsverfahren
Verfahren, bei denen ein Einzelner oder ein Team direkt inhaltlich entscheiden.

 S. 181

Delegierende Entscheidungsverfahren
Zweistufige Verfahren, bei denen erst entschieden wird, wer entscheiden soll, und diese Person(en) dann die eigentliche Entscheidung trifft.

 S. 192

Rollenwahlverfahren
Verfahren, um Inhaber von Rollen (=Entscheidungsbereiche) zu bestimmen.

Einführung

Selbstorganisierte Unternehmen praktizieren andere Entscheidungs- und Willensbildungsprozesse als traditionelle Unternehmen. Da dort Entscheidungen aber weniger von hierarchischen Führungskräften ausgehen, trotzdem natürlich ständig entschieden werden muss, brauchen diese Organisationen andere Praktiken und folgen anderen Prinzipien.

Der unerträgliche Alltag

Stellen Sie sich als Teil einer größeren Gruppe von Menschen vor, vielleicht 20, 30 oder mehr Personen, die im Kreis sitzen und gemeinsam eine Entscheidung treffen möchten.
Was passiert, wenn ein größeres Team gemeinsam eine Entscheidung treffen soll?

- Zieht sich die Diskussion ohne absehbares Ergebnis endlos hin?
- Reden einige Personen immer wieder aneinander vorbei und nur mutmaßlich über das Gleiche, während andere gar nicht zu Wort kommen?
- Wurde alles gesagt, aber noch nicht von jedem?
- Werden lauter Probleme dargestellt, aber die Lösungsvorschläge fehlen?
- Wird immer wieder vom Thema abgekommen?
- Sind die Beteiligten überhaupt offen oder interessiert genug, um den anderen verstehen zu wollen?
- Ergebnisse, Zwischenergebnisse, offengebliebene Punkte und Fragen gehen verloren oder verschwimmen wieder, weil nichts protokolliert wird?
- Alle wünschen sich eine strukturierende und kontinuierliche Moderation, aber niemand sorgt für diese?
- Missverständnisse? Auf der eigenen Lösung beharren? Die eigene Agenda durchsetzen? Manipulative Vorabsprachen und selektive Information der Beteiligten?
- Und nach dem offiziellen Konsens beginnen die Diskussionen erst richtig und stellen die Ergebnisse wieder infrage?

Vielleicht fallen Ihnen noch weitere behindernde und chaotische Phänomene ein. Sie alle spiegeln den typischen und häufig unerträglichen Alltag in vielen Unternehmen wider.

Abb. 71: Gerade weil bei selbstorganisierten Willensbildungsprozessen ineffiziente und ineffektive Verfahren stärker auffallen, sind professionell moderierte Gruppenprozesse gefragt.

Warum laufen Arbeits- und Entscheidungstreffen oft so desaströs ab? Weil die Beteiligten glauben, ein harmonisches Ergebnis erzielen zu müssen, das alle gut finden? Weil Struktur und Moderation fehlen?

Zentrale Entscheider oder Partizipation?

Ist es nicht besser, dass ein Chef oder „Alphatier" einfach entscheidet oder Fakten schafft? Und warum sollten durch eine Gruppe überhaupt bessere Lösungen entstehen als durch einen einzelnen schlauen Kopf?

Diese hierarchischen Entscheidungsinstanzen geraten allerdings zu schnell in die Überlastung, haben nur selektive und vor allem gefilterte Informationen, und ihre Entscheidungen sind oft nicht nachvollziehbar.

> **Die Fähigkeit einer Organisation, Entscheidungen kontext- und inhaltsabhängig zu verteilen und daraus zu lernen, statt immer wieder die gleichen zentralen Entscheider zu benutzen, ist in einem dynamischen Kontext ein Wettbewerbsvorteil.**

Deswegen binden gute Entscheider ihre Mitarbeiter in ihre Entscheidungen mit ein. Sofern die Verantwortung aber beim Entscheider bleibt, geht das oft nur so lange gut, wie das Team genau solche Entscheidungen trifft oder unterstützt, die auch für den Entscheider akzeptabel sind.

Wie stattdessen?

Im Kern geht es immer wieder darum, die Vielfalt und Verschiedenartigkeit der Ansichten und Ideen kennen und schätzen zu lernen, nebeneinander bestehen zu lassen, gemeinsam zu erproben und daraus zu lernen, anstatt die eine, vermeintlich richtige oder wahre Lösung vorab finden zu wollen.

> **FEHLER VS. IRRTUM**
>
> Ein Fehler ist etwas, von dem man wusste, dass es falsch ist. Ein Irrtum ist etwas, von dem man nicht wusste, was richtig ist, und das sich später als falsch herausstellt.

Eine Entscheidung ist nicht grundsätzlich richtig oder falsch, weil sie immer nur retrospektiv beurteilbar ist und sich die Bewertung damit jederzeit ändern kann.

Wie kann ein Team in effizienter Weise und mit guter Qualität eigenverantwortlich entscheiden?

- **Widerstandsminimierung statt Zustimmungsmaximierung:** Beispielsweise indem weniger danach gefragt wird, wer für welche Lösung ist, wie im (demokratischen) Konsens, sondern wie groß der Widerstand gegen einzelne Lösungen ist, wie im (soziokratischen) Konsent – also durch Fragen nach Einwänden und Vetos statt nach Vorlieben und Favoriten.
- **Reihum statt Durcheinander:** Beispielsweise indem der Reihe nach im Kreis Beiträge eingebracht werden, statt immer wieder durch Zwischenkommentare zu stören.
- **Bilaterale Klärungen statt Gruppendiskussion:** Indem konkrete Rückfragen zunächst zwischen Fragendem und Gefragtem abgeschlossen werden, bevor weitere Kolleginnen einbezogen werden und mitreden.
- **Check-in statt Gleichdrauflos:** Durch ein kurzes Check-in zu Beginn eines Treffens kann man sich emotional in Beziehung zu den anderen Teilnehmern setzen.
- **Timeboxing statt Dauersprecher:** Durch regelmäßige Diskussionsmarktplätze mit zweiminütig getakteten Abfragen, ob die Gruppe das Thema weiter behandeln oder zum nächsten übergehen möchte (oder andere Timebox-Verfahren, ➜ S. 265).
- **Zweistufig statt direkt:** Durch zweistufige Entscheidungen, bei denen erst ein Entscheider (oder ein kleines Team) gewählt wird und dieser dann konsultativ entscheidet.
- **Nebenläufig statt Kraftakt:** Dadurch, dass Entscheidungen nebenläufig und niedrigschwellig über Jour fixes oder Organisations-Backlogs geleitet werden (➜ S. 200, Führungsmonitor).
- **Klare Delegationsmodi statt unklare Partizipation:** Dadurch, dass explizit bestimmte Delegationsmodi benutzt werden (➜ S. 290).
- **Reflektierte Rollen statt unklare Verantwortung:** Durch die explizite Verteilung von Rollen, bspw. zur Moderation, Protokollierung oder Selbstbeobachtung und -reflexion, und ein gemeinsames Verständnis über den Zweck dieser Rollen.

Mehr statt weniger Führung

Für jede Form der Führung und Entscheidungsfindung sind gewisse Grundfertigkeiten und Basisprozesse notwendig oder hilfreich. Bei einsamen Entscheidungen durch Einzelne werden Defizite jedoch weniger offensichtlich als bei Gruppenentscheidungen.

In jedem Fall geht es darum, nicht einfach unüberlegt das nächstbeste Entscheidungsverfahren („Hände hoch: Wer ist dafür?") zu verwenden, sondern

- erst zu entscheiden, wie in einer konkreten Situation entschieden werden soll, und
- dieses Verfahren dann auch angemessen professionell und handwerklich sauber anzuwenden bzw. moderieren zu lassen.

Ungleichheit als Stärke

Wenn Teammitglieder individuell ihre Fähigkeiten entfalten können und komplementäre Stärken genutzt werden sollen, dann sind Ungleichheit und Ungleichbehandlung notwendig. Ansonsten bestimmen im Zweifelsfall das schwächste Mitglied und der kleinste gemeinsame Nenner die Norm.

Die Wirkungen und Implikationen von Ungleichheit unterscheiden sich in Abhängigkeit vom gruppendynamischen Status (vgl. gruppendynamische Phasen, Tuckman-Modell).

Probleme entstehen, wenn mehrere Teammitglieder gleichzeitig die höchste Position in der sozialen Rangordnung für sich beanspruchen (sogenannte Alphatiere), d.h. eine Hierarchie nicht akzeptieren und sie verändern wollen.

Eine explizit gesetzte Hierarchie wirkt eher konfliktreduzierend, da nur Veränderungswünsche zu Konflikten führen. Die Abwesenheit einer Hierarchie wirkt dagegen tendenziell konfliktfördernd, weil die Sicherheit einer Hierarchie fehlt und darum nahezu jedes Verhalten die Aufmerksamkeit (und Reaktionen) der Alphatiere erregt.

Symmetrische und nahezu gleichberechtigte Zweierbeziehungen sind möglich – egalitäre Mehrpersonenbeziehungen jedoch scheitern oder sind Verschwendung. Das, was für ein Dream-Team aus zwei Personen gilt, lässt sich kaum auf Mehrpersonenbeziehungen übertragen.

Gleichberechtigung ist kontraproduktiv

Team-Entscheidungen sollten von den dafür kompetenten Mitgliedern getroffen werden, von den Experten, nicht vom Kollektiv. (Ausnahme: Mittelwertbildungen mit bestimmten Gruppenschätzverfahren oder wenn es keine Experten gibt, hier also zufällig doch alle gleich sind.)

Wenn sich Mitglieder einer Organisation in ihren fachlichen und sozialen Kompetenzen ergänzen und unterscheiden, existiert keine Gleichheit und Gleichberechtigung ist kontraproduktiv. In einem Operationsteam entscheidet der Chirurg, wo die Arterie getrennt wird, und nicht der Anästhesist. Und schon gar nicht diskutiert das gesamte OP-Team darüber – worüber sicher jeder Patient auch froh ist. Die Forderung nach Gleichberechtigung in einem Team (oder in einer Organisation) würde ganz berechtigt Konflikte verursachen.

Wenn Entscheidungen der Kompetenz folgen, dann setzt dies voraus, dass das Team die Unterschiede kennt, darüber spricht, also auch die Leistungen ihrer einzelnen Mitglieder offen bewertet und beurteilt. Deswegen sind Konfliktfähigkeit und wertschätzendes, aber klares Feedback Erfolgsfaktoren von Teams. Routinierte Selbstbeobachtung beispielsweise durch regelmäßige Retrospektiven hilft dabei.

Fazit

Kollegiale Selbstorganisation heißt also unter anderem:

- Mitglieder einer Organisation sind prinzipiell ungleich und nicht gleichberechtigt.
- Eine formale Hierarchie ist hilfreich und macht ein Team umso erfolgreicher, je näher sich die formale mit der informellen Hierarchie deckt.
- Eine offizielle Hierarchie, die der informellen (systemischen) Ordnung widerspricht, ist sozialer Sprengstoff.
- Zu einem guten Team gehören ein intern agierender Gastgeber und ein nach außen wirkender Sprecher.
- Ein gutes Team sucht, benennt, bewertet und nutzt explizit die individuellen Eigenschaften und Stärken ihrer Mitglieder.
- Entscheidungen treffen vorzugsweise die für die jeweilige Entscheidung kompetentesten Mitglieder. Nur wenn es diese nicht gibt, sind Verfahren zur inhaltlich gemeinschaftlichen Entscheidung notwendig.
- Regelmäßige Selbstbeobachtung stärkt Teams.
- Teams haben ein gemeinsames, von außen vorgegebenes Problem, das ein Ziel impliziert. Sie suchen sich ihre Ziele (das „Was") nicht selbst. Teams entscheiden jedoch, wie sie das Ziel verfolgen und erreichen.

Arten von Entscheidungsbedarfen

Die Wahl des passenden Entscheidungsverfahrens hängt auch von der Art des Entscheidungsbedarfes ab, weswegen es hilfreich ist, diese differenzieren zu können. Wir schlagen folgende Unterscheidungen vor: geplant und spontan wiederkehrende, einmalige und zielbezogene Entscheidungsbedarfe.

Geplant wiederkehrend
Hierbei handelt es sich um regelmäßig wiederkehrende und planbare Entscheidungsbedarfe. Beispiele wären:
- Einmal monatlich wird der Dienstplan des Teams für den Folgemonat aufgestellt.
- Einmal pro Quartal werden die Deckungsbeiträge der angebotenen Produkte reflektiert und Konsequenzen abgeleitet.
- Jede Entwicklungsiteration startet mit der gemeinsamen Neupriorisierung der offenen Aufgaben.

Für diese Art von Entscheidungen kann vorausschauend geplant, Verantwortung und Zuständigkeiten können vorab verteilt werden – vorzugsweise an spezielle Rollen (⮕ S. 102) oder Unterkreise (⮕ S. 111). Möglicherweise können aber auch Prozesswerkzeuge, wie Entscheidungs-Jour-fixes (⮕ S. 174) oder Entscheidungsmonitore (⮕ S. 175), eingesetzt werden.

Je nach Bedarf sollten Termine, Orte, Inhalte und konkrete Personen vorab bestimmt werden.

Spontan wiederkehrend
Bei dieser Art von Entscheidungsbedarfen ist abzusehen, dass sie auftreten werden, man weiß nur nicht wann. Wir sprechen hier auch von Anwendungsfällen.

Beispiele wären:
- Ein Mitarbeiter kündigt und es muss ein Arbeitszeugnis geschrieben werden.
- Ein Kunde fordert ein Angebot an.

Auch hierauf kann sich die Organisation vorbereiten. Zwar weniger als bei den geplant wiederkehrenden Entscheidungsbedarfen, weil der Zeitpunkt des Eintretens nicht bekannt ist. Aber zumindest kann vorab geklärt werden, wie dieser Entscheidungsbedarf gehandhabt werden soll, wenn er auftritt.

Geht es beispielsweise um die Erstellung eines Angebotes für einen Auftrag, könnte vorab geplant werden, dass die interessiert reagierenden Kollegen untereinander innerhalb von 24 Stunden entscheiden, wer die Angebotsführung übernimmt oder andernfalls der Kreis-Gastgeber (⮕ S. 139) eine Widerstandsabfrage (⮕ S. 177) zur Wahl eines Kollegen bestimmt.

Einmalig
Hiermit sind Entscheidungsbedarfe gemeint, die in keiner Weise inhaltlich und terminlich vorhersehbar sind oder deren Vorhersage sich nicht lohnt. Beispiele sind:
- Der Absatz eines Produktes verändert sich schwerwiegend und keiner weiß, warum.
- Eine Maschine erweist sich als unzuverlässig.

Für derartige Fälle lässt sich nicht viel mehr als eine generelle Zuständigkeit regeln, möglicherweise noch nicht einmal das.

Einmalige Entscheidungsbedarfe sind ganz individuelle Entscheidungen. Sie können bearbeitet werden in Entscheidungs-Jour-fixes oder die Person, die als Erste den Bedarf erkennt, übernimmt eigenmächtig die Fallentscheidung, die möglicherweise noch gar nicht in der inhaltlichen Entscheidung besteht, sondern nur darin, den passenden Entscheider (bspw. beauftragte Fallentscheidung ⮕ S. 187) oder das passende Entscheidungsverfahren (bspw. Konsent, ⮕ S. 160) zu bestimmen.

Zielbezogen
Diese Art von Entscheidungen sind Folgeentscheidungen. Aufgrund einer Entscheidung sind weitere Entscheidungen notwendig, um bestimmte Ziele zu erreichen. Alle oder ein Bereich dieser absehbaren Folgeentscheidungen werden dann pauschal einem Kreis, einem Rolleninhaber oder einem Fallentscheider bzw. Projektleiter übertragen. Ein Beispiel:
- Es wurde eine neue Kollegin eingestellt. Nun wird ein Mentor bestimmt, der die Einarbeitung und Probezeitentscheidung übertragen bekommt.

Arten der Einwandintegration

Die verschiedenen Entscheidungsverfahren unterscheiden sich auch hinsichtlich der Art und Weise, wie Einwände, Vetos und unterschiedliche Meinungen und Sichtweisen behandelt und ggf. integriert werden.

Konsultativ

Auf dem Weg zur Entscheidung konsultiert die Entscheiderin nach eigenem Ermessen ausgewählte und eventuell vorbestimmte Kollegen oder Dritte sowohl zum Problem als auch zu Lösungsideen.
Dadurch können wichtige in der Organisation existierende Einwände und Ideen in die Entscheidung integriert werden.

Gleichzeitig bleibt der Aufwand gering, weil primär nur eine einzelne Person an der Entscheidung arbeitet und nur einige weitere sie mit überschaubarem Aufwand unterstützen.

Qualitativ

Hiermit ist ein Konsent (➔ S. 160) gemeint. Alle Mitglieder eines Kreises werden explizit in die Entscheidung einbezogen. Alle Einwände werden angemessen berücksichtigt. Der Aufwand ist hoch, dafür werden maximal viele Perspektiven einbezogen, wodurch die Entscheidungsqualität verbessert wird.

Oberflächlich

Hiermit ist die Vetoabfrage (➔ S. 176) gemeint, bei der nur getestet wird, ob bestehende Einwände gering genug sind, um sie ignorieren zu können. Einwände werden nicht ignoriert, um sicherzustellen, dass es keine schwerwiegenden Einwände zu integrieren gibt.

Quantitativ

Mit einer Widerstandsabfrage (➔ S. 177) wird die Lösung bestimmt, zu der es die geringsten Einwände gibt. Damit werden die Einwände zugunsten der Entscheidungseffizienz nicht qualitativ, sondern nur quantitativ berücksichtigt.

Keine

Mit zustimmungsbasierten Verfahren wie der Mehrheitswahl (➔ S. 179) werden Einwände nicht berücksichtigt.

Entscheidungswerkzeuge im Vergleich

Wann ist welches Entscheidungsverfahren sinnvoll? Welches Entscheidungsverfahren sollten wir in welchen Situationen verwenden? Diese Fragen lassen sich nicht einfach beantworten.

Einerseits hängen die Antworten vom Entscheidungsbedarf ab, andererseits von der Kultur und anderen Eigenschaften der Organisation.

Organisationsspezifische Faktoren

Zu den organisationsspezifischen Faktoren gehören beispielsweise:
- Wie viele Personen sind von den Entscheidungen betroffen?
- Wie geübt und qualifiziert sind die moderierenden und an Entscheidungen teilnehmenden Personen?
- Wie oft und wie einfach können sich die Organisationsmitglieder zu Entscheidungen treffen?
- Wie offen und vertrauensvoll ist der Umgang miteinander?
- Wie hoch ist der Anpassungsdruck auf die Organisation und ihre innere Dynamik?

Werkzeugspezifische Eigenschaften

Zu den werkzeugspezifischen Eigenschaften gehören beispielsweise:
- Wie lange braucht die Organisation mit diesem Werkzeug für die Entscheidung?
- Wie viele Personen werden mit welchen Aufwänden involviert?
- Wie nachhaltig und akzeptiert sind die Entscheidungen typischerweise (Vermeidung von Folgekosten)? Wie viele verschiedene Perspektiven können integriert werden?
- Welche soziale Dichte und kommunikative Vernetzung kann das Entscheidungsverfahren nutzbar machen, d.h., welche innere Komplexität kann hergestellt werden?
- Wie anspruchsvoll ist die Moderation? Wie einfach ist das Verfahren anwendbar? Welche soziale Dynamik kann entstehen?

Drei verschiedene Übersichten

Auf den folgenden Seiten finden Sie drei verschiedene grafische Übersichten (Abb. 72, Abb. 73 und Abb. 74), die zum einen dazu dienen, die Unterschiede zwischen den Entscheidungsverfahren zu verdeutlichen, und zum anderen eine grobe Orientierung zu der einleitenden Frage zu geben, nämlich wann welches Verfahren sinnvoll anzuwenden ist.

Der Nutzen und der Sinn dieser drei Darstellungen ließe sich kontrovers diskutieren, vor allem deshalb, weil die organisationsspezifischen Faktoren weitgehend unberücksichtigt bleiben. Es würde uns also beispielsweise nicht wundern, wenn in Ihrer Organisation für Abb. 72 etwas andere Positionen der Elemente evident wären. Dann orientieren Sie sich an Ihrer Matrix.

Einige der genannten Werkzeuge und Verfahren sind Moderationsformate, andere sind eher Artefakte oder Arten von Arbeitstreffen und wiederum andere sind Rollen. Gemeinsam ist ihnen, dass sie in einer Organisation Entscheidungen herbeiführen können, weswegen wir sie hier alle als Werkzeuge oder Verfahren bezeichnen.

Empfehlungen für den Start

Für den Start empfehlen wir folgende Verfahren:
- Kreise: Schaffen Sie eine klare Kreisstruktur mit klaren Zuständigkeiten.
- Rollen: Delegieren Sie innerhalb der Kreise wiederkehrende Entscheidungen an entsprechende Rollen.
- Konsent: Üben Sie Einwandintegration mit Konsent-Moderation, bis alle Beteiligte mit dem Verfahren vertraut sind. Danach sollten Sie aber die nachfolgenden, weniger aufwendigen Verfahren, soweit dies angemessen ist, bevorzugen.
- Entscheidungs-Jour-fixe, Entscheidungsmonitor: Etablieren Sie eines dieser nebenläufigen Verfahren, um damit möglichst viele Entscheidungen zu treffen.
- Beauftragte oder eigenmächtige Fallentscheidungen: Entscheidungen, die nicht mit nebenläufigen Verfahren prozessiert werden können, versuchen Sie mit Fallentscheidungen zu bearbeiten, d.h., Sie suchen zunächst gemeinsam einen Entscheider und dieser entscheidet dann allein und verbindlich nach angemessener Konsultation der Kollegen.

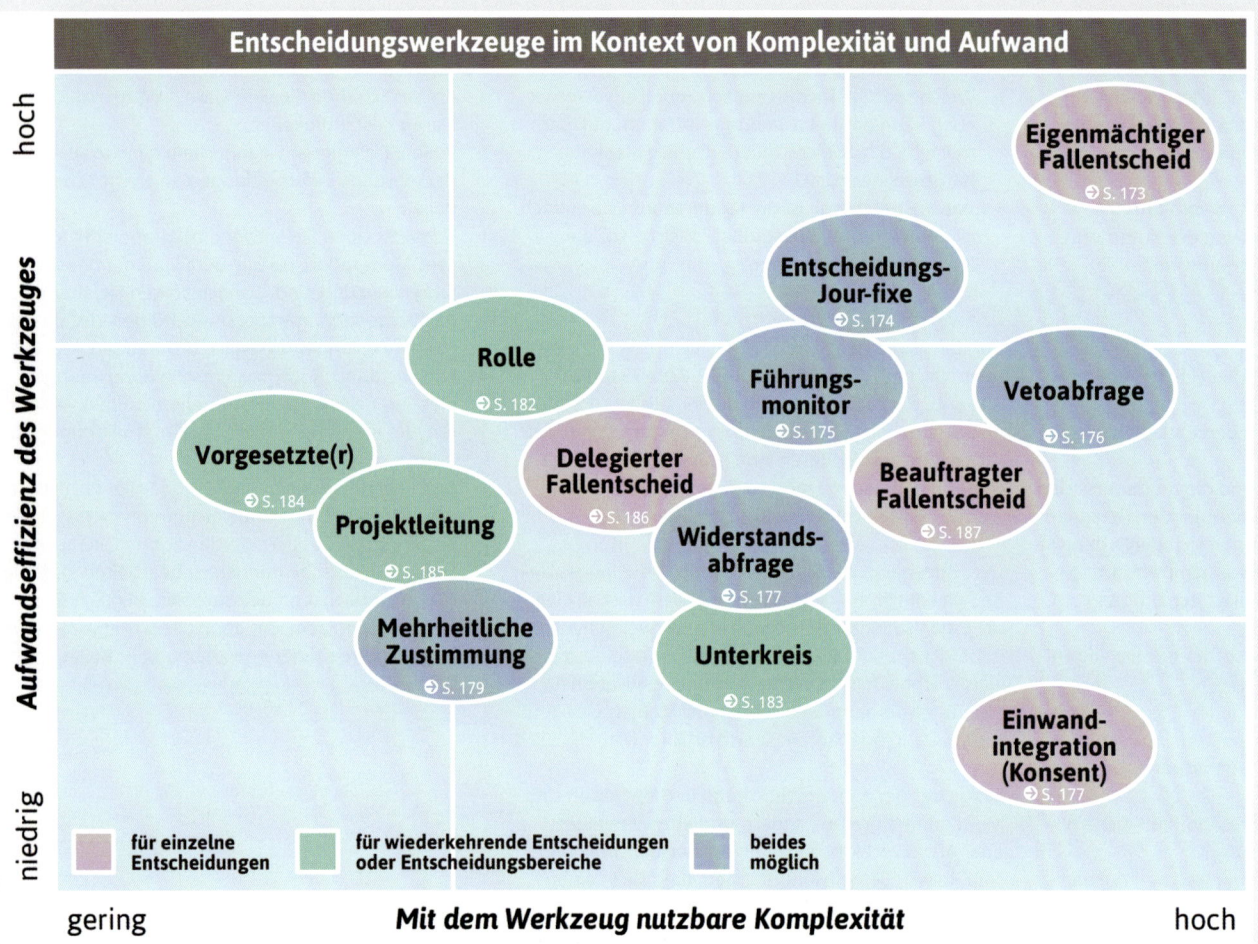

Abb. 72: Entscheidungswerkzeuge subjektiv geordnet nach der damit herstell- und nutzbaren inneren Komplexität (soziale Dichte, Vernetzungsgrad) und dem typischen notwendigen Aufwand (Aufwands- und Kosteneffizienz). [http://kollegiale-fuehrung.de/entscheidungsverfahren-komplexität-aufwand/]

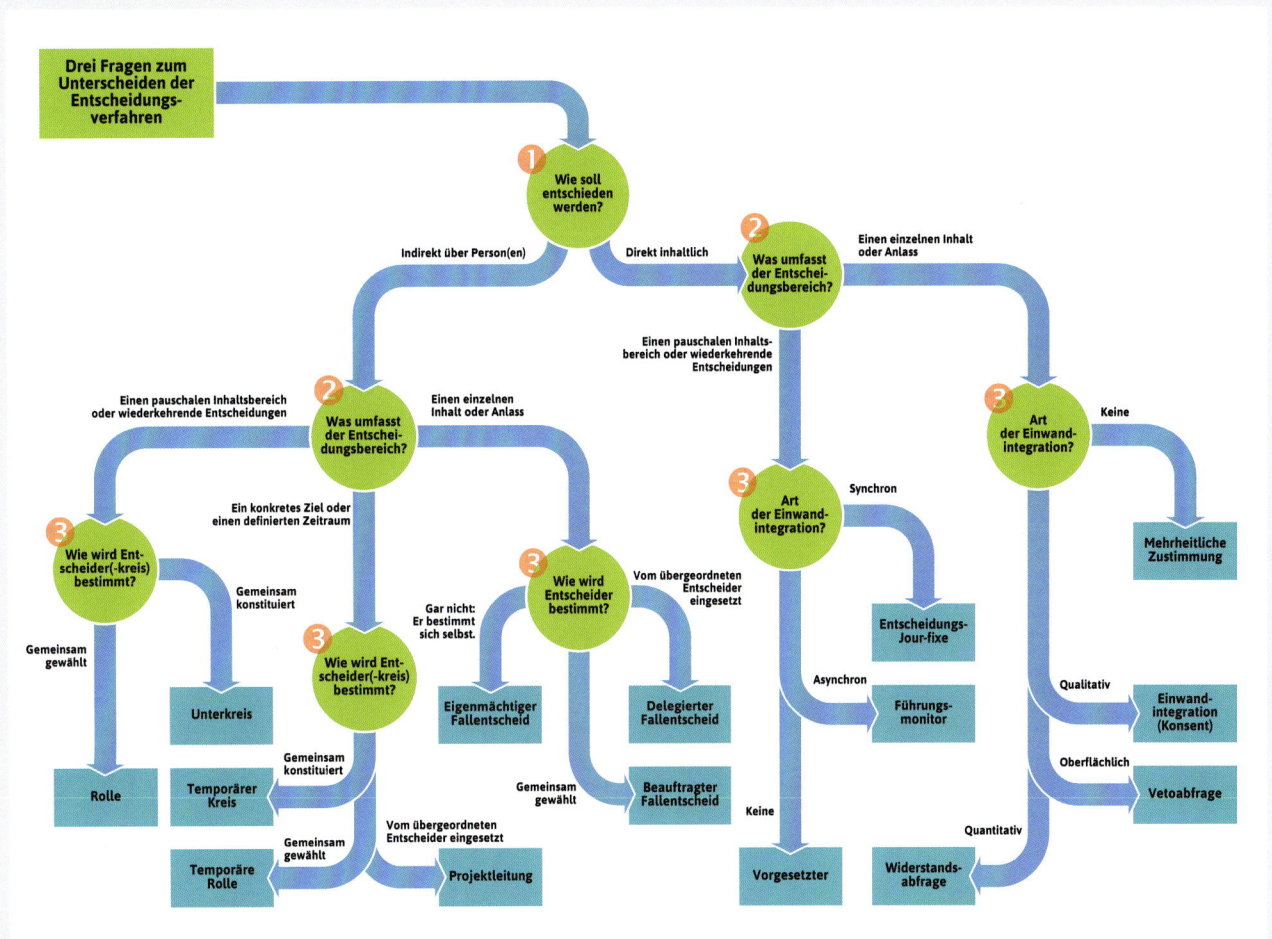

Abb. 73: Mit drei Fragen lassen sich die Entscheidungsverfahren unterscheiden. Die Verfahren werden auf den folgenden Seiten näher erläutert. [http://kollegiale-fuehrung.de/entscheidungsverfahren-fragen/]

Entscheidungsverfahren für Organisationen	Typisch für Linienorganisationen					Typisch für kollegial geführte Organisationen							
	Vorgesetzte(r)	Delegierter Fallentscheid	Projektleitung	Mehrheitliche Zustimmung	Einwandintegr. (Konsent)	Vetoabfrage	Beauftragter Fallentscheid	Eigenmächtiger Fallentscheid	Widerstandsabfrage	Rolle (temporär*)	Unterkreis (temporär*)	Entscheidungs-Jour-fixe	Führungsmonitor
Einzelner Entscheidungsinhalt oder -anlass	⊘	☑	⊘	☑	☑	☑	☑	☑	☑	⊘	⊘	⊘	⊘
Pauschal für Inhaltsbereich oder wiederkehrende Entscheidungen	☑	⊘	☑	⊘	⊘	⊘	⊘	⊘	⊘	☑	☑	☑	☑
Entscheidung durch vorgegebene Person(en)	☑	☑	☑	⊘	⊘	⊘	☑	☑	⊘	⊘	⊘	⊘	⊘
Entscheidung durch gewählte Person(en)	⊘	⊘	⊘	⊘	⊘	⊘	☑	☑	⊘	☑	☑	⊘	⊘
Entscheidung durch eine Gruppe	⊘	⊘	⊘	☑	☑	☑	⊘	◐	☑	⊘	☑	☑	☑
Entscheidung durch Selbstermächtigung	⊘	⊘	⊘	⊘	⊘	⊘	⊘	☑	⊘	⊘	⊘	◐	◐
Direkte inhaltliche Entscheidung	☑	⊘	☑	☑	☑	☑	⊘	☑	⊘	☑	☑	☑	☑
Indirekt über Person(en)	⊘	☑	☑	⊘	⊘	⊘	☑	⊘	⊘	☑	☑	⊘	⊘
Dauerhaft eingesetzte(r) Entscheider	☑	⊘	⊘				☑	⊘		◐	☑		
Regelmäßige Neuwahl bzw. Bestätigung	⊘	⊘	⊘				☑	⊘		◐	◐		
Ziel- oder zeitraumgebunden	⊘	☑	☑							*temporär ◐	*temporär ◐		
Zustimmung (aller/anderer) anstreben	⊘	⊘	⊘	☑	⊘	⊘	⊘	⊘	⊘	⊘	⊘	⊘	⊘
Veto-Freiheit und Einwandintegration anstreben	⊘	⊘	⊘	⊘	☑ qualitativ	☑ oberflächlich	☑ bzgl. Person	⊘	☑ quantitativ	☑ bzgl. Person	⊘	☑ qualitativ synchron	☑ qualitativ asynchron
Konsultation von Interessensvertretern erwartet	⊘	◐	◐	⊘	⊘	⊘	⊘	⊘	☑	⊘	⊘	⊘	◐
Akzeptanz-Entscheidung (ja/nein)	☑	☑	☑	☑	☑	☑	☑	☑	☑	☑	☑	◐	◐
Auswahl-Entscheidung (n aus m)	☑	☑	☑	☑	⊘	⊘	☑	☑	☑	☑	☑	◐	◐

⊘ = nein oder untypisch   ☑ = ja oder typisch   ◐ = möglich

Abb. 74: Entscheidungsverfahren für Organisationen und ihre unterschiedlichen Eigenschaften im Überblick.
[http://kollegiale-fuehrung.de/entscheidungsverfahren-tabelle/]

Direkte Entscheidungsverfahren

→ S. 160

Einwandintegration (Konsent)

→ S. 173

Eigenmächtiger Fallentscheid

→ S. 174

Entscheidungs-Jour-fixe

→ S. 175

Führungsmonitor

→ S. 176

Vetoabfrage

→ S. 177

Widerstandsabfrage

→ S. 179

Zustimmungsabfragen

EINWANDINTEGRATION (KONSENT)

BEGRIFFSHERKUNFT

„Konsent" ist kein Tippfehler, sondern eine bewusste Begriffswahl. Glücklicherweise ist Sprache ja ein sich entwickelndes Gut. Im Englischen lassen sich consent und consensus unterscheiden. Ins Deutsche werden die Begriffe aber üblicherweise einheitlich mit Konsens übersetzt und der Unterschied damit aufgehoben. Vielleicht wären „demokratischer Konsens" versus „soziokratischer Konsens" eine für die deutsche Sprache passende Unterscheidung.

Die Soziokratie-Aktivisten Isabell Dierkes, Christian Rüther und Pieter van der Meché entschieden sich aber dafür, ein neues Wort zu kreieren: Konsent. Die Unterscheidung „Konsens" (= demokratisch) versus „Konsent" (= soziokratisch) hat sich bei den meisten Anwendern dieses Werkzeuges im deutschen Sprachraum durchgesetzt.

KONSENS	KONSENT
Wer ist dafür?	Welche Einwände gibt es?
Maximierung der Zustimmung	Minimierung der Einwände
Wenig Rücksicht auf Minderheitsbedürfnisse	Integration von Minderheitsbedürfnissen

Abb. 75: Wichtige Unterschiede zwischen Konsens und Konsent

Grundprinzip

Tatsächlich unterscheidet sich der soziokratische Konsent vom demokratischen Konsens nicht nur in der Art, wie er zustande kommt, sondern auch in seiner Qualität.

In normalen demokratischen Entscheidungen lautet die Frage immer: Wer ist dafür? Dementsprechend versuchen beispielsweise Parteien, die Zustimmung zu einer Entscheidung zu maximieren. Je nach Verfassung sind bestimmte relative oder absolute Mehrheiten erforderlich. Auf Minderheitsbedürfnisse wird gewöhnlich wenig Rücksicht genommen. Bei knappen oder fehlenden Mehrheiten ist es in der Praxis üblich, weitere Stimmen dadurch zu gewinnen, dass man Kompensationsgeschäfte anbietet oder Nachteile bei anderen anstehenden Entscheidungen androht. Die typische Ergebnisqualität dieses Willensbildungsverfahrens beobachten wir täglich in der Politik.

Bei soziokratischen Entscheidungen hingegen lautet die Frage: Welche Einwände gibt es? Wer oder wie viele Personen einen Einwand haben, ist dabei weniger wichtig als der Inhalt des Einwands. Das Argument zählt, nicht die Stimme. Anschließend versuchen alle Beteiligten gemeinsam, die Einwände zu minimieren, also die Lösung zu variieren oder möglicherweise nach ganz neuen Lösungen zu suchen, sodass weniger oder gar keine Einwände mehr übrig bleiben.

Ein wichtiger Unterschied zwischen einer demokratischen und einer soziokratischen Entscheidung besteht also darin, dass bei der soziokratischen Entscheidung die Beteiligten sehr viel stärker in die inhaltliche (Weiter-)Entwicklung der Entscheidungen eingebunden sind und nicht nur „Wähler" sind.

Wer einen Einwand äußert, ist auch aufgefordert, daran mitzuwirken, diesen Einwand aufzulösen.

Jeder Einwandgeber wird mit der Frage konfrontiert: Wie kann die Lösung denn so verändert werden, dass dein Einwand entfällt oder schwächer wird? Oder wie müsste die Lösung aussehen, dass du keinen schwerwiegenden Einwand mehr hast?

Anders ausgedrückt geht es stets darum, mögliche Einwände in die Lösung zu integrieren. Es wird nicht nur entschieden, sondern eben auch an der Qualität der Lösung gearbeitet.

Die eigentliche Entscheidung basiert auf Vetofreiheit, d.h., solange auch nur eine Person ein Veto hat, ist die Entscheidung nicht akzeptiert. Mit anderen Worten:

Das Einwandintegrationsverfahren strebt nach einwandfreien Entscheidungen.

Anders als in Soziokratie und Holokratie ursprünglich vorgesehen, gibt es typischerweise verschiedene Grade von Einwänden. Das Veto ist dabei der stärkste Einwand. Typisch sind aber auch „Ich habe einen wichtigen Einwand, aber ich möchte die Entscheidung nicht blockieren" oder „Ich habe einen relevanten Einwand, aber trotzdem ist diese Entscheidung besser, als bei der aktuellen Situation zu bleiben".

Die Alternative zu einer Konsent-Entscheidung ist immer die Ist-Situation.

Es geht also weniger darum, ob oder wie gut eine Entscheidung an sich ist, sondern wie sie im Vergleich zur Ist-Situation bewertet wird. Das ist bei demokratischen Entscheidungen zwar auch so, das Bewusstsein davon ist bei soziokratischen Entscheidungen aber präsenter, da jeder Einzelne mit einem Veto das Beibehalten des Ist-Zustands erzwingen könnte.

Das heißt nun aber nicht, dass bei einer soziokratischen Entscheidung Personen dazu neigen, einer Lösung zuzustimmen, die sie eigentlich nicht gut finden – nur weil alles besser scheint als der Status quo. Es gibt nicht nur entweder/oder.

Grundsätzlich wird immer genau eine Entscheidung auf einmal bearbeitet. Bei demokratischen Entscheidungen ist es dagegen möglich, mehrere Alternativen zur Wahl zu stellen und die mit den meisten Zustimmungen gewinnen zu lassen. Mit dem Konsent arbeiten wir stets an einer einzelnen Option.

Eine andere Möglichkeit, aus einer Menge von Optionen eine auszuwählen oder eine Rangfolge zu ermitteln, ist die Widerstandsabfrage (➔ S. 177).

Es liegt gewöhnlich am Moderator, in welcher Reihenfolge die möglichen Alternativen zur Wahl kommen. Prinzipiell denkbar sind aber auch sequenzielle aufeinander aufbauende Entscheidungen, bei denen mit einer ersten Entscheidung eine Verbesserung gegenüber dem Ist-Zustand erreicht wird und gleich danach mit einer weiteren Entscheidung versucht wird, diesen neuen Zustand nochmals zu verbessern. Das heißt, die eigentlich alternativen Entscheidungen werden aufsteigend nach dem Grad ihrer Gesamteinwände geordnet und nacheinander bearbeitet.

Das soziokratische Prinzip erlaubt den Beteiligten darüber hinaus, sich im Konsent für andere Entscheidungsverfahren, wie Münzwurf, relative Mehrheit, Diktatur und vor allem die konsultative Fallentscheidung (➔ S. 187), zu entscheiden. Dazu später mehr.

Varianten

Die Konsent-Moderation ist in der Soziokratie und in der Holokratie unterschiedlich definiert. Die wichtigsten Unterschiede sind im Abschnitt über die holokratische Kreisorganisation (➔ S. 76) genannt:
- In der Holokratie existiert eine Validitätsprüfung für die sachliche Berechtigung von Einwänden.
- In der Holokratie werden Entscheidungsprobleme nicht in den Oberkreis delegiert, sondern der Moderator wird durch einen Moderator des Oberkreises ersetzt.

Zusätzlich existieren zahlreiche Ausprägungen in der Praxis. In vielen Unternehmen haben sich eigene Varianten eingebürgert. Das hier beschriebene Konsent-Verfahren ist eine pragmatische Synthese von soziokratischen und holokratischen Details, dem Konsensverfahren der Werkstatt für Gewaltfreie Aktion Baden [Werkstatt 2004] und Erfahrungen aus unseren eigenen und befreundeten Organisationen.

KURZBESCHREIBUNG KONSENT

Ein Konsent ist ein Entscheidungsverfahren für Gruppen, in dem ein Entscheidungsvorschlag gesucht und entwickelt wird, der minimale Einwände und kein Veto bei den Gruppenmitgliedern erzeugt.

Ein Entscheidungsvorschlag ist akzeptiert, wenn kein Veto eingelegt wurde.

Prinzipieller Ablauf:
- Voraussetzungen zur Meinungsbildung über den Entscheidungsbedarf herstellen.
- Meinungen zum Entscheidungsbedarf austauschen.
- Spätestens jetzt einen Lösungsvorschlag formulieren.
- Einwände und Vetos gegen den Vorschlag abfragen und austauschen.
- Ggf. Wiederholung mit einem weiterentwickelten Lösungsvorschlag, der weniger Einwände und Vetos erwarten lässt.

VORAUSSETZUNGEN: Es gibt eine Person aus der Gruppe, die einen Entscheidungsbedarf (oder sogar einen Entscheidungsvorschlag) formuliert. Eine andere neutrale Person moderiert den Entscheidungsprozess. Ca. 20 – 60 Minuten.

KONTRAINDIKATIONEN: Mehr als 15 Teilnehmer. Viele uninteressierte oder zur Frage inkompetente Teilnehmer. Erwartung vieler entscheidungsunabhängiger, persönlich motivierter Vetos.

Die Einwandstufen

 S. 163

Vorbehaltlose Zustimmung

 S. 163

**Leichte Bedenken,
die gehört werden sollen**

 S. 163

**Schwere Bedenken,
die berücksichtigt werden sollten**

 S. 164

Beiseite-Stehen

*Ich mache nicht mit, habe
aber kein Veto.*

 S. 164

Enthaltung

*Ist mir nicht wichtig oder ich
habe keine eindeutige Meinung.*

 S. 165

Veto

*Ich blockiere die Entscheidung,
sie schadet der Organisation.*

 S. 167

Aus der Gruppe gehen

*Ich verlasse die Gruppe, um ihr
nicht im Wege zu stehen.*

LITERATUR

Die hier beschriebenen Einwandstufen
entstammen der Praxis gewaltarmer
Entscheidungsfindung.

 Werkstatt für Gewaltfreie Aktion Baden;
*Konsens-Handbuch zur gewaltfreien
Entscheidungsfindung*; Eigenverlag, 2004.

1) Vorbehaltlose Zustimmung
Der Vorschlag entspricht voll und ganz der Meinung und Absicht des Mitgliedes.

Abb. 76: Einwandabfrage mit Handzeichen.

2) Leichte Bedenken
Dieses Votum bedeutet, dass dem Mitglied relevante Einwände, Bedenken, Risiken, Fragen oder offene Punkte einfallen, die allen Beteiligten zumindest bekannt sein sollten.

Den Bedenkenträgern reicht es oft aus, dass sie gehört werden. Für die Gruppe sind auch die leichten Bedenken interessant, um eine höhere Sicherheit zu gewinnen, alle Risiken bedacht zu haben. Oft halten die Beteiligten es gar nicht für notwendig, diese offenen Punkte oder Risiken zu beseitigen. Es genügt ihnen, den Sachverhalt zu kennen, um ihn bewusst in Kauf zu nehmen. Dies gilt vor allem auch für solche Situationen, in denen das Risiko zwar relevant ist, der Lösungsvorschlag insgesamt aber selbst mit diesem Risiko eine Verbesserung gegenüber der Ist-Situation darstellt.

Manchmal regen leichte Bedenken aber auch weitere Erkenntnisse an, möglicherweise auch zu schwereren Einwänden. Für die Sicherstellung der Lösungsqualität leisten auch leichte Bedenken somit einen einfachen, aber wichtigen Beitrag.

3) Schwere Bedenken
Beim schweren Bedenken reicht es dem Mitglied nicht mehr, dass sein Einwand von den anderen nur gehört wird, sondern hier möchte es, dass sein Einwand berücksichtigt wird. Das Mitglied wünscht mit diesem Votum eine Veränderung des Lösungsvorschlages.

Gleichzeitig bedeutet dieses Votum aber auch, dass das Mitglied bereit ist, den bestehenden Lösungsvorschlag mitzutragen, falls die Gruppe keinen verbesserten Lösungsvorschlag findet oder akzeptiert. Schwere Bedenken sollten vom Moderator explizit schriftlich festgehalten werden. Dazu gehört die Rückversicherung (aktives Zuhören), dass die vom Moderator gewählte Formulierung für das einwandgebende Mitglied passend ist und dass der Einwand von allen anderen inhaltlich verstanden wurde.

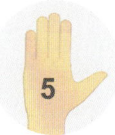

4) Beiseite-Stehen

Dies ist ein besonderes Votum. Es stellt kein Veto dar, ist ebenfalls ein schweres Bedenken, bietet jedoch eine andere Umgangsweise mit dem Einwand an. Während das Mitglied beim schweren Bedenken erwartet, dass sein Einwand aufgelöst wird, und falls nicht, den Vorschlag aber trotzdem mittragen kann, kann das Mitglied beim Beiseite-Stehen den Vorschlag nicht aktiv unterstützen. Dennoch möchte es den anderen nicht im Wege stehen, weshalb es kein Veto einlegt.

Die Gruppe und der Moderator sollten zunächst versuchen, den Einwand aufzulösen, um das Mitglied mitzunehmen. Gelingt dies aber nicht, sollte die Gruppe mit dem betroffenen Mitglied klären, welche Möglichkeiten es gibt, dass sich das Mitglied in anderer Weise beteiligen kann.

Für den Moderator und die Gruppe ist bei diesem Votum eine besondere Aufmerksamkeit gefordert, denn schließlich stellt sich ein Mitglied damit an den Rand der Gruppe, schließt sich also ein Stück weit aus. Um das Mitglied nicht zu verlieren und in der Gruppe zu halten, kann es hilfreich sein, dessen Bedürfnisse und Interessen tiefergehend zu klären – nicht unbedingt während des Konsent-Prozesses, aber möglicherweise danach in einem vertraulichen Rahmen.

Ebenfalls kann es dem Mitglied helfen, wenn seine Haltung explizit gewürdigt wird, schließlich nimmt es eigene Unzufriedenheit in Kauf, um der Gemeinschaft einen Fortschritt zu ermöglichen.
Der Moderator sollte das Mitglied fragen, ob seine Haltung schriftlich protokolliert werden soll.

5) Enthaltung

Ein Mitglied, das sich enthält, kann sich entweder nicht eindeutig positionieren oder ihm ist die Entscheidung gar nicht wichtig. Es drückt mit diesem Votum aber aus, dass es die Umsetzung unterstützen, dem Resultat aber keine besondere Bedeutung beimessen kann.

Das Votum kann auch bedeuten, dass das Mitglied zu der Fragestellung keine klare Meinung einnehmen kann, weil es die Entscheidung im Detail gar nicht versteht oder verstehen möchte. Bei Entscheidungen, die sehr spezielle Kenntnisse oder Erfahrungen voraussetzen, überlassen die damit weniger vertrauten Mitglieder die Entscheidung durch die Enthaltung vertrauensvoll den Mitgliedern, die sich dafür qualifiziert fühlen.

F) Das Veto

Ein Veto verhindert die Akzeptanz und Umsetzung des Vorschlags. Ohne eine signifikante Weiterentwicklung oder Änderung der Lösungsidee wird es zu keinem Fortschritt in dieser Frage kommen.

Der Vorschlag widerspricht den grundlegenden Überzeugungen, Werten oder Vorstellungen des Mitglieds.

Wie beim schweren Einwand sollte das Veto vom Moderator schriftlich festgehalten und sichergestellt werden, dass alle Beteiligten den Einwand wirklich verstanden haben.

Das blockierende Mitglied ist verpflichtet, seinen Einwand zu erklären und zu begründen. Ebenfalls ist das Mitglied verpflichtet, bei der Beseitigung seines Einwands mitzuwirken, also Vorschläge und Ideen mitzuentwickeln, wie sein Einwand minimiert oder aufgehoben werden kann.

Die Entscheidung, was ein schwerwiegender Einwand ist, ob die Entscheidung der Organisation einen Schaden zufügt und ob ein Veto angemessen ist, liegt grundsätzlich bei dem Mitglied, das den Einwand hat.

Der Moderator oder andere Mitglieder haben darüber nicht zu urteilen, können jedoch die Argumente hinterfragen. In der Holokratie werden Einwände strenger validiert.

Bereits vor Beginn der Konsentrunde sollte der Moderator die Bedeutung eines Vetos erklären oder wiederholen: Ein Veto ist deutlich mehr als ein schwerer Einwand; es existieren nicht nur Risiken und Bedenken.

Ein Veto soll einen schwerwiegenden und möglicherweise existenziellen Schaden für die Organisation verhindern.

Verkraftbare Risiken sollten eher zu schweren Bedenken als zu einem Veto führen. Aber letztendlich bleibt die Entscheidung darüber, ob ein Veto gerechtfertigt ist, immer beim einzelnen Mitglied.

Abb. 77: Ein Veto ist wie eine Notbremse – so formulieren es beispielsweise die Kollegen bei Dark Horse (➜ vgl. S. 174).

Persönliche vs. gemeinschaftliche Interessen

Bei einem Veto muss die Gruppe möglicherweise einen Widerspruch aushalten können: Allen Mitgliedern einer Organisation muss klar sein, dass die Interessen der Gemeinschaft und der Organisation insgesamt immer Vorrang haben vor den Interessen der einzelnen Mitglieder.

Wäre dies nicht so, wäre die Existenz der Organisation insgesamt gefährdet, womit letztendlich niemandem, auch nicht dem blockierenden Mitglied, geholfen wäre.

Gleichwohl sollten alle Mitglieder die Möglichkeit haben, ihre Integrität zu wahren und sich so wie sie sind, einbringen zu dürfen. Trotzdem können Widersprüche entstehen, da die Gemeinschaft zwar Vorrang hat, die Entscheidung für eine Blockade aber beim Mitglied verbleibt. Das mögliche Gegenargument zum Veto („Du stellst deine ganz persönlichen individuellen Interessen über das der Gemeinschaft") kann zwar ausgesprochen werden, die Entscheidung über das Veto liegt aber weiterhin beim blockierenden Mitglied.

Ganz deutlich wird die Problematik, wenn man sich Extremfälle vorstellt, beispielsweise wenn ein Teil der Kollegenschaft entlassen oder umorganisiert werden soll. Allen Beteiligten – auch den blockierenden – ist klar, dass dies zwingend notwendig ist, weil die Existenz der Organisation sonst gefährdet wäre, aber dennoch legen einzelne betroffene Mitglieder ein Veto ein, weil die Entscheidung für sie persönlich nicht akzeptabel ist.

In solchen Fällen versagt ein Konsent möglicherweise, weswegen hier ein konsultativer Fallentscheid das passendere Entscheidungsverfahren darstellen kann. Aufgabe des Moderators ist, diesen möglichen Widerspruch zwischen individuellen und gemeinschaftlichen Interessen zu identifizieren, offenzulegen, die Bedeutung zu erklären und darauf hinzuweisen, dass das Veto dennoch gilt.

ABGRENZUNG ZUR HOLOKRATIE

In der Holokratie haben persönliche Interessen keine Relevanz. Dort geht es stets um die Interessen einer Rolle (nicht des Rolleninhabers) im Kontext der Gesamtorganisation. Rolleninhaber erfüllen lediglich einen organisatorischen Zweck.

Wir halten diesen Ansatz nicht für sinnvoll, sondern gehen davon aus, dass alle Kollegen als ganze Menschen mitsamt ihrer Persönlichkeit und individuellen Bedürfnissen und Fähigkeiten in einer Organisation dabei sind.

Die Balance zwischen individuellen und Organisationsinteressen ist deswegen immer wieder zu klären – eine Seite auszublenden oder zu ignorieren erscheint uns kontraproduktiv.

QUERVERWEISE
➔ S. 275 Balance zwischen Individuum und Gemeinsch.

G) Aus der Gruppe gehen

Für den Fall, dass die Gruppe eine Entscheidung trotz eines Vetos unbedingt umsetzen möchte, bleibt ihr nur die Möglichkeit, die Gruppenzugehörigkeit des blockierenden Mitgliedes infrage zu stellen und es möglicherweise aus der Gruppe auszuschließen.

Umgekehrt kann das blockierende Mitglied im Interesse der Gemeinschaft handeln, indem es selbst die Gruppe verlässt.

Aus der Gruppe gehen kann bedeuten, dass ein Mitglied den Kreis oder die gesamte Organisation verlässt, kündigt oder gekündigt wird. Es ist klar, dass dies die Ultima Ratio ist.

Ausschluss eines Mitgliedes
Falls ein Mitglied von der Gruppe ausgeschlossen werden soll, ist hierzu stets eine separate Entscheidung zu treffen, die unabhängig von der auslösenden Entscheidung fallen sollte. Die Gruppe entscheidet dann über den Vorschlag „Das Mitglied […] soll aus der Gruppe ausgeschlossen werden". Die Verknüpfung eines Mitgliedsausschlusses mit der von dem auszuschließenden Mitglied blockierten Entscheidung wäre eine komplexe inhaltliche Vermischung.

Der Ausschluss eines Mitglieds erfolgt im Konsent, wobei das auszuschließende Mitglied selbst kein Stimmrecht hat. Es sollte gehört werden und die Möglichkeit erhalten, Argumente, Beiträge und Ideen einzubringen, kann aber selbst kein Veto einlegen.

Ein Kreis kann immer nur über den Ausschluss aus dem eigenen Kreis entscheiden. In anderen Kreisen bleibt das Mitglied. Mehr zum Ausschluss aus der Gesamtorganisation im Abschnitt Personalprozess (➲ S. 227).

Entschiedenes Ignorieren eines Mitgliedes
Eine Alternative zum aktiven Ausschluss eines Mitglieds aus einem Kreis ist der aktive Ausschluss aus einer Entscheidung. In diesem Fall wird die eigentliche Entscheidung erweitert um die Formulierung: „Wir treffen diese Entscheidung unter Ausschluss von [Mitglied] in dem Wissen, dass wir [Mitglied] damit möglicherweise verlieren werden."

Damit wird die Integrität des ausgeschlossenen Mitglieds verletzt: Demotivation, Kündigung, sozialer Unfrieden und mehr können mögliche Konsequenzen sein. Sofern die Verzögerung oder Verhinderung einer Entscheidung erheblich größere Belastungen und Risiken für die Organisation erwarten lässt als die Integritätsverletzung eines Mitglieds, kann dieses Vorgehen im Interesse der Organisation sinnvoll sein.

In allen Fällen eines selbst- oder fremdbestimmten Ausschlusses hat der Kreis eine Verantwortung für die Folgen, vor allem eine Fürsorgepflicht gegenüber dem ausgeschlossenen Mitglied. Wie können die sozialen und möglicherweise wirtschaftlichen Folgen minimiert werden? Welche Ausgleichshandlungen sind sinnvoll? Diese Fragen vertragen meistens keinen Aufschub, sondern sollten unmittelbar geklärt werden.

➲ S. 227 Ausschluss
➲ S. 275 Balance zwischen Individuum und Gemeinschaft

Konsent-Moderation

Der konkrete Ablauf einer Konsent-Moderation liegt stets in der Verantwortung des Moderators, es gibt kein Standardschema. Je nach Anzahl der Teilnehmer, der Kontroversität der Entscheidungen, der verfügbaren Zeit, dem Vertrauen der Mitglieder zueinander und anderen Faktoren kann jeweils ein anderer Ablauf sinnvoll sein. Der beschriebene Ablauf in Abb. 78 erklärt die wichtigsten möglichen Elemente.

Rahmen und Ablauf erklären

Als erstes stellt der Moderator den geplanten Ablauf des Konsents vor, ggf. wie es dazu gekommen ist und mit wie viel Zeit für die Entscheidung zu rechnen ist.

Der Moderator sollte eine andere Person sein als diejenige, die den Entscheidungsbedarf oder -vorschlag einbringt. Nach Möglichkeit ist der Moderator selbst inhaltlich nicht involviert. Falls doch, sollte er darauf hinweisen und erläutern, wie er im Zweifelsfall mit Interessenskonflikten umzugehen versucht, indem er beispielsweise den Rollenwechsel während der Moderation transparent macht.

Für sehr weitreichende, besonders kritische und bedeutsame Entscheidungen sollte ein erfahrener externer Moderator beauftragt werden. Das gilt auch für die ersten Konsent-Entscheidungen, wenn die Beteiligten mit dem Verfahren noch nicht vertraut sind.

1) Entscheidungsbedarf erklären

Jeder Entscheidungsbedarf oder -vorschlag wird von einer Person oder einer Gruppe initiiert. Diese stellt ihr Anliegen oder ihren Vorschlag vor. Dazu gehören die Vorgeschichte, wie es also zu einem Entscheidungsbedarf gekommen ist, was bisher in dieser Angelegenheit passiert ist und welches Ziel die Initiatoren damit verfolgen.

Die Initiatoren stellen alle ihrer Ansicht nach relevanten Informationen zur Verfügung, damit die Teilnehmer sich eine eigene Meinung bilden können.

Manch ein Entscheidungsvorschlag ist mit wenigen Sätzen erklärt. Andere erfordern sehr umfangreiche Vorbereitung und Informationen. In diesem Fall sollten die Teilnehmer rechtzeitig die notwendigen Unterlagen erhalten oder vor dem eigentlichen Konsent eine oder mehrere separate Informationsveranstaltungen stattfinden.

Die Teilnehmer stellen ggf. Verständnisfragen. Der Moderator achtet dabei darauf, dass noch keine Meinungen, Bewertungen und Einwände geäußert werden und noch keine Diskussion beginnt.

2) Voraussetzungsbildende Runde: Was fehlt noch zur Meinungsbildung?

Nachdem der oder die Initiatoren ihren Vorschlag erklärt haben, eröffnet der Moderator eine voraussetzungsbildende Runde. Die Teilnehmer haben wichtige Informationen erhalten, aber möglicherweise fehlt dem einen oder anderen noch etwas, um sich eine Meinung zu dem Vorschlag bilden zu können.

In der voraussetzungsbildenden Runde hat reihum jeder Teilnehmer die Möglichkeit, pro Runde maximal einen Punkt zu benennen, was ihm noch fehlt. Dabei richtet der Teilnehmer seine Frage immer an den Initiator und dieser beantwortet die Frage kurz und präzise.

Der Moderator achtet weiterhin darauf, dass keine Diskussionen aufkommen oder der fragende Teilnehmer noch nicht beginnt, seine Meinung zu äußern, sondern wirklich nur darlegt, was ihm zur Meinungsbildung noch fehlt. Außerdem verhindert er, dass sich die übrigen Teilnehmer in diese bilaterale Klärung einmischen.

Manchmal möchte ein anderer Teilnehmer vielleicht die Frage oder Antwort durch eine eigene Formulierung verbessern oder eine der beiden Beteiligten unterstützen. Das kann sehr schnell in eine wilde Diskussion eröffnen, in der dann jeder einmal etwas sagen möchte. Der Moderator muss also entsprechend vorsichtig sein, solche Hilfsangebote zuzulassen.

Die voraussetzungsbildende Runde läuft solange im Kreis, bis es keine Fragen mehr gibt und der Moderator oder Initiator die Voraussetzungen für die folgende meinungsbildende Runde als ausreichend gegeben ansieht.

Alternativ kann der Moderator alle fehlenden Voraussetzungen stichwortartig protokollieren und den Initiator dann abschließend bitten, alle noch offenen Fragen zu beantworten.

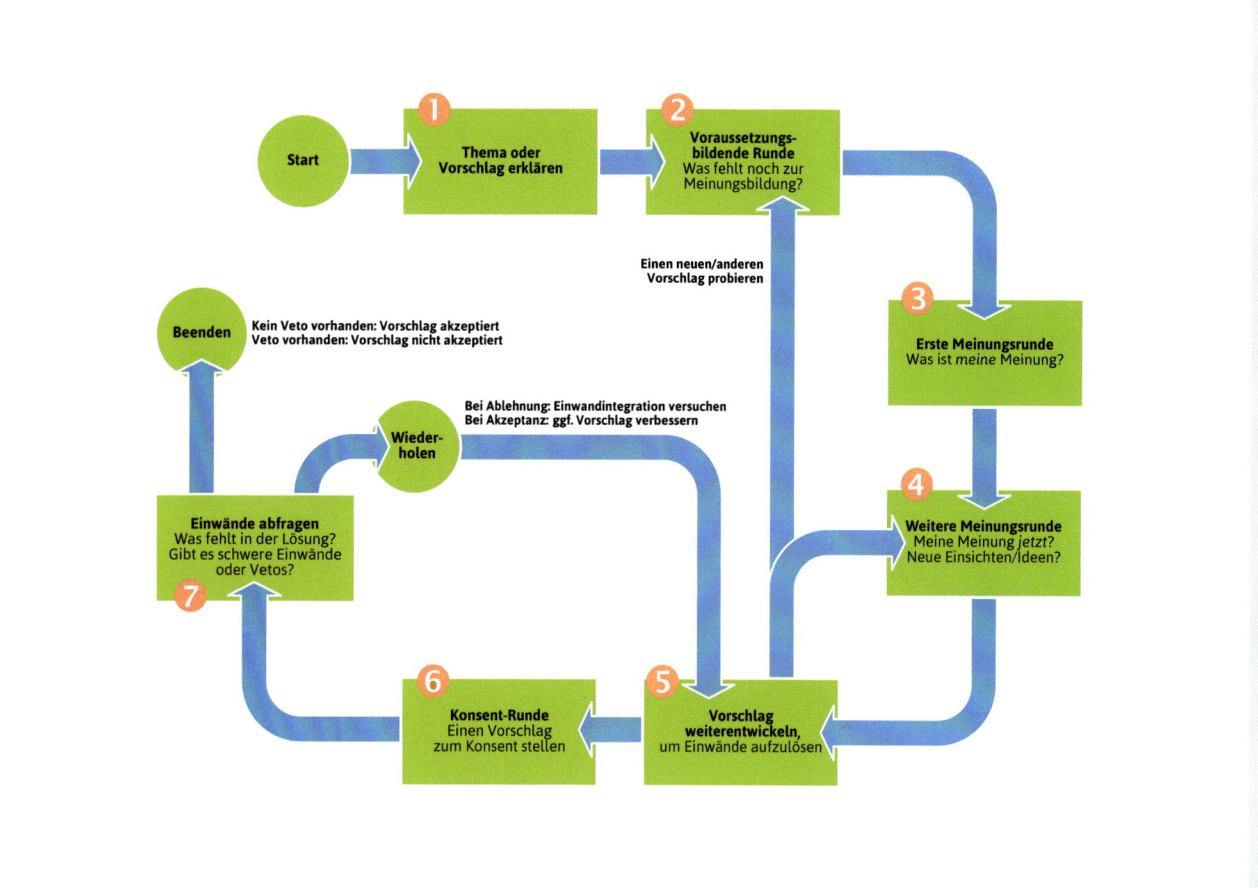

Abb. 78: Typischer Ablauf einer Konsent-Moderation.
[http://kollegiale-fuehrung.de/konsentmoderation /]

Direkte Entscheidungsverfahren

3 – 4) Meinungsbildende Runde(n)

Nachdem alle den Vorschlag und die dafür relevanten Informationen inhaltlich verstanden haben, kann jedes Mitglied seine Meinung hierzu äußern, und zwar alles, was ihm dazu einfällt: Zustimmung, Ablehnung, Gedanken, Fragen, wie es ihm mit dem Vorschlag geht, was er bei ihm auslöst usw. Es ist wichtig, alle Reaktionen, Meinungen und Gefühle, die zu dem Vorschlag im Raum stehen, auszusprechen und wahrzunehmen.

Das Runden-Prinzip verhindert hitzige Diskussionen, direkte Konfrontationen, Durcheinanderreden sowie Fokusverlust und sorgt für eine größere Aufmerksamkeit, alles und jeden zu hören. Kurze wichtige Verständnisfragen sind erlaubt. Alle anderen Kommentare und Rückfragen von Personen, die nicht an der Reihe sind, sollte der Moderator konsequent unterbinden und diese Impulse in eine zweite Runde verweisen.

Gewöhnlich gibt es eine zweite Runde und der Moderator sollte dies möglichst vorher ankündigen, sodass sich die Teilnehmer in der ersten Runde wirklich auf ihre eigenen Reaktionen und Meinungen konzentrieren können und noch nicht die Beiträge der Vorredner kommentieren müssen.

Die zweite Runde dient nicht der Wiederholung, sondern dafür, neue Sichtweisen, Einsichten und (neue) Lösungsideen aufzunehmen.

Der Moderator kann während der Runde(n) oder am Ende wichtige Essenzen und Stichworte auf einem Flipchart notieren, sodass das Gesamtbild am Ende präsent bleibt.

Sobald alle Meinungen ausgesprochen wurden und inhaltlich nichts Neues mehr genannt wird, leitet der Moderator zur gemeinsamen Lösungserarbeitung über.

> **PRINZIP: SPRECHEN IM KREIS (GESPRÄCHSRUNDEN-PRINZIP)**
>
> Das Wort „Runde" hat hier eine spezielle Bedeutung und meint das Prinzip, dass alle Mitglieder im Kreis nacheinander einmal sprechen dürfen, und zwar ohne Diskussion, im Uhrzeigersinn oder umgekehrt. Dadurch kann sich jeder sicher sein, dranzukommen, genug Zeit für seine Mitteilungen zu erhalten und nicht unterbrochen zu werden.

5) Gemeinsame Lösungserarbeitung

Sofern der Initiator mit einem konkreten Entscheidungsvorschlag in den Konsent gegangen ist, hat er nun die Gelegenheit, seinen Vorschlag angesichts des Meinungsbildes zu wiederholen, zu konkretisieren, anzupassen oder auch komplett zurückzuziehen.

Ein aktualisierter Vorschlag kann entweder direkt zur Abstimmung gebracht werden oder der Moderator sammelt weitere Varianten und Alternativen.

Falls bislang noch gar kein konkreter Entscheidungsvorschlag existierte, sammelt der Moderator in jedem Fall Vorschläge ein. Wie diese Lösungserarbeitung konkret aussieht, ob und welche speziellen Moderationsverfahren dabei angewendet werden, liegt im Ermessen des Moderators.

Der Lösungsvorschlag oder die erfolgversprechendsten Lösungsvorschläge sollten schriftlich mit kurzen, vollständigen und aktiven Sätzen ausformuliert werden. Der Moderator stellt dabei sicher, dass die Formulierung für den jeweiligen Ideengeber passend ist und alle anderen den Vorschlag verstanden haben (➜ S. 251, Aktives Zuhören).

6) Konsentrunde

Sofern mehrere Vorschläge existieren, muss der Moderator zunächst dafür sorgen, dass genau einer zur Abstimmung gestellt wird. Hierzu kann der Moderator dem Initiator das Auswahlrecht übertragen. Ebenso kann der Moderator einen Vorschlag auswählen, wobei er dann vorher den Initiator fragen sollte, ob er die Auswahl übernehmen soll oder darf.

Der Moderator kann ebenso vorschlagen, die Präferenzen aller Teilnehmer einzubeziehen, beispielsweise durch eine kleine Meinungsrunde oder Mehrheitsabfrage.

Ein geeignetes Verfahren, um systematisch aus einer Vielzahl von Möglichkeiten die erfolgversprechendsten zu identifizieren, ist das systemische *Konsensieren mit einer Widerstandsabfrage* (➔ S. 177). Dabei benennt jeder Teilnehmer seinen Widerstand gegen jede einzelne Lösung auf einer Skala von 1 (keinen Widerstand) bis 10 (komplette Ablehnung), damit die Gruppe anhand der Summen anschließend die Lösungen mit der geringsten Ablehnung erkennt.

7) Einwände abfragen

Der Moderator liest die abzustimmende Entscheidung nochmals vor und bittet dann alle Teilnehmer, sich ihr Votum aus einer der Konsentstufen (➔ S. 162) zu überlegen. Soziokratie und Holokratie fragen nur nach als Veto geltenden Einwänden ohne Abstufungen. Die Frage an die Teilnehmer lautet: „Ist der Vorschlag sicher genug, um ihn auszuprobieren?"

Alle zeigen gleichzeitig mit ihren Händen ihr Votum. Die Hände bleiben solange gehoben, bis alle die Voten registriert haben. Alternativ können auch vorbereitete Karten verwendet werden oder jeder Teilnehmer schreibt sein Votum auf eine Karte und legt diese vor sich hin.

Die leichten Bedenken sollten ausgesprochen, die schweren Bedenken ausgesprochen und notiert werden, ebenso wie die Vetos. In vielen Fällen ist es am einfachsten, alle relevanten Meldungen in einer Runde abzufragen. Damit wird verhindert, dass schwere Einwände und Vetos zu sehr personalisiert werden. Gerade wenn es nur wenige oder nur ein einziges Veto gibt, ist der Moderator gefordert, dieses nicht zu sehr mit der Person verknüpfen, sondern den *Einwand zum Eigentum aller werden zu lassen*.

Hier geht es nicht darum, einzelne Personen als Verweigerer, Blockierer oder Nörgler erscheinen zu lassen, auf sie einzureden oder unter Druck zu setzen, sondern gemeinsam zu erkennen, dass bestimmte Sichtweisen bislang noch nicht genügend berücksichtigt und integriert worden sind.

Der Moderator sollte schwere Einwände und Vetos, soweit notwendig, hinterfragen, um zu klären, ob sie sich wirklich auf einen existenzgefährdenden Schaden oder die Integrität des Unternehmens, eines Kreises oder einer Rolle beziehen.

Einerseits steht ein Vetogeber in der Pflicht, Änderungsvorschläge oder neue Ideen vorzustellen, andererseits gerät er damit in den Fokus der Gruppe, weswegen es ebenso hilfreich sein kann, gleich die gesamte Gruppe nach Ideen zu fragen.

Möglichkeiten, Einwände aufzulösen, sind:
▶ den Einwandgeber um einen alternativen Vorschlag oder eine Ergänzung bitten,
▶ den Initiator um einen (anderen) Entscheidungsvorschlag bitten,
▶ eine Beitragsrunde mit der Frage nach Vorschlägen zur Einwandintegration einzuleiten,
▶ eine kurze zeitbegrenzte offene Diskussion anzubieten oder
▶ der Moderator schlägt eine Alternative vor.

Möglichkeiten, ad hoc nicht integrierbare Einwände zu behandeln, sind:
▶ Abbruch und ggf. die spätere Fortsetzung oder einen neuen Versuch mit einem veränderten Vorschlag durch Initiator vorschlagen,
▶ Delegation der Entscheidung an einen höheren Kreis,
▶ einen konsultativen Fallentscheid initiieren oder ein anderes Entscheidungsverfahren vorschlagen,

- Abbruch und Einrichtung einer Arbeitsgruppe, um einen Vorschlag weiterzuentwickeln,
- eine besinnliche Pause einlegen und die Entscheidung wiederholen.

Wie geht es nach der Einwandabfrage weiter?

Sofern ein Veto vorliegt und der Moderator sich nicht für einen Abbruch des Konsents entscheidet, wechselt der Moderator zurück in den Schritt 5, die gemeinsame Lösungserarbeitung.

Sofern kein Veto vorliegt, aber schwere Einwände genannt wurden, die nicht in die Entscheidung integriert werden konnten, kann der Moderator dennoch eine erneute Lösungserarbeitung vorschlagen.

Zunächst muss aber der Moderator die Gültigkeit der gerade getroffenen Entscheidung explizit festhalten und klarstellen. Anschließend kann er anbieten, diese Entscheidung gleich durch eine neue und hoffentlich noch passendere Entscheidung zu ersetzen.

In der dann folgenden Lösungserarbeitung geht es darum, noch mal zu versuchen, die verbliebenen Einwände zu integrieren und eine entsprechend geänderte oder erweiterte Entscheidung zu finden.

ESSENZEN

- Die Alternative zu einer Entscheidung ist immer die Ist-Situation.
- Es wird immer genau eine Entscheidung auf einmal bearbeitet.
- Um aus einer Menge verschiedener Lösungsvorschläge einen als Entscheidungsvorschlag auszuwählen, eignen sich andere Verfahren, beispielsweise eine Widerstandsabfrage.
- Alle Einwände sollten gehört werden.
- Schwere Bedenken sollten schriftlich festgehalten werden.
- Wer einen Einwand hat, ist verpflichtet, ihn zu erklären und zu begründen.
- Einwände sind Eigentum aller.
- Wer einen Einwand äußert, ist in besonderer Weise aufgefordert, daran mitzuwirken, diesen Einwand aufzulösen.
- Solange auch nur eine Person ein Veto hat, ist eine Entscheidung nicht akzeptiert.
- Ein Veto ist eine Notbremse und sollte immer aus der Absicht heraus verwendet werden, einen schwerwiegenden und möglicherweise existenziellen Schaden für die Organisation und Gemeinschaft zu verhindern.
- Das Sprechen im Kreis-Prinzip verhindert hitzige Diskussionen, direkte Konfrontationen, Durcheinanderreden, Fokusverlust und sorgt dafür, alles und jeden zu hören.
- Es geht nicht darum, einzelne Personen als Verweigerer, Blockierer oder Nörgler erscheinen zu lassen, auf sie einzureden oder sie unter Druck zu setzen, sondern gemeinsam zu erkennen, dass bestimmte Sichtweisen bislang noch nicht genügend berücksichtigt und integriert worden sind.

Eigenmächtiger Fallentscheid

> Beim eigenmächtigen Fallentscheid fragt die Entscheiderin nicht erst die Kollegen, sondern übernimmt für einen konkreten Entscheidungsfall eigenmächtig und direkt die Verantwortung.

Eine Person konfrontiert also alle anderen mit einer Entscheidung und beobachtet, wie diese Akzeptanz findet. Das Prinzip dahinter lautet:

Lieber einmal um Verzeihung bitten, als ständig um Erlaubnis fragen.

Das Verfahren des eigenmächtigen Fallentscheids ist ein typisches Verfahren für gelbe und türkise Organisationen (→ S. 18), in denen Entscheider nicht mehr von einer Gruppe ermächtigt werden, sondern sich auf Basis gemeinsamer Werte in transparenter Weise selbst ermächtigen.

Varianten
- Es wurden überhaupt keine Kollegen vorher konsultiert.
- Einige Kollegen wurden vorher konsultiert.
- Es werden noch vor Ablauf einer Einwandsfrist Kollegen konsultiert.
- Die Entscheidung ist endgültig.
- Die Entscheidung bezieht sich auf ein Experiment (ist also zeitlich, räumlich, organisatorisch begrenzt).
- Die Entscheidung kann bis zur Einwandsfrist mit einem Veto zurückgenommen werden.
- Die Entscheidung ist noch unter bestimmten Bedingungen revidierbar.

Leitfragen
Je nach vorhandenem Vertrauen bzw. Sicherheitsbedarf helfen beim eigenmächtigen Fallentscheid folgende Prinzipien bzw. Leitfragen:
- Wie genau lautet die Entscheidung (Wortlaut)?
- Wer hat die Entscheidung getroffen?
- Basiert die Entscheidung auf vorherigen Konsultationsergebnissen?
- War die Entscheidung besonders dringlich?
- Ist die Entscheidung vorläufig, also erst nach Abschluss der Einwandsfrist, verbindlich? Unter welchen Umständen wäre sie umkehrbar?
- Bis wann sind Einwände oder Vetos möglich und von welchem (Personen-)Kreis?
- Welche weiteren Informationen sind noch relevant, um die Entscheidung beurteilen zu können?

Sofern vorhanden, legt der Entscheider die Einwandsfrist fest und berücksichtigt dabei nach eigenem Ermessen die Wichtigkeit, Dringlichkeit und Umkehrbarkeit seiner Entscheidung. Was ist, wenn jemand die Einwandfrist zu kurz findet? Dann sollte der Entscheider in jedem Fall eine klare Rückmeldung bekommen.

Wenn ein Mitglied mit seinen Entscheidungsfristen häufiger Unmut erregt oder sein Verhalten auch im Einzelfall ein schwerwiegendes Problem für andere Mitglieder der Organisation darstellt, ist der Konflikt zu suchen, um die unterschiedlichen Interessen und Bedürfnisse zu klären und ggf. neue Umgangsformen auszuhandeln.

Für Entscheidungen größerer Tragweite kann es vertrauensstiftend sein, wenn der eigenmächtige Entscheider zusammen mit der Entscheidung auch gleich eine spätere Retrospektive inkl. Feedback zu seiner Entscheidung ankündigt.

> **BEISPIEL**
>
> „Liebe Kollegen aus dem XY-Kreis, ich habe soeben eine Gelegenheit genutzt und entschieden: ‚Der XY-Kreis sponsert die ABC-Konferenz mit 400 Euro gegen Logo-Referenz unseres Unternehmens und einer Freikarte.' Zuvor hatte ich kurz Fred und Susanne konsultiert. Mit dem Veranstalter habe ich eine kostenlose Rücktrittsmöglichkeit innerhalb der nächsten drei Tage vereinbart. Einwände und Vetos bitte bis dahin an mich. Wer will die Freikarte? Vielen Dank, liebe Grüße, Bernd"

QUERVERWEISE
- S. 18 Gelbe und türkise Organisationen
- S. 259 Konflikte
- S. 162 Einwände und Veto
- S. 204 Retrospektive
- S. 250 Feedback

Entscheidungs-Jour-fixe

Bei einer Jour-fixe-Entscheidung wird ein regelmäßig stattfindendes Treffen genutzt, um Entscheidungen im Kreise der jeweils Anwesenden zu treffen.

Grundprinzipien

Diese Entscheidungen sind normale Konsent-Entscheidungen mit der Besonderheit, dass
- zum einen ein regelmäßiges Treffen für Entscheidungen geplant wird und
- zum anderen der Konsent nur im Kreis der jeweils Anwesenden stattfindet.

Wer bei dem Treffen nicht dabei ist, entscheidet nicht mit. Um Überraschungen und übles Taktieren zu vermeiden, gelten jedoch meistens einige besondere Prinzipien:
- Die Anwesenden haben bei ihrer Entscheidung nicht nur ihre eigene Meinung zu berücksichtigen, sondern zumindest auch die grundlegenden Bedürfnisse der Abwesenden. Jeder Anwesende muss die Entscheidung gegenüber allen Abwesenden verantworten können – und dieser Verantwortung ggf. durch einen Einwand oder ein Veto gerecht werden.
- Die Entscheidungsbedarfe auf einem Entscheidungs-Jour-fixe werden vorher asynchron für alle gut sichtbar in einer Liste gesammelt, damit jeder für sich entscheiden kann, ob er an dem Treffen teilnehmen möchte, den anderen vertraut oder ggf. einem voraussichtlich Anwesenden die eigenen Bedürfnisse und Interessen mit auf den Weg gibt.
- Die getroffenen Entscheidungen werden ähnlich einem eigenmächtigen Einzelentscheid mit einer angemessenen Einwandsfrist versehen.

Praxis

Diese Prinzipien können auch zu rein formalen Einwänden oder Vetos der Anwesenden führen, um beispielsweise eine angemessene Einwandsfrist für die übrigen herzustellen („Für die Tragweite dieser Entscheidung fände ich eine Einwandsfrist von drei statt einer Woche angemessen, sonst hätte ich einen schweren Einwand.") oder um bestimmte Kompetenzen zu berücksichtigen („Solange unser Experte Olaf zu diesem Thema nicht eingebunden ist, habe ich ein Veto.").

Möglich sind auch prinzipielle Verfahrens-Vetos: „Die Entscheidung ist so wichtig, dass wir dafür unbedingt zu einem moderierten Konsent einladen sollten."

Auch wenn die Abwesenden von den Anwesenden gedanklich berücksichtigt werden, gilt weiterhin, dass jederzeit alles entschieden werden kann, solange es der Organisation keinen schwerwiegenden Schaden zufügt. Auch die Abwesenden haben dies zu respektieren, denn schließlich sind es die Anwesenden, die für Fortschritt sorgen.

> **Wer bei dem Treffen nicht dabei ist, entscheidet nicht mit. Jeder Anwesende muss die Entscheidung gegenüber allen Abwesenden verantworten können.**

BEISPIEL DARK HORSE

Das Berliner Unternehmen Dark Horse (gegründet 2009, ca. 30 Personen) ist ein Beispiel für die erfolgreiche Praxis Jour-fixe-basierter Entscheidungen.

Jeden Montag findet ein Treffen statt. Entscheidungsbedarfe werden bis dahin gesammelt und die jeweils Anwesenden entscheiden verbindlich für alle. Dabei gibt es keine Begrenzung der Entscheidungstragweite. Prinzipiell sind alle Entscheidungen möglich.

Und wer Dark Horse kennt, der kennt auch deren sehr wertschätzendes Miteinander. Die Kollegen von Dark Horse haben ein Buch über ihre Arbeitskultur geschrieben:
Thank God it´s Monday
(Econ-Verlag).

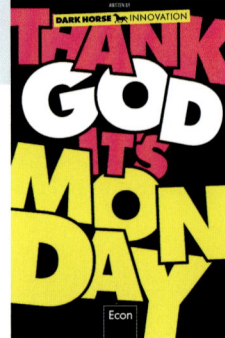

QUERVERWEISE
- S. 160 Konsent
- S. 173 Eigenmächtiger Einzelentscheid

Führungsmonitor

Ein Führungsmonitor dient der gemeinsamen Bearbeitung führungsrelevanter Aktivitäten. Er zeigt, in welchem Zustand sich welche übergreifenden Entscheidungen eines Kreises gerade befinden. Die Darstellung wird in regelmäßigen Abständen aktualisiert.

Der Führungsmonitor ist aus unserer Sicht ein organisationaler Basisprozess, weswegen wir ihn im gleichnamigen Kapitel (→ S. 200) ausführlich beschreiben.

Konsent, konsultativer Fallentscheid und Ähnliches sind Verfahren, in denen innerhalb eines definierten Treffens entschieden und eine gemeinsame Zeit genutzt wird, um Meinungen und Einwände auszutauschen und Lösungsvorschläge weiterzuentwickeln.

Präsenzverfahren vs. nebenläufige Verfahren

Entscheidungsverfahren, die die Anwesenheit oder zumindest die Einladung aller Mitglieder zu einem gemeinsamen Treffen voraussetzen, nennen wir Präsenzverfahren – egal ob physisch oder in einer Online-Konferenz.

Entscheidungsverfahren, bei denen die Meinungsbildung und Einwandsammlung teilweise und zumindest prinzipiell ohne die gleichzeitige Teilnahme aller Mitglieder auskommen, nennen wir asynchrone oder nebenläufige Verfahren.

Eigenmächtige Fallentscheidungen sind in der Regel nebenläufige Verfahren, bei denen die übrigen Kolleginnen jedoch gar nicht oder nur begrenzt vorher einbezogen oder gefragt werden.

Grundprinzipen

Bei Entscheidungen über einen Führungsmonitor macht ein Mitglied einen Entscheidungsvorschlag in bestimmter Weise allen anderen an einem zentralen Ort bekannt, wartet Rückmeldungen, Einwände und eventuelle Vetos ab und gibt anschließend am gleichen Ort die Entscheidung bekannt.

Folgende Grundprinzipien sind hilfreich:
- Jedes Kreismitglied sollte die Möglichkeit haben, neue Entscheidungen mitzubekommen, beispielsweise indem der Monitor nur während eines regelmäßigen gemeinsamen Arbeitstreffens aktualisiert wird oder indem eine Veränderung gesondert mitgeteilt wird, beispielsweise per E-Mail.
- Es sollte deutlich werden, wer Ansprechpartner für Rückfragen, Einwände und Vetos ist.
- Es sollte mitgeteilt werden, wo der Wortlaut der Entscheidung zu finden ist, sofern dies nicht offensichtlich ist.
- Und es sollte bekannt gegeben werden, bis wann die Einwandsfrist läuft.

Herausforderung

Die Nebenläufigkeit des Entscheidungsprozesses hat einerseits ihren Charme, weil sie allen eine Beteiligungsmöglichkeit gibt und ressourcenschonend nur die Mitglieder involviert, die ein besonderes Interesse daran haben.

Der Aufwand und auch der Zeitbedarf können bei diesem Verfahren andererseits erheblich werden, sofern Einwände in die Entscheidung integriert werden sollen. In diesem Fall wird die Entscheidung geändert, was es streng genommen erforderlich macht, für die veränderte Entscheidung erneut den Prozess zu starten, denn möglicherweise hatte jemand zum ursprünglichen Entscheidungsvorschlag keine Einwände, zu dem geänderten Vorschlag aber schon.

Jede Änderung und Einwandintegration ist zumindest prinzipiell wie eine ganz neue Entscheidung zu handhaben, was je nach den in dem Kreis üblichen Fristen eine ganz erhebliche Verzögerung bedeuten kann.

Ausblick

Mit einem Entscheidungsmonitor können der Fortschritt einer Entscheidung visualisiert und möglicherweise auch schon vorher Ideen verfolgt werden. Der Monitor ist in diesem Fall nur die Visualisierung eines permanent nebenläufigen Kommunikationsprozesses eines Kreises.

Diese Prozess ist im Abschnitt Führungsmonitor (→ S. 200) ausführlich beschrieben.

QUERVERWEISE
→ S. 200 Führungsmonitor (Basisprozess)
→ S. 160 Einwandintegration
→ S. 173 Eigenmächtiger Einzelentscheid

Vetoabfrage

> Die Vetoabfrage ist ein Konsent, in dem der Moderator das Einvernehmen aller Anwesenden nutzt, um die Einwandintegration zu überspringen.

Manchmal spürt man bereits eine große Einigkeit im Kreis, und ein vollständiger Konsent mit allem Drum und Dran erscheint dem Kreis unnötig aufwendig. Dann kann eine einfache Vetoabfrage als eine Art Schnellkonsent passen.

Voraussetzung dabei ist, dass bereits ein konkreter Entscheidungsvorschlag existiert. Nur mit einem allgemeinen Entscheidungsbedarf zu starten passt nicht.

Die Initiative zu einer Vetoabfrage kann von der Moderatorin ausgehen oder von jedem anderen Kreismitglied vorgeschlagen werden.

Wie auch immer die Frage gestellt wird – wichtig bleibt, dass nicht nach Zustimmung, sondern nach schwerwiegenden Einwänden oder Vetos gefragt wird.

Die Vorgehensweise

- Der Entscheidungsvorschlag (möglichst schriftlich formuliert) wird vorgestellt.
- Die Moderatorin lässt eventuelle Verständnisfragen klären.
- Die Moderatorin fragt, ob es irgendwelche schwerwiegenden Einwände oder Vetos (im Sinne der Definition von Einwandstufen, ⮕ S. 162) gibt.
- Sollte es sie geben, wechselt oder verweist die Moderatorin in die normale Konsent-Moderation.
- Sollte es keine schwerwiegenden Einwände und keine Vetos geben, fragt die Moderatorin, ob jemand dennoch einen vollständigen Konsent wünscht, und erklärt, dass ansonsten die Entscheidung als akzeptiert gilt. Dabei weist sie zusätzlich daraufhin, dass die Anwesenden auch die möglichen Interessen der Abwesenden würdigen sollen.
- Sollte jemand diesen Wunsch haben, wechselt die Moderatorin in die normale Konsent-Moderation. Ansonsten erklärt die Moderatorin die Entscheidung für akzeptiert.

QUERVERWEISE
⮕ S. 160 Einwandintegration
⮕ S. 162 Einwandstufen

Widerstandsabfrage

Bei einer Widerstandsabfrage bewerten die Teilnehmer ihren Widerstand gegen jede Alternative auf einer Skala von 0 (kein Widerstand) bis 10 (maximaler Widerstand).

Pro Alternative werden dann die Summen gebildet. Statt 0 bis 10 sind auch engere Skalen wie 0 bis 5 möglich.

Zusätzlich ist es hilfreich, die Ist-Situation als eine Alternative in die Abfrage aufzunehmen. Alle Alternativen, die höhere Widerstandswerte als die Ist-Situation erhalten, können unmittelbar gestrichen werden. Sie zu verfolgen ist kaum erfolgversprechend.

SYSTEMISCHES KONSENSIEREN

Die Widerstandsabfrage ist ist auch unter dem Namen systemisches Konsensieren bekannt. Wir verwenden hier den Begriff Widerstandsabfrage, weil sich darunter die meisten Menschen spontan das Richtige vorstellen können und systemisches Konsensieren etwas verkopft klingt.

LITERATUR
→ Georg Paulus, Siegfried Schrotta, Erich Visotschnig: *Systemisches Konsensieren*. Danke-Verlag, 2009.

Vorschlag→ Teilnehmer	Vorschlag 1	Vorschlag 2	Vorschlag 3	IST
Beate	0	3	3	5
Michael	4	1	8	2
Stefan	7	0	4	0
Andrea	8	3	7	8
Carsten	0	3	5	2
Serkut	5	2	0	0
Axel	0	6	6	3
Σ	24	18	33	20

Abb. 79: Ein Veto ist wie eine Notbremse – so formulieren es beispielsweise die Kollegen bei Dark Horse (→ vgl. S. 174).

Alle übrigen Alternativen können entsprechend ihrer Punktzahl in eine Reihenfolge gebracht werden.

Die Widerstandabfrage mit Rangfolgenbildung ist ein geeigneter Zwischenschritt in der Konsent-Moderation, um gemeinsam herauszufinden, welcher Vorschlag als Erster zum Konsent gestellt werden sollte.

Wie bei einer Mehr-Punkte-Zustimmungsabfrage ist es praktisch, die Alternativen auf einem Flipchart oder einer Pinnwand festzuhalten, wo die Teilnehmer dann direkt ihre Werte eintragen können. Anschließend werden die Werte summiert.

Alternativ können auch Bewertungszettel vorbereitet werden, beispielsweise wenn die Bewertung anonym erfolgen soll oder ein physische Treffen vermieden werden soll. Grundsätzlich wird aber der Aufwand bei diesem Vorgehen deutlich erhöht.

QUERVERWEISE
→ S. 194 Kollegiale Rollenwahl

Vergleich von Zustimmungs- und Widerstandsabfrage

Der Aufwand zur Widerstandsmessung ist gerade bei größeren Gruppen etwas höher als bei einer Zustimmungsabfrage. Dafür sind aber die Ergebnisse nützlicher. Die nebenstehende Abbildung verdeutlicht die möglichen Unterschiede.

Die Vorschläge mit der größten Zustimmung sind V2 und V5. Geordnet wurden sie in der Reihenfolge ihrer Akzeptanz: die geringsten Widerstandswerte oben, die größten unten. Akzeptanz ist hier definiert als keine Ablehnung.

Das Beispiel ist bewusst extrem gewählt, um den Unterschied zu verdeutlichen: Der Vorschlag mit der höchsten Zustimmung hat die geringste Akzeptanz und ist außerdem noch weniger akzeptiert als die Ist-Lösung (IST). Lediglich die Vorschläge V1 und V4 ermöglichen eine Verbesserung gegenüber der Ist-Situation.

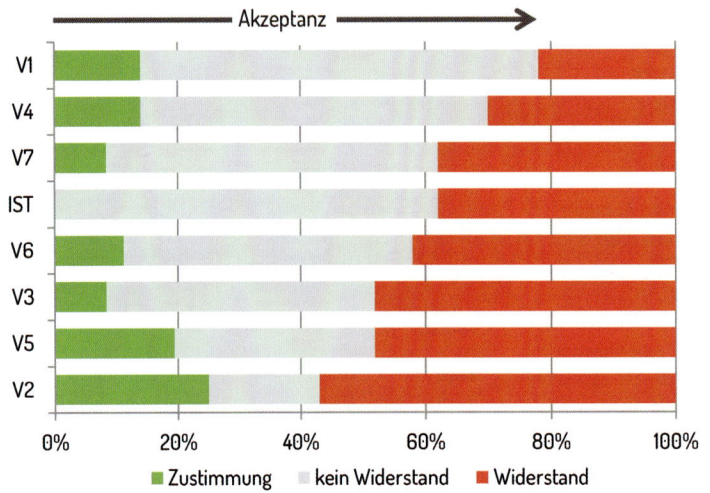

Abb. 80: Zustimmungs- vs. Widerstandsabfrage
(Beispiel aus dem Buch Systemisches Konsensieren [Paulus2009]).
[http://kollegiale-fuehrung.de/widerstandsabfrage-vergleich/]

Mehrheitliche Zustimmung

Es wird ein Entscheidungsvorschlag oder eine Menge von Alternativen zur Wahl gestellt und anschließend gefragt, wer dafür bzw. für welche Alternative er ist.

Dieses Verfahren ist der Standard in vielen Unternehmen, sobald Entscheidungen von einer Gruppe oder einem Team getroffen werden sollen.

Grundprinzip

Ist eine Mehrheit (meistens die relative Mehrheit der Anwesenden) für den Vorschlag, ist dieser akzeptiert. Bei der Entscheidung über Alternativen gilt der Vorschlag mit der meisten Zustimmung als akzeptiert.

Der Nachteil von Zustimmungsverfahren ist, wie in den Abschnitten über die Widerstandsabfrage (→ S. 177) und dem Vergleich von Zustimmungs- und Widerstandsabfragen (→ S. 178) beschrieben, dass hohe Zustimmungswerte nichts über das Maß des Widerstandes aussagen.

Mehr-Punkte-Zustimmungsabfrage

In einfachen Entscheidungssituationen genügt eine Zustimmungsabfrage, vor allem weil sie vertraut ist. Dabei können Teilnehmer bspw. eine Menge von Punkten auf eine Menge von Alternativen verteilen, um eine Rangfolge zu ermitteln. Je mehr Punkte, desto höher die Zustimmung.

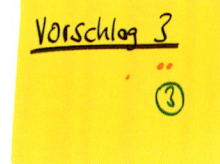 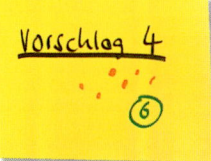

Abb. 81: Beispiel Mehr-Punkte-Zustimmungsabfrage.

Die Anzahl der zu verteilenden Punkte sollte etwa die Hälfte bis ein Drittel der Anzahl der Alternativen betragen. Bei mehr als drei zu verteilenden Punkten sollten maximal 3 Punkte pro Teilnehmer und pro Alternative vergeben werden.

QUERVERWEISE
→ S. 177 Widerstandsabfrage
→ S. 178 Vergleich Zustimmungs-/ Widerstandsabfragen

Neben der Möglichkeit, Entscheidungen unmittelbar zu treffen, nutzen Organisationen die Möglichkeit, ganze Entscheidungsbereiche an bestimmte Rolleninhaber oder Untereinheiten zu delegieren.

Diese Verfahren sind also indirekte und zweistufige Entscheidungsverfahren. Statt direkt zu entscheiden, wer die eigentliche Entscheidung treffen soll.

Delegationsbasierte Entscheidungsverfahren

 S. 182

Rolle

 S. 183

Unterkreis

 S. 184

Vorgesetzter

 S. 185

Projektleitung

 S. 186

Delegierte Fallentscheidung

 S. 187

Beauftragte konsultative Fallentscheidung

Rolle

> Eine Rolle ist die pauschale dauerhafte Delegation eines Entscheidungsbereiches an eine bestimmte Person.

Was eine Rolle ist, wurde bereits im Abschnitt über Strukturelemente (➔ S. 103) beschrieben. Danach definieren wir eine Rolle als einen Zuständigkeits- und Verantwortungsbereich innerhalb eines Kreises oder einer Organisation, die von einer gewählten Person wahrgenommen wird. Die Rolleninhaber sind somit gewählte Führungskräfte für einen gemeinsam bestimmten und abgegrenzten Bereich.

Die Besonderheiten des Entscheidungsverfahrens Rolle sind:
- Ein einzelner Rolleninhaber trifft die inhaltlichen Entscheidungen.
- Der Rolleninhaber wird von einem Kreis gewählt.
- Der Rolleninhaber entscheidet im Normalfall eigenständig. Konsultationen sind nicht geboten.
- Der Rolleninhaber bekommt temporär einen kompletten Zuständigkeitsbereich übertragen.
- Ein Rolleninhaber kann Teile seiner Verantwortung oder die daraus resultierende operative Arbeit wiederum mit anderen (Rollen) im Sinne eines delegierten Fallentscheides (➔ S. 186), mit Vorgesetzten (➔ S. 184) oder einer Projektleitung (➔ S. 185) teilen, wobei die Verantwortung stets beim Rolleninhaber verbleibt.

Eine Rolle ist typischerweise auch eine Prozessverantwortung und umgekehrt, da Verantwortungsbereiche in der Regel eine Reihe von wiederkehrenden Fällen, also Prozesse, umfassen und Prozesse wiederum einer zuständigen und verantwortlichen Person zugeordnet sein sollten.

Von Kreisen eingerichtete Rollen sind außerhalb der Kreise über die allgemeine Transparenz hinaus nur so weit sichtbar, wie sie die Kooperation mit anderen Kreisen betreffen.

Sofern es ein Plenum, einen Topkreis oder eine andere Instanz gibt, die globale Zuständigkeiten verteilen kann, kann es auch entsprechende übergreifende Rollen geben, die möglicherweise auch im Kreismodell explizit sichtbar gemacht werden.

QUERVERWEISE
➔ S. 214 Rollenkonstitution
➔ S. 219 Rollenklärung
➔ S. 102 Strukturelement Rolle
➔ S. 192 Rollenwahlverfahren
➔ S. 183 Unterkreis
➔ S. 184 Vorgesetzter
➔ S. 185 Projektleitung
➔ S. 186 Delegierter Fallentscheid
➔ S. 124 Plenum, Topkreis

Unterkreis

> Ein Unterkreis ist die pauschale und dauerhafte Delegation eines Entscheidungsbereiches an einen Kreis.

Was ein Unterkreis ist und wie er zustande kommt, wurde bereits im Abschnitt über Strukturelemente (→ S. 102) beschrieben. Demnach definieren wir einen Unterkreis als einen Zuständigkeits- und Verantwortungsbereich innerhalb eines Kreises oder einer Organisation, der von mehreren Personen gemeinsam wahrgenommen wird.

Die Besonderheiten des Entscheidungsverfahrens Unterkreis sind:
- Eine Gruppe von Personen trifft inhaltliche Entscheidungen im Konsent.
- Der Kreis wird von einem Oberkreis gegründet.
- Ein Oberkreis kann einen Unterkreis kreieren oder auflösen und seinen Zuständigkeitsbereich (als Untermenge des eigenen) definieren. Er kann aber einzelne Entscheidungen des Unterkreises nicht kassieren, also nicht über den Unterkreis hinweg zurücknehmen oder ablösen. Unterkreise sind nicht weisungsgebunden.
- Der Kreis kann seinen Verantwortungsbereich wiederum in weitere Rollen oder Unterkreise unterteilen.

Ein Unterkreis anstelle einer Rolle ist sinnvoll, wenn typischerweise die Expertise oder Beiträge verschiedener Kollegen relevant sind, wenn die Leistungen des Kreises aus Auslastungsgründen ein wenig skalierbar sein sollen oder aus Flexibilitäts- und Verfügbarkeitsgründen besser verteilbar sein sollen.

Im Gegensatz zu Rollen sind Kreise grundsätzlich im Kreismodell sichtbar beschrieben, inklusive einer aktuellen Mitgliederliste.

QUERVERWEISE
→ S. 102 Strukturelement
→ S. 182 Rolle
→ S. 160 Konsent

Der Vorgesetzte

> Ein Vorgesetzter ist eine für einen bestimmten Entscheidungsbereich dauerhaft und hierarchisch vorgegebene Person.

Um es gleich vorwegzunehmen: Auch wenn dies ein Buch über kollegiale Führung ist, halten wir die traditionelle Rolle der Vorgesetzten nicht für grundsätzlich nutzlos oder überflüssig. Jede Organisation braucht Führung – und eine klare hierarchisch von oben bestimmte, also vorgesetzte Führungskraft ist eine Möglichkeit der Führung.

Fahrlässig finden wir jedoch, dass die Vorgesetztenfunktion als Entscheidungs- und Willensbildungsverfahren in vielen Organisationen als die einzig mögliche angesehen wird – aus Gewohnheit, aus Bequemlichkeit, aus Unwissenheit um Alternativen oder aus Angst vor persönlichem Kontrollverlust.

Auch populäre Organisationsformen wie Holokratie und Soziokratie beinhalten Vorgesetzte. In der Holokratie ist der Vorgesetzte zumindest soweit üblich, als dass beispielsweise der Vertreter eines Oberkreises auch bestimmt, wer im Kreis Mitglied oder Vertreter für weitere Unterkreise wird. Relativiert wird diese von oben nach unten verlaufende Machtrichtung dort allerdings durch einen vom Unterkreis in den Oberkreis gewählten Repräsentanten.

Vorgesetzte werden gewöhnlich für einen bestimmten Verantwortungsbereich unbefristet eingesetzt, innerhalb dessen sie dann alle Entscheidungen direkt inhaltlich treffen.

Selbstverständlich konsultieren viele Vorgesetzte nichtsdestotrotz oftmals die ihnen unterstellten Mitarbeiter, um deren Meinungen, Expertise oder Ideen einzubeziehen. Hin und wieder delegieren sie auch einzelne Entscheidungen an bestimmte Mitarbeiter (→ S. 186, delegierter Fallentscheid) oder sie teilen ihren Verantwortungsbereich weiter auf und bilden entsprechende Unterabteilungen, für die sie wiederum Vorgesetzte auswählen.

Unabhängig davon bleibt die Verantwortung jedoch bei ihnen; soweit eine Linienvorgesetzte Entscheidungen an ihre Mitarbeiter delegiert, bleibt sie dennoch nach oben hin verantwortlich dafür (→ S. 286, Partizipation).

QUERVERWEISE
→ S. 73   Soziokratische Kreisorganisation
→ S. 76   Holokratische Kreisorganisation
→ S. 72   Linienorganisation
→ S. 102 Rolle

Projektleitung

> Die Projektleitung ist eine für einen bestimmten Entscheidungsbereich temporär und zielgebunden hierarchisch vorgegebene Person.

Ein klassischer Projektleiter ist prinzipiell nichts anderes als ein normaler Vorgesetzter (→ S. 184) – mit zwei wichtigen Unterschieden:
- der ihm übertragene Verantwortungsbereich ist temporär und an ein vereinbartes Ziel gebunden,
- für die ihm unterstellten Mitarbeiter hat er meistens nur die fachliche, aber keine disziplinarische Weisungsmöglichkeit.

Aus der Perspektive des Delegierenden, der sonst die Entscheidung inhaltlich selbst treffen müsste, entsteht die Entscheidung dadurch indirekt über die von ihm ausgewählte Person.

Auch in einer kollegial geführten Organisation können Projekte und Projektleitungen zweckmäßig sein, wenngleich ihre Entstehung oftmals dezentraler verlaufen dürfte, beispielsweise dadurch, dass verschiedene Kreise gemeinsam ein Projekt starten.

Innerhalb einer kollegialen Organisationskonfiguration (→ S. 91) können Projekte als (temporäre) Kreise angesehen werden und den entsprechenden Prinzipien folgen. Ein Projekt wäre dann immer ein Unterkreis genau eines anderen verantwortenden Kreises, ggf. mit Beteiligung weiterer Kreise.

QUERVERWEISE
→ S. 184 Vorgesetzter
→ S. 91 Organisationskonfiguration

Delegierte Fallentscheidung

Eine delegierte Fallentscheidung entsteht dadurch, dass jemand (auch ein Kreis oder eine Gruppe) eine einzelne Entscheidung (Fallentscheidung) an eine andere Person delegiert, selbst aber verantwortlich bleibt.

Die delegierende Person bleibt dabei in der Verantwortung für die eigentliche Entscheidung, unabhängig davon, an wen delegiert wurde.

Die Delegation kann in Abstufungen erfolgen (siehe Modi 6 und 7 in Abb. 126, S. 290):
- Übertragen: Wir übertragen jemand anderem die Entscheidung, möchten aber selbst informiert bleiben.
- Delegieren: Wie delegieren vollständig und müssen auch nicht mehr informiert werden.

Delegierte Fallentscheidungen ermöglichen eine dynamische und flexible Verteilung von Entscheidungsbedarfen. Je nachdem, wen der Verantwortliche für einen bestimmten Entscheidungsbedarf für kompetent, vertrauensvoll, verfügbar oder zumutbar erachtet, fällt die Wahl auf jemand anderen.

Eine Fallentscheidung kann von einem Vorgesetzten, einer Projektleitung oder allgemein von einem Rolleninhaber delegiert werden – also alle Situationen, in denen Verantwortung ohne weitere Diskussion oder Einbeziehung eines Kreises delegiert wird.

Eine Eintragung der Verantwortung in das kollegiale Kreismodell (Organisationskonfiguration) ist nicht notwendig, da die delegierende Instanz gegenüber der übrigen Organisation in der Verantwortung bleibt.

QUERVERWEISE
→ S. 290 Delegationsmodi
→ S. 91 Organisationskonfiguration
→ S. 185 Projektleitung
→ S. 184 Vorgesetzter

Beauftragte konsultative Fallentscheidung

Beim konsultativen Fallentscheid (auch konsultativer Einzelentscheid genannt)
- wird eine Person
- von einem Kreis per Konsent beauftragt und bevollmächtigt,
- für einen einzelnen Fall
- eine für den Kreis verbindliche Entscheidung zu treffen,
- versehen mit dem Wunsch, bestimmte Personen, Rollen oder Interessenvertreter dafür zu konsultieren.

Der konsultative Fallentscheid ist also ein zweistufiger Entscheidungsprozess. Erst wird entschieden, wer entscheiden soll. Dann entscheidet der gewählte Entscheider. Ein konsultativer Fallentscheid gliedert sich entsprechend zeitlich in folgende beiden Abschnitte:
- der Bevollmächtigung des Entscheiders mithilfe eines Konsents, kollegialer Rollenwahl oder eines anderen passenden Entscheidungsverfahrens (⊙ S. 155),
- der eigentliche Entscheidungsprozess, d.h. die Vorbereitung, Entscheidung, Kommunikation und Umsetzung der Entscheidung.

Der Ablauf des Bevollmächtigungs-Konsents entspricht der normalen Konsent-Moderation (⊙ S. 160) zuzüglich der im Folgenden beschriebenen Konkretisierungen und Besonderheiten.

Im einfachsten Fall enthält der Entscheidungsvorschlag bereits einen Vorschlag, wer der Entscheider sein soll. Dann wird dieser per Konsent ermächtigt und nur bei Einwänden oder Vetos wird dieser Punkt im Entscheidungsvorschlag dann möglicherweise verändert und beispielsweise eine andere Person vorgeschlagen.

Ebenso kann der Entscheidungsvorschlag die zu bevollmächtigende Person offenlassen oder eine Liste möglicher Kandidaten beinhalten. In diesem Fall wird während der Konsent-Moderation oder mit einer Widerstandsabfrage (⊙ S. 177) geklärt, wer der Entscheider werden soll.

QUERVERWEISE
- ⊙ S. 160 Einwandintegration (Konsent)
- ⊙ S. 194 Kollegiale Rollenwahl
- ⊙ S. 185 Projektleitung
- ⊙ S. 91 Organisationskonfiguration

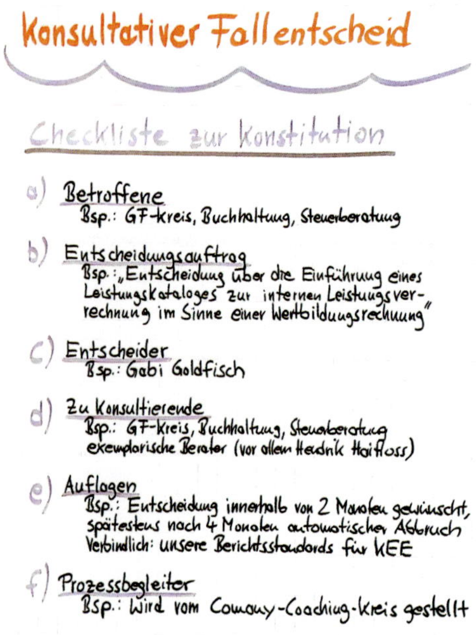

Konsultativer Fallentscheid

Checkliste zur Konstitution

a) **Betroffene**
   Bsp.: GF-Kreis, Buchhaltung, Steuerberatung

b) **Entscheidungsauftrag**
   Bsp.: „Entscheidung über die Einführung eines Leistungskataloges zur internen Leistungsverrechnung im Sinne einer Wertbildungsrechnung"

c) **Entscheider**
   Bsp.: Gabi Goldfisch

d) **Zu Konsultierende**
   Bsp.: GF-Kreis, Buchhaltung, Steuerberatung, exemplarische Berater (vor allem Hendrik Haifisch)

e) **Auflagen**
   Bsp.: Entscheidung innerhalb von 2 Monaten gewünscht, spätestens nach 4 Monaten automatischer Abbruch. Verbindlich: unsere Berichtsstandards für KEE

f) **Prozessbegleiter**
   Bsp.: Wird vom Company-Coaching-Kreis gestellt

Abb. 82: Checkliste zur Konstitution einer konsultativen Fallentscheidung.

1) Entscheidungsbedarf identifizieren und formulieren

Ausgangspunkt ist, dass jemand einen Entscheidungsbedarf erkennt und als relevant empfindet. Dieser Initiator bzw. Einbringer formuliert (ggf. nach Vorgesprächen mit einigen Kolleginnen):

a) wer die von der Entscheidung möglicherweise Betroffenen sind (bspw. ein Kreis oder alle),
b) was entschieden werden sollte,
c) welche Einzelperson die Entscheidung treffen soll (ggf. auch eine Kandidatenliste),
d) welche Personen oder Rollen vor der Entscheidung ggf. konsultiert werden sollten,
e) welche Rahmenbedingungen und Auflagen ggf. gewünscht oder verbindlich sind.

Der Entscheidungsbedarf ist dem beauftragenden Kreis rechtzeitig mitzuteilen. Hierzu gehört auch, welche Punkte des Entscheidungsvorschlages noch zu konkretisieren sind, beispielsweise ob die Auftragsformulierung selbst, der Entscheider oder die Auflagen noch offen sind. Im Wesentlichen entspricht dieser Schritt dem ersten Schritt:

Entscheidungsbedarf oder -vorschlag erklären (⊙ S. 168), nur dass der Entscheidungsvorschlag die in Abb. 82 genannten Inhalte berücksichtigen sollte.

2) Voraussetzungsbildende Runde

Soweit bestimmte Aspekte wie der Entscheidungsauftrag selbst, der Entscheider oder die Auflagen bewusst offen sind und erst im Rahmen der gemeinsamen Lösungserarbeitung konkretisiert werden sollten, bleiben diese Aspekte in der voraussetzungsbildenden Runde außen vor. Andernfalls wären sie jetzt zu klären und zu ergänzen.

3 – 4) Meinungsbildende Runde(n)

Je nach Vorschlag kann es sinnvoll sein, die meinungsbildenden Runden getrennt nach den Strukturelementen aus Abb. 82 laufen zu lassen.

5) Gemeinsame Lösungserarbeitung

Spätestens jetzt sind alle in 1) Entscheidungsbedarf identifizieren und formulierten Aspekte vollständig und konkret festzulegen:

▶ Wie lautet der Entscheidungsauftrag?
▶ Wer wird zum Einzelentscheid bevollmächtigt?
▶ Welche Auflagen umfasst die Vollmacht?
▶ Welche weiteren Wünsche sollen beachtet werden? Wer sollte ggf. noch konsultiert werden?

Solange diese Aspekte offen oder unklar sind, kann die Beauftragung nicht zum Konsent gestellt werden.

Auftragsinhalt klären
Zunächst ist ein gemeinsames Verständnis über den Auftragsinhalt zu entwickeln. In den meisten Fällen bietet es sich an, mit der Klärung und Formulierung des Entscheidungsauftrages zu beginnen und erst danach den Entscheider und die Auflagen zu benennen. Speziell die Auflagen sind oft vom konkreten Entscheider abhängig bzw. vom Wissen, Können und Vertrauen, das ihm zugeschrieben wird.

Zu bevollmächtigende Person klären
Falls es für den Entscheider eine Kandidatenliste gibt, ist zunächst eine dieser Personen zu wählen. Entweder fragt der Moderator die Widerstandsgrade zu den einzelnen Kandidaten ab (⊙ S. 177), lässt die Teilnehmer Prioritätspunkte vergeben oder greift einen Vorschlag aus der Meinungsrunde auf.

Der Entscheider soll sich als ausreichend vertrauenswürdig, mit den notwendigen Mitteln ausgestattet, kompetent und kreativ für die Entscheidung fühlen, die Entscheidung, so weit möglich, auch selbst umsetzen und bereit sein, sich (auch den mittelbaren und späteren) Ergebnissen und Konsequenzen verantwortungsvoll zu stellen. Denken, Handeln und Ergebnisgewahrsein (das Spüren der Handlungsfolgen) sollten möglichst nicht zwischen verschiedenen Personen aufgeteilt werden.

Auflagen und Wünsche klären
Der Moderator sollte zunächst darauf hinweisen, dass es nicht darum geht, eine lange Wunsch- und Hindernisliste anzulegen, sondern nur solche Auflagen und Wünsche zu identifizieren und festzulegen, die für eine einwandarme Bevollmächtigung wirklich notwendig sind.

Umgekehrt hat der zu bevollmächtigende Kandidat zu prüfen, ob er unter diesen Umständen die Beauftragung annehmen möchte. Der Moderator muss sich daher vergewissern, dass der Kandidat noch dabei ist. Andernfalls sind die Auflagen, der Auftrag oder eben der Kandidat zu ändern.

Dazu gehört auch, dass der Kandidat die für ihn notwendigen Voraussetzungen und Rahmenbedingungen formuliert. Je nach Aufgabe benötigt er spezielle Arbeitsmittel, Zeit, Geld oder Zulieferleistungen.

Manchmal ist es einfacher, die erstbeste vollständige und konkrete Entscheidungsvorlage zum Konsent zu stellen und diese dann in Folgeschritte aufgrund der konkreten Einwände weiterzuentwickeln, als ewig an einer vermeintlich optimalen Lösungsidee herumzuarbeiten.

6) Konsentrunde und 7) Einwandabfrage

Die Konsentrunde und die Einwandabfrage laufen prinzipiell genauso ab wie bei jeder Konsent-Moderation.

Sobald ein Vorschlag ohne Veto akzeptiert wurde, fragt der Moderator nochmals, ob der Entscheider den Auftrag annimmt.

8) Der eigentliche Entscheidungsprozess

Anschließend beginnt der beauftragte Entscheider mit seiner Arbeit und dem eigentlichen Entscheidungsprozess. Dabei kann er sich in ein Thema einarbeiten, Kollegen und Experten konsultieren, verschiedene Lösungen entwickeln, sie vergleichen und mit Kollegen besprechen, bevor er schließlich eine Entscheidung trifft.

Der Entscheider konsultiert nach eigenem Ermessen die gewünschten und alle weiteren von ihm selbst als hilfreich und notwendig erachteten Personen und versucht, deren Bedürfnisse, Interessen, Meinungen, Wissen und Ideen zum Thema als Entscheidungsoptionen zu verstehen sowie diese in die letztendliche Entscheidung zu integrieren.

BEISPIEL: KONSULTATIVER FALLENTSCHEID BEI IT-AGILE

In dem rund 30 Mitarbeiterinnen großen Unternehmen werden konsultative Fallentscheide seit 2013 als Standard für alle übergreifenden Entscheidungen praktiziert.

In den ersten ca. drei Jahren gab es rund 10 bis 20 Entscheidungsfälle – je nachdem, wie eng man die Frage auslegt, was ein Fallentscheid ist.

Um eine Fallentscheidung herbeizuführen, muss ein Kollege den Bedarf in die Gemeinschaft einbringen. Anschließend werden dann Kandidatinnen gesucht, die die Entscheidung übernehmen würden. Meistens gibt es mehrere Kandidatinnen, oft zwei oder drei, selten mehr als vier.

Dann entscheiden die Kandidaten untereinander, wer von ihnen den Fall übernimmt. Das ist dem großen gegenseitigen Vertrauen zu verdanken, denn ansonsten wäre der Entscheider eigentlich durch den Kreis zu wählen, der für die Entscheidung zuständig ist. Bei übergreifenden Entscheidungen (ausgenommen solche der Gesellschafterversammlung) wäre dies bei it-agile das Plenum.

Das Selbstverständnis der Kollegenschaft lautet: Jeder, der sich eine Entscheidung zutraut, kann die Entscheidung auch gut treffen, weshalb die Fallentscheiderin noch nicht einmal zu wählen wäre, wenn es beispielsweise nur eine Kandidatin gäbe. Ein schönes Beispiel für die Effizienzvorteile von Vertrauen.

In einem Fall hat eine Fallentscheiderin ihren Entscheidungsauftrag entscheidungslos abgebrochen.

> **PROZESSBEGLEITER BESTIMMEN**
>
> Abgesehen von einfachen oder schnellen Entscheidungsprozessen ist es oft sinnvoll, den Entscheider durch einen Prozessbegleiter zu unterstützen (⊕ S. 121, 248).

Prozessbegleitung

Beim konsultativen Einzelentscheid bekommt der Entscheider eine Zusatzaufgabe zu seiner normalen Arbeit und zusätzliche Verantwortung. Außerdem wird er von Kollegen mit hohen Erwartungen konfrontiert, die nicht nur auf das Ergebnis gerichtet sind. Beim konsultativen Einzelentscheid ist es genauso wichtig, wie die Entscheidung entsteht.

Selbst einem inhaltlich guten Ergebnis kann die Akzeptanz oder das Wohlwollen in der Kollegenschaft verwehrt bleiben, wenn unklar ist, warum und wie das Ergebnis zustande kam. Natürlich ist die Entscheidung verbindlich, auch wenn sie dem einen oder anderen nicht gefällt. Der soziale Druck kann aber belastend werden, wenn viele Kollegen dem Ergebnis nicht wohlwollend folgen können. Dies gilt umso mehr, als dass konsultative Einzelentscheide gerade für kontroverse Entscheidungen prädestiniert sind.

Der Entscheider hat also eine Doppelaufgabe: ein gutes Ergebnis entwickeln und alle mitnehmen. Aus diesen Gründen ist es eine gute Idee, jedem Einzelentscheider einen Coach bzw. Prozessbegleiter von Anfang an zur Seite zu stellen, der die Aufmerksamkeit auf die Arbeitsweise, die Organisationsprinzipien und vor allem die Kommunikation legt:

▶ Hat der Entscheider wichtige Interessenvertreter konsultiert?
▶ Berichtet er regelmäßig über Fortschritt, Stillstand und kritische Punkte der Entscheidungsfindung?
▶ Ist sowohl der Weg als auch das Ergebnis für die Betroffenen nachvollziehbar und verständlich?
▶ Beachtet der Entscheider die Aufgaben?
▶ Bekommt er die notwendigen Rahmenbedingungen, Arbeitsmittel und andere Ressourcen?

Der Prozessbegleiter kann und darf inhaltlich nicht eingreifen. Selbst wenn er die Fortsetzung des Entscheidungsprozesses nicht mehr für sinnvoll hält, beispielsweise weil notwendige Rahmenbedingungen nicht hergestellt werden können, Auflagen nicht eingehalten werden oder der gewährte Zeitrahmen längst überschritten ist, kann er die Entscheidung nicht einfach stoppen.

Der Coach kann und sollte in diesem Fall den beauftragenden Kreis informieren und ihm eine Abbruchentscheidung vorschlagen.

Möglicher Abbruch eines laufenden Entscheidungsprozesses

Kann ein laufender Entscheidungsprozess abgebrochen werden? Kann dem Entscheider die Aufgabe und Bevollmächtigung wieder entzogen werden? Hierfür braucht es normalerweise keine besonderen Regeln oder Prinzipien – die vorhandenen reichen aus: Jede Entscheidung, egal ob über einen direkten Konsent oder indirekt über einen konsultativen Einzelentscheid, kann durch eine neue Entscheidung abgeändert, also rückgängig gemacht werden.

Ein konsultativer Einzelentscheid kann also durch einen (neuen) Konsent gestoppt oder abgebrochen werden, zum Beispiel mit der Entscheidung „Der konsultative Einzelscheid [Name des Entscheides] von [Entscheider] wird abgebrochen." Sofern es kein Veto dagegen gibt, wäre der Einzelentscheid beendet.

Ebenso wäre es vorstellbar, dass mit einem weiteren Konsent der laufende Entscheid abgebrochen und ein neuer Einzelentscheid auf den Weg gebracht wird, beispielsweise mit einem anderen Entscheider, anderen Auflagen oder anderen Zielen.

Der Entscheider des abzubrechenden Entscheides nimmt auch an dem Abbruch-Konsent teil und kann dort Einwände einbringen oder ein Veto aussprechen (außer er ist Externer in dem beauftragenden Kreis).

9) Abschluss und Vermittlung der Entscheidung

Ein Abbruch ist aber die Ausnahme, und im Regelfall schließt der Entscheider mit einer Entscheidung ab. Dabei stellt der Entscheider seine Entscheidung vor und geht auch auf die Optionen ein, die er erwogen hatte, wen er konsultierte und warum er so entschied.

Allen Beteiligten muss bewusst sein, dass nicht jeder konsultiert werden muss, nicht alle Wünsche berücksichtigt werden können, die Entscheidung zu verzeihen ist und ein gemeinsames Lernen ermöglichen soll.

Die Entscheidung gilt also und kann nicht angefochten werden. Sie kann allenfalls durch eine neue Entscheidung ersetzt werden. Dem Entscheider steht es frei, mit seiner Entscheidung den Status quo zu bestätigen, sich also bewusst gegen eine Veränderung zu entscheiden. Ebenso sollte er in Ausnahmefällen die Möglichkeit haben, sich im Sinne einer formalen Entlastung seine Entscheidung vom Plenum bzw. beauftragenden Kreis nochmal per Konsens bestätigen zu lassen.

Variante: Konsultativer Fallentscheid durch ein Team
Anstelle eines einzelnen Entscheiders kann natürlich auch ein Team beauftragt werden, eine Entscheidung zu treffen. Manchmal gibt es gute Gründe dafür.

Vorsicht: Proporz- und Gerechtigkeitsfantasien zerstören das konsultative Element.

Vorsicht ist geboten, wenn ein Team mit der Gerechtigkeitsfantasie eingesetzt werden soll, alle Interessengruppen proportional zu berücksichtigen (Proporz). Dass dabei entstehende Gremium und der eigentliche Zweck, nämlich die Interessen- und Bedürfnisvielfalt nur konsultierend zu berücksichtigen, wird konterkariert. Das Team für einen konsultativen Fallentscheid sollte vielmehr eine eingeschworene Gemeinschaft sein.

Variante: Vereinfachter konsultativer Fallentscheid
Angelehnt an das oben genannte Beispiel bei it-agile kann die Wahl der Entscheiderin auf folgende drei Schritte vereinfacht werden:

▶ Was ist zu entscheiden?
Vorstellung und Abgleich des Entscheidungsbedarfes im Kreis.
▶ Wer kann sich vorstellen, zu entscheiden?
Identifikation der möglichen Entscheider-Kandidaten.
▶ Wer wird die Entscheiderin?
Die Kandidaten machen untereinander aus, wer die Entscheidung übernimmt.

In diesem Fall wird weder der Entscheidungsauftrag exakt spezifiziert noch wird der Entscheider vom Kreis gewählt.

Sofern es nur eine einzige Kandidatin gäbe, würde selbst der letzte Schritt entfallen. Bei dieser verkürzten Variante geht es nur noch darum, überhaupt jemanden zu finden.

Falls es mehrere Kandidaten gibt, wird der Entscheider ausschließlich von solchen Kolleginnen gewählt, die sich selbst auch diese Entscheidung zutrauen würden und bereit sind, Verantwortung dafür zu übernehmen.

Diese Variante kann eingesetzt werden,
▶ wenn die Bestimmung des Entscheiders schnell gehen muss, weil nicht viel Zeit verfügbar ist, aber hoher Handlungsdruck besteht,
▶ wenn die Mitglieder des Kreises davon überzeugt sind, dass es gar nicht wichtig ist, wer genau die Entscheidung trifft, Hauptsache, es wird entschieden.

Wer für eine Entscheidung die passende Entscheiderin ist, lässt sich kaum kausal vorhersagen. Selbst welches Auswahlkriterium (Fachwissen, Zeit, Interesse, Ansehen, Beziehungen, Persönlichkeitsmerkmale etc.) im Einzelfall entscheidend sein sollte, ist mehr oder weniger spekulativ.

> **ESSENZ**
>
> ▶ Der konsultative Einzelentscheid ist ein zweistufiges Entscheidungsverfahren.
> ▶ Im ersten Schritt erhält ein Entscheider (oder Entscheidungsteam) per Konsent (oder ein anderes passendes Verfahren, siehe Seite 155) einen Entscheidungsauftrag, der dann im zweiten Schritt ausgeführt wird.
> ▶ Der Entscheidungsauftrag kann mit Auflagen und Wünschen versehen werden.
> ▶ Der Entscheider konsultiert nach eigenem Ermessen relevante Personen, um deren Interessen, Bedürfnisse, Ideen oder Meinungen zur Situation oder zu Lösungsvorschlägen zu verstehen und zu würdigen.
> ▶ Der Entscheider entwickelt, wählt, kommuniziert und verantwortet die nach seinem Ermessen für die Gemeinschaft insgesamt beste Entscheidung.
> ▶ Allen Beteiligten ist bewusst, dass nicht jeder konsultiert werden muss, nicht alle Wünsche berücksichtigt werden können, die Entscheidung zu verzeihen ist und gemeinsames Lernen angeregt werden soll.
> ▶ Der konsultative Einzelentscheid sollte von einem neutralen Coach begleitet werden.

Rollenwahlverfahren

Die Wahl von Rolleninhabern ist eine ganz spezielle Kategorie von Entscheidungsverfahren. Hier werden nicht irgendwelche Entscheidungen getroffen, sondern für eine klar beschriebene Rolle ein Rolleninhaber bestimmt.

Prinzipiell können alle möglichen Verfahren verwendet werden, wegen der Besonderheiten der Rollenwahl eignen sich jedoch bestimmte Verfahren besser als andere.

Besonderheiten

Die wichtigste Besonderheit ist, dass es in vielen Fällen nicht um die Akzeptanz eines Vorschlags (eines Kandidaten) geht, sondern um die Auswahl aus einer Menge von Kandidaten.

Eine andere wichtige Besonderheit ist, dass die Rollenwahl kein reines Sachthema darstellt, sondern es um einige der anwesenden Kreismitglieder geht und somit Beziehungsaspekte und andere soziale Aspekte relevant sind.

Rollenwahlen berühren stets die Beziehungsebene.

Jede Rollenwahl beinhaltet zwei grundlegende Schritte:
- die Aufstellung einer Kandidatenliste und
- die Auswahl eines Kandidaten.

Die Aufstellung der Kandidatenliste besteht normalerweise darin, dass Vorschläge von den Kreismitgliedern abgefragt werden.

Grundprinzipien

Um keine Unsicherheiten und Missverständnisse aufkommen zu lassen, sollte der Moderator gleich zu Beginn klarstellen,
- ob es in Ordnung oder gewünscht ist, sich selbst vorzuschlagen,
- ob es Begrenzungen gibt, wie viele Kandidaten ein Einzelner vorschlagen darf,
- ob und ggf. in welcher Form die Vorschläge begründet werden sollen,
- ob es vor der Wahl eine Diskussion, Meinungsrunde oder Ähnliches geben wird und welche Art von Beiträgen dort gewünscht ist (dazu gleich mehr),
- ob und ggf. welche Personen aus formalen Gründen als Kandidaten nicht infrage kommen, beispielsweise wegen verabredeter Regeln zu Rollenkonflikten, Ämterhäufung, begrenzten Amtszeiten oder speziellen Voraussetzungen,
- ob die Kandidaten vor oder nach dem Vorschlag und vor oder nach der Wahl gefragt werden, ob sie überhaupt die Rolle annehmen würden,
- ob die Wahl anonym oder offen stattfindet und
- ob nur der Gewinner oder die komplette Rangfolge der Wahl bekannt gegeben wird.

Spannungen offenlegen?

Die Frage, ob die Wahl anonym bzw. wie offen sie stattfinden soll, sollte bereits mit der Vorschlagssammlung beantwortet werden. Meistens werden Vorschläge begründet, warum man jemanden als Rolleninhaber vorschlägt – es kommt also zu einer Fürsprache.

Vorstellbar ist aber auch, dass Gegenargumente und Widerstände, warum man beispielsweise eine Person für eine Rolle nicht passend findet, offen ausgesprochen werden. Dies erfordert mehr Mut, Konflikt- und Wertschätzungsfähigkeit und birgt das Risiko, dass Teilnehmer sich gegenseitig verletzen.

Ebenso besteht das Risiko bzw. die Chance, dass bestehende soziale Spannungen deutlich werden. Es mag hilfreich sein, dass bislang verdeckte Spannungen nun sichtbar und damit besser bearbeitbar werden, nur ist zu bedenken, dass der Zweck der Veranstaltung eine Rollenwahl und nicht eine Konfliktklärung ist.

Die qualitative Offenlegung von Widerständen stellt hohe Anforderungen an die Gruppe und an den Mitarbeiter.

Zumindest der Moderator sollte vorbereitet sein und muss sich entscheiden, ob und ggf. in welcher Reihenfolge diese Aufgaben bearbeitet werden sollen und welcher Rahmen dafür jeweils hilfreich ist.

 S. 194       S. 196       S. 197

Kollegiale Rollenwahl

Soziokratische Rollenwahl

Mehrheitliche Rollenwahl

Hiermit ist das Verfahren der Widerstandsabfrage in der speziellen Ausprägung für die Wahl von Rolleninhabern gemeint. Es basiert auf dem (offenen oder anonymen) Vergleich von Widerstandswerten zu einer Reihe von Vorschlägen, aus welcher der Vorschlag mit dem geringsten Widerstand gewinnt.

Dieses Verfahren beinhaltet die offene Nennung von Argumenten für alle Kandidaten, die Auswahl eines Kandidaten durch den Moderator und die offene Aussprache von Einwänden für den per Konsent zu bestätigenden Kandidaten.

Hierbei handelt es sich um das klassische demokratische Mehrheitsverfahren, angewendet auf die Wahl von Rolleninhabern.

Kollegiale Rollenwahl

> Die kollegiale Rollenwahl ist ein einfaches, schnelles und pragmatisches Wahlverfahren, um Rolleninhaber oder Prozessverantwortliche (➔ S. 139 ff.) zu wählen.

Der Zeitbedarf für die Vorbereitung und Durchführung ist gering und die Anforderungen an die Moderation sind nicht sehr hoch. Gleichzeitig ist das Verfahren niedrigschwellig bezüglich Kandidaturen und Inhaberwechsel.

Rollenverständnis klären

Zu Beginn wird die Rolle noch mal kurz vorgestellt: Welchen Zweck, Zuständigkeits- und Verantwortungsbereich hat sie? Für welchen Zeitraum wird die Rolleninhaberin gewählt? Welchen Beurteilungskriterien soll der Rolleninhaber ggf. genügen? Welche Fragen gibt es noch zu der Rolle?

Kandidaten sammeln

Dann werden Kandidatinnen gesammelt. Sofern die aktuelle Rolleninhaberin noch einmal gewählt werden kann, kommt sie automatisch auf die Liste.

Alle Mitglieder werden reihum gefragt, wen sie sich für die Rolle gut vorstellen können. Dabei nennt jeder pro Runde nur einen Vorschlag und die Runden werden so lange wiederholt, bis es keine weiteren Vorschläge gibt.

Die Vorschläge müssen nicht, dürfen aber gerne begründet werden. Kandidatinnen, die schon auf der Liste stehen, können nicht noch mal vorgeschlagen werden, es können aber Begründungen ergänzt werden.

Mitglieder können sich auch gerne selbst vorschlagen, im Zweifelsfall ist es hilfreicher, mehr als weniger Kandidatinnen zu bekommen. Argumente gegen einzelne Kandidatinnen erhalten in diesem Schritt keinen Raum. Die Kandidatinnen werden bewusst nicht gefragt, ob sie kandidieren möchten, diese Frage kommt später.

Am einfachsten ist es, die Kandidatinnen zu nummerieren und bspw. einen Klebezettel pro Kandidat zu verwenden, wie dies in Abb. 83 gezeigt wird. Auf den Wahlzetteln müssen keine Namen eingetragen werden, es genügen Kreuzchen auf einem Standardformular. Ebenso können auch Standard-Auszählungszettel verwendet werden.

Sofern nur ein Kandidat zur Wahl steht, ist die Widerstandsabfrage natürlich nicht sinnvoll. Der Kandidat kann mangels Alternative als gewählt gelten.

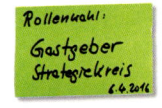
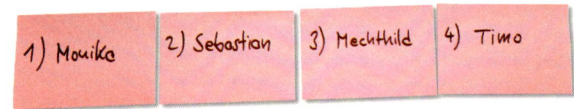

Abb. 83: Beispiel einer einfachen Kandidatenliste.

Sobald die Kandidatenliste steht, wird mithilfe einer (beispielsweise fünfstufigen) Widerstandsabfrage gewählt. Hierzu verteilt der Moderator die Wahlzettel und jedes Kreismitglied gibt für jeden Kandidaten verdeckt und anonym seinen Widerstandswert an, wie das Beispiel in Abb. 84 dies zeigt.

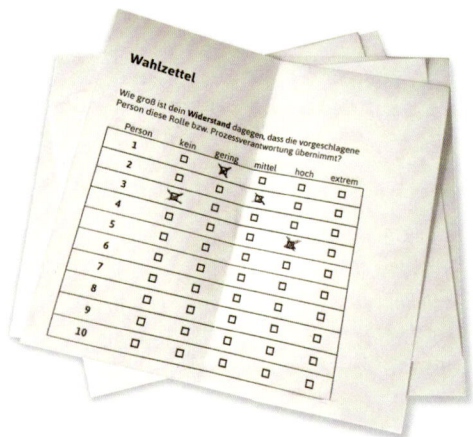

Abb. 84: Beispiel eines ausgefüllten Wahlzettels.

VORLAGEN

⬇ Druckvorlagen für Wahlzettel und Auszählung können unter http://kollegiale-fuehrung.de/rollenwahl/ heruntergeladen und frei verwendet werden.

Abb. 85: Beispiel einer Auszählung: Die Widerstandswerte (hier fünf Stufen zwischen 0 und 4) werden summiert.

Der Moderator gibt schließlich lediglich bekannt, wer den geringsten Widerstandswert hat. In dem Beispiel in Abb. 85 wäre dies Monika als Kandidatin 1 mit 4 Punkten. Weder Punktzahlen noch die übrigen Ergebnisse werden bekannt gegeben. Diese bleiben geheim.

Erst jetzt wird die gewählte Kandidatin gefragt, ob sie die Wahl annehmen möchte. Falls nicht, nimmt der Moderator den Kandidaten mit der nächstniedrigeren Punktzahl.

Sofern mehrere Kandidaten die gleiche Punktzahl haben, kann der Kreis (ggf. auf Vorschlag des Moderators) weitere Kriterien benennen, ohne die betroffenen Personen zu kennen. Beispielsweise könnte der bisherige Rolleninhaber bevorzugt werden (um vorhandene Erfahrung zu nutzen). Oder Kriterien wie das Lebens- oder Zugehörigkeitsalter der Kandidaten, Vermeidung von Ämterhäufung oder Geschlechtergleichverteilung könnten relevant sein.

Akzeptanzanfrage am Ende

Die Akzeptanz der Wahl wird erst am Ende abgefragt, um zu vermeiden, dass Personen, die ihre Chancen selbst niedrig einschätzen, aus Angst vor dem möglichen „Verlieren" gar nicht erst antreten.

Ebenso wird vermieden, dass Kandidaten untereinander Absprachen treffen („Wenn du für Rolle A kandidierst, dann trete ich nur für Rolle B an") oder sich taktisch verhalten („Ich verzichte hier auf die Kandidatur für Rolle A, damit Kollege X bessere Chancen hat und ich dann bei Rolle B Vorteile habe").

Außerdem müssen nicht alle Kandidaten überlegen und sich entscheiden, ob sie annehmen würden, sondern nur die tatsächlich gewählte Person.

Die Kandidatenvielfalt und Dynamik steigt durch diese Vorgehensweise tendenziell und ermöglicht der Organisation größere Flexibilität und Leichtigkeit im Umgang mit Rollen.

Das Wahlverfahren führt immer mal wieder zu überraschenden und berührenden Ergebnissen, weil Kollegen gewählt werden, die gar nicht erwartet hätten, dass sie im Kreis so viel Zutrauen genießen.

Verdeckte Wahl

Ebenso schützt die verdeckte und anonyme Wahl vor einem Gesichtsverlust, denn außer dem Moderator weiß niemand, auf welchem Rang Kandidat schließlich lag. Uns ist ein Beispiel einer Rollenwahl bekannt, bei der ein wenig beachteter Kandidat einen ganz massiven und alle überraschenden Ablehnungswert erhielt. Auch hinterher interessierte sich niemand für den betroffenen Kollegen, sodass dieser zu glauben begann, dass er nicht nur für die Rolle, sondern insgesamt nicht gerne in der Organisation gesehen würde und vermutlich innerlich kündigte.

Beurteilungen und Feedback

Der primäre Zweck von Rollenwahlverfahren ist, einen Rolleninhaber zu finden. Vielleicht erscheint die Gelegenheit günstig, weitere Aspekte zu berücksichtigen, beispielsweise Mitarbeiter zu ihrer Rolleneignung zu beurteilen, ihnen Feedback zu geben, eine offene Aussprache oder Diskussion zu führen oder andere soziale Einsichten zu gewinnen. Natürlich erfordern diese weiteren Aspekte einen dafür passenden Rahmen, mehr Vorbereitungs- und Durchführungszeit und einen erfahreneren Moderator.

Gremienwahl

Die kollegiale Rollenwahl ist auch dazu geeignet, ein Gremium anstelle eines einzelnen Rolleninhabers zu wählen. In diesem Fall werden dann einfach mehr Kandidaten in der Punktfolge berücksichtigt. Soll beispielsweise ein dreiköpfiger Beirat gewählt werden, gelten die drei Kandidaten mit den niedrigsten Widerstandswerten als gewählt.

QUERVERWEISE
- S. 184 Vorgesetzter
- S. 91 Organisationskonfiguration

Soziokratische Rollenwahl

Die soziokratische Rollenwahl ist ein auf dem soziokratischen Konsent basierendes Verfahren für die Wahl von Rolleninhabern (in der Holokratie „integrativer Wahlprozess" genannt).

Rollenverständnis klären
Zu Beginn wird der Konsent über die Rolle hergestellt, also darüber, welche Aufgabe und Funktion die Rolle hat, wie lange die Amtsdauer und an welchen Kriterien der Rolleninhaber zu messen ist.

Wahlvorschläge austauschen
Jedes Mitglied schreibt auf einen Wahlzettel den eigenen Namen und welches Mitglied es für die Rolle wählt. Dies darf auch der eigene Name oder (außer in der Holokratie) ein Fragezeichen sein, falls der Wähler keine einzelne Person benennen kann.

Der Moderator sammelt die Vorschläge ein, liest sie der Reihe nach vor und bittet den jeweiligen Wähler um die Argumente für diesen Vorschlag.

Wahlvorschläge aktualisieren
In einer zweiten Runde gibt der Moderator den Mitgliedern der Reihe nach die Gelegenheit, ihren Vorschlag zu ändern, und fragt dabei unmittelbar nach den neuen Argumenten.

Konsent
Danach schlägt die Moderatorin den am häufigsten genannten Kandidaten zum Konsent vor. Bei Gleichstand zweier Kandidaten verwendet die Moderatorin zusätzliche Kriterien oder initiiert eine Stichwahl durch die Wähler der ausgeschiedenen Kandidaten.

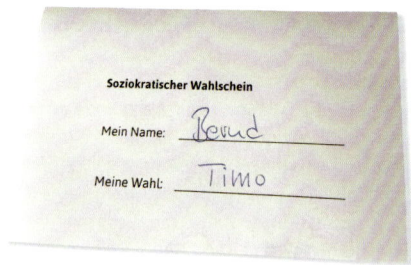

Abb. 86: Beispiel eines soziokratischen Wahlscheins.

Mit dem Wahlvorschlag erfolgt nun eine ganz normale Konsent-Moderation. Die Mitglieder können Einwände vorbringen. Für schwerwiegende Einwände werden die Argumente geklärt. Jetzt werden also Gründe gegen eine Person offen ausgesprochen und die Moderatorin versucht, diese in den Vorschlag zu integrieren, beispielsweise durch Zusatzvereinbarungen.

Weitere Konsent-Runden
Gelingt dies nicht und findet der Vorschlag keine Akzeptanz, muss der Moderator eine andere Person vorschlagen.

Hierzu kann der Moderator die Wähler des soeben nicht akzeptierten Kandidaten bitten, sich nun für eine andere Person zu entscheiden, die Argumente hierfür wieder klären und schließlich einen neuen Vorschlag zum Konsent stellen. Diese Konsent-Runde läuft dann wieder genauso ab wie die erste.

Beachtenswertes
Über den Konsent als Basisverfahren erbt die soziokratische Rollenwahl auch dessen Vor- und Nachteile wie die qualitative Orientierung und den zeitlichen Aufwand.

Argumente gegen Personen werden nur für die eine jeweils zur Wahl stehende Person vorgebracht. Argumente für die Kandidaten werden systematisch für alle Vorschläge ausgetauscht.

Die soziokratische Wahl ist eine Mischform: Die Auswahl der Kandidaten ist zustimmungsbasiert, die Akzeptanz des ausgewählten Kandidaten ist einwandminimierend.

QUERVERWEISE
➔ S. 160 Einwandintegration (Konsent)
➔ S. 194 Kollegiale Rollenwahl

Mehrheitliche Rollenwahl

Die mehrheitliche Rollenwahl ist ein demokratisches Mehrheitsverfahren, bei dem aus einer Menge von Vorschlägen derjenige gewählt wird, der die meiste Zustimmung erhält.

Rollenverständnis klären
Wie auch bei den anderen Rollenwahlverfahren wird zu Beginn das gemeinsame Verständnis zu der Rolle geklärt, also darüber, welche Aufgabe und Funktion die Rolle übernimmt oder wie lange die Amtsdauer ist.

Wahlvorschläge sammeln
Danach sammelt der Moderator Wahlvorschläge ein und erstellt eine Kandidatenliste, ähnlich wie in Abb. 83 (→ S. 194) gezeigt. Mitglieder dürfen mehrere Personen und auch sich selbst vorschlagen.

Je nach Gepflogenheiten des Kreises können Argumente für und gegen Kandidaten offen ausgesprochen werden.

Aufgabe des Moderators ist, klare und einheitliche Bedingungen herzustellen, also festzulegen,
- ob Kriterien gesammelt,
- ob Pro-Argumente und
- ob Kontra-Argumente genannt werden sollen,
- ob die Abstimmung offen oder anonym erfolgen soll und
- ob die Ergebnisse komplett offengelegt werden oder nur der Gewinner genannt wird.

Sofern Argumente für oder gegen Kandidaten vor der Wahl ausgetauscht werden sollen, sollte der Moderator dafür sorgen, dass dies einheitlich zu jedem Kandidaten passiert. Hier bietet sich das Sprechen in Runden an (→ S. 170), um eine faire und sachliche Atmosphäre zu schaffen.

Offene oder geheime Wahlen
Sofern geheime Wahlen generell möglich, aber nicht verpflichtend sein sollen, ist die neutrale Haltung des Moderators relevant. Wünscht sich nur ein Einzelner eine geheime Wahl und fragt der Moderator tendenziös „Hat (etwa) jemand etwas gegen eine offene Wahl?", wird ein unnötiger Gruppendruck provoziert. Respektvoller ist die Handzeichenabfrage: „Wer ist für eine offene Wahl?" Sofern nicht alle dafür sind, kann der Moderator sagen: „Das ist nicht eindeutig, also wählen wir geheim."

Die Argumente für und gegen offene Abstimmungen wurden bereits im Abschnitt zur kollegialen Rollenwahl (→ S. 194) beschrieben.

Mindestquoten
In bestimmten Fällen ist eine Mindestzahl an anwesenden oder gültig abgegebenen Stimmen bzw. eine relative Mehrheit statt einer absoluten Mehrheit für die Akzeptanz eines Vorschlags notwendig. Insbesondere in formalen Kontexten wie Gesellschafterversammlungen können durch GmbH-, Aktien-, Genossenschafts- oder Vereinsrecht besondere Anforderungen existieren. Diese Sachverhalte müssen vor der Wahl allen bekannt sein.

Abstimmung
Anschließend bittet der Moderator jedes Mitglied um die Stimme für einen Kandidaten. Enthaltungen sind normalerweise möglich. Der Moderator sollte darauf hinweisen oder klären, ob es in diesem Kreis üblich ist, sich zu enthalten, zum Beispiel für den Fall, dass man sich selbst wählen möchte.

Anschließend findet die Auszählung und Bekanntgabe des Ergebnisses statt. Der gewählte Kandidat wird gefragt, ob er die Wahl annimmt.

Besonderheiten
Wahlhelfer sollten zu Beginn der Veranstaltung bestimmt worden sein.

Das Verfahren eignet sich sowohl für die Wahl einzelner Rolleninhaber als auch zur Wahl von Gremien. Im letztgenannten Fall gelten die Kandidaten mit der höchsten Zustimmung als akzeptiert.

Bei Stimmengleichheit können andere Kriterien verwendet werden (vgl. kollegiale Rollenwahl → S. 194) oder eine Stichwahl kann stattfinden.

Steht nur ein Kandidat zur Wahl und reicht eine einfache Mehrheit, hat die Abstimmung hauptsächlich nur noch den Nutzen, den absoluten Zustimmungswert zu ermitteln. Möglicherweise bewegt ein unerwartet niedriger Wert den gewählten Kandidaten dazu, die Wahl nicht anzunehmen.

QUERVERWEISE
→ S. 160 Einwandintegration (Konsent)
→ S. 194 Kollegiale Rollenwahl

*Die hier beschriebenen Prozesse sind unserer Erfahrung
nach in der einen oder anderen Form zwingend notwendig.
Sie bilden das kommunikative und koordinierende Rückgrat der Organisation.*

Organisationale Basisprozesse

 S. 200

Führungsmonitor

 S. 204

Selbstentwicklungsprozess

 S. 206

Ökonomieprozess

 S. 208

Ressourcenverteilung

 S. 209

Kreis-Führungstreffen

 S. 210

Kreis-Konstitution

 S. 214

Rollenkonstitution

Führungsmonitor

In einer traditionellen Organisation können Mitarbeiterinnen ihre Chefin fragen,
- welche zukünftigen Entscheidungen gerade diskutiert werden,
- was aus bestimmten vergangenen Entscheidungen geworden ist und
- über welchen Weg auch sie neue Entscheidungen initiieren könnten.

In kollegial geführten Organisationen gibt es diese Orientierungsinstanz nicht automatisch. Die Kollegen werden dadurch möglicherweise unsicher und verlieren den Überblick, welche Entscheidungen noch gelten, wie der Diskussions- und Entscheidungsstand zu bestimmten Fragen ist, welche Entscheidungsbedarfe überhaupt anstehen und wo sie selbst mögliche Entscheidungsbedarfe einbringen können.

Prozesse statt Personen

Die Verknüpfung dieser Fragen mit ausgewählten Führungsrollen, also die personenzentrierte Verantwortung für derartige Fragen, würde wieder ein traditionelles Machtgefälle festschreiben. Deswegen versuchen kollegial geführte Organisationen typischerweise, diese Orientierung über Prozesse und Werkzeuge statt über Personen herzustellen. Eine einfache Möglichkeit hierzu ist ein Führungsmonitor. Alternative Bezeichnungen wären Ideen- und Entscheidungsmonitor, Organisations-, Unternehmens-, Kreis- oder Company-Backlog.

> **DEFINITION: FÜHRUNGSMONITOR**
>
> Ein Führungsmonitor dient der gemeinsamen Beobachtung führungsrelevanter Aktivitäten. Er zeigt, in welchem Zustand sich welche übergreifenden Entscheidungen eines Kreises gerade befinden. Die Darstellung wird in regelmäßigen Abständen gemeinsam aktualisiert.

Für den Führungsmonitor gelten folgende Prinzipien:
- Er gilt für den Zuständigkeitsbereich eines Kreises.
- Der Monitor stellt nur solche Inhalte dar, die von kreisweiter oder übergeordneter Bedeutung sind. Was eine Rolle oder ein Kreismitglied unabhängig von anderen entscheiden kann, bleibt in deren Bereichen.
- Für jede (mögliche) Entscheidung existiert ein eigener Eintrag (beispielsweise eine Karte oder ein Zettel).
- Eine Reihe von Spalten visualisiert die verschiedenen Zustände, in denen sich Entscheidungen befinden können.
- Dargestellt werden sowohl operative als auch organisationale Inhalte, bedarfsweise werden diese unterschieden.
- Sicherheit und Nachvollziehbarkeit vermittelt der Monitor dadurch, dass seine Inhalte nicht unbemerkt verändert werden, sondern ausschließlich in den hierfür bekannten Arbeitstreffen des Kreises. Jede Aktualisierung erfolgt also möglichst im Beisein aller Betroffenen.

Die Abb. 87 auf der folgenden Seite zeigt beispielhaft das Schema eines Führungsmonitors. Die genaue Struktur wird vom Kreis der Betroffenen selbst festgelegt und ggf. weiterentwickelt.

Die einzelnen Einträge sollten folgende Informationen vermitteln:
- Gegenstand und Inhalt der Entscheidung: Worum geht es?
- (Vorgesehener) Entscheider: Welche Rolle, welcher Unterkreis oder welches einzelne Mitglied entscheidet?
- Welches Entscheidungsverfahren soll angewendet werden?
- Wie ist der aktuelle Status? Wann ist der Termin für die nächste Statusänderung?

Damit wird auch verdeutlicht, welche verschiedenen Entscheidungswege die Organisation vorsieht und wie häufig welche Wege genutzt werden, ob beispielsweise konsultative Fallentscheidungen oder Plenumsentscheidungen dominieren und wer die dominierenden Kräfte sind.

Nachfolgend erläutere ich die einzelnen abgebildeten Spalten.

QUERVERWEISE
- S. 103 Vgl. Begriff Backlog, Feature-Liste
- S. 175 Führungsmonitor als Entscheidungsverfahren

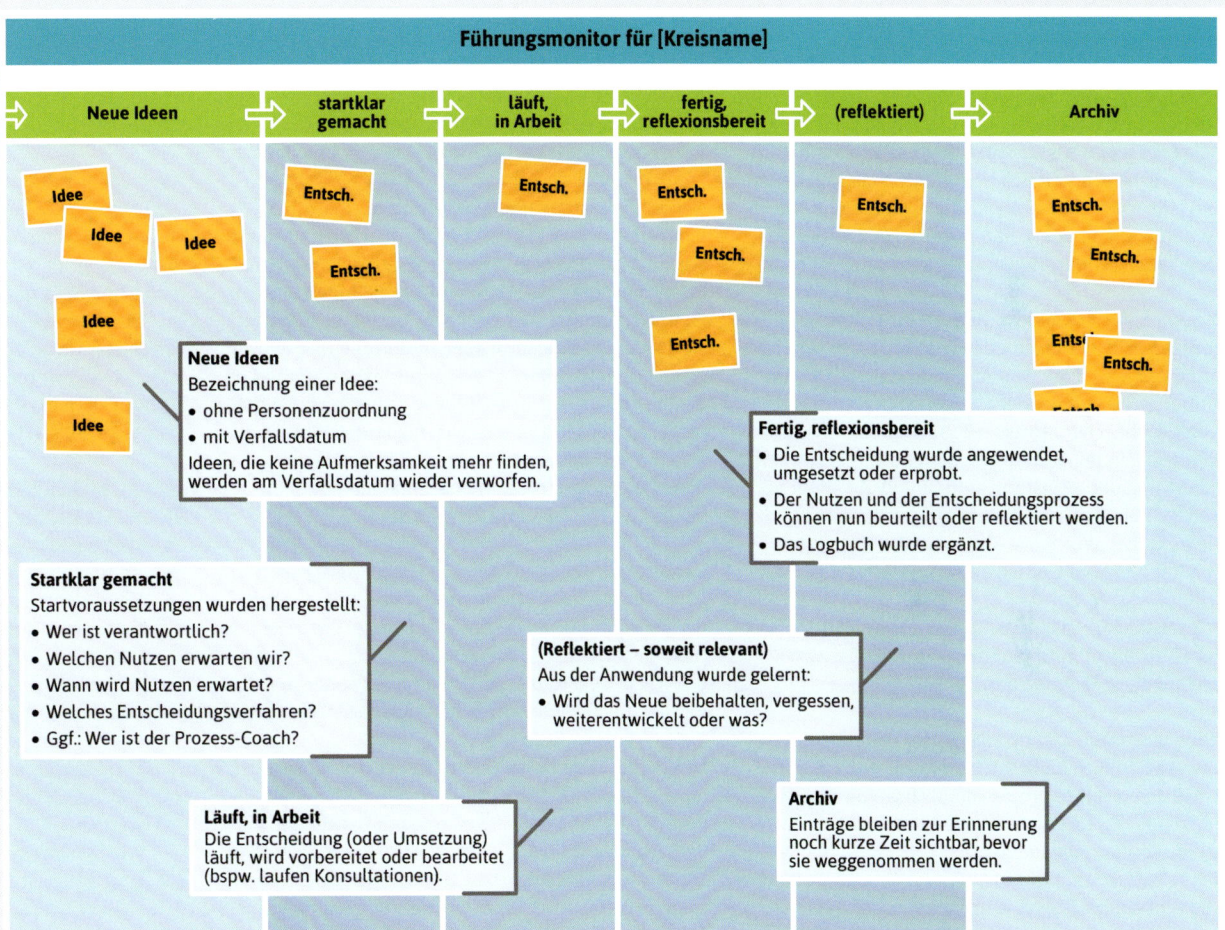

Nennen Sie den Führungsmonitor, wie es zu Ihrer Organisation und zum Kontext passt: Backlog, Ideenliste, OE- oder Organisationsentwicklungs-Board, Entwicklungstafel, Aufgabenverfolgungstafel, Selbststeuerungstafel, Führungswand, Koordinationswand, Organisationstafel oder ähnlich.

Abb. 87: Beispielschema eines Kreis-Führungsmonitors. Die Spalten zeigen den aktuellen Zustand, und in den Feldern stehen die einzelnen Einträge mit den möglichen Entscheidungen bzw. Vorhaben. [http://kollegiale-fuehrung.de/fuehrungsmonitor/]

Organisationale Basisprozesse

Welche Ideen haben genug Kraft?

Der Führungsmonitor beginnt links mit der Spalte für neue Ideen. Ideen sind mögliche Entscheidungen. Typischerweise haben die Menschen in Organisationen viel mehr Ideen, als sie wirklich umsetzen können. Ideen resultieren oft aus Unzufriedenheit und benennen eine mögliche Veränderung zur Verbesserung der Situation. Insofern haben in der Spalte für neue Ideen auch Hindernisse und Risiken Platz.

Die Spalte für neue Ideen hat eine grundsätzlich befreiende und entlastende Funktion. Jeder kennt die Situationen am Ende von Arbeitstreffen, bei denen Aufgaben verteilt werden: Wer stellt bis wann welches Ergebnis her? Durch diese Aufgabenlisten erhalten alle Beteiligten regelmäßig noch mehr Arbeit, was sich häufig belastend anfühlt und vor allem noch weitere bürokratische Tätigkeiten produziert, denn die Aufgaben werden ja auch nachverfolgt: Wie ist der Stand? Wann werden sie fertig? Was fehlt? ...

Pull statt Push. Anstatt Aufgaben zu verteilen, basiert der Führungsmonitor auf dem Prinzip, dass sich jemand einer Aufgabe annimmt.

Jeder kann neue Ideen in die Spalte hängen, ohne deswegen gleich befürchten zu müssen, noch mehr Arbeit zu erhalten. Um das deutlich zu machen, werden die Ideen explizit nicht mit Personennamen versehen, sondern die Ideen (oder Unzufriedenheiten) nur selbst benannt. „Man müsste mal [...]", „Sollten wir nicht einmal [...]" und ähnliche Impulse führen zu neuen Karten in der ersten Spalte des Führungsmonitors.

Wie kraftvoll ist die Idee? Statt auf Personen wird in dieser Spalte der Fokus auf das vorhandene Energieniveau gelegt. Manchmal hat eine Idee schon einige Tage später ihre Kraft verloren oder es steckt manche Idee einige andere an und wird damit kraftvoller.

Genau dies wird in der Spalte sichtbar gemacht: Jeder Eintrag bekommt ein Verfallsdatum, wie eine Milchpackung mit 2, 3 oder 4 Wochen Haltbarkeitsdauer. Bis zu diesem Verfallsdatum bleibt die Idee auf dem Führungsmonitor. Bei jeder Monitor-Aktualisierung wird jede einzelne Karte kurz aufgerufen und gefragt, ob seit dem letzten Aktualisierungstreffen jemand an die Idee gedacht, sie vielleicht sogar weiterentwickelt hat. Entsprechend wird das Verfalldatum aktualisiert, also die Frist verlängert, indem beispielsweise ein neues Datum auf die Karte geschrieben oder ein neues Post-it darübergeklebt wird.

Das Kriterium zur Aktualisierung ist bewusst unscharf: „Oh, ich habe mich gerade gestern mit Kollege Oliver darüber unterhalten" reicht völlig aus, ebenso wie „Erst gestern habe ich mich wieder darüber geärgert, hier muss wirklich mal etwas passieren" oder „Heute morgen beim Zähneputzen habe ich daran gedacht".

Manchmal verändert sich die Idee auch, sodass nicht nur ein neues Verfallsdatum, sondern auch ein neuer Begriff bzw. eine neue Beschreibung verwendet werden. Beschäftigt sich bis zum Verfallsdatum niemand mehr mit der Idee, wird die Karte abgenommen und weggeworfen. Nach unserer Erfahrung vergilben Post-its sowieso nach 6 bis 8 Wochen oder fallen irgendwann auch von alleine ab.

Die Ideen-Spalte ist also ein Instrument, um die vorhandene Energie für bestimmte Ideen und Unzufriedenheiten zu messen und eine natürliche Bereinigung und Entlastung zu bewirken.

Von alleine passiert nichts

Die Ideen-Spalte verdeutlicht auch: Es kann viele Veränderungsideen geben, aber es braucht immer jemanden, der bereit ist und genügend Energie hat, der möglicherweise unzufrieden oder begeistert genug ist, sich einer Idee anzunehmen, sie zu bearbeiten, zu verfolgen und umzusetzen. Und auch erst dann wird interessant, wer die Verantwortung übernimmt. Erst wenn sich ein Kollege zur Umsetzung findet und verpflichtet, wandert die Idee weiter in die nächste Spalte.

KONFIGURATIONSOPTIONEN DES MONITORS

▶ Welche Zustände (Spalten) mit welchen Kriterien sollen unterschieden werden?

▶ Welche Informationen sollen die Einträge (ggf. für welche Zustände) enthalten?

▶ Wie oft wird der Monitor gemeinsam bearbeitet?

▶ Welche Rolle ist für den Aktualisierungs- und Bearbeitungsprozess verantwortlich?

▶ Sollen neue aktuelle Zustände elektronisch verteilt und archiviert werden?

▶ Welche Verfallsfrist für Ideen soll verwendet werden?

▶ Wie oft soll über den Monitor selbst eine Retrospektive stattfinden?

Startklar?
Sobald die nachfolgenden (oder ähnlichen) Kriterien erfüllt sind, wechselt eine Idee in die Startklar-Spalte:
- Welche Person ist für das Ergebnis verantwortlich? Darüber hinaus kann es weitere Unterstützer oder Beteiligte geben – einer Verantwortungsdiffusion lässt sich am einfachsten durch eine klare Benennung einer Person vorbeugen.
- Welchen Nutzen erwarten wir (Definition von fertig)? Am besten wird hier aus der Zukunftsperspektive, die auf den erwarteten Nutzen abzielt, heraus formuliert. Ein Beispiel: Statt „Wir beauftragen den Einbau einer Lüftungsanlage" heißt es „Alle Räume sind jetzt (durch eine Lüftungsanlage) ausreichend belüftet".
- Wann erwarten wir das Ergebnis oder den Nutzen?
- Welches Entscheidungsverfahren ist geplant? Möglicherweise ist es hilfreich, zusätzlich den voraussichtlichen Zeitpunkt oder Kontext der Entscheidung zu benennen.
- Gibt es einen Prozess-Coach? Falls die Entscheidung von einer Prozessbegleiterin moderiert wird, kann es hilfreich sein, sie zusätzlich zur Ergebnisverantwortlichen zu benennen.
- Soll es eine dokumentierte Beurteilung (für die verantwortliche Person, ggf. auch für den Prozess-Coach) für die Personalakte geben? In diesem Fall gehört zur späteren Reflexion nicht allein die Bewertung des Nutzens, sondern auch die der Leistungen der verantwortlichen Person(en) (↗ S. 222).

Die Startklar-Spalte zeigt also, dass eine Entscheidung oder Umsetzung nun möglich ist oder ansteht, aber noch fehlt.

In Arbeit
Wenn es lediglich um eine Entscheidung geht, für die keine weitere Zeit notwendig ist, dann wird diese Spalte sehr schnell durchlaufen.

Andere Entscheidungen bewirken möglicherweise eine Aufteilung auf zwei (oder mehr) Einzelschritte oder Unterpunkte. Wurde zum Beispiel entschieden, eine Lüftungsanlage in das Büro einzubauen, dann ist die Entscheidung an sich abgeschlossen und kann ins Logbuch überführt werden. Zusätzlich entsteht eine neue Karte für die Umsetzung der Entscheidung („Einbau einer Lüftungsanlage"), die so lange in der In-Arbeit-Spalte bleibt, bis das erwartete Ergebnis entsprechend der Definition von „fertig" beurteilbar geworden ist.

Fertig und reflexionsbereit
Danach wird die Karte in die Fertig-Spalte verschoben, was bedeutet, dass das Ergebnis jetzt beurteilt und reflektiert werden kann. Falls es nicht vorab bestimmt wurde, wäre spätestens jetzt zu klären, wie und durch wen die Reflexion stattfinden soll.

Die Entscheidung wird im Logbuch archiviert, außer sie hat nur kurzfristige Relevanz.

Reflektiert
Sofern eine Ergebnisbeurteilung oder Reflexion vorgesehen ist, wird die Essenz daraus allen Beteiligten bereitgestellt und vermittelt. Die Organisation bekommt hiermit explizit die Möglichkeit zum Lernen. Möglicherweise werden weitere Anschlussentscheidungen oder -interventionen relevant (↗ S. 204, systemische Schleife).

Die Verantwortlichen sind der Gemeinschaft gegenüber rechenschaftspflichtig und die Gemeinschaft ist gegenüber den Verantwortlichen würdigungs- und rückmeldepflichtig.

Neben der inhaltlichen Beurteilung sind ggf. auch die Arbeitsweise und Leistungen der beteiligten Personen zu beurteilen, sie haben eine Rückmeldung verdient.

Archiviert
Die Einträge in dieser Spalte müssen nicht mehr bearbeitet werden, weil sie abgeschlossen oder abgebrochen wurden. Selten sind alle infrage kommenden Personen bei der Aktualisierung des Monitors dabei. Deshalb ist es sinnvoll, die Einträge zur besseren Nachvollziehbarkeit noch eine kurze Zeit hängen zu lassen.

Fotoprotokollierung
Sofern der Monitor eine physische Tafel ist, ist es guter Stil, die Tafel nach jeder Aktualisierung zu fotografieren und die Fotos zu archivieren, damit später und von Abwesenden die Entwicklungen nachvollzogen werden können.

Selbstentwicklungsprozess (Retrospektiven)

Eine Retrospektive ist der Wortbedeutung nach ein Rückblick. In Organisationen dient eine Retrospektive gemeinhin jedoch dem Lernen, also dem Versuch, aus dem Vergangenen etwas zu lernen, um in Zukunft anders zu handeln.

Systemische Schleife

In einem komplexen Umfeld, in der kausale Zusammenhänge lediglich Vermutungen sein können, sind Hypothesenbildung und Antizipation die entscheidenden Schritte. Eine Hypothese ist die Annahme eines Wirkungszusammenhangs oder Musters.

Zur Hypothesenbildung sind relevante Informationen aus dem Kontext notwendig, weshalb dieser Schritt vor der Hypothesenbildung kommt.

Auf Basis der Hypothesen wiederum können Interventionen (Veränderungsimpulse) ausgewählt und umgesetzt werden. Für die veränderte Situation kann dann später der Prozess wiederholt werden. Diese Vorgehensweise wird systemische Schleife genannt.

Abb. 88: Ein bewährtes systemisches Werkzeug: die systemische Schleife. [⬇ http://kollegiale-fuehrung.de/systemische-schleife/]

> **DIE SYSTEMISCHE SCHLEIFE**
>
> Die systemische Schleife wurde von Roswita Königswieser und Alexander Exner geprägt [Königswieser1998] und entspricht der Schrittfolge der ursprünglich von Kurt Lewin definierten Action-Survey-Schleife, wie Joana Krizanits zeigt [Krizanits2015]. Der im Kontext agiler Softwareentwicklung bekannte und nach William Edwards Deming benannte Deming-Kreis bzw. PDCA-Zyklus ist ebenfalls ähnlich.

Definierte Selbstentwicklungsprozesse

Um die eigene Zukunftsfähigkeit und die dafür notwendigen Anpassungsleistungen zu gewährleisten, sind kollegial geführte Organisationen gut beraten, feste Prozesse zu definieren, um für alle ihre Kreise und Rollen regelmäßige Retrospektiven durchzuführen. In jedem Kreis sollte es daher einen Prozessverantwortlichen für Retrospektiven geben.

Selbstbeobachtung

Jedes komplexe System hat auch blinde Flecken und es werden bestimmte Probleme nicht oder erst spät erkannt. Diesem Phänomen kann mit einer routinierten Selbstbeobachtung entgegengewirkt werden. Routiniert heißt in diesem Fall
a) individuelle Beobachtung: dass alle Mitglieder der Organisation befähigt sind, die Kommunikation in der Organisation selbst daraufhin zu beobachten, und
b) gemeinsame Beobachtung: dass es Standardprozesse hierfür gibt, also jemand dazu bestimmt ist, entsprechende Veranstaltungen zu initiieren (➔ S. 257, Lernbegleitung).

Als Veranstaltungsformat bieten sich zum Beispiel regelmäßige Retrospektiven an.

Eine routinierte Selbstbeobachtung ist die nie versiegende Quelle von Entscheidungsbedarfen und Weiterentwicklung.

QUERVERWEISE
➔ S. 230 Reflexion
➔ S. 257 Lernbegleitung

Grundprinzip gemeinsamer Selbstbeobachtung

Eine routinierte Selbstbeobachtung besteht darin, über bestimmte Klassen von potenziellen Problemen regelmäßig gemeinsam zu reflektieren, um letztlich fehlende Anpassungen (Entscheidungsbedarfe) zu erkennen.

Problemklassen benutzen
Folgende Klassen der Selbstbeobachtung sind zu berücksichtigen:

1. Beobachtung der Selbst-Umwelt-Beziehung: Welche besonderen Phänomene erkennen wir in der Beziehung zu unserer Umwelt? (Mit „Selbst" ist hier die Organisation gemeint.)
2. Erkennen fehlender Anpassungen: Welche Änderungen und Anpassungen haben wir verschlafen? Hierzu gehören auch das Erkennen von Ballast und Vereinfachungsoptionen: Welche Strukturen, Prozesse und Prinzipien leisten wir uns, obwohl sie zwischenzeitlich entbehrlich geworden sind oder in anderer Weise einfacher sein könnten (Refactoring)?
3. Erkennen geleugneter Ist-Zustände: Was reden wir uns schön?
4. Erkennen dysfunktionaler Macht (Machtmissbrauch)
5. Erkennen der eigenen Entscheidungsfähigkeit: Wie hoch ist unsere Anpassungsgeschwindigkeit?

QUERVERWEISE
- S. 145 Kreis-Lernbegleitung

Die daraus resultierenden Erkenntnisse sind jeweils in folgender Weise weiter zu bearbeiten:
- Entscheidungsbedarf herausarbeiten,
- passende Entscheiderin finden.

Entscheidungsbedarf herausarbeiten
Welche Entscheidungsbedarfe (aus Entscheidungen folgen Handlungen) existieren? Welche Situationen sollten geändert werden?

Die Gruppe versucht, den Entscheidungsbedarf zu verstehen, d.h., durch aktives Zuhören sicherzustellen, dass alle gemeinsam das gleiche Verständnis vom Entscheidungsbedarf haben.

Dazu ist das „Weg von" zu definieren, d.h., die Unzufriedenheit mit der Ist-Situation ist konkret und schriftlich zu formulieren. Auch sind gemeinsam die Konsequenzen einer Nicht-Entscheidung zu erarbeiten: Was passiert, wenn wir nichts entscheiden?

Den passenden Entscheider finden
Hier geht es um die Fragen, wem (Kreis oder Rolle) die Entscheidung übertragen wird, wer in die Entscheidungsfindung einzubinden ist und welches Entscheidungsverfahren dazu passt.

Loslassen und verzeihen können
Zum Lernen gehört nicht nur, Neues entstehen zu lassen, sondern auch Dinge aufzugeben, die nichts mehr bringen. Leider tut sich unser Gehirn schwer damit, Niederlagen einzugestehen und zu akzeptieren, weil es Schmerzen zu vermeiden sucht.

LITERATUR
- Rolf Dräther: *Retrospektiven kurz und gut*; O´Reilly 2014.
- Joana Krizanits: *Einführung in die Methoden der systemischen Organisationsberatung*; Carl-Auer, 2015, Erstauflage 2013.
- Roswita Königswieser, Alexander Exner: *Systemische Intervention – Architekturen und Designs für Berater und Veränderungsmanager*; Klett-Kotta, 1998.
- Deming-Kreis/PDCA-Zyklus: https://de.wikipedia.org/wiki/Demingkreis.

„Ein Mensch, der mit seinen Verlusten keinen Frieden geschlossen hat, tendiert dazu, Risiken einzugehen, die für ihn anderenfalls nie akzeptabel wären." *[Kahnemann 1979]*

Es ist gar nicht so einfach, die eigenen Fehler und Defizite und die der Kollegen anzuerkennen und ihnen wertschätzend und liebevoll als Freund und Ressource zu begegnen und sich dabei zu vergegenwärtigen: Auch die Kollegen streben wie ich stets nur nach Anerkennung, Liebe und Erfolgen und wollen das Beste.

Ökonomieprozess

> Ein Ökonomieprozess ist eine Vorgehensweise, ökonomische Sachverhalte regelmäßig zu reflektieren und daraus zu lernen, also Entscheidungen abzuleiten.

Unternehmen werden gegründet, um einen Nutzen für Kunden zu erzeugen und damit dann Geld für die Inhaber und Mitarbeiter zu verdienen. Sie sind gezwungen, wirtschaftlich zu arbeiten, sonst gehen sie früher oder später unter. Betriebswirtschaftliche Effizienz- und finanzwirtschaftliche Renditeorientierung helfen Unternehmen in komplexen und dynamischen Zeiten jedoch nicht mehr oder sind gar kontraproduktiv. Das klassische Controlling ist in diesen Kontexten Teil des Problems geworden.

In der traditionellen Linienorganisation setzen Führungskräfte in der Zentrale ökonomische Ziele, die dann hierarchisch heruntergebrochen und verteilt werden. In der kollegial geführten Organisation hingegen sollen sich die Kollegen aus der direkten Wertschöpfung direkt an externen Referenzen orientieren. Sie orientieren sich also an anderen Prinzipien und benötigen dafür andere Prozesse als in traditionellen Linienorganisationen. Jährliche Budgets und Quartalsziele sind dafür meistens nicht mehr hilfreich.

Wertbildungsrechnung mit Leistungskatalogen
Mithilfe der Wertbildungsrechnung (→ S. 299) lassen sich geeignete Vergleichswerte für externe Referenzen finden. Die Wertbildungsrechnung erlaubt es einerseits, die Eigenleistung eines oder mehrerer Kreise (Wertbildungseinheit genannt) zu messen und sie von den Vor- und Fremdleistungen zu unterscheiden. Sie basiert andererseits auf Leistungskatalogen. In einem Leistungskatalog beschreibt eine Wertbildungseinheit, welche Leistungen sie zu welchen Konditionen anbietet. Sofern diese Leistungen in marktgängigen Einheiten angeboten werden (bspw. Preis/Stück), wird der Vergleich mit Marktpreisen möglich. Die Kreise haben dann externe Referenzen für ihre Leistungsfähigkeit.

Für viele zentrale Dienstleistungen lassen sich relativ einfach passende Einheiten und externe Referenzen finden. Für die Lohn- und Gehaltsbuchhaltung kann beispielsweise ein Blick in die Steuerberatervergütungsverordnung (StBVV) genügen. Für viele andere Leistungen könnten von entsprechenden Dienstleistern Vergleichsangebote eingeholt werden. Im eigenen Unternehmen ist es lediglich erforderlich, die Eigenleistungen (Wertbildungsrechnung) oder Kosten (Kostenrechnung) in entsprechende Einheiten umzurechnen.

Betreiben Sie beispielsweise eine eigene Kantine, ist der Preis pro Durchschnittsmenü eine Möglichkeit. Verfügen Sie über interne Schulungsräume, dann vergleichen Sie sie mit den Pauschalen, wie sie in Tagungshotels üblich sind.

Trotzdem bleibt neben der wirtschaftlichen auch die kulturelle und soziale Frage: Sollen die Abnehmer zentraler Leistungen frei wählen können und von einem internen Anbieter zu einem externen wechseln dürfen (siehe hierzu auch die Überlegungen auf → S. 109)?

Grundsätzlich hat aber stets das Wohl und die Zukunftsfähigkeit der Gesamtorganisation Vorrang vor dem Wohl der Individuen (→ S. 275). Deswegen kann es, wenn andere Bemühungen nichts nützen, notwendig und sinnvoll werden, Kollegen freizustellen (→ S. 227).

WEITERFÜHRENDES
→ Niels Pfläging: *Führen mit flexiblen Zielen, Praxisbuch für mehr Erfolg im Wettbewerb* Campus, 2011.
→ Niels Pfläging: *Beyond Budgeting, Better Budgeting – Ohne feste Budgets zielorientiert führen und erfolgreich steuern* Haufe, 2003.

QUERVERWEISE
→ S. 300 Leistungskataloge
→ S. 212 Beispiel Leistungskatalog in Abb. 91
→ S. 109 Optionale oder verpflichtende Zentrumsleistu
→ S. 275 Balance zwischen Individuum und Gemeinsch

> **UNSERE EMPFEHLUNG ZUM AUSPROBIEREN**
>
> ▶ Schaffen Sie zunächst einfache, aber belastbare und akzeptierte Vergleiche mit externen Referenzen, beispielsweise über Leistungskataloge.
> ▶ Nutzen Sie die Leistungskataloge eine Zeit lang einfach nur zur gemeinsamen Reflexion von internen Anbietern und internen Abnehmern, damit alle, vor allem die Anbieter, Gelegenheiten bekommen, sich entsprechend den Gesamtorganisationsbedürfnissen zu entwickeln.
> ▶ Probieren Sie es im Falle von Verrechnungskonflikten mit Karenzzeiten: Kann der Abnehmer belastbar anhand passender externer Referenzen zeigen, dass eine angebotene interne Leistung (in der Wertbildungsrechnung Vorleistung genannt) nicht wettbewerbsfähig ist, erhält der interne Anbieter eine angemessene Zeit, sich anzupassen, und ist dabei auch zu unterstützen.
> ▶ Gelingt dem internen Anbieter die Anpassung nicht und wechseln die Abnehmer den Anbieter, dann hat die Gesamtorganisation die Fürsorge und Pflicht, die frei gewordenen Kollegen darin zu unterstützen, passende neue Arbeit für sich zu schaffen oder zu finden. Deswegen ist die Entscheidung darüber auch keine alleinige Angelegenheit der Abnehmerkreise, sondern betrifft die Verantwortung der Gesamtorganisation!

Warum keine Budgets?

Budgets basieren in der Regel auf Möglichkeiten und Anforderungen aus der Vergangenheit, die für die Zukunft hochgerechnet werden. Ein Budget ist ein Plan. Es werden also stabile Wirkungszusammenhänge vorausgesetzt, die umso unwahrscheinlicher sind, je größer die die Organisation umgebende Dynamik und Komplexität sind.

Zur Orientierung sind Erfahrungswerte sinnvoll. Diese sollten aber auch Erfahrungswerte und nicht Plan oder Budget genannt werden.

Konkrete ökonomische Entscheidungen können dann jedoch aufgrund der aktuellen Einsichten und Anforderungen im Verhältnis zu den aktuellen Möglichkeiten erfolgen. Die Entscheidungen sind also situativ: Ist die Ausgabe sinnvoll? Können und wollen wir sie uns leisten?

Warum externe Referenzen?

Siehe hierzu die Ausführungen auf ⊙ S. 54.

Ökonomische Beobachtungsobjekte

Je komplexer unsere Produkte und Dienstleistungen sind, desto weniger können wir kausale Zusammenhänge erkennen oder verwenden, um zu beurteilen, wer welchen Beitrag geleistet hat.

Welche Leistungen und Kennzahlen sollten daher beobachtet werden?

▶ Produkte und Dienstleistungen:
Jedes Produkt und jede Dienstleistung sollte für sich wirtschaftlich sein. Wir müssen beurteilen können, wie viel wir mit welchem Produkt oder welcher Dienstleistung verdienen.

▶ Gemeinschaftsleistungen:
Jedes Team und jeder Geschäftsbereich sollte für sich wirtschaftlich sein und einen positiven Beitrag zum Gesamterfolg der Organisation leisten. Mithilfe der Wertbildungsrechnung und Leistungskatalogen kann eine entsprechende Orientierung geschaffen werden.

▶ Individualleistungen:
Die Beobachtung von Leistungen und Kennzahlen zu einzelnen Kollegen ist sinnvoll, sofern es einen direkten kausalen Zusammenhang gibt. Zeitarbeits- und Beratungsunternehmen, die die Leistungen einzelner Mitarbeiter stunden- oder tageweise anbieten und abrechnen, haben meistens derartige Möglichkeiten. Dennoch ist auch hier zu berücksichtigen, dass die Kollegen möglicherweise weitere, nicht individuell zuzuschreibende Leistungen erbringen und ob und in welcher Weise sie Einfluss auf ihre Auslastung und Margen nehmen können.

Generell ist es sinnvoll, in ökonomischen Reflexionen (⊙ S. 204, systemische Schleife) wirtschaftliche Informationen und Kennzahlen bereitzustellen. Deren Bedeutung festzulegen ist jedoch eine kreative und verantwortungsvolle Arbeit. Aus einer Kennzahl ohne eigene Verantwortungsübernahme Maßnahmen oder (neue) Ziele abzuleiten wäre fahrlässig und bürokratisch.

Ressourcenverteilung

> Grundsätzlich sind die Ressourcen (Zeit, Geld, Wissen, Image, Kultur etc.) in einer Organisation begrenzt, sodass für deren Weiterentwicklung immer wieder entschieden werden muss, wofür die vorhandenen Ressourcen verwendet werden sollen und wofür nicht. Jede Organisation benötigt entsprechende Mechanismen der Ressourcenverteilung.

Die Zukunftsfähigkeit und der Erfolg einer Organisation sind mittel- und langfristig von der geschickten Verteilung der Ressourcen abhängig. Es sind strategische Investitions- und Innovationsentscheidungen. Sie betreffen die Erhaltung, die Weiterentwicklung und die Neuentwicklung von Organisationseinheiten, Prozessen und verkaufbaren Leistungen (Produkte, Dienstleistungen).

Lokale Verantwortung

Zunächst einmal sind jeder Kreis, jede Rolle und jede Kollegin selbst dafür verantwortlich. Ein übergeordneter Koordinationsbedarf entsteht erst daraus, dass die Ressourcen insgesamt begrenzt sind und Prioritäten miteinander ausgehandelt werden müssen.

Feste übergeordnete Zuständigkeit

Die Organisation kann diese Entscheidungen einer bestimmten Rolle oder einem Kreis zuschreiben, beispielsweise einem Strategie- oder einem Topkreis. Oder sie betreibt einen Prozess, diese Entscheidungen im Plenum, also alle gemeinsam, zu treffen. Die nachfolgende Idee bezieht sich auf genau diesen Fall.

Gemeinsame Ressourcenverteilung

Für die kollegial gestaltete Ressourcenverteilung können folgende Elemente hilfreich sein:

▶ Zweckklarheit und Fokuspunkte
Damit sich die Mitglieder an den Interessen ihrer Organisation ausrichten können, muss ihnen der Zweck der Organisation klar sein und es sollten zwei bis drei Fokuspunkte vorgegeben werden. Mit diesen Punkten können inhaltliche und strategische Schwerpunkte gesetzt und vor allem der Sinn und Zweck, das Warum des Wettbewerbs deutlich gemacht werden. Je klarer die Fokuspunkte sind, desto größer ist die Wahrscheinlichkeit, dass sich Kollegen und Teams daran orientieren.

▶ Ideenphase
Der Zweck der Ideenphase ist, eine möglichst große und breite Menge von Ideen zu erzeugen. Hierbei geht es um Divergenz. Zum Einstieg, bevor also die Kolleginnen Ideen erzeugen, können grundlegende Informationen geteilt werden, beispielsweise welche Techniken und Haltungen für diese Phase hilfreich sind, wie Interview- und Prototyping-Techniken, Design-Thinking-Praktiken usw. Alle Ideen werden dann einem Plenum vorgestellt und anschließend müssen sich alle Kollegen offen sichtbar entscheiden, wer welche Ideen unterstützen möchte. Ideen, die keine oder nicht genügend Unterstützer finden, scheiden aus (Konvergenz).

▶ Umsetzungsphase
Die übrig gebliebenen Ideen werden nun von Teams anhand von Prototypen umgesetzt. Typischerweise werden dazu die Features mit dem größten praktischen oder demonstrativen Nutzen in kurzer Zeit so entwickelt, dass sie vorführbar und testbar werden. Am Ende dieser Phase werden alle Prototypen vorgestellt und vom Plenum, einer Jury oder beiden bewertet, um die Menge der möglichen Projekte weiter zu reduzieren. Möglicherweise werden auch Gewinner für verschiedene Kategorien ermittelt.

▶ Entscheidungsphase
Die verbliebenen Projektideen werden in dieser abschließenden Phase noch einmal danach bewertet, inwieweit sie zur Strategie oder den Fokusthemen passen, um dann diejenige auszuwählen, die den Zuschlag, also Unternehmensressourcen für die Fertigstellung und Einführung, erhalten. Unabhängig von der Güte und Passung der übriggebliebenen Idee sollte mindestens ein Projekt am Ende Ressourcen erhalten und weiterverfolgt werden. Andernfalls würde der gesamte Wettbewerb unglaubwürdig.

> **BEISPIEL: OTTO INNODAYS**
>
> Einen in ähnlicher Form ablaufenden Prozess beim Versandhandel Otto hat Stefan Roock in einer Blogserie zu den Otto InnoDays 2016 beschrieben [Roock2016].

Kreis-Führungstreffen

Jeder Kreis braucht verschiedene, meistens regelmäßige und vor allem ganz spezifische Arbeitstreffen und -prozesse. Insofern sind die folgenden Ausführungen als Beispiele zu verstehen.

Zunächst können operative und organisationale Prozesse unterschieden werden:
- Operative Prozesse betreffen unmittelbar die eigentliche Arbeit des Kreises.
- Organisationale Prozesse betreffen die Art und Weise, wie sich der Kreis organisiert, also die Meta-Ebene.

In der Holokratie werden operative und organisationale Anliegen in seperaten Treffen bearbeitet. Wir finden die Trennung weniger wichtig.

Die meisten Teams planen größere Treffen länger im Voraus und definieren für die übrigen feste Intervalle und Jour fixes. Regelmäßige Treffen sind Teil der Kreis-Konstitution und ihre Existenz wird auch außerhalb des Kreises transparent gemacht.

Zusätzlich zu den regelmäßigen und geplanten Terminen sollte jeder Kreis auch einen Mechanismus (Prozess) kennen, wie bedarfsweise außerordentliche Treffen organisiert werden können.

Operative Ebene

Die meisten Kreise richten verschiedene Arten von Treffen in Abhängigkeit vom Zeithorizont ein:
- Tägliche oder/und wöchentliche Treffen von 15 bis 60 Minuten, um die alltägliche Arbeit zu synchronisieren, Arbeit aufzuteilen, Absprachen zu treffen, Informationen auszutauschen, Entscheidungen zu treffen oder abzusichern. Kürzere Treffen, vor allem tägliche, werden meistens im Stehen (Stand-up) durchgeführt. Häufig finden sie vor einer (physischen oder elektronischen) Planungswand statt.
- In etwas größeren Abständen (alle 1 bis 4 Wochen, mittelfristig) finden Treffen zur taktische Führung statt. Dort geht es nicht nur um die ganz akute Arbeit, sondern vor allem um die vorausschauende Planung, um beispielsweise absehbare Auslastungsänderungen vorzubereiten.
- In noch größeren Abständen (alle 1 bis 12 Monate, langfristig) finden Treffen zur strategischen Führung statt. Bei diesen Strategietreffen geht es um perspektivische und mittelbar wirkende Entscheidungen, wie die Aktualisierung der Produkt- und Dienstleistungsangebote, Änderungen im Geschäftsmodell oder Investitionsentscheidungen.

Je nach Bedarf und Kontext kann es für die Treffen Standard-Agendapunkte geben, die Personelles, neue Aufträge und Kunden, ökonomische Zahlen, Daten & Fakten (ZDF), Berichte von Repräsentanten aus anderen Kreisen oder rollenspezifische Berichte betreffen.

Organisationale Ebene

Diese Treffen sind seltener, dauern länger (manchmal auch mehrere Tage) oder finden bewusst auswärts in einer anderen Umgebung statt, um eine distanziertere und neutralere Selbstbeobachtung zu unterstützen.

Mindestens einmal jährlich sollte eine Retrospektive (1 bis 3 Stunden) stattfinden. Viele Kreise treffen sich aber deutlich häufiger, oft auch mit bestimmten Schwerpunkten, zum Beispiel
- zu sozialen Aspekten, Teambildung oder gegenseitigem Feedback (→ S. 250) zum Jahresbeginn und
- zur Jahresmitte für die gemeinsame Rollenreflexion, die Neuwahl oder Bestätigung von Rolleninhabern und Kreis-Repräsentanten, zur kritischen Überprüfung und Weiterentwicklung der regelmäßigen Arbeitstreffen und Prozesse.

Manchmal finden diese Treffen auch im Wechsel mit Strategie- oder Taktiktreffen statt.

> **BEISPIEL: WÖCHENTLICHE TEAMTREFFEN BEI MINISTRY**
>
> Ein kreuzfunktionales Geschäftsteam (X-Team) bei Ministry trifft sich jeden Montagnachmittag für eine Stunde zu einem taktischen Treffen. Jeder zweite Termin wird dann noch mit einer einstündigen Retrospektive ergänzt.

QUERVERWEISE
 S. 174 Entscheidungs-Jour-fixe
 S. 200 Führungsmonitor

Kreis-Konstitution

> Die Kreis-Konstitution ist ein Prozess zur Definition und Klärung der elementaren Strukturen, Rollen und Prozesse eines Kreises, der einmal zum Start eines Kreises notwendig ist und dann später regelmäßig, beispielsweise einmal jährlich, zur Aktualisierung wiederholt wird.

Was alles zur Konstitution eines Kreises gehört, wurde bereits im Abschnitt ab Seite 138 beschrieben. Nun geht es um den Prozess, wie diese Konstitution entsteht oder aktualisiert wird. Hierbei handelt es sich meistens um einen Workshop von 30 bis 120 Minuten Dauer, bei dem die (künftigen) Kreismitglieder folgende Vereinbarungen treffen und dokumentieren:
- Name, Mitglieder und Zweck des Kreises,
- Rollen, Prozesse und Kooperationsbeziehungen des Kreises,
- Leistungen und Ökonomie des Kreises.

Freunde unscharfer Anglizismen können statt Kreis-Konstitution auch vom Governance-Prozess (⊙ S. 311, Governance) sprechen.

Für den erstmaligen (initialen) Konstitutionsprozess ist es zweckmäßig, wenn sich die Mitglieder des Kreises voll auf die Inhalte konzentrieren können und von einer kreisfremden Person durch den Prozess moderiert werden.

Für spätere Aktualisierungen ist lediglich wichtig, dass jemand den aktuellen Stand ermittelt und in geeigneter Form mitbringt und vorstellt.

1) Name, Mitglieder und Zweck des Kreises

In vielen Fällen ist der Name des Kreises ohne viel Nachdenken klar. Manchmal muss man aber um den passenden Namen ringen, was wichtig für die Mitglieder des Kreises ist, weil der Name anschlussfähig und identitätsstiftend sein sollte. Ein Kürzel des Namens ist für die kompakte interne Kommunikation hilfreich.

Die Mitgliederliste ist meistens ebenso trivial wie wichtig. Wer gehört dazu und wer nicht? Diese Frage muss eindeutig beantwortet sein, sonst wird der Kreis nicht gut funktionieren können. Die Mitglieder sind diejenigen Kollegen, die ein Stimmrecht haben, also bei Entscheidungen ein Veto einlegen können. Zusätzlich kann es weitere Unterstützer, Beobachter oder Gäste ohne Stimmrecht geben, die deswegen von den Mitgliedern deutlich zu unterscheiden sein müssen. Wir setzen deren Namen einfach in Klammern.

Der Zweck des Kreises sollte kurz und knapp mit zwei bis vier Sätzen ausfallen. Hilfreich finden wir dabei die Frage *„Wie würdet ihr einem neuen Kollegen eines anderen Kreises beschreiben, wofür euer Kreis verantwortlich und zuständig ist?"*

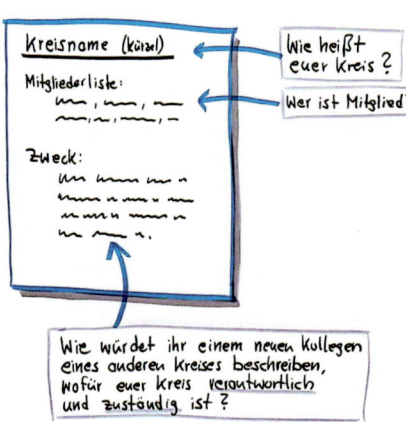

Abb. 89: Flipchart aus einer Moderation zur Kreis-Konstitution zum Aspekt Kreis-Identität (Name, Zweck und Mitglieder eines Kreises)

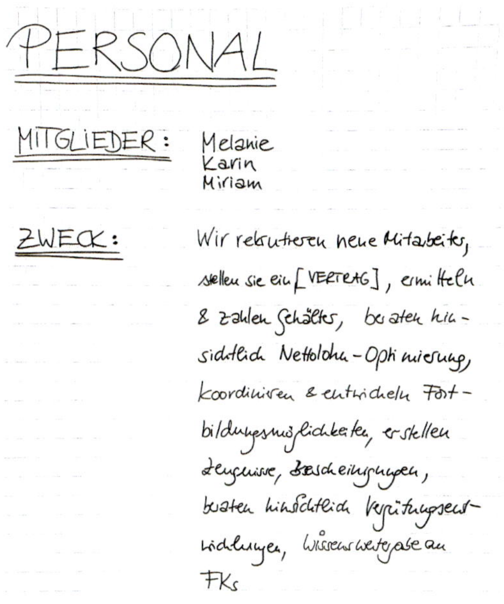

PERSONAL

MITGLIEDER: Melanie, Karin, Miriam

ZWECK: Wir rekrutieren neue Mitarbeiter, stellen sie ein [VERTRAG], ermitteln & zahlen Gehälter, beraten hinsichtlich Nettolohn-Optimierung, koordinieren & entwickeln Fortbildungsmöglichkeiten, erstellen Zeugnisse, Bescheinigungen, beraten hinsichtlich Kryptierungseinrichtungen, Wissensweitergabe an FKs

Abb. 90: Beispiel eines realen Arbeitsergebnisses aus der initialen Konstitution eines internen Dienstleistungskreises zum Aspekt Zweck.

QUERVERWEISE
→ S. 299 Wertbildungsrechnung, Leistungskatalog

2) Leistungen und Ökonomie des Kreises

Ein Kreis ist ein Verantwortungs- und Aufgabenbereich. Dazu gehört auch die wirtschaftliche Verantwortung. Welche Aspekte hier relevant sind, hängt unter anderem von der Art des Kreises ab, weswegen es hilfreich ist, zu wissen, welche Arten von Kreisen in der Organisation unterschieden werden und zu welcher sich ein Kreis rechnet:

▶ Geschäftsteam
Ein Kreis aus dem Bereich direkte Wertschöpfung (→ S. 93, Kreismodell) kann seine wirtschaftliche Leistung direkt messen. Er bezieht verschiedene Vorleistungen (von anderen Kreisen des Unternehmens) und Fremdleistungen (von außerhalb des eigenen Unternehmens), fügt einen Mehrwert hinzu und verkauft dies dann als Produkt oder Dienstleistung an (in diesem Fall externe) Kunden. Für direkt wertschöpfende Kreise ist relevant, ob ihre Leistungen vom Markt zu angemessenen Preisen abgenommen werden.

▶ Unterstützungsteam
Ein interner Dienstleistungskreis hat keine externen Kunden, sondern erbringt Leistungen für andere Kreise im eigenen Unternehmen. Typische Beispiele sind die Lohnbuchhaltung oder die IT-Abteilung.

Interne Dienstleistungskreise verfügen anders als direkt wertschöpfende Kreise zunächst über keine externen Referenzen, mit denen festgestellt werden kann, ob ihre Leistungen angemessen sind. Manchmal sind Kollegen unzufrieden mit internen Dienstleistungen, können in der Regel aber gar nicht bemessen, ob Preis und Leistung in einem angemessenen Verhältnis stehen. Vielleicht wünschen sich Kollegen eine bessere Leistung – aber wären sie auch bereit, dafür eventuell mehr zu bezahlen? Oder umgekehrt: Vielleicht wären die Kollegen auch mit einfacheren Leistungen zufrieden, wenn sie wüssten, welche Aufwände damit zu sparen wären.

Deshalb ist es für Dienstleistungskreise sinnvoll, einen expliziten Leistungskatalog aufzustellen.

▶ Koordinationskreis
Übergeordnete Führungskreise wiederum haben gar nicht so genau bestimmbare interne Kunden – hier treffen sich Kollegen unter anderem zur Koordination übergeordneter Belange, an denen sie alle ein gemeinsames Interesse haben.

In diesem Fall kann es sinnvoll sein, dass der Kreis darüber reflektiert, ob er diese Koordinationsaufgaben angemessen erfüllt oder der Aufwand dafür in einem akzeptablen Verhältnis zum Nutzen steht. Auch für diesen Zweck kann ein einfacher Leistungskatalog sinnvoll sein.

Möglicherweise beschließen sie aber auch gemeinsame Investitionen sowie die interne Verteilung von Ressourcen. In diesem Fall wäre zu reflektieren, ob die Ressourcen bisher gut eingesetzt wurden. Hier passt ein Leistungskatalog nicht, denn es geht nicht um standardisierbare und vergleichbare Leistungen, sondern um sehr individuelle Wagnisse.

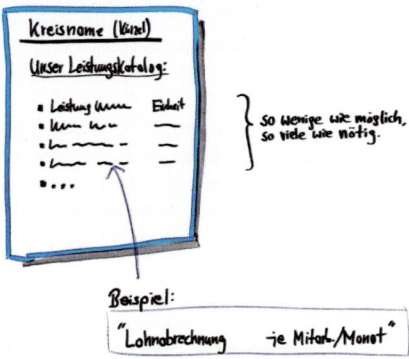

Abb. 91: Flipchart aus einer Moderation zur Kreis-Konstitution zum Aspekt Leistung und Betriebswirtschaft.

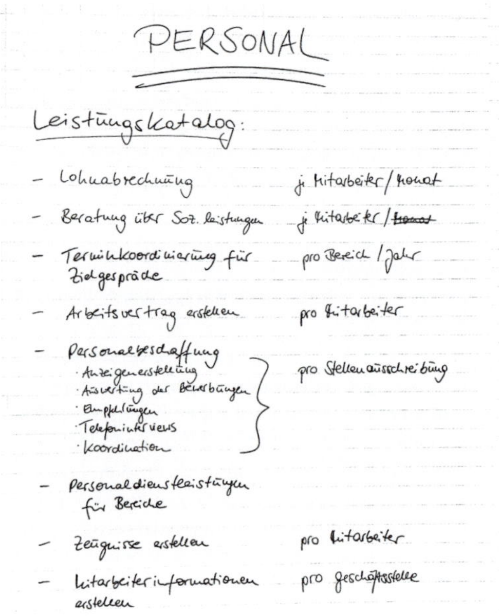

▶ Rollen- und Praktikerkreise, Kollegengruppen und andere
Für diese Arten von Kreisen und Gruppen gilt Ähnliches wie für die Koordinationskreise: Sie sollten gelegentlich über ihre Effizienz und den Wert ihrer Beiträge zum Gesamtunternehmen reflektieren,

Abb. 92: Beispiel eines realen Arbeitsergebnisses aus der Konstitution eines internen Dienstleistungskreises für das Personalwesen.

Informationen und ein Bewusstsein davon haben, welche Aufwände sie erzeugen – ein Leistungskatalog und andere darüber hinausgehende ökonomische Aspekte sollten jedoch eher nicht weiter beachtet werden.

Hinter dem Begriff Leistungskatalog verbirgt sich ein spezielles Konzept aus der Wertbildungsrechnung (↪ S. 299). Dort finden Sie weitere interessante Erläuterungen und Gedanken zu diesem Aspekt.

Die regelmäßige Beschäftigung mit dem Thema Leistung und Ökonomie eines Kreises im Rahmen der Konstitution (und ihrer Aktualisierungen) und auch durch die Rolle des Kreis-Ökonomen ist wichtig, weil es in der Selbstorganisation sonst keine anderen Beobachtungs- und Kontrollinstanzen gibt. Gewisse ökonomische Mindeststandards sind zu erfüllen, um die Zukunftsfähigkeit der Gesamtorganisation nicht zu gefährden (↪ S. 108).

In einem kollegial geführten Unternehmen wird die Verantwortung nicht von einem Vorgesetzten wahrgenommen, sondern von den beteiligten Kollegen selbst. Hierfür brauchen die Kollegen aber einen Rahmen (Prozesse, Strukturen, Kennzahlen).

Denkbar wäre zum Beispiel, dass der jeweilige Oberkreis die Wirtschaftlichkeit seiner Unterkreise beurteilt – damit würden die Unterkreise jedoch ein Stück weit aus der Verantwortung genommen, was gegenüber der traditionellen Linienorganisation keine Vorteile ermöglicht. Die Aufgabe des Oberkreises sollte sich im Normalfall darauf beschränken, zu beobachten und sicherzustellen, dass die Unterkreise ihre Ökonomie überhaupt im Blick haben, und sie ggf. darin unterstützen, entsprechende Voraussetzungen für die Selbstbeobachtung herzustellen.

3) Rollen, Prozesse und Kooperationsbeziehungen des Kreises

Jeder Kreis hat eine Menge von Rollen, also Verantwortungs- und Aufgabenbereiche, die an bestimmte Personen auf Zeit übertragen werden. Dies sind zum einen die aus unserer Sicht obligatorischen Rollen
- Kreis-Gastgeber,
- Kreis-Dokumentar,
- Kreis-Ökonom,
- Kreis-Lernbegleiter,

wie sie ab Seite 139 beschrieben sind, die dazu dienen, den Kreis selbst am Laufen zu halten. Hinzu kommen die Rollen, die sich aus den Kooperationsbeziehungen zu anderen Kreisen ergeben, also Vertreter für Ober-, Unter- und Nachbarkreise.

Darüber hinaus kann ein Kreis beliebig viele weitere Rollen und Prozessverantwortliche definieren. Dabei lautet die Frage nicht „Welche Rollen könnten wir sonst noch gebrauchen?". Es geht nicht darum, Rollen im Voraus zu planen. Diese ergeben sich mehr oder weniger automatisch aus der Zusammenarbeit. Vielleicht bietet sich eine Person immer wieder an, den Raum für Arbeitstreffen vorzubereiten, interne Konflikte zu schlichten, neue Kollegen gut aufzunehmen oder wöchentlich zu prüfen, ob alle Kapazitätsanforderungen an den Dienst- und Urlaubsplan erfüllt sind.

Nicht jede dieser Rollen benötigt gleich einen Namen und muss formal festgehalten werden. Andererseits kann es auch eine Würdigung und Anerkennung der Leistungsträger sein. In dem Moment, wenn eine Rolle formal festgehalten wird, wird sie explizit in die Aktualisierungs-, Feedback- und Reflexionsprozesse einbezogen. Die Rolleninhaber erhalten dann Bestätigungen und möglicherweise auch Beurteilungen ihrer rollenspezifischen Leistungen bis hin zu der Möglichkeit, dies später in Arbeitszeugnissen zu berücksichtigen.

Planen Sie deshalb nicht, welche Rollen es noch geben könnte, aber beobachten Sie aufmerksam und regelmäßig, wer welche Rollen tatsächlich innehat. Entscheiden Sie dann, ob es nützlich ist, sie formal festzuhalten.

Die Aktualisierung und Reflexion der Konstitution dient im Übrigen auch dazu, wieder aufzuräumen, also anzuerkennen, dass bestimmte Rollen obsolet oder unwichtig geworden bzw. eingeschlafen sind. Das weiter vorne genannte Beispiel der wöchentlichen Dienstplanüberprüfung ist ein Beispiel für einen internen Prozess, also für eine Folge sich regelmäßig wiederholender Aktivitäten. Wichtige Prozesse sollten möglicherweise auch formal dokumentiert werden, um sie personenunabhängig reproduzierbar zu machen oder um die verantwortliche Person zu unterstützen.

Für jeden dieser Prozesse sollte klar sein, wer sich dafür verantwortlich fühlt, da er sonst dauerhaft nicht zuverlässig funktionieren wird. Insofern gibt es zu jedem Prozess auch eine Rolle, nämlich den Prozessverantwortlichen. Für die Praxis ist es letztendlich nicht so wichtig, ob hier von einem *Prozess* und seinem *Verantwortlichen* gesprochen wird oder von einer *Rolle* und dem *Rolleninhaber*.

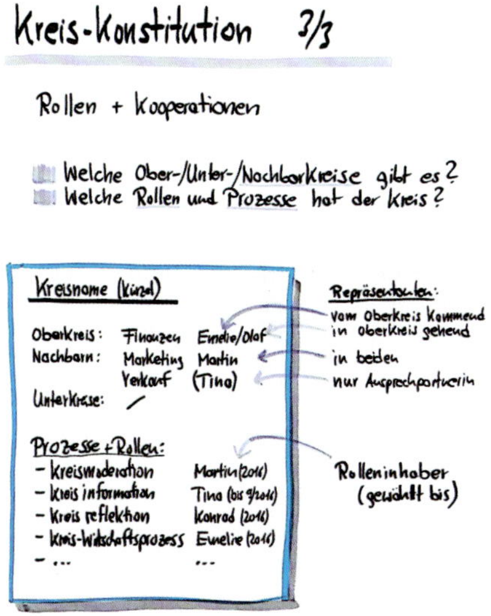

Abb. 93: Beispiel eines realen Arbeitsergebnisses aus der Konstitution eines internen Dienstleistungskreises für das Personalwesen.

KONFIGURATIONSOPTIONEN

- In welchen Abständen soll die Kreiskonfiguration aktualisiert werden?
- Welche Rolle ist dafür verantwortlich?
- In welchen Abständen soll die Kreiskonfiguration reflektiert werden und wer organisiert dies?
- Welche Elemente der Kreiskonfiguration sind durch den Kreis selbst nicht oder nur begrenzt gestaltbar?

Organisationale Basisprozesse 213

Rollenkonstitution

Wenn ein Kreis eine Rolle kreiert, d.h. einen Aufgaben- und Zuständigkeitsbereich definiert, der einem Kreismitglied übertragen werden soll, dann sollten die Definition der Rolle, die Wahl des Inhabers und die Beschreibung der Aufgaben und Zuständigkeiten bestimmte minimale Transparenzanforderungen erfüllen. Dazu gehören aus unserer Sicht:
- Wie heißt die Rolle?
- Welche Aufgaben und Zuständigkeiten umfasst die Rolle?
- Zu welchem Kreis gehört die Rolle?
- Wer ist der aktuelle Rolleninhaber?
- Wann und wie wurde der Rolleninhaber gewählt?
- Wann und wie ist die Rolle neu zu besetzen oder zu bestätigen?

Diese Informationen müssen jederzeit einfach und aktuell für alle zugänglich sein, weil sonst die Kooperationsfähigkeit der Organisation leidet. Die Vorteile einer kollegialen Führung gegenüber einer traditionellen Linienorganisation bestehen in der höheren internen sozialen Dichte und kommunikativen Vernetzung. Diese Vernetzung würde erschwert, wenn unklar ist, wer sich wofür zuständig fühlt.

Das klingt ein wenig bürokratisch, doch diese Rahmenbedingungen bilden das formale Rückgrat der Organisation. Wenn sich die Mitglieder der Organisation darauf nicht mehr verlassen können, leidet nicht nur die Kooperationsfähigkeit insgesamt, sondern es werden auch Missverständnisse, Unsicherheiten und Konflikte provoziert.

Andererseits reicht es meistens, zu wissen, welcher Kreis wofür zuständig ist. Die genaue Rollenverteilung innerhalb des Kreises kann dann beim Kreis erfragt werden. Innerhalb eines Kreises kann auch ohne formale Dokumentation klar sein, wer welche Rollen hat. Damit lässt sich der formale Aufwand reduzieren. Jeder Kreis und jede Rolle hat also abzuwägen, wie die kreisspezifischen Rollen formal beschrieben werden sollen.

Die Rahmenbedingungen, Grundprinzipien und Grundwerte einer Organisation sollten für alle gelten und von allen moralisch oder gar formal einklagbar sein.

Personalprozesse

 S. 216

Bewerbung

 S. 217

Mentoring

 S. 219

Rollenklärung

 S. 220

Kollegengruppenprozess

 S. 222

Arbeitszeugnis

 S. 223

Arbeitszeit verändern, erfassen, ausgleichen

 S. 224

Gehaltserhöhung

 S. 225

Abmahnung und Kündigung

 S. 227

Trennung oder Ausschluss

Anwendungsfall Bewerbung

> Unter dem Bewerbungsprozess verstehen wir den Zeitraum vom ersten Versuch der Kontaktaufnahme bis zum Abschluss eines Arbeitsvertrages zwischen einem Menschen und der Organisation.

Wichtige Fragen für den Bewerbungsprozess, die in der Organisation geklärt sein sollten, sind:
- Wer entscheidet für die Organisation über den Inhalt und Abschluss eines Arbeitsvertrages (inkl. aller Konditionen)?
- Wie wird die Bewerbung vor dem Abschluss intern publiziert?
- Wer kann wann und bei wem welche Einwände oder Vetos anbringen?

Beispielhafte Antworten auf diese Fragen wären:
- Über die Neuaufnahme einer Kollegin wird von einem Aufnahmeteam (→ S. 118) entschieden.
- Wird ein neuer Kollege eingestellt, entscheidet das Aufnahmeteam auch über das Ende der Probezeit, bleibt also bis zum Ende der Probezeit bestehen und ist für die erfolgreiche Einarbeitung verantwortlich.
- Das Aufnahmeteam stellt nur dann eine neue Kollegin ein, wenn es für sie eine Kollegengruppe und eine Mentorin gefunden hat.

Weitere mögliche Details:
- Das Aufnahmeteam besteht aus mindestens drei Kollegen, deren eigene Probezeit und Mentoring erfolgreich abgeschlossen und die selbst ungekündigt sind.
- Das Aufnahmeteam entscheidet im soziokratischen Konsent, wobei mindestens ein Mitglied des Aufnahmeteams vorbehaltlos zustimmen muss. Dass niemand einen Einwand oder ein Veto hat, ist für die Einstellungs- oder Probezeitentscheidung zu schwach; mindestens eine Person sollte sich auch dafür begeistern können.
- Rechtzeitig vor Abschluss eines neuen Arbeitsvertrages haben auch alle anderen Mitglieder eine Möglichkeit, davon zu erfahren, um versehentliche doppelte Neueinstellungen zu vermeiden und dem Aufnahmeteam mögliche Einwände (keine Vetos möglich) mitzuteilen.
Dieses Prinzip lässt offen, in welcher Weise andere Mitglieder von der Bewerbung erfahren. Die konkreten Bewerbungsunterlagen intern zu publizieren, verletzt vermutlich die gewünschte Vertraulichkeit und den Datenschutz. Wird die Bewerbung anonymisiert oder werden nur Rahmenbedingungen genannt?
- Das Aufnahmeteam entscheidet über alle Inhalte des Arbeitsvertrages inkl. Beginn, Dauer der Probezeit, Gehalt, Urlaubsansprüche und Wochenstundenzahl, kennt sämtliche Bewerbungsinformationen und behandelt, soweit notwendig und üblich, diese vertraulich.

Nach Abschluss des Arbeitsvertrages beginnt der Mentoring-Prozess (→ S. 217).

Das Ende der erfolgreichen Probezeit sollte rituell begangen, gewürdigt und ggf. gefeiert werden, um der neuen Kollegin die dauerhafte Zugehörigkeit zu versichern und um dem Aufnahmeteam zu danken und es aufzulösen.

Abb. 94: Bewerbungspräsentation.

QUERVERWEISE
→ S. 118 Aufnahmeteam

Mentoring

> Mentoring ist ein Prozess zur persönlichen und beruflichen Weiterentwicklung eines neueren oder jüngeren Kollegen durch den Austausch mit einem erfahreneren über einen längeren Zeitraum.

Mentor und Mentee bilden über einen bestimmten Zeitraum eine Zweiergruppe (Dyade), um Austausch und Lernen zu fördern. Nach der vereinbarten Dauer wird das Mentoring abgeschlossen.

Mentor
Der Begriff Mentor (griech. *Freund des Odysseus*) steht für Fürsprecher, Förderer, erfahrene Person. Der Mentor ist eine Person, der in den Bereichen, in denen der Mentee etwas lernen möchte, umfassende Erfahrung hat und bereit ist, diese mit einer empathischen und fragenden Haltung (Prozessbegleitung) an den Mentee weiterzugeben.

Mentee
Der Mentee wird von einer Mentorin betreut bzw. zu einer bestimmten Entwicklungsfrage begleitet. Durch die Begleitung erhält der Mentee Impulse und Erfahrungswissen, um eigene Praktiken zu entwickeln, die zu seinen Fähigkeiten und Eigenschaften passen.

Prozess
Mentoring ist ein Austausch. Damit ist nicht gemeint, dass ein Mentee Fragen stellt und der Mentor die passende Antwort parat hat. Der Mentee entscheidet eigenverantwortlich, was er wie verändern möchte. Die Mentorin unterbreitet Angebote, indem sie ihre Erfahrungen und ihr Urteilsvermögen beisteuert in Abhängigkeit vom jeweiligen Kontext. Mentoring bedeutet also im Arbeitskontext, anhand konkreter Beispiele aus dem Berufsleben zu lernen.

Einführung
Die Einführung von Mentoring in Unternehmen setzt erfahrungsgemäß ein Konzept voraus. Was möchte das Unternehmen mit Mentoring erreichen? Welche Prozesse aus der Organisation werden womöglich auf den Mentor übertragen? Eignet sich unsere Kultur für das Format?

Ein Mentoring kann beispielsweise starten, wenn ein neuer Kollege in die Organisation eingetreten ist, wenn ein Kollege in einen völlig anderen Arbeitsbereich wechselt oder wenn Erfahrungswissen innerhalb der Organisation auf mehrere verteilt werden soll.

Der Mentor muss kein Mitglied des Aufnahmeteams (⊕ S. 118) sein, auch wenn es häufig der Fall sein wird. Über das Probezeitende entscheidet gewöhnlich das Aufnahmeteam, wobei der Mentor sicherlich ein wichtiger Ansprechpartner für das Aufnahmeteam sein wird.

Während der Probezeit oder während der Mentoring-Zeit kann ein Mentee beispielsweise als zusätzliches Mitglied in die Kollegengruppe seines Mentors gehen, um auch in die Arbeit von Kollegengruppen eingeführt zu werden. Spätestens zum Ende des Mentorings muss der neue Kollege Mitglied in einer eigenen Kollegengruppe sein.

Die Verantwortung dafür, dass jede Neueingestellte eine Kollegengruppe und einen Mentor bekommt, liegt beim Aufnahmeteam, sofern kein anderer Standard vereinbart wurde.

Damit Mentoring gelingt
Insbesondere bei stark wachsenden Unternehmen und der damit häufig einhergehenden Verwässerung der Unternehmenswerte kann Mentoring gezielt eingesetzt werden, um genau dagegen zu wirken. Damit Mitarbeiter Mentoren-Mandate übernehmen wollen, benötigen sie Ressourcen wie Raum, Zeit, Materialien und Einarbeitung. Wird das Mandat dagegen einfach auf die bisherige Arbeit gepackt, verpufft sie wirkungslos, da sie nicht wahrgenommen werden kann und ggf. zu Überlastung und möglicher Enttäuschung führt.

Bereits wenn sich das Mentoring anbahnt, ist es wichtig, dies transparent zu machen. Die sofortige Verortung über diese Zweier-Beziehung innerhalb der Organisation schafft insbesondere bei neuen Mitarbeitern Klarheit für Kommunikationsschnittpunkte. Die neue Kollegin bekommt schnelleren Anschluss zu erfahreneren Kollegen, da sie automatisch mitläuft und die gut ausgebauten Kommunikationskanäle sofort kennen und üben lernt. Darüber hinaus werden Verantwortlichkeiten bekannt und gelebt. Während der Dauer des Mentorings wird die Organisation schrittweise und regelmäßig über das Fortkommen des Mentoring-Prozesses informiert. Diese Aufgabe kann sowohl der Mentor als auch der Mentee übernehmen.

Ende des Mentorings

Wichtig ist unserer Erfahrung nach, das Mentoring zeitlich zu begrenzen und innerhalb der Organisation rituell sowie transparent zu beenden, beispielsweise durch eine interne mündliche oder schriftliche Mitteilung oder eine kleine Feier. Damit ist das Verhältnis zwischen Mentor und Mentee wieder gelöst; beide Parteien treffen sich nun auf Augenhöhe.

Dauert das Mentoring so lange wie die Probezeit, ist die Zeit des Mentorings bereits definiert.
Falls kein fester Zeitraum vorgegeben wurde, ist es wichtig, bei Beginn des Mentorings und der Zielklärung klar zu beschreiben, wann es beendet wird. Weiter hilft es, festzuhalten, welche Kriterien dafürsprechen würden, das Mentoring zu beenden (Woran können wir es erkennen?) sowie klarzustellen, wer darüber entscheidet.

Ein Kriterium für das Ende eines Mentorings könnte beispielsweise sein, dass der Mentee jetzt selbst Mentor werden könnte. In diesem Fall entscheidet der Mentor über das Ende, wenn er beobachten kann, dass der Mentee dieses Kriterium erreicht hat. Der Mentee entscheidet über das Ende, wenn er durch erhaltenes Feedback innerhalb der Organisation ein Gefühl der Sicherheit entwickelt hat, nun keinen Mentor mehr zu benötigen.

Chancen des Mentorings

▶ Für Mentees:
Selbststeuerung, Verstehen der eigenen Wirkung, gezielter Einsatz der eigenen Stärken, Verantwortungsklärung, Reflexion der eigenen Rolle, mehr Verständnis für das Umfeld und das große Ganze, Kulturpflege, Networking, Entwicklungsperspektive (Karriere)

▶ Für Mentoren:
Selbstreflexion, Wertschätzung, Aufbau von und Abgabe an Nachfolger

▶ Für das Unternehmen:
Wissenstransfer, Bindung an das Unternehmen, Beitrag zur Kulturentwicklung, Lernprozesse gestalten, Erfahrungswissen weitergeben, höhere kommunikative Vernetzung, vielfältigere Kommunikation (insbesondere eingefahrene Kommunikationswege werden verlassen), Einarbeitungsprozesse selbstorganisiert gestalten

Die sofortige Transparenz über diese Lern-Dyade schafft im Arbeitskontext Klarheit für Kommunikationsschnittpunkte. Darüber hinaus werden dadurch Verantwortlichkeiten bekannt und gelebt.

Abb. 95: Mentoring.

QUERVERWEISE
➔ S. 99   Kollegengruppen in der Organisationsstruktur
➔ S. 97   Rollen- und Praktikergemeinschaften
➔ S. 118 Aufnahmeteam

Rollenklärung

Mitarbeitern wird in Organisationen oft nur mitgeteilt, dass sie eine neue Rolle bekommen. In hierarchisch geführten und karriereorientierten Unternehmen werden die Personen manchmal gar nicht vorher gefragt. Ihre Zustimmung wird einfach vorausgesetzt.

Gleichzeitig fühlen sich viele Mitarbeiter bei *Beförderungen* häufig auch zu geschmeichelt, als dass sie die Positionsveränderung oder ihre persönliche Eignung kritisch hinterfragen. Wenn die Begeisterung überwiegt, wird die neue Rolle einfach übernommen. Ernüchterung tritt erst dann ein, wenn sich die ersten Rollenkonflikte zeigen.

Was wir unter einer Rolle verstehen, haben wir bereits im Abschnitt Rolle (→ S. 102) beschrieben. Darin geht es hauptsächlich um Rollen, die zeitlich länger andauern.

Erwartungsdiffusion

Rollen sind Anknüpfpunkte für Arbeits- und Kommunikationsbeziehungen. Alle Mitarbeiter, auch der Rolleninhaber selbst, haben eine Vielzahl von meistens unausgesprochenen und höchst unterschiedlichen Erwartungen an die Rolle, die wie unsichtbare Fäden mit der Rolle verbunden sind.

Je unklarer und unsichtbarer diese verschiedenen Erwartungen sind, je weiter sie auseinandergehen, desto weniger Wirksamkeit kann die Rolle für die Organisation entfalten bzw. desto unklarer oder zufälliger ist ihre Wirkung.

Je mehr eine Rolle in Gesprächen zwischen den Beteiligten geklärt und geschärft wurde, je mehr sich die verschiedenen Erwartungen zu einem konkreten tragfähigen Strang verknüpfen lassen, desto mehr Zugkraft kann die Rolle entfalten.

Deswegen hat es für eine Organisation einen großen Nutzen, jede Rolle zunächst gemeinsam zu schärfen. Danach ist es für die potenziellen Rolleninhaber relevant, zu klären, wie sie diese Rolle ausfüllen können und möchten.

Das gilt nicht nur für dauerhafte und definierte Rollen, sondern in gewissem Maße auch für spontane Rollen, wie sie innerhalb von Arbeitstreffen und anderen Gesprächssituationen entstehen können.

Rollenklarheit

Folgende Fragen helfen Ihnen herauszufinden, wie klar eine Rolle definiert ist:
▶ Was ist der Grund, warum es diese Rolle geben soll (Sinn)? Woher kommt der Bedarf? Was soll sich durch die Rolle konkret verändern?
▶ Was ist der Aufgaben- und Verantwortungsbereich dieser Rolle, d.h., was gehört dazu und was nicht (Abgrenzung zu anderen)?
▶ Welche Befugnisse sind mit der Rolle verbunden?
▶ Wie wurde diese neue Rolle innerhalb der Organisation oder des Kreises kommuniziert (Status)?

Inhaberklarheit

Verschiedene Rollenwahlverfahren (→ S. 192) helfen dabei, die für die Rolle passende Person zu finden und den Kreis oder das Plenum darüber abstimmen zu lassen.

Als potenzieller Rolleninhaber können Sie (sich) fragen:
▶ Wie genau habe ich diese Rolle zu erfüllen? Was ist nicht gewünscht?
▶ Wie passen diese Themen zu meinem vorhandenen Erfahrungswissen? Wo benötige ich noch Unterstützung? Von wem kann ich lernen?
▶ Wie erkenne ich, dass ich die Rolle nicht professionell ausführen kann?
▶ Wie steht die neue Rolle in Bezug zu meinen bisherigen Rollen und den anderen Aufgaben? Ist das zeitlich und strukturell überhaupt leistbar?
▶ Welche Erwartungen sind an die Rolle geknüpft?
▶ Wie kann ich eskalieren?
▶ Wie kann ich die Rolle zurückgeben?

In Organisationen können wir Rollen als eine Art Kleidungstück betrachten. Alle damit verbundenen Erwartungen oder Konflikte können durch Entrollung (Rollenrückgabe) wieder vom bisherigen Rolleninhaber gelöst werden – im Gegensatz zu Familiensystemen, in denen dies nicht möglich ist. Dort erhalten wir Rollen (Vater, Kind, Schwester) von oder mit Geburt an.

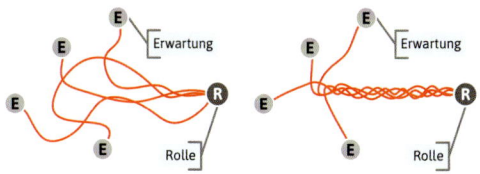

Abb. 96: Die Wirksamkeit einer Rolle hängt von der Bündelung der an sie gerichteten Erwartungen ab. [→ http://kollegiale-fuehrung.de/rollenklärung/]

Kollegengruppenprozess

Kollegengruppentreffen sind Arbeit. Kollegengruppen (➜ S. 99, Definition) benötigen Raum, Materialien und vor allem Zeit, die sie sich eigenverantwortlich nehmen.

Bei der Einführung von Kollegengruppen ist es hilfreich, über deren Aufgaben, Strukturen und Ziele zu sprechen und diese initial festzulegen:
- Was wollen wir als Organisation und als Individuen mit den Kollegengruppen erreichen?
- Welche (bisherigen) Personalprozesse ersetzen wir dadurch?
- Wie sorgen wir dafür, dass relevante Information an zentrale HR-Instanzen zurückfließen?

Folgende Chancen können Kollegengruppen eröffnen:
- *Für Kolleginnen*:
  Selbststeuerung, Erhöhung des Selbstbewusstseins, Eigenverantwortung, wertvolles regelmäßiges Feedback auf Augenhöhe, Selbstreflexion, vertrauliche Atmosphäre, da Hierarchiefaktor fehlt, erleben, dass Entwicklung selbst gestaltet werden kann.
- *Für Human Resources (HR)*:
  Abgabe von Prozessen und Verantwortung, Feedback wird dort gelebt, wo es Beobachtungen gibt, Förderung von Eigeninitiative.
- *Für das Unternehmen*:
  Mehr eigenverantwortliches Arbeiten, Erhöhung der Kommunikationspfade, Abgabe von Kontrolle durch Vertrauen in die Fähigkeiten.
  Für die Kollegengruppe können wenig strukturierte, sporadische und informelle Treffen einerseits und strukturiertere, formale und zweckgebundene Treffen andererseits unterschieden werden.

Regelmäßige, wenig strukturierte Treffen

Die meisten Kollegengruppen verabreden sich in einem bestimmten Rhythmus, beispielsweise zweiwöchentlich, monatlich oder zweimonatlich, für eine feste Dauer von ein, zwei oder drei Stunden, um bei diesen Treffen über die Anliegen zu sprechen, die gerade aktuell sind.

Manchmal startet ein Kollege gleich mit einem dringlichen Anliegen, manchmal erzählt jeder erst einmal, wie es ihm geht. Bei diesen Treffen ist es meistens auch akzeptabel, wenn mal eine Kollegin fehlt.

Regelmäßige, strukturierte und formale Treffen

Mindestens einmal jährlich sollten zweckgebundene Treffen aller Kollegengruppen stattfinden, um einen Mindeststandard zu gewährleisten. Für diese Treffen sollte das Personalsekretariat (➜ S. 118) einen Leitfaden, eine Checkliste oder eine Moderation bereitstellen und beispielsweise vier Termine anbieten, also etwa alle drei Monate ein Treffen, von denen dann die Kollegengruppen zwei Termine auswählen, an denen alle ihre Mitglieder teilnehmen können.

Während dieser zentral organisierten Termine versammeln sich alle Kollegengruppen gemeinsam in einem großen Raum, jede Kollegengruppe an einem eigenen Tisch, um dann zentral angeleitet und moderiert parallel zu arbeiten.

Beispiel-Leitfaden für Beurteilungen

Alle Kollegen bereiten sich bereits vor dem Treffen individuell mit einem Fragenkatalog vor. Während des Treffens werden die Antworten dann ausgetauscht und besprochen. Am besten existiert eine allgemeine Vorlage, auf die jeder Zugriff hat.

Der Zeitraum des Rück- oder Vorblicks bezieht sich jeweils auf den Abstand zum letzten bzw. nächsten geplanten regulären Treffen.

1. Aufgaben: Welche Aufgaben hast du tatsächlich wahrgenommen? Notiere nur solche, die aus deiner Sicht eine besondere Bedeutung hatten oder die einen wesentlichen Teil deiner Arbeitszeit ausmachten.

   Zweck dieser Frage: Um dir später ein Arbeitszeugnis auszustellen, ist es wichtig, zu wissen, welche Aufgaben du tatsächlich wahrgenommen hast.

2. Feedback und Beurteilungen: Von wem hast du Feedback, Coaching, Supervision oder die Einarbeitung bekommen? Von wem hast du Beurteilungen zu deinen Leistungen und deinem Sozialverhalten erhalten? Dazu können auch Kunden, Geschäftspartner und andere Externe zählen. Fasse die wichtigsten Aussagen, Erkenntnisse und Beurteilungen zusammen und nenne schriftlich Namen, Zeitpunkt und Inhalte.

   Zweck dieser Frage: Deine Kollegen sollen beurteilen können, ob du ausreichend Möglichkeiten zum Eigen- und Fremdbildabgleich hattest, und sicherstellen, dass die für eine spätere Arbeitszeugniserstellung relevanten Informationen in die Personalakte fließen.

3. **Fähigkeiten:** Welche inhaltlich-fachliche Bandbreite hast du? Ist die Bandbreite zu eng? Oder zu breit? Inwieweit passt sie zu deinen Bedürfnissen, den Anforderungen des Marktes und den Bedürfnissen des Unternehmens? Notiere Stichworte zu deinem Eigenbild und ergänze aus dem Gespräch das Fremdbild aus deiner Kollegengruppe.

   Zweck dieser Frage: Überprüfe, ob du fachlich zu den Anforderungen deines Kreises, Teams oder der Organisationseinheit(en) passt?

4. **Fürsorge:** Wie war deine gefühlte und tatsächliche Arbeitsbelastung? Wie viele Einsatztage, Auswärtstage, Fehltage und Überstunden hattest du? Bringst du das richtige Maß von Leistung (nicht zu wenig und nicht zu viel)? Mehr als 50 kumulierte Überstunden sind in der Kollegengruppe anzusprechen, mehr als 200 sind an das Personalsekretariat zu melden. Notiere deine Daten, deine Meinung und aus dem Gespräch dann die Meinungen aus deiner Kollegengruppe.

   Zweck der Frage: Fürsorge und Beurteilung deines Selbstmanagements und deiner Effizienz.

Nach dem gegenseitigen Austausch wird dieses Blatt von allen Kollegen unterzeichnet und später in der Personalakte des jeweiligen Kollegen abgelegt.

QUERVERWEISE
➔ S. 99 Kollegengruppen in der Organisationsstruktur

Abb. 97: Kollegengruppen-Treffen.

Beispiel-Leitfaden zur Entwicklung
Jetzt kommt der Hauptteil des Kollegengruppentreffens. Jeder beantwortet folgende Kernfragen sowohl aus seiner eigenen als auch aus der Unternehmensperspektive:
1. Was hast du erreicht?
2. Was möchtest du als Nächstes erreichen?
3. Wie kannst du dich verbessern?
4. Arbeitsrechtliche Formalien und Vereinbarungen mit dem Arbeitgeber.

Die ersten drei Punkte sprechen für sich. Der letzte Punkt kann folgende Vereinbarungen betreffen:
▶ Änderungen der Wochenarbeitszeit, Genehmigung von Sabbaticals und evtl. daran geknüpfte Auflagen. Die Entscheidung erfolgt in der Kollegengruppe per soziokratischen Konsent, d.h. nur sofern aus der Kollegengruppe kein Veto kommt. Das Stundengehalt bleibt unverändert, d.h., das Gehalt wird ggf. im arithmetischen Verhältnis angepasst.
▶ Fortbildungen, Kuren, Urlaubstermine (und urlaubsähnliche Überstunden–Abbummeltermine). Die Entscheidung darüber liegt allein beim betroffenen Kollegen, eventuelle Einwände aus der Kollegengruppe sind jedoch zu protokollieren.
▶ Anmerkungen, Notizen und sonstige Formalien des Arbeitgebers.

Die jeweils anderen Mitglieder aus der Kollegengruppe repräsentieren den Arbeitgeber und können aus dieser Rolle heraus wichtige Sachverhalte und Informationen festhalten. Dazu gehören auch Erwartungen, offizielle Aufforderungen, Ermahnungen, Rügen und arbeitsrechtliche Abmahnungen. Deswegen ist die Mitgliedschaft in Kollegengruppen nicht freiwillig.

Zu allen Punkten prüfen die Kollegen, ob die Belange des Unternehmens gut, normal oder eher weniger berücksichtigt wurden. Jeder protokolliert für sich die wichtigsten ihn betreffenden Einsichten, Informationen und Ergebnisse simultan (je eine Seite für jede der Kernfragen, ggf. Aufzählungspunkte/Stichworte). Am Ende des Kollegengruppentreffens lesen die jeweils anderen Kollegen das Selbstprotokoll, können eigene Anmerkungen anfügen und unterschreiben es.

Das Material geht anschließend in die Personalakte.

Anwendungsfall Arbeitszeugnis

Mitarbeiter haben einen Anspruch auf ein Arbeitszeugnis – zwischendurch bei wichtigen Veränderungen und beim Ausscheiden aus dem Unternehmen.

Sofern die Kollegen keine feste Führungskraft mehr haben, die regelmäßig Personalgespräche und -beurteilungen durchführt, stellt sich die Frage, woher die Informationen zur Anfertigung eines Arbeitszeugnisses kommen.

In einer kollegial geführten Organisation können dies die Kollegengruppen (→ S. 99, 220) übernehmen. Sie sind dann vor allem für zwei wichtige Beiträge verantwortlich:

- Regelmäßig, beispielsweise einmal jährlich, dokumentieren, welche zeugnisrelevanten Aufgaben jeder Kollege seit dem letzten Bericht wahrgenommen hat, und diesen Bericht in der Personalakte ablegen lassen.
- Ebenso regelmäßig eine fachliche und soziale Beurteilung für jeden Kollegen gewährleisten, die ebenfalls in der Personalakte abgelegt wird.

Bei Bedarf kann das Personalsekretariat aus diesen Dokumenten ein Arbeitszeugnis erstellen, das wiederum von der aktuellen oder letzten Kollegengruppe des betroffenen Mitarbeiters aktualisiert und freigegeben wird.

Selbst wenn eine Kollegin öfter ihre Kollegengruppe gewechselt hat oder alle anderen Kollegen nicht mehr im Unternehmen sind, kann ein Arbeitszeugnis ausgestellt werden.

Wer unterschreibt das Arbeitszeugnis? Um Missverständnisse bei zukünftigen Arbeitgebern zu vermeiden, dürfte es hilfreich sein, wenn die formale Geschäftsführung unterschreibt. Am passendsten wären aber die Kollegen aus der Kollegengruppe.

QUERVERWEISE
→ S. 99 Kollegengruppen in der Organisationsstruktu
→ S. 220 Kollegengruppenprozess

Anwendungsfall Arbeitszeit

Die zu leistende und die tatsächlich geleistete Arbeitszeit ist und bleibt auch in kollegial geführten Unternehmen ein relevanter Faktor für Mitarbeiter, sowohl im kollegialen Miteinander als auch in Bezug auf die individuellen Kompensationen.

Erwartetes Arbeitsvolumen

In vielen agilen Unternehmen können die Kolleginnen ihre vertraglich vereinbarte durchschnittliche Wochenarbeitszeit innerhalb einer bestimmten Bandbreite (bspw. 20 bis 40 Stunden/Woche) und unter bestimmten organisationsspezifischen Bedingungen eigenständig verändern.

Auswirkungen auf die Belastung oder Flexibilität der Kollegen und Kreise sind dabei jeweils zu berücksichtigen, zum einen innerhalb der Kreise, für die ein Mitarbeiter tätig ist, andererseits innerhalb der Kollegengruppe (→ S. 99) für die allgemeine soziale Kontrolle.

Jede Änderung der Wochenarbeitszeit bedeutet außerdem eine formale Änderung des Arbeitsvertrages. In den meisten Fällen verändert sich das Einkommen dabei linear im Verhältnis zur vereinbarten Wochenarbeitszeit. Die Organisation insgesamt oder die jeweiligen Kreise sollten eine Untergrenze festlegen, weil der Anteil der Führungs- und Kulturarbeit sonst überproportional hoch und damit die Arbeitsleistung unwirtschaftlich werden würde.

Tatsächliches Arbeitsvolumen

Die Mitglieder in Kollegengruppen sollten sich gegenseitig beobachten, inwieweit das tatsächliche Arbeitsvolumen angemessen ist, und die diesbezüglichen Erwartungen an jeden Einzelnen klar formulieren. Die Arbeitszeit kann auch Teil der internen Transparenz sein, sodass jeder Kollege sehen kann, wer wie viel Soll- und Ist-Arbeitszeiten hat.

Zur Beobachtung und Erwartungsklärung gehören Minderleistungen, viel häufiger jedoch zu hohe Arbeitsbelastung und zu viel Überstunden. Wer einen 30-Stunden-Vertrag hat, aber regelmäßig 40 Stunden pro Woche arbeitet, sollte vielleicht seinen Arbeitsvertrag anpassen.

Sofern Kolleginnen regelmäßig mehr arbeiten als vorgesehen oder viele Überstunde aufbauen (mehr als 100 Stunden), sind gemeinsame Reflexionen und Interventionen darüber sinnvoll (in Kreisen und Kollegengruppen), ob beispielsweise weitere Kollegen zur Entlastung einzustellen oder Kollegen aus Gründen der Fürsorge in die Grenzen zu verweisen sind.

Gerade in Arbeitskontexten, in denen nicht die Anwesenheit zählt, sondern das Ergebnis, ist diese Fürsorge wichtig, um Überlastungen vorzubeugen.

Wir möchten eine starke Leistungsorientierung (→ S. 17, orange) weder in der einen oder anderen Weise (moralisch) bewerten. Wir halten es lediglich für notwendig, dass innerhalb einer Organisation dieser Wert klar ist, um Konflikte aufgrund unterschiedlicher Erwartungen und Bedürfnisse zu vermeiden. Wie wichtig ist Arbeitseffizienz? Wie viele Leistungsreserven sollen vorgehalten werden? Welche Flexibilität ist notwendig und wie soll sie hergestellt werden? Derartige Fragen muss jede Organisation für sich entscheiden.

> **BEISPIEL: VERTRAUENSÜBERSTUNDEN**
>
> In unserem eigenen Unternehmen hatten wir Mitte der 2000er-Jahre die zentrale Arbeitszeiterfassung abgeschafft und Vertrauensarbeitszeit eingeführt. Dennoch wollten wir das Grundprinzip beibehalten, dass jede geleistete Arbeitsstunde auch bezahlt wird.
>
> Dass Mitarbeiter selbstständig entscheiden, wo und wofür sie wie viel arbeiteten (also ggf. Überstunden erzeugten) oder auch wieder abbummelten, blieb als Grundprinzip unverändert. Es ging also nur um die Überstunden, welche die Kollegen nicht kurzfristig durch Freizeit ausgleichen konnten.
>
> Unsere Lösung: Jede Kollegin meldet zum Ende eines jeden Halbjahres der Personalbuchhaltung den aktuellen Überstundenstand. Dieser Wert wird dann ausbezahlt. Die gemeldete Zahl wird jedoch nicht kontrolliert, sie muss nur glaubhaft gemacht werden. Es bleibt jeder Kollegin selbst überlassen, wie sie ihre Arbeitszeit protokolliert und kontrolliert, ob sie beispielsweise das angebotene Erfassungswerkzeug nutzt oder ein eigenes.

Zeiterfassung

In vielen Unternehmen gibt es keine vorgeschriebene Zeiterfassung mehr, sodass sich die Frage stellt, wie Über- oder Unterlastungen überhaupt beobachtet werden können. Unternehmen, Kreise oder ggf. Kollegengruppen sollten sich daher bewusst für ein Prinzip entscheiden, das sie für ihren Kontext für angemessen und verantwortungsbewusst halten.

Anwendungsfall Gehaltserhöhung

Das Thema Gehaltserhöhung behandeln wir mit Rücksicht auf den Umfang dieses Buches nur beispielhaft. Es gibt viele verschiedene Varianten und wir beschreiben hier nur eine, die uns besonders gefällt.

Nur ein Beispiel

Ein Kollege, der eine Gehaltserhöhung erhalten möchte, wendet sich an den Gehaltskreis und vereinbart mit diesem, von welchen anderen Kollegen er sich zuvor Feedback und Meinungen dazu einholen soll. Typischerweise werden diese Meinungsgeber bezüglich der persönlichen Nähe und der Beurteilungsperspektive heterogen gemischt.

Der Kollege konsultiert dann eigenständig die vereinbarten Kollegen zu seinem Anliegen mit einem konkreten Gehaltswunsch. Sofern der Gehaltskreis allgemeine Beurteilungskriterien definiert hat, sind diese zu berücksichtigen.
Sobald alle vereinbarten Rückmeldungen der Kollegen dem Gehaltskreis vorliegen, bestimmt der Gehaltskreis die neue Gehaltshöhe.

Varianten

Ein alternatives Verfahren wäre, dass nicht der Gehaltskreis die Entscheidung trifft, sondern der Kollege selbst. In diesem Fall ist zur sozialen Kontrolle der Gehälter sowohl eine allgemeine Gehaltstransparenz notwendig als auch die organisationsinterne Veröffentlichung jeder einzelnen selbstbestimmten Gehaltsveränderung.

Eine weitere Alternative wäre, dass statt individuell gewählter Konsultationspartner stets die eigene Kollegengruppe zu konsultieren ist oder die eigenen Kollegengruppe statt des Gehaltskreises die Feedback-Partner auswählt.

> **PRAXISBEISPIEL**
>
> Das hier beschriebene Verfahren mit einem Gehaltskreis ist verhältnismäßig leichtgewichtig. Das Hamburger Unternehmen it-agile praktiziert dieses Verfahren seit mehreren Jahren zufriedenstellend und berichtet darüber Folgendes: „Die Befürchtung einiger, dass sich durch diesen Prozess das Gehalt mit der Zeit immer weiter hochschaukelt, hat sich nicht bestätigt. Es gibt auch kein Gehaltsbudget, welches über die Mitarbeiter verteilt werden muss.
>
> Die Annahme, dass hohe Gehälter nur bei hohem Nutzen des Mitarbeiters für die Firma gezahlt werden und damit das Gehalt auch erarbeitet wird, hat sich bestätigt. Es gab sogar Kollegen, die das Feedback erhalten haben, dass ihr Gehalt als ungerecht hoch empfunden wird. Diese Mitarbeiter haben freiwillig eine niedrigere Stufe gewählt. Auch wurden Mitarbeiter von Kollegen für eine Hochstufung empfohlen, die sich selbst nicht um eine Hochstufung gekümmert hätten."
> (Sven Günther in [it-agile2015, S. 58]).

Weitere Überlegungen

Unserer Meinung nach kommt es auf die rein subjektive Gerechtigkeit an. Eine objektive Bestimmung ist kaum möglich, weil in einer komplexen Arbeitswelt selten belastbare kausale Zusammenhänge und Kennzahlen existieren. Wer welchen Beitrag zu etwas geleistet hat, ist kaum objektiv zu bestimmen.

Wie viel ein Kollege verdient, hat außerdem ganz unterschiedliche historische und instabile Gründe, wie:
▶ der aktuelle Marktpreis der Qualifikation zum Zeitpunkt der Einstellung,
▶ der aktuelle Druck in der Organisation und die wirtschaftlichen Möglichkeiten, schnell eine passende Person zu finden,
▶ das Verhandlungsgeschick der Parteien,
▶ das gesamtwirtschaftliche Umfeld,
▶ der private Druck und die Lebensumstände des Bewerbers (Familie, Schulden, Gesundheit etc.),
▶ die vorab nicht validierbaren gegenseitigen Erwartungen und Zuschreibungen.

Zudem spielen Alter, Geschlecht, Familienstand und Ethnie eine stärkere Rolle als zugegeben wird oder beabsichtigt ist.

Anwendungsfälle Abmahnung und Kündigung

> In einer kollegial geführten Organisation sind die Anwendungsfälle der Abmahnung und Kündigung mehr oder weniger komplett neu zu erfinden.

Während die Neueinstellung inklusive der Entscheidung über die Probezeit mithilfe eines Aufnahmeteams (➲ S. 118) und unterstützt durch ein Mentoring (➲ S. 217) kollegial geregelt werden kann, sind bei Trennungen sehr viel mehr Fragen offen.

Die Personen die einen Kollegen ursprünglich eingestellt haben, kommen für die Kündigung kaum infrage, möglicherweise sind sie gar nicht mehr im Unternehmen.

An dieser Stelle einige Ideen zu möglichen Trennungsprozessen.

Die Ernstfallübung
Wenn unklar ist, wie eine Trennung (gilt gleichermaßen für Abmahnung) zu erfolgen hat, kann dieser Fall dennoch regelmäßig geprobt werden, beispielsweise durch ein Rollenspiel, in dem 2 bis 3 Kollegen einen anderen loswerden möchten. Was glauben die Kollegen in dem Spiel, welche Möglichkeiten sie haben und welches Verhalten angemessen ist? Wesentlich bei diesem Spiel ist die abschließende gemeinsame Reflexion, in der Möglichkeiten und Einsichten festgehalten werden und aus der ggf. Vereinbarungen hervorgehen, wie das Thema Trennung in der Organisation weiterentwickelt werden kann. Selbst wenn es bisher keine Prozesse und Ideen dazu gibt, eine Ernstfallübung ist der erste Schritt. Sie macht zumindest deutlich, was fehlt.

Das selbstermächtigte Trennungsteam
Ähnlich wie sich ein Aufnahmeteam bilden kann, um eine Person einzustellen, wäre die Bildung eines Trennungsteams denkbar (gilt gleichermaßen für Abmahnung). Wünschen sich beispielsweise mindestens drei Kollegen die Trennung von einem Mitarbeiter, dann bilden diese ein Trennungsteam. Die Aufgabe des Trennungsteams wäre, mit dem betroffenen Kollegen in einen Dialog zum Trennungsanliegen einzutreten, die verschiedenen Sichtweisen auszutauschen, eventuell weitere Sichtweisen einzuholen und daraufhin eine Entscheidung zu treffen. Das Trennungsteam wäre vollumfänglich auch für alle Konsequenzen verantwortlich, beispielsweise Ersatzpersonal einzustellen, die Kompensation von Arbeitsausfällen zu organisieren, die Finanzierung von Anwälten, Abfindungen, Arbeitsprozesse sicherzustellen, die interne und externe Kommunikation, der Umgang mit der sozialen Dynamik oder mit Folgekonflikten.

Das gewählte Trennungsteam
Alternativ kann die Konstitution eines Trennungsteams an eine Ermächtigung als konsultativer Einzelentscheid durch das Plenum oder einen Top-Kreis gebunden werden. Bei der Wahl und Beauftragung des Trennungsteams hat der von der Trennung betroffene Kollege grundsätzlich keine Vetomöglichkeit. Optional können auch Vertreter der formalen Geschäftsführung und eines Top-Kreises obligatorische gleichberechtigte Mitglieder eines Trennungsteams sein. Eine Geschäftsführerin könnte dann beispielsweise mit ihrem Veto eine Trennung verhindern.

Der Trennungskonsent oder Abmahnungskonsent
Eine weitere Möglichkeit wäre, dass irgendjemand eine Trennung oder Abmahnung im Plenum als soziokratischen Konsent zur Entscheidung stellt. Auch hier hat die Betroffene keine Vetomöglichkeit und die Trennung bzw. Abmahnung gilt als beschlossen, sofern niemand ein Veto einlegt. Zu beachten ist hier, dass es, wie im Konsent üblich, nicht entscheidend ist, wer die Entscheidung gut findet und befürwortet, sondern lediglich das Fehlen eines Vetos. Dafür genügt ein einzelnes Veto, um eine Trennung oder Abmahnung zu verhindern.

Gemeinsamkeiten

Bei allen Trennungsinitiativen ist es wichtig, das für den betroffenen Kollegen zuständige Personalsekretariat und in jedem Fall auch die formale Geschäftsführung einzubeziehen, um alle arbeitsrechtlichen Besonderheiten und Anforderungen angemessen zu berücksichtigen und auch der Geschäftsführung ihre formale Verantwortung zu ermöglichen. Geschäftsführung und Personalsekretariat haben auch Einsicht in die Personalakte, in der möglicherweise (vertrauliche) Informationen enthalten sind, die zu völlig anderen Bewertungen oder eben einem Veto führen können.

Praktisch werden die Beteiligten, wer auch immer diese sein mögen, eine Trennung immer als allerletzte Möglichkeit sehen. Zuvor sind alle anderen Möglichkeiten auszuschöpfen, beispielsweise dem betroffenen Kollegen überhaupt Feedback zu geben, ihm besondere Unterstützung anzubieten, Möglichkeiten zur Konfliktvermeidung zu nutzen (bspw. durch neue Aufgaben und andere Kreiszugehörigkeiten), eine Konfliktmediation, ein Vergleich oder ein Abfindungsangebot, externe Beratung zur Trennung oder Neuorientierung.

Austrittsgespräche

Für viele kollegial geführte Unternehmen ist es aufgrund ihrer Werte selbstverständlich, Kollegen, die das Unternehmen verlassen möchten, so zu unterstützen, dass sie gut ihren Weg weitergehen können, wenngleich auch woanders. Dazu kann die Bereitstellung von Zeit und Ressourcen gehören ebenso wie spezielle Austrittsgespräche. Das gilt insbesondere dann, wenn Mitarbeiter das Unternehmen verlassen, weil sie nicht mehr hineinpassen, weil sich das Unternehmen, der Kollege oder beide Seiten so weiterentwickelt haben, dass die Attraktivität und Anschlussfähigkeit nicht mehr genügen.

Wir kennen sogar Beispiele von Unternehmen, die jedem, der kündigt, eine Prämie zahlen, um sicher darin zu werden, dass alle Kollegen auch wirklich Teil der Organisation sind.

Abb. 98: Austrittsgespräche.

QUERVERWEISE
→ S. 259 Konflikte und Spannungen
→ S. 262 Konfliktlösungskompetenzen

Anwendungsfälle Arbeitswegfall, Trennung oder Ausschluss

Manchmal passt ein Kollege einfach nicht in ein Team, in eine Kultur oder zu einer Aufgabe. Die Bedürfnisse, Möglichkeiten und Interessen von Menschen ändern sich und ebenso die eines Unternehmens. Möglicherweise entfällt auch die Arbeit oder ändert sich grundlegend. Wenn Mitarbeiter und Unternehmen nicht mehr zusammenpassen, ist dies zunächst zu würdigen und als das anzuerkennen, was es ist.

Hier geht es nicht um Bewertungen, sondern darum, wertschätzend und respektvoll miteinander Lösungen zu suchen, bei denen alle Beteiligten wachsen und gewinnen.

Da hilft es auch nicht, wegzusehen, die Herausforderungen zu ignorieren und zu hoffen, dass ein Wunder geschieht.

Grundprinzip

Jeder ist für seinen eigenen Wertschöpfungsbeitrag im Unternehmen verantwortlich und muss sich gegebenenfalls selbstständig neue passende Aufgaben suchen oder kreieren.

Die übrigen Kollegen haben dabei eine Fürsorge- und Unterstützungspflicht gegenüber dem Individuum ebenso wie für die Gemeinschaft.

Neuorientierungsverfahren

Der Ausschluss eines Kollegen aus einem Kreis oder der Wegfall seiner Aufgaben und Arbeit ist eine Chance für den Kollegen und das Unternehmen, seine Fähigkeiten an anderer Stelle zu erproben und zu beweisen. Wird ein Kollege ausgeschlossen oder hat er keine passende Arbeit mehr, bekommt er ausreichend Zeit (Monate) und Unterstützung, sich neu zu orientieren und eine passende Wertschöpfungsmöglichkeit im Unternehmen zu finden oder zu kreieren.

Findet eine Kollegin trotz ausreichender Zeit keine passende Wertschöpfungsmöglichkeit im Unternehmen, sollte ihr die Möglichkeit geboten werden, sich außerhalb des Unternehmens eine passende Arbeit zu suchen.

Benötigte Rollen und Ressourcen

Geht der Veränderungsbedarf nicht vom Wegfall der Arbeit, sondern von Personen aus, gelten zunächst die gleichen Verfahren und Prinzipien und es braucht die gleichen Rollen und Ressourcen wie beim Konfliktlösungsverfahren (➔ S. 262).

Der Ausschluss eines Mitgliedes aus einem Kreis geschieht im Normalfall im Konsent (➔ S. 160), in dem der Auszuschließende keine Vetomöglichkeit hat.

Aus dem Ausschluss erwächst dann aber eine spezielle Verantwortung der ausgeschlossenen Person gegenüber, die von dem ausschließenden Kreis getragen werden muss.

Der ausschließende Kreis hat maßgeblich die Ressourcen zur Neuorientierung des Ausgeschlossenen bereitzustellen und den Prozess konstruktiv und fürsorglich zu begleiten. Rausschmeißen und dann weggucken geht nicht.

Der Kreis hat solange eine Fürsorgepflicht, bis eine neue fürsorgliche Umgebung gefunden wurde, oder zumindest eine angemessene Zeit lang. Dazu gehören auch Probearbeit, Hospitationen und Praktika in anderen Unternehmensbereichen.

Geht der Veränderungsbedarf von der Arbeit aus, d.h., ist für eine Person nicht mehr in ausreichender Weise passende Arbeit und Wertschöpfungsmöglichkeit vorhanden, verhält es ähnlich. Auch wenn hier kein Mitglied per Konsent ausgeschlossen wird, besteht die Fürsorgepflicht des Kreises dem Individuum ebenso wie dem Unternehmen gegenüber.

Trennungsprozess-Coach

Die verantwortlichen Kreise können damit durchaus überfordert sein, weil sie beispielsweise ihre eigene Wertschöpfung sonst zu sehr vernachlässigen würden, weil ihre Kommunikations- und Konfliktfähigkeiten nicht ausreichen oder weil sie nicht genügend Wissen oder Ideen haben, wo im Unternehmen Bedarf existiert oder kreiert werden könnte.
Niemand darf aber in einem Vakuum oder auf einem Abstellgleis landen. Es darf auch zu keiner Verantwortungsdiffusion kommen.

Deswegen ist es sinnvoll, dass jeder Ausschluss im Zweifelsfall von einem damit vertrauten Prozesscoach, einem Coaching-Kreis (➔ S. 121,248) und/oder Personalspezialisten (HR) systematisch begleitet wird. Auch kleine Organisationen sollten eine solche Rolle explizit besetzen, und wenn es im Zweifelsfall der formale Chef ist.

*Bewältigte Komplexität führt zu Kultur,
Kultur führt zu bewältigbarer Komplexität.*

Bernd Schmid

Unternehmenskultur ist der Bodensatz des Erfolgs.

Ed Schein

Reflexions- und Kulturprozesse

 S. 230

Reflexion

 S. 233

Auftragsklärung

 S. 234

Werteklärung

 S. 238

Kulturbeobachtung

 S. 239

Kulturbildung

 S. 241

Achtgebung

 S. 242

Organisations-
Benutzungsanleitung

 S. 244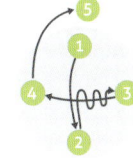

Tetralemma

Reflexion

Damit wir uns als Person weiterentwickeln können, sind wir auf Rückmeldungen von außen zu unserem Verhalten angewiesen. Genauso benötigen wir in der Organisation regelmäßig Rückmeldungen zum Verhalten ihrer Mitglieder, zu den Prinzipien, den Prozessen oder Entscheidungen.

Einerseits, um zu überprüfen, ob unsere Handlungen in die gewünschte Richtung wirken, und andererseits, um nicht zieldienliche Handlungen abzustellen, damit sich auch die Organisation weiterentwickeln kann. Dies geschieht, indem wir beginnen, unsere Beobachtungen konkret zu beschreiben und uns darüber austauschen, was wir aus unseren Handlungen, Entscheidungen und Entwicklungen lernen können.

DEFINITION: REFLEXION

„Reflexio", lateinisch für „sich zurückbiegen", wird hier in der Bedeutung für ein vertieftes Denken verwendet.

Reflektieren bzw. vertieftes Denken benötigt Zeit und Ruhe. Dabei ist es hilfreich, zu verstehen, wie wir als Individuum und als Mitglied einer Organisation funktionieren. Unsere Handlungsmuster und unsere starke naturwissenschaftliche Prägung können uns dabei in die Quere kommen.

Wie wir bereits beschrieben haben (→ S. 36), durchlaufen wir beim Wahrnehmen verschiedene Prozesse. Dabei greifen wir ständig situativ auf unser gesamtes Erfahrungswissen und unser emotionales Erfahrungsgedächtnis zurück, um für die vorherrschende Situation angemessen zu handeln.

Selbstorganisation ist Neuland

Häufig haben Menschen schon viele Veränderungsprozesse in Unternehmen miterlebt und miterlitten und ein entsprechendes Erfahrungswissen angesammelt. Die meisten Mitarbeiterinnen verfügen jedoch über so gut wie kein Erfahrungswissen darüber, was Selbstorganisation bedeutet und wie diese zu meistern ist. Die bekannten Arbeitssituationen und die Arbeitssozialisation beziehen sich meistens auf hierarchische Kontexte mit Vorgesetzten.

Wie kann kollegiale Führung so eingeführt werden, dass Mitarbeiter diesen Schritt mitgehen wollen und dabei nicht überfordert werden? Wir glauben, dass erst neues Erfahrungswissen bei allen Beteiligten entstehen muss. Wir betreten gemeinsam Neuland.

Wahrnehmung überdenken, verlangsamen

Was können wir tun, um unpassende Handlungsmuster (sogenannte Reiz-Reaktions-Muster), die uns in der jeweiligen Situation nicht weiterhelfen, zu verlassen und stattdessen neue, passendere Handlungsweisen zu finden, für die wir bislang kein Erfahrungswissen, ja nicht einmal eine Idee entwickelt haben? Wie können wir aus unbewussten impliziten Prozessen bewusst aussteigen, um für uns zu sorgen und möglicherweise förderliche neue und andere Verhaltensmuster einzuüben, die wiederum in unserem Erfahrungsspeicher abgelegt werden und dann leichter bei einer zukünftig ähnlichen Situation abgerufen werden können?

Die Reflexion ist der erste Schritt zur Veränderung.
Humberto Maturana

Bewusste Wahrnehmungsverzögerung und verlangsamtes Wahrnehmen kann durch Reflexion erfolgen. Alle Menschen, vorausgesetzt, sie verfügen über ein gesund entwickeltes Gehirn, sind in der Lage zu reflektieren, dadurch ihren Wahrnehmungsprozess zu verlangsamen und durch unterschiedlichste Interventionen neue neuronale Verknüpfungen in ihrem Gehirn anzuregen.

Menschen reflektieren individuell und situativ unterschiedlich. Auch unterscheiden sie sich in der Art und Weise sowie in der Bereitschaft, wie eine Kopplung, also das Aufnehmen von Kommunikation, geschieht. Wann und wie funktioniert etwas in der Wahrnehmung so, dass es zu uns durchdringt? Und wie funktioniert das bei jedem Einzelnen genau?

Um zu reflektieren, können wir sowohl eigenverantwortlich eigene innere Interventionen durchführen als auch Impulse von außen nutzen. Um eigene blinde Flecken zu erkennen, sind wir jedoch auf Rückmeldungen von außen angewiesen.

QUERVERWEISE
 S. 36 Sinn und Bedeutung kreieren

Selbstreflexionstechniken

Einige Praktiken, dies alleine für sich zu tun, sind:
- vertieftes Nachdenken (innerer kritischer Dialog, philosophieren),
- meditieren,
- Nutzung von visuellen Reflexionstechniken,
- Notizbücher führen, etwas verschriftlichen.

Fremdreflexionstechniken

Rückmeldungen von außen:
- situatives Feedback,
- Teilnahme an Retrospektiven,
- systemisches Coaching,
- Supervision,
- Rückmeldung innerhalb von Kollegengruppen,
- vertrauliches Gespräch mit einer wohlwollend kritischen Person,
- spezielle (interne oder externe) Perspektiven nutzen,
- Reflecting Teams.

Es trägt im Übrigen erheblich zur Steigerung der eigenen Lebensqualität (und ebenso der Umgebung) bei, wünschenswerte konstruktive Handlungsformen bewusst und systematisch einzuüben, um alte störende Muster abzulösen und in entsprechenden Situationen über Alternativen zu verfügen, die das Gefühl des Ausgeliefertseins reduzieren.

Zu wissen, wie sich mein übliches Kommunikations- und Handlungsrepertoire unbewusst verändert, wenn ich unter Spannung stehe (bei Arbeitsdruck, Interessenkollisionen, schlechter Stimmung oder Konflikten), ist der erste Schritt, aus destruktivem Verhalten auszusteigen.

Das Züricher Ressourcen Modell (ZRM) arbeitet beispielsweise mit einem assoziativen Verfahren, indem es sogenannte somatische Marker aufgreift. Es gibt jedoch auch vielfältige andere Möglichkeiten, mit unbewussten Glaubenssätzen oder Mustern umzugehen, diese zu tilgen und Neues zu erschaffen. Weitere Beispiele sind hier NLP, Hypnotherapie, Transaktionsanalyse und Strukturaufstellungen.

Wichtig dabei ist, die für sich selbst und die jeweilige Situation passende Technik zu finden und zu beginnen. Mit der Zeit ergibt sich ein ganzer Korb an eingeübten Reflexionstechniken, die sukzessive ganz automatisch abgerufen werden können.

PRAXISBEISPIEL FÜR EINE EXTERN ANGEREGTE REFLEXION

Das Unternehmen Qudosoft (Karlsruhe, Berlin) hat einen externen Berater (in diesem Fall Gerhard Wohland) um einen Reflexionsimpuls gebeten. Hierzu hat Gerhard Wohland die Technik der verketteten Interviews angewendet und anschließend seine Einsichten mit allen Mitarbeitern des Unternehmens geteilt. Sowohl der Blick von außen als auch die spezielle systemtheoretische Perspektive initiierte eine Reflexion über die eigene Organisation. Etwa ein Jahr später wurde das Ganze wiederholt, um zwischenzeitliche Veränderungen im Denken und Handeln zu vergegenwärtigen und die Reflexion weiterzuführen.

QUERVERWEISE
➔ S. 204 Selbstentwicklungsprozess

Regelmäßige Retrospektiven

Gemeinsam können sogenannte Retrospektiven zurückliegender Ereignisse durchgeführt und Handlungen reflektiert werden. Die Qualität einer Retrospektive hängt dabei zu einem erheblichen Teil vom Geschick der Moderatorin ab. Sie hat die herausfordernde Aufgabe, eine Atmosphäre zu schaffen, die den Teilnehmern den vertraulichen Rahmen bietet, sich öffnen zu können. Dazu gehört auch, eine Sprache zu vermeiden, die eine Schuldkultur oder Anschuldigungen erzeugen könnte.

Retrospektiven sollen uns dabei helfen, aus unseren Handlungen zu lernen und mit ständiger Veränderung umzugehen:
- Verstärken, was funktioniert.
- Vermeiden, was nicht funktioniert.
- Stattdessen etwas anderes ausprobieren.
- Überprüfen.

Rückfall-Prophylaxe

In jedem Veränderungsprozess kommt es zu Rückfällen in alte Handlungs- und Denkmuster. Hierbei ist es hilfreich, sich bereits zu Beginn des Prozesses bewusst zu machen, dass dies passieren wird, ganz normal ist und es lediglich darauf ankommt, damit konstruktiv umzugehen und darauf vorbereitet zu sein.

Ein Rückfall in alte Muster gilt es bewusst zu machen und als Reflexionsmöglichkeit und Lernschleife zu erkennen. Regelmäßige Retrospektiven, ob einzeln, im Kreis oder größeren Gruppen, sind die einfachste Möglichkeit, frühzeitig nicht gewolltes Verhalten zu erkennen und darüber gemeinsam in den Austausch zu gehen. Dies kann natürlich auch schon mit regelmäßigem situativen Feedback erfolgen.

WEITERFÜHRENDES
- Rolf Dräther: *Retrospektiven kurz und gut*; O´Reilly 201
- Petra Bock: *Mind Fuck, das Coaching – Wie Sie mentale Selbstsabotage überwinden;* Knaur-Verlag, 2013.
- Maja Storch, Frank Krause: *Selbstmanagement ressourcenorientiert: Grundlagen und Trainingsmanual die Arbeit mit dem Zürcher Ressourcen Modell (ZRM)*; Verlag Hans Huber, 2014.
- Johannes Storch, Corinne Morgenegg u.a.: *Ich blicks – Verstehe dich und handle gezielt*; Hofgrefe-Verlag, 2016

Auftragsklärung

Nicht nur in kollegial geführten Unternehmen werden Mitarbeitern Aufträge übergeben. Dies ist ein üblicher Vorgang in allen Organisationen.

In kollegial geführten Unternehmen ist jedoch nicht immer offensichtlich, wer welche Aufträge und Verantwortung übernommen hat und für wen diese Leistungen bestimmt sind. Und je nach verwendetem Entscheidungswerkzeug sind die einzelnen Mitarbeiter auch sehr unterschiedlich mit Führungsmacht ausgestattet.

In einer traditionellen Vorgesetzten-Organisation bestimmt der Vorgesetzte die Rahmenbedingungen und Auftragsdetails. In einer kollegial geführten Organisation ist dies vielfältiger und dadurch manchmal unklarer. Der Bedarf zur expliziten Auftragsklärung ist größer. Sobald Denken und Handeln, Entscheiden und Ausführen wieder vereint sind, also weniger Beobachter involviert sind, sind die blinden Flecken tendenziell größer. Auch hier unterstützt uns eine strukturierte Auftragsklärung dabei, unsere Sicht auf die bekannten Dinge zu weiten (→ S. 230, Reflexion). Welche Schritte gehören dazu?

Vorbereitung
- Liegt wirklich ein konkreter Auftrag vor?
- Von wem kommt der Auftrag?
- Wer ist mein Ansprechpartner und kann er mir bei der Vorbereitung helfen?
- Welche Personen gehören dazu, welche nicht?

Durchführung
- Die Gespräche möglichst immer persönlich führen.
- Im Gespräch klären, wer der konkrete Auftraggeber ist.
- Wie lautet der konkrete Auftrag?
- Was ist dazu im Vorfeld geschehen?
- Welcher Bedarf besteht?
- Was soll sich konkret wie ändern (vom Problemfilm zum Zielfilm)?
- Gespräch, wenn möglich, simultan visualisieren und protokollieren.
- Bereits im Auftragsklärungsgespräch Ziele herausarbeiten.
- Woran erkenne ich, dass die Auftragsziele erreicht wurden?
- Hinterfragen Sie die vom Auftraggeber genannten Inhalte und Ziele: Warum? Wie genau? Was noch? Was nicht?
- Aktualisierungs-, Eskalations- und Rückgabemöglichkeiten des Auftrags klären: Wie und mit wem wäre dies zu besprechen?

Nachbereitung des Auftrags
- Gespräche im Nachgang reflektieren. Es ist hilfreich, sich Notizen zu machen.
- Notizen im Konjunktiv oder als Hypothesen formulieren.
- Bedarfsweise durch Supervision oder innerhalb der Kollegengruppe Unterstützung anfordern.

Beendigung des Auftrags
- Wie stellen Sie sicher, dass die Auftragsergebnisse in die Unternehmenskommunikation gelangen? Welche Kommunikationskanäle sind relevant?
- Würdigung des Erreichten.
- Auftrag offiziell beenden – mit einem Ritual oder einer Feier.
- Retrospektive durchführen: Was lernen wir daraus?

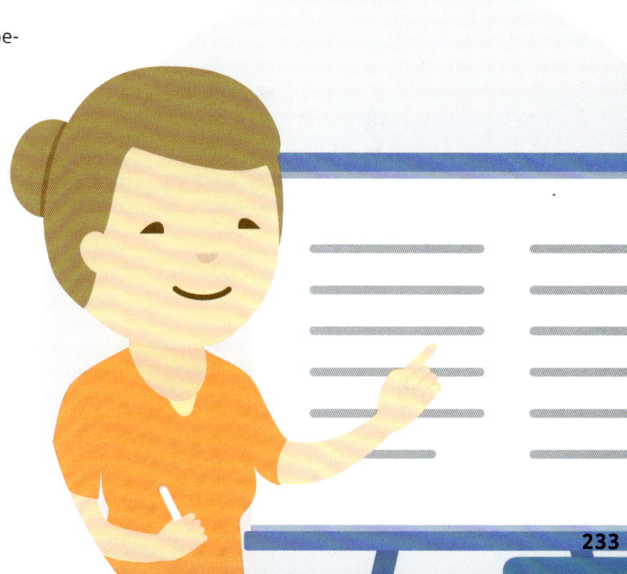

Werteklärung

Werte bündeln unausgesprochene Erwartungen an ein bestimmtes Handeln, gekoppelt mit qualitativen Bewertungen (gut, schlecht u.a.) und deutlichen Emotionen.

Unsere Werte bilden wir während unserer Sozialisation in sozialen Systemen wie unserer Herkunftsfamilie, Schulen, Berufsleben, Gesellschaften und jeweiligen Kulturkreisen. Gerald Hüther [Hüther2011] führt in diesem Zusammenhang den Begriff des sozialen Gehirns ein. Werte beeinflussen meistens unbewusst unsere Entscheidungen und unser situatives Verhalten (⊕ S. 38, Seerosenmodell).

Werte beziehen sich auf Vergangenes und dienen in der Gegenwart als unbewusster Ratgeber für zukünftiges Verhalten.

Werte schwingen somit unterschwellig in unserer Kommunikation und unserem Verhalten mit, ohne dass sie explizit werden. Solange sich Menschen unausgesprochen darüber einig sind, ähnliche Wertevorstellungen zu haben, oder zumindest glauben, ähnliche Werte in ihrer jeweiligen Gruppe vorzufinden, entsteht kein Bedürfnis, die Werte zu externalisieren. Diese Stimmigkeit ziehen Menschen aus ihren alltäglichen Beobachtungen und Wahrnehmungsprozessen, in denen auch ihr unbewusstes Wertesystem zum Tragen kommt.

Tun sich Menschen zu einem sozialen System wie einem Unternehmen zusammen, bringen sie ihre individuellen Wertevorstellungen und Ideale mit. Sie bündeln diese dann zu einem gemeinsamen Unternehmensgedächtnis. Im Laufe der Zeit kommen Mitarbeiterinnen mit ähnlichen Werteannahmen und meist unausgesprochenen Erwartungen dazu. Bereits im Vorstellungsgespräch zeigt sich, ob Bewerberinnen sich zugehörig zu einem sozialen System fühlen. Die Probezeit hilft noch einmal beiden Seiten, diese Schwingungen neben den Leistungsfaktoren zu überprüfen.

Je nach Organisationskontext unterscheiden sich Werte. In einer gemeinnützigen Organisation gelten möglicherweise andere Werte als in einem kommerziell orientierten Unternehmen.

Werte der kollegialen Führungsarbeit

Es gibt, wie bei allen Werten, kein einheitliches Bild darüber und kein Ideal an Werten für eine kollegiale Führungskultur, sondern eher ein „Das kommt darauf an". Die Ausgestaltung dessen, was ein Unternehmen unter kollegialer Führung für sich selbst sieht, ist dabei eine wichtige Fragestellung und ein miteinander zu gestaltender Klärungsprozess.

Welche ersten Schritte in Richtung kollegiale Führungsarbeit möglich sind, gilt es aufgrund beobachtbarer Verhaltensweisen herauszufinden. Vertrauen, Können und Mut gehören sicherlich dazu. Und wenn noch nicht ausreichend Vertrauen vorhanden sein sollte, genügt möglicherweise ein Vertrauensvorschuss, um zumindest etwas auszuprobieren und zu reflektieren (⊕ S. 204, Systemische Schleife). Was wir jeweils darunter verstehen, bleibt indes implizit.

Werte explizit machen

Was passiert aber, wenn wir beginnen, über Werte zu sprechen? „Laut Ludwig Wittgenstein (Tractatus) kann man eigentlich nicht über Werte sprechen. Er begründet dies damit, dass Werte durch das Beobachten und Beschreiben quasi ihre Eigenschaft ändern würden. Sie würden unbeweglich und starr in dem Kontext und in der Lebenssituation werden, in der sie sich gebildet hätten." [Systemischer4-2014]

Hier bestünde die Gefahr, dass unsere Aufmerksamkeit anschließend an dieser Beschreibung festhinge, statt sich auf das jeweils Gegenwärtige zu konzentrieren. Durch Beschreibungen, die meistens durch Substantivierung erfolgen, würde eine Festsetzung an eine vergangene Situation verankert werden, die den Handlungsfluss in die Zukunft beenden würde.

Solche Verankerungen (Edgar Schein nennt sie öffentlich propagierte Werte, ⊕ S. 238) finden wir in Unternehmen in Form von Werteposten in Besprechungsräumen, Fluren, im Eingangsbereich, in der Teeküche oder beim Drucker. Manche davon sind als Bilder gerahmt. Auffällig und gemeinsam ist allen, dass sich die darin beschriebenen substantivierten Werte meist im alltäglichen Handeln der Mitarbeiter nicht wiederfinden, was die These Wittgensteins stützen könnte.

Dennoch ist es nach wie vor üblich, dass Unternehmen Aufträge an externe Berater oder an die interne Kommunikationsabteilung vergeben, endlich einmal die Unternehmenswerte zu sammeln, zu beschreiben und anschließend die Wände damit zu plakatieren, auf dass sich die Mitarbeiter danach künftig richten mögen und so für eine einheitliche Unternehmenskultur gesorgt werden könne. Es beginnt dann häufig eine Zeit der Selbstbeschäftigung und Endlosdiskussionen über die vielen unterschiedlichen Interpretationen, da keine einheitlichen Wertevorstellungen, sondern allenfalls harmonierende Schnittmengen existieren, die nach demokratischen Abstimmungen in hohlen Phrasen enden.

Mit Werten arbeiten
Dennoch gibt es Möglichkeiten, sich sinnstiftend über vorhandene Werte auszutauschen, ohne den Handlungsfluss zu unterbrechen. Zum einen ist es interessant, die Vielfalt der Wertevorstellungen kennenzulernen, zum anderen können vorhandene Spannungsfelder aufgedeckt werden, für deren Ausgleich anschließend gesorgt werden kann.

Jedes Wort, das wir sprechen, hat einen Wert.
Elisabeth Ferrari

Wortfelder
Wenn wir über ein bestimmtes Wort sprechen, vor allem ein Werte-Wort, werden wir es erfahrungsgemäß mehrdeutig verwenden. Es schwingen verschiedene weitere Wörter und deren Bedeutungen mit, ohne dass dies transparent wird. Meist zeigen sich die Differenzen erst, wenn Personen in Gesprächen nicht folgen können, viele Fragen stellen, Missverständnisse entstehen oder eine Dynamik des Aneinandervorbeiredens entsteht.

Wenn mit kollegialer Führungsarbeit eine neue Art und Weise des Zusammenarbeitens eingeleitet werden soll, mit denen Menschen möglicherweise hohe unausgesprochene Erwartungen, Werte und Ideale verknüpfen, müssen sprachliche Konzepte und Begrifflichkeiten im Diskurs geklärt werden, bis sich eine gemeinsame Ahnung und im weiteren Verlauf ein gemeinsames Verständnis entwickelt.

Um Begrifflichkeiten wie beispielsweise kollegiale Führungsarbeit und deren mehrdeutige Verwendung transparent zu machen, eignet sich die Arbeit mit Wortfeldern.

Dabei wird das Wort, über das gesprochen wird, in der Mitte notiert. Die Beteiligten nennen nun alle Wörter, die sie mit dem zentralen Wort assoziieren. Diese werden ebenfalls aufgeschrieben. Hier geht es nicht darum, in eine Aufteilung und Zuordnung von richtigen und falschen Wörtern zu kommen, sondern alle Begriffen gleichwertig nebeneinander zu stellen.

Abb. 99: Beispiel eines Wortfeldes. [⬇ http://kollegiale-fuehrung.de/wortwolke-beispiel/]

Bei Bedarf könnte das Wort in einem nächsten Schritt definiert und abgegrenzt werden, sodass ein gemeinsames Verständnis entsteht. In den meisten Fällen genügt es jedoch völlig, darüber zu sprechen, um sich orientieren zu können.

Die Arbeit mit Wortfeldern schafft Transparenz, vermeidet Missverständnisse und sorgt für Multiperspektivität. Geklärte Begriffe können in Glossare und in die tägliche Arbeit übernommen werden.

Glaubenspolaritäten-Dreieck

Eine weitere, aus unserer Sicht sinnvolle Möglichkeit, sich über Werte im Arbeitskontext auszutauschen und daran zu arbeiten, ist die Arbeit mit dem Glaubenspolaritäten-Dreieck. Bereits erarbeitete Wortfelder können entweder in ein einzelnes Gesamtbild oder in separate Glaubenspolaritäten-Dreiecke überführt werden. Die Ergebnisse zeigen recht schnell die darin zugrunde liegenden Spannungsfelder auf, die auszubalancieren sind.

Das Glaubenspolaritäten-Dreieck (in Anlehnung an Glaubens-Polaritäten-Aufstellungen auch GPA-Schema genannt) bietet eine weitere Form der Visualisierung und Arbeit mit Begriffen. Es eignet sich insbesondere für die Arbeit mit Wertethemen. Die drei Pole des Dreiecks bilden ein Spannungsfeld ab mit dem Ziel, die Pole auszubalancieren. Es beruht auf logischen Strukturen, weniger auf konkreten Inhalten und

- kann unterschiedliche Bedeutungen von Werten abbilden,
- kann dabei helfen, Werte zu sortieren und einzuordnen,
- ermöglicht eine Gleichwertigkeit der Werte ohne Vermischung und Gleich-Gültigkeit und
- ermöglicht Multiperspektivität und Transparenz.

Je nach Fragestellung werden den Polen verschiedene Bezeichnungen zugeordnet, die jedoch immer einem bestimmten Prinzip folgen:

- Der linke untere Pol stellt die Fähigkeit zur Verbindung mit dem Bewegungsimpuls dar, bedeutet also hin zu.
- Der rechte untere Pol stellt die Fähigkeit für Trennung dar, bedeutet also weg von.
- Der obere Pol bezeichnet die Kompetenz, den Bewegungsimpuls auszubalancieren.

Abb. 100 zeigt das Glaubenspolaritäten-Dreieck mit den Bezeichnungen Erkenntnis, Ordnung und Vertrauen, die sich als allgemeine Ausgangsbegriffe gut eignen.

Weiter lassen sich die Begriffe aus erarbeiteten Wortfeldern den Polen zuordnen, sodass in den darüber entstehenden Diskussionen Widerstände sichtbar, anerkannt und minimiert werden können:

- Welche Gemeinsamkeiten und Unterschiede sind erkennbar?
- Was lässt sich aus den Gemeinsamkeiten entwickeln?

So können wir in Gesprächen visuell unterstützt Einblick darüber erhalten, ob einzelne Pole im jeweiligen Unternehmenskontext schwach ausgeprägt sind oder möglicherweise komplett fehlen.

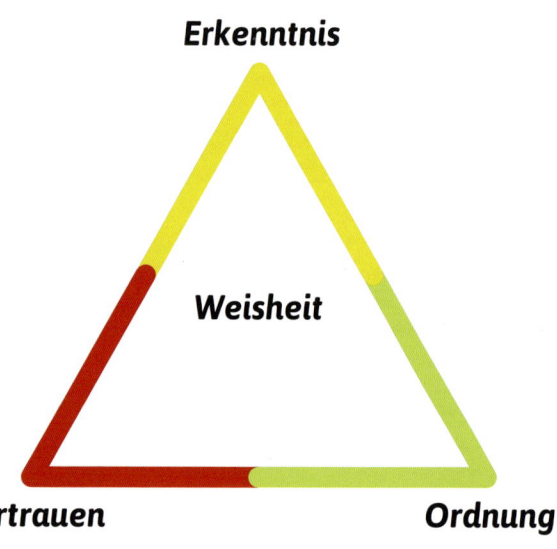

Abb. 100: Das Glaubenspolaritäten-Dreieck. [http://kollegiale-fuehrung.de/gpa-dreieck/]

In Abb. 101 haben wir ein zuvor zum Thema Kollegiale Führungsarbeit erarbeitetes Wortfeld (→ S. 235, Abb. 99) in ein GPA-Schema überführt.

Eine Disbalance zwischen den Polen oder das komplette Fehlen eines Pols schwächt die anderen, sodass der betrachtete Wert seine volle Wirkungskraft nicht entfalten kann.

Was kann infolgedessen innerhalb des betrachteten Kontexts getan werden, um Pole, die noch im Mangel sind, zu stärken, um ressourcenorientiert eine Balance zu finden? Daraus können zielgerichtete Interventionen abgeleitet werden.

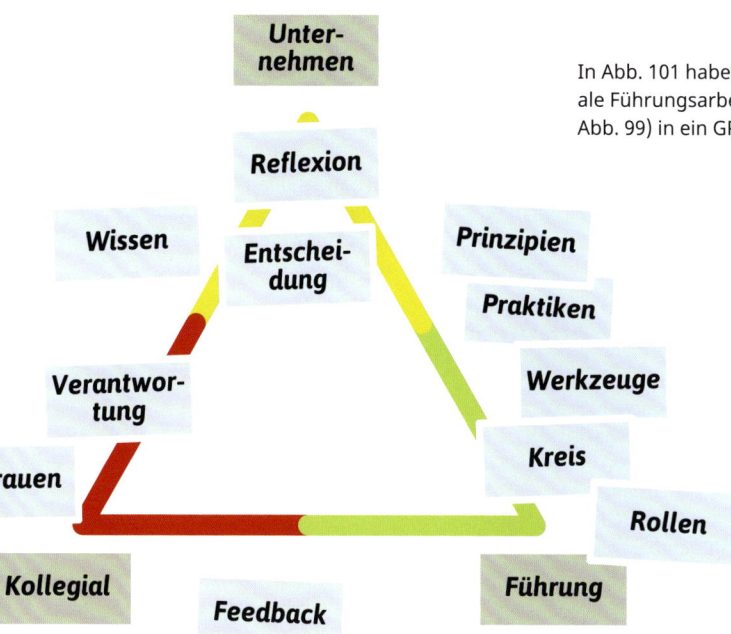

Abb. 101: Das Wortfeld aus Abb. 99 zum Thema Kollegiale Führungsarbeit als GPA-Dreieck.
[⬇ http://kollegiale-fuehrung.de/gpa-dreieck-beispiel/]

WEITERFÜHRENDES
→ Elisabeth Ferrari: *Führung im Raum der Werte, das GPA Schema nach Syst*; Ferrari Media, 2014

Kultur beobachten

Kultur ist eine Eindeutschung des lat. Wortes cultura, das eine Ableitung des lat. colere für pflegen, urbar machen und ausbilden ist.

Vielleicht begann bereits mit der Eindeutschung des Wortes der Irrtum, wir könnten Kultur zielorientiert gestalten. Wir können Kultur aber nur beobachten, uns darüber austauschen und darüber reflektieren.

Gerhard Wohland definiert: „Kultur ist die Kopplung von Verhalten und Werten. Weder kann vom Verhalten auf vorhandene Werte geschlossen werden noch von den Werten auf Verhalten" [Wohland2006, S. 168]. Er unterscheidet die Begriffe Vorder- und Hinterbühne im Kontext von Organisationen. Während auf der Vorderbühne das Verhalten beobachtet werden könne, sei das Geschehen auf der Hinterbühne normalerweise unsichtbar, beeinflusse jedoch die Aufführung auf der Vorderbühne.

Kultur ist das Abbild der Verhältnisse einer Organisation (wie ein Schatten, so Gerhard Wohland). Kultur
- lässt sich beobachten,
- lässt sich nicht kausal steuern oder ändern,
- ist Wirkung, nicht Ursache,
- ist ein gemeinsames Gedächtnis,
- stiftet Orientierung und
- zeigt Symptome, keine Ursachen.

Deswegen ist Kulturbeobachtung ein wichtiges Werkzeug der Organisationsentwicklung.

Edgar Schein stellt die These auf, dass Kultur drei Ebenen hat, deren Dechiffrierung (Externalisierung) für das Unternehmen nur sinnvoll wäre, wenn ein konkretes Ziel erreicht werden soll. Die Ebenen lauten:
- Artefakte (oberste Ebene) als sichtbares, alltägliches Verhalten: Was sehe, höre, fühle ich?
- Öffentlich propagierte Werte (mittlere Ebene), die innerhalb von Organisationen präsentiert werden: Was wird bekundet?
- Unausgesprochene gemeinsame Annahmen (unterste Ebene) und gemeinsam erlernte Werte, Überzeugungen: Welche Werte haben das Unternehmen erfolgreich gemacht?

Die Ebenen ordnet er den zeitlichen Dimensionen Vergangenheit (unsichtbar) und Gegenwart (sichtbar) zu. So bezöge sich die Gemeinschaft auf unausgesprochene gemeinsame Annahmen, die gleichzeitig für die auf oberster Ebene stehenden Artefakte in der Gegenwart die Treiber seien und sich in sichtbarem alltäglichen Verhalten zeige.

Die mittlere Ebene bezieht sich auf die meist von der Unternehmensleitung oder der Kommunikationsabteilung öffentlich propagierten Werte im Sinne, was innerhalb der Organisation öffentlich bekundet und präsentiert werden soll. Diese mittlere Ebene hat jedoch meist wenig mit den tatsächlichen unsichtbaren Werten und dem sichtbaren Verhalten zu tun und hat keinen kausalen Einfluss auf das alltägliche Verhalten.

Auf Basis der Ideen von Gerhard Wohland und Edgar Schein haben wir das in Abb. 101 dargestellte Erklärungsmodell entwickelt.

Dennoch können Organisationen durchaus kulturbildende Praktiken initiieren. Deren Wirkung kann jedoch nicht vorhergesagt werden. Einige davon beschreiben wir im folgenden Abschnitt.

LITERATUR
- Gerhard Wohland, Matthias Wiemeyer: *Denkwerkzeuge der Höchstleister*; Unibuch Verlag Lüneburg, Erstauflage Verlag Monsenstein und Vannerdat, Münster, 2006.
- Edgar Schein, *Organisationskultur*; EHP, 2010.

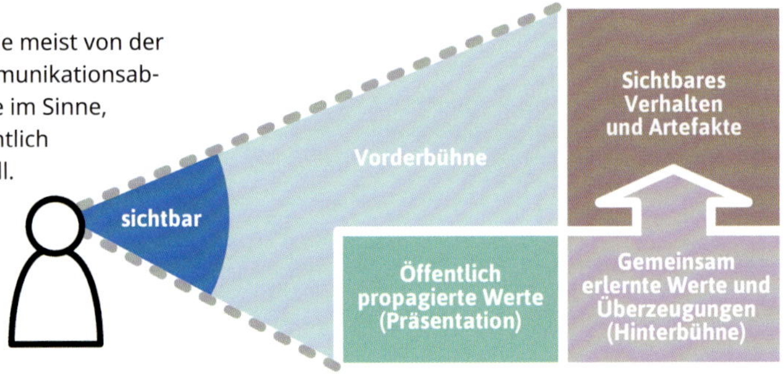

Abb. 102: Kultur lässt sich nur beobachten. Die tatsächlich wirksamen gemeinsamen Werte, Überzeugungen und Annahmen bleiben verborgen. [http://kollegiale-fuehrung.de/kulturmodell/]

Kulturbildende Praktiken

Wie bereits im letzten Abschnitt beschrieben, können wir Kultur nicht zielgerichtet beeinflussen. Jedoch können wir den Austausch von Werten und die Beobachtung und Reflexion von Werten und Kultur durch bestimmte Praktiken unterstützen.

Storytelling

Beim Storytelling geht es darum, eine Geschichte zu erzählen. Unternehmen bestehen aus einer Fülle von Geschichten, die etwas über die gelebte Kultur aussagen und deren Verbreitung über den normalen Flurfunk hinaus unterstützt werden kann. Betriebsausflüge, Jubiläen, informelle Treffen nach dem Feierabend und auf Geschäftsreisen – dies sind alles typische Situationen, in denen Geschichten erzählt werden.

Zu wissen, was dazu geführt hat, dass ein Unternehmen gegründet wurde und erfolgreich ist, schafft Identität und Zughörigkeit. Gleichzeitig sorgt es dafür, leichter anzuerkennen, warum heute bestimmte Dinge in einer gewohnten Art und Weise immer noch zelebriert werden.

Die immer wieder verbreitete Geschichte, dass der Vorstand im Flugzeug den vorne in der Business-Class sitzenden Mitarbeiter freundlich grüßt, um dann selbst in der Economy-Class Platz zu nehmen, hat vermutlich eine größere Wirkung als jede Reisekostenrichtlinie.

Mit dem Erzählen von Geschichten wird implizites Wissen über Werte und Verhalten innerhalb des Unternehmens in expliziter Form weitergegeben. Damit wird die Kultur gepflegt und erhalten, was je nach Situation und Absicht ebenso hilfreich wie bremsend sein kann.

Geschichten ermöglichen neuen Mitarbeiterinnen, sich rasch zu orientieren und zu reflektieren, ob ihr Wertesystem zu dem der Organisation passt. Genauso geben sie Hinweise, welches Verhalten seitens der Gemeinschaft als passend oder auch unpassend erlebt wird.

Storytelling kann narrativ oder assoziativ durchgeführt werden. Dabei ist darauf zu achten, wer die Geschichte erlebt und was die Geschichte in der Organisation ausgelöst hat. Wer verfügt über dieses Wissen und kann die Geschichte so erzählen, dass Zuhörer gebannt lauschen und sich auf den Gehalt der Geschichte einschwingen können?

Weitere nützliche Fragen könnten sein:
- Was soll innerhalb des Unternehmens weitertransportiert werden, was nicht?
- Welche Bedürfnisse haben die Zuhörer?
- Welcher Rahmen ist zu wählen, um die Geschichte gut zu transportieren?

Erinnerungsfotos

Bei Erinnerungsfotos wie in dem Beispiel von Jimdo ist es wichtig, dass die Bilder authentisch sind und von den Kollegen selbst stammen. Professionell inszenierte oder einseitig ausgewählte Fotos können auch neue Kollegen schnell intuitiv als künstlich präsentierte Vorderbühne (➔ S. 238, Abb. 102), also Theater, identifizieren.

BEISPIEL: JIMDO

Bei Jimdo (ca. 200 Mitarbeiter) haben die Mitarbeiter viele Firmenereignisse mit Fotografien innerhalb der Unternehmensräume bildlich verankert. Darin werden kulturbildende Situationen wirkungsvoll abgebildet. So verankern sich bestimmte Werte assoziativ, und die Kollegen können den Bildern die jeweilige Geschichte zuordnen.

Neue Mitarbeiter fragen zu bestimmten Bildern nach, was da war, und bekommen so die Geschichten weitererzählt. Nebenbei vernetzen sich die Kollegen, die möglicherweise fachlich sonst keinen direkten Austausch hätten.

Unternehmensfrühstück oder -mittag

Einige Unternehmen zelebrieren in einem bestimmten Rhythmus, gemeinsam zu essen oder zu kochen. Kollegen wechseln sich dabei ab, beispielsweise für ein Frühstück zu sorgen und so den Tag gemeinsam zu beginnen.

Weniger ist aber manchmal mehr: Ein gezieltes Frühstück von ein bis zwei erfahrenen Mitarbeitern mit zwei bis drei neuen Kollegen in immer neuen Konstellationen mit dem expliziten Zweck, Firmengeschichten zu erzählen, ist völlig ausreichend.

Firmen-WG

Der Fachkräftemangel hat sicherlich diese Möglichkeit beflügelt. Neuen Mitarbeitern soll es möglichst angenehm gemacht werden, sich in das neues Unternehmen zu integrieren. Firmen-Wohngemeinschaften mit befristeter Wohnmöglichkeit schaffen eine schnelle Zugehörigkeit untereinander und erleichtern nebenbei den Umzug und das Ankommen in einer neuen Stadt.

Betriebsausflüge

Auch auf klassischen Betriebsausflügen werden viele Firmengeschichten erzählt. Außerdem haben Kollegen, die im Arbeitsalltag weniger miteinander zu tun haben, Gelegenheit, sich besser kennenzulernen. Die für die Organisation nutzbare soziale Dichte steigt dadurch.

BEISPIEL: „EVENTMANAGERIN" 24TRANSLATE

Bei 24translate hat ein multikultureller Bereich (drei Geschäftskreise mit insgesamt ca. 30 Kollegen) ganz gezielt eine griechischstämmige Kollegin als interne Eventmanagerin bestimmt, damit diese einen gemeinsamen Ausflug organisiert.

Das Ergebnis war ein mehrtägiger Ausflug nach Griechenland auf Firmenkosten. Um das operative Geschäft am Laufen zu halten, organisierten sich die Kolleginnen in zwei Teilgruppen, die sich vor Ort abwechselten und in Kontakt blieben.

Abb. 103: Frühstück in ungewohnter Kollegen-Konstellation.

Abb. 104: Noch immer treffen sich Menschen gerne am Lagerfeuer und erzählen sich Geschichten. In modernen Organisationen gibt es zahlreiche andere Möglichkeiten, Räume und Gelegenheiten zum Geschichtenerzählen bereitzustellen.

Achtgeber

> Der Achtgeber ist eine Rolle in Arbeitstreffen und Teamgesprächen, die darauf schaut, dass die Beteiligten ihren inhaltlichen Fokus, Vereinbarungen und selbst auferlegte Prinzipien einhalten.

Jedes Arbeitstreffen sollte einen Achtgeber haben, der
- sich um das respektvolle Miteinander und die Arbeitsfähigkeit der Teilnehmer kümmert,
- ggf. für Pausen, Unterbrechungen und Meta-Kommunikation sorgt,
- hitzige Gespräche verlangsamt,
- die Gruppe ggf. wieder auf ihren Fokus lenkt und
- die Gruppe an ihre Vereinbarungen erinnert.

Sofern der Achtgeber eine relevante Abweichung vom gewollten Miteinander wahrnimmt, gibt er ein zuvor vereinbartes und allen bekanntes Signal, beispielsweise hebt er die Hand oder lässt Zimbeln erklingen.

Solange das Signal gegeben wird, also etwa die Hand oben ist oder die Zimbeln noch zu hören sind, schweigen alle Teilnehmer, um sich zu besinnen. Es gibt auch das Ritual, dass der Achtgeber zwei Signale gibt, das erste, um Ruhe einkehren zu lassen, und das zweite, um die Besinnungspause zu beenden.

Der Achtgeber kann auch seine Beobachtungen äußern, dass das Gespräch beispielsweise festgefahren ist, keine neuen Inhalte mehr eingebracht werden oder jemand unangemessen lange spricht. Ebenso kann er Wünsche äußern. Außerdem steht es jedem Teilnehmer frei, den Achtgeber um eine rituelle Pause zu bitten.

Die Aufgabe des Achtgebers könnte auch vom Moderator übernommen werden. Dieser ist aber bereits mehrfach gefordert, da er die Diskussionsinhalte verfolgen, die Prozessebene beobachten und aktiv gestalten muss. Da bleibt meistens nicht genügend Aufmerksamkeit für weitergehende Wahrnehmungen.

Abb.105: Zimbeln.

Organisations-Benutzungsanleitung (How to work at …)

> Die Organisations-Benutzungsanleitung „How to work at …" ist eine ethnografisch entwickelte Sammlung kulturell bedeutsamer Praktiken und Prinzipien eines Unternehmens.

Kollegial geführte Organisationen sind erklärungsbedürftig. Wer aus einer traditionellen Linienorganisation wechselt, muss zunächst lernen, wie seine neue Organisation funktioniert. Neben persönlichen Einführungen vom Mentor (→ S. 217) oder von Kolleginnen und eigenen Beobachtungen und Erfahrungen kann eine Art Benutzungsanleitung dabei unterstützen.

Abgrenzung von normativen Leitbildern

Eine Organisations-Benutzungsanleitung kann ganz unterschiedliche Intentionen und Charaktere haben. Sie könnte ein Regelwerk voller Anweisungen sein, ein Prozesshandbuch, eine Sammlung von Arbeitsplatzbeschreibungen mit einem normativen Anspruch.

Wenn diese Anleitung die gewünschten Soll-Situationen beschreiben würde, bekäme sie einen Appell-Charakter, der, wenn wir uns die systemische Haltung kollegialer Führung (→ S. 29) vergegenwärtigen, den Prinzipien kollegialer Führung entgegenläuft, wenig sinnstiftend und vermutlich eher schädlich ist. Eine Hochglanzbroschüre, die eine Welt beschreibt, die sich im Unternehmen gar nicht wiederfindet, ist unglaubwürdig und unwürdig.

Anpassung oder Selbstreflexion?

Wenn die Benutzungsanleitung einen normativen Zweck hat, also verbreitet wird, um das Verhalten der Mitarbeiter zu beeinflussen, dann produziert dies wie jedes vorgegebene Leitbild bestenfalls äußere Anpassung, also Theater.

Wenn der Zweck ist, neuen und vorhandenen Kolleginnen eine Orientierung oder Diskursplattform für Kulturbeobachtung (→ S. 238) zu bieten, kann dies die Selbstreflexion und Organisationsentwicklung unterstützen. Die Kollegen werden den Unterschied spüren. Soweit die Benutzungsanleitung dennoch einmal eine unerprobte Soll-Situation beschreibt, sollte deutlich werden, dass es sich um eine Idee oder einen Plan handelt.

Hilfreicher ist es stattdessen, nur solche Prinzipien, Praktiken, Strukturen, Prozesse und Situationen zu beschreiben und zu erwähnen, die in der Organisation tatsächlich schon einmal beobachtet wurden. Wenn die Anleitung also eine (gerne auch eine verallgemeinernde oder pointierte) Erklärung für etwas ist, das tatsächlich in der Organisation beobachtbar war, kann dies sinnstiftend wirken (→ S. 37, Abb. 20).

Ethnografisches Vorgehen

Um dies zu erreichen, ist eine ethnografische Herangehensweise und Haltung notwendig.
Als Erstes sind die Fragen zu sammeln, die die Benutzungsanleitung beantworten soll, zum Beispiel: Wie treffen wir Entscheidungen? Woher weiß ich, wie viel Budget bzw. Geld ich ausgeben kann? Wie arbeiten wir zusammen? Wie bekomme ich eine Gehaltserhöhung oder Fortbildung? Was mache ich, wenn ich mich fachlich-inhaltlich verändern möchte? Befragen Sie möglichst verschiedene Kollegen hierzu.

Danach suchen Sie wie ein Ethnograf, also ein Außenstehender, der ein fremdes Volk und eine fremde Kultur beobachtet, nach Beispielen im Verhalten und in der Kommunikation in der Organisation, also nach realen Geschichten und nach Mustern. Hierzu konsultieren Sie erfahrene Kolleginnen.

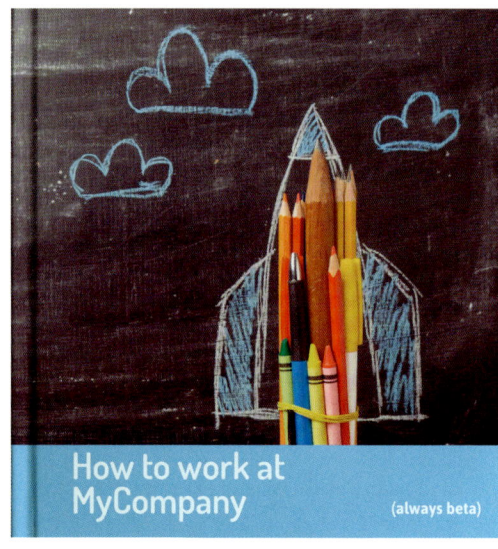

Abb. 106: Beispiel einer Benutzungsanleitung (fiktiv, um die Verwendung realer Firmenlogos zu vermeiden).

Aus den gesammelten Erfahrungen extrahieren Sie die Essenz. Sie versuchen, dahinterstehende Prinzipien und Gemeinsamkeiten zu erkennen, um sie sprachlich wohlwollend, aber ausgewogen zu verdichten und zu verallgemeinern. Selbstdarstellungen mit ausschließlich jubelnden und strahlenden Menschen, wie von manchen Organisationen des Silicon Valley oder von sozialistischen Staaten bekannt, sind entwürdigend.

Diese Erkenntnisse können Sie dann thematisch gruppieren und daraus eine Benutzungsanleitung entwickeln. Sobald einzelne Abschnitte fertiggestellt sind, können Sie Kollegen zwecks Rückmeldungen konsultieren.

Vermeiden Sie detaillierte Beschreibungen. Geben Sie eher Stichworte, um gerade neue Kolleginnen anzuregen, sich Details im direkten Gespräch mit anderen Kollegen einzuholen. Regen Sie den Austausch über die Inhalte an. Die neuen Kollegen wissen dann, wonach sie fragen können, welche Praktiken und Prinzipien es überhaupt gibt, wie diese heißen, und bekommen die Möglichkeit, im Gespräch mit erfahrenen Kolleginnen differenziertere Perspektiven zu erleben.

Beispiel
Ein Kapitel der Benutzungsanleitung für die interne Kommunikation könnte dann beispielsweise lauten:

„Wir verwenden viel Zeit für die interne Kommunikation. Bevor wir zu Entscheidungen kommen, tauschen wir meistens vorher Ideen und Meinungen miteinander aus.

Unsere wichtigsten Kommunikationspraktiken sind:
- Unternehmens-Open-Space (2 bis 3 Mal jährlich für mehrere Tage),
- ein wöchentlicher offener Diskussionsmarktplatz (freitags von 13 – 14 Uhr),
- monatliche mündliche Berichte übergeordneter Kreise zur aktuellen wirtschaftlichen und organisatorischen Situation (Zahlen, Daten und Fakten),
- […]"

Die Benutzungsanleitung kann auch einen Teil enthalten, der die Produkte und Dienstleistungen und das Geschäftsmodell des Unternehmens kurz und knapp aus der Innenperspektive erläutert.

Format
Die Anleitung kann als gebundenes Buch gedruckt werden. In unserem eigenen Unternehmen hatten wir über einen Print-on-Demand-Dienst personalisierte Einzelexemplare immer dann bestellt, wenn ein neuer Kollege eingestellt wurde. Manchmal wurde das Buch auch schon im fortgeschrittenen Bewerbungsprozess übergeben.

Es war jedoch nicht frei zu beziehen; das Buch ging nicht an Externe. Wir haben es bewusst nicht zu Werbezwecken oder zur direkten Stärkung der Arbeitgebermarke eingesetzt, um die Glaubwürdigkeit und Integrität der Anleitung nicht zu beschädigen und möglichen Instrumentalisierungen vorzubeugen.

Anstelle eines teuren Buches kann eine sorgsam und liebevoll gestaltete Broschüre den gleichen Zweck erfüllen.

BEISPIEL EINER ELEKTRONISCHEN VARIANTE

In einer größeren Organisation (intrinsify.me mit über 700 Mitgliedern, Stand 2016) wurde die Idee der Benutzungsanleitung in der Weise umgesetzt, dass neue Mitglieder eine kleine Serie von E-Mails bekamen, in denen jeweils bestimmte Themengebiete in dieser Weise beschrieben wurden.

Tetralemma

> Das Tetralemma ist ein einfaches, aber wirksames Verfahren, um Entscheidungsdilemmata aufzulösen.

> **Es ist für uns schwer begreifbar, wie zwei Gegensätze gleichermaßen gültig sein können.**
> Gary Hamel [Hamel2013, S. 198]

Bei bestimmten Anliegen, die auf den ersten Blick nicht schnell lösbar oder entscheidbar erscheinen, kann der Lösungsprozess ins Stocken geraten. Immer wieder kehren wir mit unserer Aufmerksamkeit zu dieser Sache und auf die für uns sichtbaren möglichen Lösungen zurück. Oftmals scheinen diese polar zueinander zu stehen. Oder es sind so viele Möglichkeiten, dass wir uns komplett erschlagen fühlen und erst recht nicht in eine Handlung kommen können.

> **Die Wahrheit liegt weder in der Mitte noch in einem Extrem. Sie liegt in beiden Extremen.**
> Charles Simeon

Wir verfallen in ein Schubladendenken (❯ S. 272, Denken und Fühlen). Um aus diesem begrenzten Fokus herauszutreten, kann es entlastend sein, den engen oder den mit vielen Möglichkeiten überfluteten Lösungsraum zu sondieren und den Prozess wieder anzustoßen, um in einen anderen Modus zu gelangen, wo sich neue Lösungsoptionen auftun, die möglicherweise näher bei unserem Handeln liegt.

Doch wie kommen wir auf neue, für uns passende Lösungsoptionen? Und wie können wir unser altes Schubladendenken und -handeln verlassen? Hier hilft das Werkzeug Tetralemma (Sanskrit: catuskoti für „vier Ecken" im Sinne von Positionen oder Perspektiven), eine Struktur aus der traditionellen indischen Logik zur Kategorisierung von Haltungen und Standpunkten. Es ist ein sehr wirkungsvolles Schema, um festgefahrenes Denken und erstarrte Prozesse in Bewegung zu bringen.

In einer vereinfachten Form besteht das Schema aus den folgenden vier Ecken:
1. Das Eine
2. Das Andere
3. Beides
4. Keines von beidem (weder noch)

Es ist dabei nicht unbedingt wichtig, bei einem Anliegen alle Positionen zu betrachten. In vielen Fällen genügt es völlig, zwei polare Positionen zu hinterfragen. Für Fortgeschrittene gibt es übrigens noch eine fünfte Position, die wir hier aussparen.

Eine sehr einfache Form, bei der mit dem Tetralemma gearbeitet werden kann, ist, die vier Positionen (Ecken) auf Karten zu schreiben und als Quadrat auf dem Boden auszulegen. Das *Eine* stünde oben, das *Andere* unten, *Beides* stünde rechts und *Weder noch* links. Zunächst ist es das Anliegen, die Polarität in einer Fragestellung herauszuarbeiten, sodass der Position 1 ein Standpunkt zugeordnet werden kann.

Beispielsweise könnte die Frage einer Inhaberin, die kollegiale Führungsarbeit einführen möchte, sich darüber jedoch nicht sicher ist, ob das die „richtige" Entscheidung wäre, lauten:
▶ Das Eine: Ich führe kollegiale Führungskonzepte ein und schaffe die Führungskräfte ab!
▶ Das Andere: Ich bleibe bei meiner bisherigen Organisationsform und behalte meine Führungskräfte!

Die beiden Positionen können nun von der Unternehmerin eingenommen werden, beginnend mit der Position Das Eine. Sie stellt sich auf die auf dem Boden liegende Karte Das Eine und begibt sich mit all ihren Sinnen in diese Art der Entscheidung: „Ich führe kollegiale Führungskonzepte ein und schaffe die Führungskräfte ab!" Wie nimmt sie diese Position wahr? Welche Wahrnehmungen, Empfindungen, möglicherweise Gedanken tauchen bei ihr auf?

Danach wechselt sie in die Position Das Andere und versetzt sich in diese Position und der damit verbundenen Entscheidung „Ich bleibe bei meiner bisherigen Organisationsform und behalte meine Führungskräfte!". Welche Veränderungen zur ersten Position tauchen auf? Was unterscheidet sich konkret?

WEITERFÜHRENDES
❯ Matthias Varga von Kibéd, Insa Sparrer: *Ganz im Gegenteil, Tetralemmaarbeit und andere Grundfor systemischer Strukturaufstellungen – für Querdenker und solche, die es werden wollen*; Carl-Auer, 2000.
❯ Renate Daimler: *Basics der systemischen Strukturaufstellungen, eine Anleitung für Einsteiger und Fortgeschrittene*; Kösel-Verlag, 2008.

Bei Bedarf können noch die dritte und vierte Position eingenommen bzw. auch immer wieder Positionen verändert werden, um Unterschiede und neue Lösungsoptionen anzustoßen. Für Ungeübte macht es Sinn, mittels offener Fragen und einem (neutralen) Coach durch die Positionen geleitet zu werden. Das Tetralemma eignet sich aber auch für ein Selbststudium mithilfe eines Blatts.

Durch dieses Changieren von zwei auf den ersten Blick gegensätzlichen Positionen können wir uns in einer anderen Art von Qualität mit einer anstehenden Frage beschäftigen.

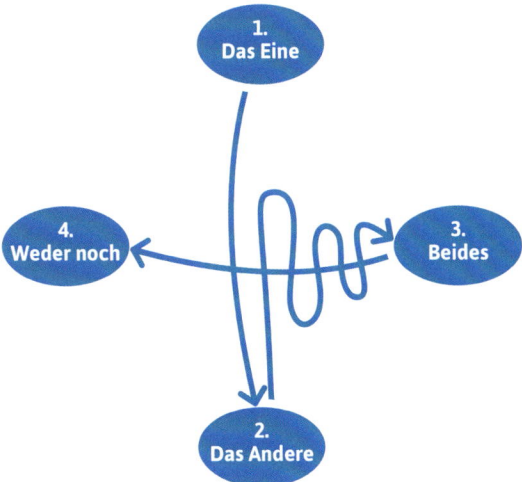

Abb. 107: Das Tetralemma.

*Die Macht, die eingebürgerte Begriffe über unser Denken haben,
lässt sich kaum überschätzen.*

Ernst von Glasersfeld [vonGlasersfeld1985, S. 14]

Kommunikationsprozesse

 S. 248

Prozesse und Gespräche moderieren

 S. 250

Kollegiales Feedback

S. 257

Lernbegleitung

S. 259

Konflikte und Spannungen

 S. 262

Konfliktlösungskompetenz

 S. 265

Diskussionsmarktplatz

 S. 267

Kudos

S. 268

Unternehmens-Open-Space

Prozesse und Gespräche moderieren

Moderation ist die bewusste und ergebnisoffene Strukturierung von Arbeitstreffen und anderen Gesprächssituationen, um diese effizient und effektiv zu gestalten.

Nicht nur für kollegial geführte Unternehmen ist dies wertvoll. Systematisch betrieben unterstützt Moderation grundsätzlich die Gesprächs- und Kooperationskultur in einer Organisation.

Insbesondere wenn Handlungsformate, wie Konsent oder soziokratische Wahl, neu erlernt und eingeübt werden müssen, sind Moderationen unerlässlich, damit sich die Teilnehmerinnen besser darauf konzentrieren können. Nebenbei wirken moderierte Arbeitstreffen und Gespräche förderlich auf die Stimmung und Arbeitszufriedenheit im Unternehmen. Da alle Mitarbeiter Gespräche führen, sollten auch alle die wichtigsten Grundlagen hierzu kennen und in ihrem speziellen Kontext beherrschen.

Dazu bedarf es zunächst einer bestimmten Haltung und einiger Moderationsfertigkeiten und -techniken, die zum Beispiel dabei helfen, wertschätzend miteinander umzugehen und Missverständnissen vorzubeugen.

Durch die Moderation kommt es zu einer Aufgabenteilung:
- ▶ Die Moderatorin ist für den Prozess verantwortlich, nicht jedoch für die Inhalte und Ergebnisse.
- ▶ Die Teilnehmer übernehmen mit ihren fachlichen, konstruktiven und ergebnisorientierten Beiträgen die Verantwortung.

Bei jeder Moderation sollten die Interessen der Organisation im Mittelpunkt stehen, weniger die individuellen Egos.

VERANTWORTUNG UND HALTUNG DER MODERATORIN

- ▶ Ich bin inhaltlich neutral.
- ▶ Ich wahre personenbezogene Neutralität.
- ▶ Ich unterstütze die Gruppe dabei, dass sie ihr Ziel erreicht.
- ▶ Ich bin verantwortlich für das Einhalten von Regeln.
- ▶ Ich bin verantwortlich für den Prozess – nicht für die erarbeiteten Inhalte und Ergebnisse.

VERANTWORTUNG UND HALTUNG DER TEILNEHMER

Auch Teilnehmer haben zahlreiche Optionen, aktiv mitzuwirken und Arbeitsgespräche zu gestalten:
- ▶ Wie bringe ich meine eigenen Ressourcen (Fähigkeiten, Erfahrungen, Kenntnisse, Netzwerke, Quellen) konstruktiv ein?
- ▶ Die aktive Teilnahme (Eigenverantwortung) liegt bei mir!

Als Teilnehmer verantworte ich,
- ▶ wie ich mich auf das Treffen vorbereite,
- ▶ wie und wann ich meine Interessen passend zum Gruppenziel förderlich einbringe und
- ▶ wie ich übernommene Aufgaben im Nachgang erledige.

Grundfertigkeiten

Moderatoren benötigen bestimmte Basistechniken und Übung, um Gruppenprozesse professionell führen zu können. Unserer Erfahrung nach sind die wichtigsten relevanten Grundlagen:
- Wissen, wie Kommunikation funktioniert, insbesondere wie Wahrnehmung kreiert wird,
- eine klare, konkrete und kongruente Sprache,
- Kenntnis von Fragetechniken, aktives Zuhören, umdeuten können,
- Feedback geben und
- simultanes Visualisieren.

Aus diesen Fähigkeiten mixt sich die Moderatorin situativ das aus ihrer Sicht Geeignete für die jeweilige Gruppensituation zusammen und begleitet die Gruppe lösungsorientiert. Gesprächsleitfäden helfen dabei, die jeweiligen Gesprächsphasen gut vor- und nachzubereiten.

Moderatoren-Pools

Einige Unternehmen führen sogenannte Moderatoren-Pools, also moderationsbereite Kollegen aus verschiedenen Bereichen, aus denen Moderatoren für die Führung von Arbeitsgesprächen gebucht werden können. Der gezielte Einsatz von teamfremden Kollegen aus anderen Bereichen des Unternehmens erleichtert die neutrale Position der Moderatoren.

Häufiger werden Gespräche in Organisationen jedoch von den einladenden Personen selbst geführt, die meist auch fachlich involviert sind. Es existiert dann die Erwartungshaltung, wer einlädt, der moderiert auch.

In dieser Mischung zwischen Fachlichkeit und Moderation neutral zu bleiben ist möglich, erfordert aber viel Erfahrung und Übung als Moderator, um mit der Trennung der beiden Rollen Moderator vs. Teilnehmer transparent umgehen zu können. Folgende Techniken unterstützen dabei:
- Wechseln Sie als Moderator während des Gespräches für alle deutlich sichtbar zwischen Moderationsrolle und fachlicher Rolle, beispielsweise durch einen Schritt, Hinsetzen oder sonstigen räumlichen Positionswechsel.
- Geben Sie die Moderationsrolle während des Gesprächs an andere ab, insbesondere bei Themen, bei denen Sie inhaltlich etwas beitragen möchten. Außerdem kommen auf diesem Weg neue Kolleginnen auch einmal zur Moderation.
- Gehen Sie mit einer Co-Moderation in das Gespräch und geben Sie bestimmte Gesprächsteile an Ihre Moderationspartnerin ab.
- Holen Sie Sich aus der Kollegenschaft, aus anderen Abteilungen oder einem Moderatoren-Pool einen Moderator, um nicht selbst zu moderieren.

Abb. 108: Grundbaustein selbstgeführter Organisationen: kollegiale Moderation.

WEITERFÜHRENDES
- Andreas Edmüller, Thomas Wilhelm: *Moderation*; Haufe-Verlag, 2007.
- Gernot Graeßner: *Moderation – das Lehrbuch*; Ziel-Verlag, 2008.
- Moderationstechniken-Apps

QUERVERWEISE
- S. 121 Organisations-Coaching

Kollegiales Feedback

Unter Feedback verstehen wir in Organisationen so unterschiedliche Dinge wie Mitarbeiterbeurteilungen, Sandwich-Technik, 360-Grad-Feedback, Zielvereinbarungs- und Personalentwicklungsgespräche sowie Kritik.

> **DEFINITION: FEEDBACK**
>
> Wir bezeichnen hier mit Feedback ein ganz bestimmtes Konzept der Gesprächsführung, welches aus den grundlegenden Kommunikationstechniken Aktives Zuhören und Ich-Botschaften besteht und kombiniert wird mit einer erlernbaren, wertschätzenden Haltung und dem Zweck, jemandem Rückmeldungen zu seinem Verhalten zu geben.

Mit kollegialem Feedback meinen wir die Anwendung dieser Gesprächstechniken unter Kollegen (im Gegensatz zum Vorgesetzten-Feedback).

Eine situativ gelebte kollegiale Feedback-Kultur ist daran erkennbar, dass es kein besonderes Ereignis ist, wenn Feedback stattfindet. Vielmehr ist es etwas unaufgeregt Alltägliches, das unsere Arbeitsweise durchdrungen hat und Normalität präsentiert. Es findet von ganz allein und selbstverständlich während der Arbeit im Austausch untereinander statt und es fällt uns auch gar nicht mehr auf, dass wir es tun.

Dabei geht es beim Feedback sowohl um Beobachtungen, die wir positiv bewerten, als auch um Beobachtungen, die wir eher als störend und irritierend empfinden. Indem wir beobachtetes Verhalten sprachlich ausdrücken, bewirken wir, dass Verhalten reflektiert und verändert werden kann. Ob und wie Verhaltensänderungen beim anderen stattfinden, können wir nicht zielgerichtet beeinflussen.

Wertschätzende Haltung

Feedback erfolgt nur wirksam aus einer wertschätzenden Haltung heraus. Ich bin in dieser Haltung an der Weiterentwicklung meines Gesprächspartners interessiert und ihm zugewandt.

Feedback erfolgt zeitnah und bezieht sich auf genau ein Ereignis, eine Situation und eine Beobachtung. Es adressiert die Inhalts- und die Beziehungsebene beider Partner während der Kommunikation.

Falls ich mich in einer Situation befinde, in der ich der anderen Person gegenüber nicht mehr wertschätzend sein kann und diese Technik lediglich dazu benutzen möchte, der anderen Person eine „reinzudrücken", missbrauche ich diese Technik.

Jemandem gegenüber nicht mehr wertschätzend eingestellt zu sein passiert häufig dann, wenn ich zu lange gewartet habe, zeitnah zurückzumelden, was mich irritiert und gestört hat. Womöglich hat sich dieses Verhalten sogar schon wiederholt, sodass ich ein kleines emotionales Unwetter aufgebaut, also Gefühle des Unwohlseins, der Unsicherheit, Ärger, Wut oder Resignation angesammelt habe. Diese Zunahme von Emotionalität kann dazu führen, dass ich bereits einen Tunnelblick entwickelt habe oder schnell in das Affektverhalten gerate. Ich bin also nicht mehr entspannt dem anderen gegenüber.

Wenn die Art und Weise meiner bisherigen Rückmeldungen an meinen Gesprächspartner nicht den gewünschten Effekt hatten oder möglicherweise schon Spannungen oder Konflikte entstanden sind, können möglicherweise Konfliktlösungstechniken konstruktiver und passender sein als die Feedback-Technik.

Basis-Kommunikationstechniken

Feedback besteht aus zwei grundlegenden Kommunikationstechniken:
- aktives Zuhören und
- Ich-Botschaften.

Beide Techniken unterstützen dabei, Missverständnisse zu verhindern und Spannungen untereinander vorzubeugen. Weiterhin wirken sie sehr wertschätzend und verdeutlichen unsere Haltung dem Gesprächspartner gegenüber.

Aktives Zuhören von Carl Rogers

Aktives Zuhören ist eine sehr kraftvolle Kommunikationstechnik und in jeder Situation nützlich. Sie kann in fast jeder Gesprächssituation angewendet werden, nicht nur, wenn wir Feedback geben wollen.

Aktives Zuhören wirkt wertschätzend und verlangsamt die Gesprächsdynamik. Es hilft den Gesprächsbeteiligten, zu überprüfen, ob man sich „richtig" verstanden hat, also das Gehörte verstanden und die Intention des Gesagten den Beteiligten klar wurde.

Warum ist aktives Zuhören sinnvoll und was ist damit gemeint?

Grundsätzlich gehen Menschen davon aus, dass das Gesagte beim Gesprächsempfänger eins zu eins angekommen ist und beide sich daher auch eins zu eins verstehen müssten. Auch bei schriftlichen Texten meinen wir, dass die „Wahrheit" ja quasi schwarz auf weiß auf dem Papier stünde und daher alles klar sei.

Abb. 109: Wer fühlt sich in Organisationen zuständig und wer kann zu Hilfe gerufen werden, wenn Konflikte zu klären sind?
[🔗 http://kollegiale-fuehrung.de/aktiv_zuhoeren/]

In einem entspannten Gespräch fühlt sich zudem die Schnittmenge des gemeinsamen Verständnisses oft sehr hoch an, beispielsweise hat mein Gegenüber angenehm zu meinen Aussagen genickt oder öfter auch mal „Ja" gesagt, sodass ich den Eindruck gewinne, alles, was ich sage, sei verstanden worden. Die Schnittmenge des gemeinsamen Verständnisses ist dennoch relativ gering. Wie kommt das? Dazu ist es hilfreich, zu verstehen, wie menschliche Kommunikation funktioniert.

Kommunikation

Die Qualität des gemeinsamen Verständnisses hängt von vielen Faktoren ab, unter anderem davon, wie gut man sich kennt, wie gut wir miteinander eingespielt sind, welche Kommunikationspräferenzen (ähnliche oder unterschiedliche) wir haben, die Sprache (kultureller Hintergrund), wie der aktuelle Kontext ist, ob wir unter Zeitdruck und Stress kommunizieren oder wie viel Emotionalität im Spiel ist. Diese Faktoren wirken bei der Kommunikation immer mit und beeinflussen unterschiedlich stark unsere situative Wahrnehmung.

Und dieser Vorgang geschieht nicht sichtbar. Was hinter der jeweiligen menschlichen Stirn abläuft, bleibt somit eine Art Black Box.

In manchen Situationen, insbesondere bei Zeitdruck oder hoher Emotionalität im Raum, ist es sinnvoll, während der Kommunikation „einen Gang zurückzuschalten", da unsere Wahrnehmung stärker von körperlichen Abläufen beeinflusst wird.
Hat das Gesprächstempo beispielsweise eine so hohe Dynamik, dass die Gesprächspartner nur noch aneinander vorbeireden, wenn unangenehme Gefühle während des Gesprächs entstehen, dann könnte dies ein Hinweis dafür sein, in das aktive Zuhören zu wechseln, um Missverständnisse zu vermeiden.

Wie funktioniert es?

Aktives Zuhören ist eine Tätigkeit, die beim erstmaligen Anwenden anstrengend sein kann, weil es Konzentration erfordert, jemandem zuzuhören. Dies ist aber meistens nur der mangelnden Praxis geschuldet und gibt sich mit der Zeit.

Dennoch bleibt aktives Zuhören eine bewusste Aktion. Ich fokussiere mich auf meinen Gesprächspartner mit meiner gesamten Aufmerksamkeit und Zeit. Ich versuche, Störrauschen (Kopf-Kino, umherwandernde Gedanken, Umgebungsgeräusche, Lösungsideen, Tipps usw.) aus meiner Aufmerksamkeit zu verbannen und erst einmal nur meinem Gegenüber zuzuhören.

Beim aktiven Zuhören führt der Sprechende.

Als Zuhörender vermeide ich es, das Gespräch mit Fragen zu lenken. Natürlich sind Verständnisfragen erlaubt.

Von Zeit zu Zeit fasse ich das Verstandene zusammen und gebe es in eigenen Worten wieder. Selbstverständlich kann ich auch dabei mit Fragen beginnen, wie „Ah interessant, habe ich dich richtig verstanden, dass du ...", „Ah, du meinst also, dass ...". So wechseln wir die Rollen. Die Sprecherin hört nun, was von dem

Erzählten beim Partner angekommen ist, und kann noch einmal korrigieren, bevor sie fortfährt.

Ohne aktives Zuhören hätte ich womöglich nur das Gefühl, dass man mich verstünde (aufgrund der vielen „Jas" oder der Körpersprache), und wäre zu einem späteren Zeitpunkt völlig irritiert, wenn nachfolgende Handlungen nicht zu meinem Gesagten passen würden.

Aktives Zuhören kann ich variieren. Beispielsweise kann ich das, was ich gehört habe, als Essenz in den Worten des Sprechers wiedergeben und zusätzlich spiegeln, was ich meine, bei meinem Gegenüber emotional wahrzunehmen (in Ich-Botschaften). Aktives Zuhören ist eine der wichtigsten Techniken der Gesprächsmoderation. Formulierungsbeispiele für emotionale Situationen könnten sein:
- „... und ich merke, dass es dich bei dem, wie du das sagst, sehr getroffen und geärgert hat. Ist das richtig?"
- „... ich habe den Eindruck, dass es dir nicht gut geht. Du wirkst auf mich blass ..."

Beim aktiven Zuhören schenke ich meine Zeit, mein Ohr und meine Aufmerksamkeit meinem Gesprächspartner. Es geht nicht darum, das Gesagte zu kommentieren, zu werten oder das Gespräch mit Fragen zu führen. Es ist ein wertschätzender Prozess, bei dem es nicht auf die Zeit ankommt.

Was passiert dadurch, dass ich nun wiedergebe, was ich verstanden habe? Zum einen werden mögliche Interpretationen, die ja normalerweise nur unbewusst ablaufen, für mich und meinen Gesprächspartner sichtbarer. Indem ich das ausspreche, kann mein Gegenüber reagieren und noch einmal nachdrücklich mitteilen, wie er was gemeint hat. Zum anderen ordnen sich beim Sprechen auch die eigenen Gedanken, neue Lösungen und Ideen können entstehen. Es findet eine Rückkopplungs-Schleife beim Sprecher und beim Zuhörer statt, die wir nun bewusster und transparenter erleben. Wir lüften dadurch etwas die Black Box.

> Auch in hektischen Situationen oder mit gut eingespielten Gesprächspartnern lohnt es sich immer wieder, aktives Zuhören anzuwenden! Die Ergebnisse sind oft überraschend und lohnenswert – sowohl für die Sache als auch für die Beziehung.

Abb. 110: Aufmerksames Kollegengespräch.

Ich- und Du-Botschaften

Meine Beobachtungen, die ich anderen mitteilen möchte, sollten so formuliert sein, dass sie das situative Verhalten der Person präzise beschreiben, denn Menschen verhalten sich situativ unterschiedlich und nie gleich.

Du-Botschaften

Formulierungen wie „Du bist immer so ..." treffen schlicht weg nicht zu. Im Alltagsgebrauch sind uns solche Du-Botschaften jedoch sehr bekannt und wir benutzen sie häufig.

> **Menschen sind nicht, sondern verhalten sich situativ unterschiedlich.**

Du-Botschaften erzeugen unangenehme Gefühle bei dem Gesprächspartner. Ich schreibe meine unreflektierten Interpretationen einer Person zu. Werden Du-Botschaften ausgesprochen, können sie Widerstand, Verletzungen, Abwehrhaltung und Ärger beim Gegenüber verursachen. Menschen können sich durch Du-Botschaften angegriffen, zu Unrecht beschuldigt, verletzt oder beschämt fühlen und schnell in eine Verteidigungshaltung kommen, bin ich doch bei dieser Formulierung bei meinem Gegenüber und nicht mehr bei mir.

Die Wirkung einer Du-Botschaft signalisiert „Ich bin okay, du bist es nicht!" Wir erheben uns über jemanden, wirken übergriffig. Auch verstärken Umfassungswörter (Universalquantoren), wie immer, oft, häufig, ständig, nur, diese Wirkungsweise.

Solche Behauptungen und Zuschreibungen wirken geringschätzig. Sie bleiben auch unkonkret, denn wir verhalten uns vielfältig und nicht immer gleich. Wir können nicht wissen, welche Gründe für eine andere Person vorliegen, sich in einer bestimmten Art zu verhalten, es sei denn, wir unterhalten uns darüber in Form einer Meta-Kommunikation, um dies sichtbar zu machen und zu reflektieren. Erst dann haben wir die Möglichkeit, unsere inneren Bilder oder Annahmen zu überprüfen (zum Beispiel durch aktives Zuhören).

Wie kommen wir nun zu einem Austausch auf Augenhöhe? Dabei helfen sogenannte Ich-Botschaften oder eine Art Ich-Sprache.

Ich-Botschaften

Ich-Botschaften benennen ein Verhalten konkret und präzise und beschreiben dessen Wirkung auf mich. Dabei mache ich deutlich, was ich subjektiv beobachtet habe (Sachaspekt: was, wie), und benenne die Auswirkung auf mich (Beziehungsaspekt: warum).

Ich-Botschaften erzeugen bei meinem Gegenüber eher Nachdenklichkeit und die Bereitschaft, in den Dialog zu gehen. Sprachlich bleibe ich bei mir und vermeide ungeprüfte Zuschreibungen und Bewertungen. Ich erhebe mich nicht über jemand, sondern kommuniziere klar und kongruent auf Augenhöhe.

BEISPIEL

Wir haben in unserem Team regelmäßige Stand-ups (Stehmeetings) vereinbart. Beim letzten Mal kam Kollege A ca. 15 Minuten zu spät. Beim heutigen Stand-up kommt der Kollege wieder 15 Minuten zu spät. Das ist der Sachverhalt, der beobachtbar war. Die Gründe hierfür kenne ich erst einmal nicht, es sei denn, Kollege A hätte sie ausgesprochen.

Eine Du-Botschaft könnte nun lauten: „Ständig kommst du zu spät!" Oder: „Immer kommst du zu spät!"

Versuchen Sie nun, sich in Kollege A hineinzuversetzen. Wie würde die Du-Botschaft auf Sie wirken? Was bewirkt sie in Bezug auf Ihre Integrität, Ihre Motivation oder Ihre Energie?

Eine Ich-Botschaft könnte wie folgt formuliert werden: „Ich sehe, dass du heute zum zweiten Mal ca. 15 Minuten spät zu unserem Stand-up kommst. Letzte Woche kamst du ebenfalls 15 Minuten später." Soweit zur Sachebene und zur Beschreibung, was ich konkret beobachtet habe. Weiter: „Ich merke bei mir, dass mich das stört und aufhält, da ich unter Zeitdruck stehe." Jetzt bin ich auf der Beziehungsebene: Wie wirkt dieses Verhalten subjektiv auf mich und unsere Beziehungsebene?

Im Nachgang könnten Sie noch eine Frage stellen: „Ich würde gerne von dir hören, wie es dazu kommt." Oder: „Wie kommt das?" Damit gehen Sie in einen Dialog mit dem anderen.

Ob Sie diesen Dialog vor der Gruppe oder in einem vertraulichen Zweiergespräch im Nachgang eines Treffens halten, hängt ganz davon ab, welche Gesprächskultur bei Ihnen vorherrscht und in welcher Haltung und mit welchem Ton Sie etwas sagen.

Wir können Du- und Ich-Botschaften nicht daran unterscheiden, ob der Satz mit dem jeweiligen Personalpronomen anfängt oder nicht. Wir können sie über die Wirkung erkennen: Lösen sie Widerwillen und unangenehme Gefühle aus oder nicht?

Kommunikationsverhalten kann verändert, neue konstruktive Formen können erlernt und durch stetiges Üben in uns verankert werden. Mit jeder weiteren Anwendung von Ich-Botschaften verlernen wir Du-Botschaften, bis neue, konkretere und wertschätzende Formulierungen in unser alltägliches Handeln übergegangen sind.

Anfangs hilft es, sich Zeit zu nehmen und zu reflektieren, worum es uns eigentlich wirklich in solchen Situationen, die uns unbewusst zu Du-Botschaften verleiten, geht, und kurz zu notieren, welche konkrete Situation wir benennen wollen und was diese mit uns gemacht hat.

Wie funktioniert Feedback?

Grundsätzlich gilt für beide Rollen, Feedbackgeber und -nehmer, dass wir nur Feedback geben und nehmen sollten, wenn wir zueinander eine grundsätzlich wertschätzende Haltung haben.

Wenn einer der beiden Gesprächspartner emotional sehr erregt ist, ist es wichtig, zu prüfen, ob eine wertschätzende Haltung möglich ist oder nicht. Insbesondere in der Rolle des Feedbackgebers ist es notwendig, zu prüfen, ob schon Probleme im Raum stehen, die zu Ich-Botschaften oder Zuschreibungen führen. Feedback ist nicht angebracht, sobald man dem Gesprächspartner nur „eins auswischen" möchte.

Stimmungen ändern sich, sodass ein Feedback vielleicht am folgenden Tag wieder sinnvoll ist. Falls sich die Stimmung nicht ändern sollte und ich mich weiter in einer hoher Emotionalität befinde, kann es hilfreicher sein, auf andere Techniken (beispielsweise ein Kritikgespräch) zurückzugreifen statt auf die Feedback-Methode.

Feedback hilft mir dabei (sowohl „positive" als auch „negative") Beobachtungen strukturiert und konkret zurückzumelden und sie dadurch für beide Gesprächspartner transparent und begreifbar zu machen.

Beim Feedbackgeben kann man unterschiedlich vorgehen. Geht es beispielsweise um ein tägliches Arbeitsfeedback oder sind die Gesprächspartner mit dieser Technik erfahren, dann können nacheinander mehrere Beobachtungen ausgetauscht und im Anschluss die Rollen gewechselt werden.

Geht es jedoch darum, ein möglicherweise wiederkehrendes Verhalten zurückzumelden, das bei mir Emotionen auslöst, reduziere ich dies nur auf die eine konkrete Beobachtung. Damit dieser eine Punkt unmissverständlich besprochen werden kann, ist es wichtig, dass der Feedbacknehmer auch aktiv zuhört. Dies sorgt dafür, weitere Missverständnisse zu umgehen, und unterstützt beide Gesprächspartner noch einmal darin, zu prüfen, ob sie sich wirklich verstanden haben.

Der Feedbackgeber hört die Interpretation und kann ggf. noch einmal das Gesagte schärfen oder korrigieren. Beim Feedbacknehmer löst aktives Zuhören eine Art „Andocken" aus. Es macht qualitativ einen Unterschied, Gehörtes in eigenen Worten wiederzugeben (und löst körperlich auch andere Wahrnehmungsprozesse aus), als nur zu nicken oder Ja zu sagen.

Ein wirksames Feedback
- erfolgt zeitnah,
- ist vom Empfänger gewollt,
- beschreibt Verhalten (nicht die Person),
- erfolgt als Ich-Botschaft,
- ist konkret (nicht verallgemeinernd),
- ist kurz und in aktiven Sätzen formuliert,
- liefert ggf. Tipps, Optionen oder Wünsche.

Alles, was dem anderen dabei helfen kann, sich zu entwickeln und zu wachsen, eignet sich auch dazu, ausgesprochen und gewürdigt zu werden. Je konkreter wir uns ausdrücken, desto eher kann sich unser Gesprächspartner an die jeweilige Situation erinnern und sich in den Kontext zurückversetzen. Wir beginnen dadurch, auf Augenhöhe miteinander zu reden, und vermeiden, übereinander zu reden.

An dieser Stelle möchten wir noch einmal auf die Wirksamkeit von positiven Rückmeldungen eingehen. In unserem Kulturkreis scheint es üblich zu sein, sich erst zu äußern, wenn etwas stört, während gut laufende Dinge wenig Beachtung finden und fast schon als selbstverständlich angesehen werden. Wir möchten Sie dazu ermutigen, mit positivem Feedback zu beginnen und Ergebnisse zu würdigen. Es wirkt verstärkend und sehr wertschätzend.

Bei den Formulierungen achten wir darauf, Ich-Botschaften zu verwenden, das heißt, beim Formulieren bleibe ich bei mir und vermeide Zuschreibungen.

REGELN FÜR FEEDBACKGEBER

- Meinen Gesprächspartner um Erlaubnis fragen, ob Feedback erwünscht ist oder nicht.
- Für ein vertrauensvolles Setting sorgen.
- Sich vor dem Feedback Zeit (5 bis 10 Minuten) nehmen und Gedanken machen (Notizen helfen). Welche konkrete Situation möchte ich rückmelden, was habe ich beobachtet?
- Welche Wirkung hatte sie auf mich? (Warum melde ich das zurück, warum ist es mir aufgefallen?)
- Welchen Wunsch habe ich für künftige, womöglich ähnliche Situationen?

Regelmäßiges Arbeitsfeedback

Ein regelmäßiges Arbeitsfeedback (mehrere Beobachtungen) könnte folgendermaßen verlaufen.

Meine Kollegin und ich geben uns gegenseitig nach Kundeneinsätzen Feedback. Da es bei uns mittlerweile eine sehr eingespielte Methode ist, fragt während des Tages meist eine die andere Person: „Wollen wir uns heute Abend kurz Feedback geben?"

Manchmal mache ich mir bereits tagsüber Notizen, was ich bei meiner Kollegin beobachte: Wie sie auf eine Frage reagiert, welchen neuen Impuls sie eingebracht hat, ob ein theoretischer Teil didaktisch nicht später besser gepasst hätte, welche weiteren Beispiele mir zu dem Problem des Kunden noch einfallen würden, wo sie eine schwierige Situation gerettet hat, wie das Flipchart gestaltet war und was sie dabei noch besser machen könnte oder wie das Zusammenspiel war.

Dann besprechen wir kurz, wer beginnen möchte. Zuerst listen wir meistens die Dinge auf, die uns positiv aufgefallen sind, und enden mit ein bis drei Situationen, in denen wir irritiert waren oder anders vorgegangen wären. Stets achten wir darauf, in einem guten Kontakt zu sein, und klären während des Prozesses Verständnisfragen.

Danach wird gewechselt. Es ist ein Geben und Nehmen. Bei unserer nächsten Zusammenarbeit können wir gleich Veränderungen zurückmelden, die sich in der Zwischenzeit ergeben haben. Da ich aufgrund meiner Erfahrungen weiß, dass meine Kollegin mir nichts Böses will, ist die Situation einfach nur entspannt. Feedback wird so zu einem wertvollen Geschenk.

Taucht während des Kundeneinsatzes eine Störung mit hoher Emotionalität auf, dann würden wir uns in der ersten Pause dazu klärend mit einem Einzelfeedback austauschen oder ggf. bei einer starken Störung den Prozess unterbrechen, um gleich in die Klärung zu gehen, damit die Störung ausgeräumt wird und wir wieder zur Tagesordnung übergehen können.

> **REGELN FÜR FEEDBACKNEHMER**
> - Möchte ich Feedback von der Feedbackgeberin (Person) hören und passt mir der Zeitpunkt?
> - Hört beim Feedback aktiv zu.
> - Rechtfertigt sich nicht.
> - Lässt das Ganze im Anschluss wirken.
> - Sortiert ggf. später.

> **SCHUTZ GEGEN ANSCHULDIGUNGEN**
> Folgende Regeln helfen dabei, uns zu schützen, wenn wir ungefragt Rückmeldungen in Form von Beschuldigungen, Anklagen und Du-Botschaften erhalten. Wir können fragen:
> - Um welche Situation handelt es sich genau? Worum genau geht es?
> - Was hast du konkret beobachtet, was ich getan oder gesagt habe?
> - Wie oft ist das vorgefallen, wann genau, wann nicht ...?
> - Was ist der Grund, mir das rückzumelden? Was hat das bei dir ausgelöst?
> - Was hätte ich deiner Meinung stattdessen sagen oder tun sollen?

Situatives Feedback

Ein Beispiel für ein Einzelfeedback:

Ich war mit einem Kollegen in einem Akquisegespräch. Da kundenseitig zwei Personen daran teilnahmen, haben wir uns in der Vorbereitung darauf verständigt, dass mein Kollege mehr beratende Themen übernehmen und ich moderieren sollte. Der Kunde hatte insgesamt mehrere Anbieter eingeladen. Wir hatten 30 Minuten Zeit erhalten. Unsere Ziele waren, gut mit den Kunden in Kontakt zu kommen, die Auftragsklärung durchführen und die nächsten Schritte zu skizzieren – bei vier Gesprächspartnern und 30 Minuten Gesprächszeit recht sportliche Ziele.

Im Gespräch vor Ort stellte sich heraus, dass mein Kollege seinen alten Studienkollegen auf der Kundenseite sitzen hatte. Sie schweiften gleich nach der Begrüßung in alte Geschichten ab. Bis alles besprochen wurde, alle Lacher gelacht waren, blieben noch 20 Minuten übrig. Und auch in der restlichen Zeit schweiften sie immer wieder von der abgesprochenen Agenda ab und streuten Anekdoten ein.

Fazit: Während des Gesprächs konnten wir nur rudimentär das Anliegen des Kunden verstehen. Zu mehr hatten wir keine Zeit. Und ich war extrem verstimmt!

Da hier eine hohe Emotionalität bzw. eine Störung schon während des Akquisegesprächs vorlag, wäre ein Einzelfeedback angebracht. Dies könnte beispielsweise wie folgt aussehen:

Am nächsten Tag (ich hatte mich mittlerweile beruhigt) fragte ich meinen Kollegen, ob er von mir Feedback zu unserem letzten Akquisegespräch haben möchte, was er bejahte. Ich sorgte dann für einen geeigneten Raum, wo wir uns ungestört unterhalten konnten.

Ich bedankte mich, dass er sich Zeit nahm (Einleitung) und beschrieb die Situation, wie ich sie subjektiv beobachtet hatte: „Für unser letztes Akquisegespräch hatten wir uns vorweg abgesprochen, unterschiedliche Rollen wahrzunehmen. Du wolltest den Berater-Part übernehmen und ich sollte moderieren. Im Gespräch selbst hast du deinen ehemaligen Freund getroffen und rund 10 Minuten unserer 30 Minuten für Smalltalk verbraucht. Die restlichen 20 Minuten haben meines Erachtens nicht ausgereicht, um das Kundenanliegen zu verstehen (Beobachtung).

Darüber habe ich mich schrecklich geärgert. Nun mache ich mir Sorgen, ob wir den Kundenauftrag überhaupt erhalten (die Wirkung auf mich in Ich-Botschaften).

Um die Situation zu klären, möchte ich dich bitten, kurz wiederzugeben, was du von mir verstanden hast." (Aufforderung zum aktiven Zuhören)

Da mein Kollege mit den Feedbackregeln vertraut ist, müsste ich ihn vermutlich gar nicht auffordern.

Bei Personen, die diese Regeln noch nicht kennen, ist es hilfreich, sie vor Beginn des Gespräches kurz zu erläutern.

Mein Kollege erwiderte: „Du hast dich geärgert, dass ich so viel mit dem Michi gesprochen habe, und glaubst nun, dass wir den Auftrag nicht bekommen, richtig?" (Aktives Zuhören)

Nun habe ich die Möglichkeit, noch einmal zu schärfen. „Aufgrund der knappen Zeit und der Akquisesituation hat mich das geärgert, da ich dein Verhalten einfach nicht passend fand. Es wäre für mich etwas anderes gewesen, wenn wir mehr Zeit gehabt hätten." (Schärfung bzw. Korrektur)

Er: „Ah – okay!" Ich: „Das nächste Mal würde ich mir in einer ähnlichen Situation wünschen, dass du den Smalltalk kurzhältst und dich für später mit ihm verabredest." (Änderungswunsch)

So könnte ein Einzelfeedback ablaufen. Hier geht es um eine konkrete Situation, die vor Kurzem vorgefallen ist und deutliche Emotionen ausgelöst hatte.

Natürlich muss ich nicht warten, bis mir jemand Feedback gibt! Ich kann es auch wünschen, d.h. auf Menschen zugehen und um Feedback bitten und so für mein eigenes Lernen sorgen. Dies setze ich insbesondere dann ein, wenn ich Formate, wie kollegiale Kollegengruppen oder Mentoring-Prozesse, bei Kunden einführe. Unabhängig davon ist es auch hier hilfreich, nach für alle Parteien bekannten Regeln vorzugehen, damit die Personen wirkungsvolles und nicht verletzendes Feedback erhalten.

WEITERFÜHRENDES

➔ Claudia Schröder: *Was Sie schon immer über Feedback wissen wollten* (5-teilige Blogserie); http://next-u.de/?s=Feedback

Lernbegleitung für die Lernende Organisation

Unter Lernbegleitung verstehen wir die über einen längeren Zeitraum dauernde Unterstützung und Begleitung einer festen Gruppe durch eine Trainerin. Die Weiterentwicklung erfolgt im Wechsel von Theorie und Übungen einerseits und eigenverantwortlich arbeitenden Lerngruppen zum Transfer in die Praxis andererseits.

Viele von uns sind in Arbeitsstrukturen hineingewachsen, die stark hierarchisch geprägt waren, und sind daher mehr oder weniger gewohnt, zu folgen und Strukturen nicht infrage zu stellen. So können wir beispielsweise feststellen, dass unser gesellschaftliches Leben der Arbeitswelt untergeordnet ist. Es gibt feste Strukturen, zu welcher Zeit hauptsächlich gearbeitet wird oder das private Leben (Familie, Kindererziehung, Hobbys etc.) stattfindet. Das gesamte Leben ist darauf abstimmt, bestmöglichste Voraussetzungen dafür zu entwickeln, im Arbeitsmarkt einen Platz zu (er-)halten. Unsere Identität verknüpfen wir mit unserer Arbeit. Die Leistungsorientierung der Wirtschaft prägt viele unserer Lebensbereiche.

Wie können wir in diesem Umfeld nun neue Handlungsweisen lernen? Wie erkennen Menschen Dinge, die ihnen fehlen, wenn sie kein Wissen darüber haben? Wie kann eine Organisation diesen Prozess so gestalten, dass alle Individuen sowie die Organisationsstrukturen gleichermaßen sich so entwickeln, dass sich in einem dynamischen Umfeld passende Strukturen, Prozesse und Handlungsweisen herausbilden?

Altes reproduzieren statt Neues lernen?

Die Entwicklungsmaßnahmen, die in großen Unternehmen von Human-Resource-Abteilungen in die Wege geleitet werden, schaffen in den meisten Fällen keine passende Lernumgebung und berücksichtigen nicht, wie Menschen lernen.

Entwicklungsmaßnahmen werden meistens extern in Form von wissensbasierten Schulungen eingekauft, die kaum Möglichkeiten zum Transfer des Gelernten in den Arbeitsalltag bieten. Auch existieren nur selten Konzepte, wie die Organisation mit den individuellen Impulsen lernen kann.

Die wirksame Weiterentwicklung des Individuums oder der Organisation scheint nicht Ziel dieser Maßnahmen zu sein. Sie wirken eher kosmetisch und systemstabilisierend. So verkommen Schulungen zu einer Art Kurzurlaub. „Man hört halt mal was Neues." Aber zurück in der Organisation, interessiert man sich nicht wirklich dafür, welche Veränderungsimpulse mitgebracht werden.

Damit wir uns aus alten Handlungsweisen herauslösen können, ist es jedoch notwendig, die neuen gewünschten Handlungsoptionen einzuüben und den Organisationsmitgliedern einen Raum zu bieten, in dem dies stattfinden kann. Der Transfererfolg hängt davon ab, nach einer Schulung Möglichkeiten zum Üben, Vertiefen, Anwenden und Weitergeben zu finden. Erst dadurch entstehen neue schlüssige Handlungsmuster, die im Langzeitgedächtnis abgespeichert werden können.

Lernen und Einüben neuer Praktiken braucht Freiraum und findet erst nach der Schulung statt.

Fehlen Möglichkeiten, das Neue in der Organisation zu verankern, kann es dazu kommen, dass Mitarbeiter demotiviert werden, weil sie Dinge, die sie für sinnvoll erachten, nicht anwenden und umsetzen können.

Meistens fallen die notwendigen Freiräume und Erprobungsmöglichkeiten dem kurzfristig orientierten Leistungs- und Effizienzdruck zum Opfer. Das beginnt damit, dass Schulungsmaßnahmen innerhalb der gewohnten Strukturen und Prozesse stattfinden und das Neue kaum spürbar werden kann. Und es endet damit, dass der Einzelne allein gelassen wird, Neues in sein tägliches Arbeiten zu integrieren oder andere zum Umdenken zu bewegen.

Es geht auch anders

Folgendes Vorgehen haben wir als sehr wirksam schätzen gelernt:

- ▶ Inhaltliche Lernthemen bestimmen.
- ▶ Bestandsaufnahme: Welche Ressourcen der Teilnehmerinnen und Umgebung können bereits genutzt werden?
- ▶ Training: Kurze Wissensimpulse mit hohem Interaktionsanteil für Übungen zum tatsächlichen Arbeitskontext.
- ▶ Bildung von kleinen selbstgesteuerten Lerngruppen, die zwischen den Trainingseinheiten das Gelernte verankern und den Praxistransfer vorbereiten, begleiten und sich gegenseitig Feedback geben.
- ▶ Eigenverantwortliche Integration und Adaption des Gelernten im eigenen Arbeitskontext (on the Job).

Kommunikationsprozesse

- Regelmäßige Reflexion und Feedbacks zu den Veränderungen mithilfe der Trainingsgruppen, Lerngruppen und im eigenen Arbeitsumfeld.
- Das Erreichte würdigen durch rituellen Abschluss oder Feiern des Erreichten.

Bestandsaufnahme

Es kann bereits spannend sein, zu schauen, welches verborgene oder ungenutzte Erfahrungswissen in einer Organisation schon vorhanden ist. Die Mitglieder einer Organisation verfügen über eine Fülle von Erfahrungswissen und Können aus alten Zeiten, anderen und früheren Arbeitskontexten und auch aus dem privaten Bereich. Jeder hat bereits die eine oder andere Herausforderung gemeistert. Dieses Potenzial sichtbar und vernetzt nutzbar zu machen bringt eine völlig neue Handlungsenergie zutage. Menschen merken auf einmal, dass sie ganz sein dürfen. Welche Möglichkeiten bietet die Organisationsumgebung zum Lernen?

Nach dieser Bestandsaufnahme und -nutzung können schrittweise neuen Lernerfahrungen angegangen werden.

Kurze Wissensimpulse

Für die Vermittlung von Wissen sind Trainerinnen heute nicht mehr zwingend notwendig. Wissen kann eigenverantwortlich erarbeitet werden. Unterstützungsbedarf besteht jedoch dabei, dieses Wissen in die eigene Praxis umzusetzen: Was kann man nun Nützliches mit diesem neuen Wissen anstellen? Wie kann dies auf die konkreten Arbeitssituationen angewendet werden, um vom Wissen zum Können zu gelangen und Brücken zwischen Wissen und praktischem Anwenden zu bauen?

Dies fällt leichter in einem angenehmen Umfeld mit Spaß und Freude am Üben und Vertrauen. Neugierde und spielerische Leichtigkeit sind begleitende Motivatoren, um Hürden abzubauen und um eine Atmosphäre zu schaffen, in der sich Menschen zutrauen, etwas auszuprobieren. Trainer können sich hier zurückhalten, damit die Teilnehmer den Raum haben, selbst Verantwortung für ihr Lernen zu übernehmen.

Nach unserer Erfahrung bewirken kleine Lernschnipsel über einen mehrmonatigen Zeitraum verteilt einen nachhaltigeren und wirkungsvolleren Transfer als einmalig stattfindende große Lerneinheiten.

Lerngruppen

Vor allem aber sind Lerngruppen eine sehr wirksame Möglichkeit zum Lerntransfer und zur Vernetzung untereinander. Eine Lerngruppe besteht aus zwei bis fünf Teilnehmern einer Lernmaßnahme, die sich zwischen den einzelnen Wissensimpulsen treffen und miteinander das Gelernte reflektieren, vertiefen und üben. Die Gruppengröße sollte zu den vorhandenen Organisationsstrukturen und -prozessen passen.

Lerngruppen schaffen Transfermöglichkeiten in die Organisation und fördern die Vernetzung der Kollegen untereinander.

Der Nutzen der Lerngruppen liegt im regelmäßigen Austausch zum Gelernten und in den Rückmeldungen beim Transfer und der Adaption des Gelernten in die eigene Organisationspraxis durch Menschen, denen wir vertrauen und die an unserem Fortkommen interessiert sind.

Regelmäßige Reflexion des Lernprozesses

Trainer können den Lerngruppen Übungsaufgaben oder auch begleitende Literaturhinweise zum eigenverantwortlichen Wissensaufbau anbieten. Umgekehrt können die Lerngruppen ihre Erfahrungen und offenen Fragen zurück in die gesamte Trainingsgruppe oder an den Trainer spiegeln. Diese Erfahrungen sind auch eine Basis, um über den Lernprozess an sich und dessen Inhalte zu reflektieren.

Zeitpuffer bereitstellen

Führungskräfte oder Kreise haben die Verantwortung, das passende Lernumfeld zu gestalten. Dazu gehören vor allem entsprechende zeitliche Freiräume.

> **BEISPIEL 24 TRANSLATE GmbH**
>
> Im Rahmen einer mehrmonatigen Lernbegleitung wurden Lernpaare gebildet, die zwischen den einzelnen Wissensimpulsen das Gelernte in ihrem Arbeitsumfeld ausprobieren. Dabei beobachten sie sich gegenseitig beim individuellen Anwenden und Ausprobieren des Gelernten und geben sich anschließend Feedback.
>
> Im jeweils nächsten Lernblock berichten die Lerngruppen über wahrgenommene Veränderungen und stellen sich neue Hausaufgaben.

Konflikte und Spannungen

In jeder Organisation entstehen kleine und große Konflikte, die zu handhaben sind. Dahinter stecken Missverständnisse, Meinungs-, Interessen- oder Werteverschiedenheiten, unterschiedliche Sichtweisen und Sprachen. Das gilt umso mehr, je interdisziplinärer oder multikultureller die Teams sind.

Spannungsfelder durch die Einführung kollegialer Führung

Wie bei allen Veränderungen führt auch die Umstellung der Organisation auf eine kollegiale Führung zu möglichen Spannungen. Herauszuheben ist dabei, dass es sich für die Arbeitswelt um bislang unbekanntes Terrain handelt. Die Mitarbeiter haben in der Regel wenig Erfahrungswissen mit Umstellungen zu kollegialen Führungsstrukturen.

Beispiele für mögliche Spannungen sind in diesen Zusammenhang:
- Abgabe der Führungsrolle an einen Kreis mit der Sorge um das eigene Image oder den Bedarf für die eigene Person,
- Wegfall von bisheriger Macht mit der Sorge um Image und Sicherheit,
- fehlende Eigeninitiative bei der Übernahme von individueller Verantwortung mangels Erfahrungswissen und Fähigkeiten – mit der Folge von Stagnation,
- Weigerung, Führungsarbeit zu übernehmen, Wunsch, weiterhin geführt zu werden,
- Änderung von Zuständigkeiten mit der Sorge vor Chaos,
- Veränderung von Strukturen und Prozessen,
- Übergang von alten zu neuen Handlungsweisen, verbunden mit Unsicherheit,
- partielle Veränderungsübergänge hin zu neuen Strukturen sorgen für Unsicherheit und hohen Kommunikationsaufwand,
- Konflikte zu Schnittstellen.

Generell gilt es, Konflikte von vornherein zu vermeiden, und falls dennoch Spannungen auftreten, diese zeitnah und konstruktiv zu lösen, damit Mitarbeiter nicht an Kraft und Leistungsfähigkeit verlieren. Daher ist es für Organisationen existenziell, über geeignete interne und externe Konfliktlösungskompetenzen und -handlungsweisen zu verfügen.

Leugnung von Emotionalität

Im öffentlichen Raum, also auch innerhalb von Organisationen, hegen wir den Wunsch, rein sachlich zu bleiben. Gefühle werden vorwiegend als für die Arbeit störend abgetan und als hinderlich angesehen. Geraten unsere Gefühle einmal aus der Kontrolle und ans Tageslicht, entsteht oft die Sorge, Ansehen zu verlieren. Es können Gefühle der Scham, Empörung oder Angst entstehen, was wiederum zu weiteren Emotionen und Unsicherheiten führen kann, wenn Menschen nicht gelernt haben, damit konstruktiv umzugehen.

Werden wir mit starken Gefühlen am Arbeitsplatz konfrontiert, entsteht meist eine Art Vakuum. Zum einen herrscht die unausgesprochene Regel, sachlich zu bleiben. Gefühle zu zeigen wäre damit schon eine Art Regelverstoß. Zum anderen werden wir auf den Umgang damit kaum vorbereitet und können uns schnell überfordert fühlen. Doch nicht immer müssen heiße Diskussionen oder Emotionalitäten auf Konflikte hindeuten.

> **DEFINITION: KONFLIKT**
>
> Unvereinbar erlebte Spannungsfelder, die hohe oder auch wiederkehrende belastende emotionale Reaktionen bei den Beteiligten auslösen und deren Aufmerksamkeit binden.

Externalisierung und Verdinglichung

Oft sagen wir „Es gibt einen Konflikt" oder „Wir haben einen Konflikt". Damit wird das Thema externalisiert – ganz so, als bestünde es losgelöst von uns. Wir persönlich haben jedoch noch nie einen zu Gesicht bekommen, denn Konflikte sind (nur) Wahrnehmungskonstruktionen.

Wir erhalten diese Wahrnehmungskonstruktion am Leben, solange wir uns in die destruktiven Dynamiken begeben. Genauso gut könnten wir das auch sein lassen. Von daher finden wir es nicht förderlich, von einem Konflikt zu sprechen, sondern sehen die Beteiligten und das Umfeld im Fokus der Lösung.

Unangenehme Spannungen stellen auch eine Chance dar, da sie Veränderungspotenzial und Energie beinhalten. Gelingt es uns, mit dieser Energie angemessen umzugehen und die damit einhergehenden Veränderungen förderlich zu nutzen, können sich daraus neue Potenziale für Einzelne und Organisationen öffnen und entwickeln.

Um zu verstehen, wie Spannungen und Konflikte entstehen, ist es hilfreich, zu begreifen, wie wir in diesen Dynamiken als Mensch funktionieren. Im Abschnitt über das Denken und Fühlen (→ S. 272) beschrieben wir, dass Denken und Fühlen miteinander verbunden sind und sich das eine nicht von dem anderen lösen lässt. Doch was passiert emotional genau, wenn wir Konflikte erleben, und warum kann das Miteinander dann auf einmal so schwierig werden? Hierzu greifen wir auf die von Luc Ciompi geprägte Affektlogik zurück.

Affektlogik
Sobald Affekte und Emotionen ins Spiel kommen, wirkt sich das auf unser Denken und Fühlen aus. Stellen wir uns beides als eine Art balancierende Waage vor.

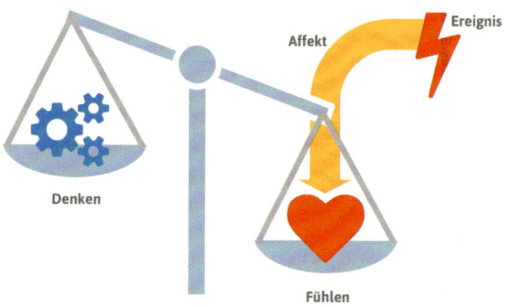

Abb. 111: Affektlogische Überlagerung des Denkens.
[↓ http://kollegiale-fuehrung.de/portfolio-item/affektlogik/].

Diese Balance kann durch bestimmte Ereignisse beeinflusst werden, beispielsweise wenn in Stresssituationen körperliche Reaktionen beginnen und Stresshormone freigesetzt werden. Das verstärkt das Fühlen und bringt es in den Vordergrund.

Friedrich Glasl [Glasl1980] beschreibt in seiner Konfliktdefinition, dass unsere Wahrnehmung extrem eingetrübt wird. Dadurch tritt die problembehaftete Situation in den Fokus der Betrachtung und bindet unsere Aufmerksamkeit. Lösungen treten dagegen in den Hintergrund, man nimmt nur eingeschränkt wahr.

Der Zugang zum Lösungsraum, so könnte man sagen, ist erst einmal blockiert, da körperliche Reaktionen in unserem vegetativen Nervensystem dies so steuern. Wir bekommen einen Tunnelblick, der unsere Wahrnehmungsmöglichkeiten stark einschränkt (→ S. 261, Abb. 112). Affektlogische Muster übernehmen das Ruder.

> **Affektlogik ist die Lehre vom gesetzmäßigen Zusammenwirken von Fühlen und Denken.**
> *Luc Ciompi*

Emotionen sind tief in der Stammesgeschichte verankerte körperlich-seelische Reaktionen des Menschen, sie regulieren sowohl die Wahrnehmung und Aufmerksamkeit wie auch das Gedächtnis und das Denken. Dieses Fühl-Denk-Gemisch und seine Entstehungsgesetze bezeichnet Ciompi als Affektlogik.

Einige dieser Affekte, primäre Affekte genannt, sind bereits in uns angelegt, während wir uns weitere als sogenannte sekundäre im Verlauf unserer Sozialisation aneignen. Beide werden gleichermaßen abgerufen und führen zu gleichen körperlichen und emotionalen Reaktionen, passend zu den abgespeicherten Mustern. Anhängig von der individuellen Sozialisation haben wir unterschiedliche Muster abgespeichert, auf die wir affektlogisch zurückgreifen.

Ein Gesichtsverlust in einer Organisation erhält beispielsweise in Japan eine andere Bedeutung als hier im westlichen Raum. Und je nach Kultur und Werten von Organisationen kann dies von Sozialsystem zu Sozialsystem höchst unterschiedlich sein.

Handhabung
Dies bedeutet nun aber nicht, dass wir völlig unseren Gefühlen ausgeliefert sind, wie Joachim Bauer in seinem Buch über Selbststeuerung beschreibt [Bauer2015]. Darin stellt er die These der freien Willensbildung auf und bringt die Möglichkeit der Selbststeuerung ein. Die „Fähigkeit zur Selbstkontrolle und damit auch zu Selbststeuerung" sei „nicht angeboren", „genetisch ist dem Menschen lediglich die Möglichkeit mitgegeben, sie zu erwerben" [Bauer2015, S. 38].

Und das passiert, vereinfacht ausgedrückt, genau dann, wenn wir lernen, Aufmerksamkeit zu fokussieren und dadurch Selbstkontrolle zu üben. Diese Fähigkeit unterstützt uns, den gewohnten Reiz-Reaktions-Abläufen zu widerstehen und neue bewusste Reaktionen folgen zu lassen.

Lernen Sie zu erkennen, welche Konfliktmuster Sie in sich tragen, und steigen Sie rechtzeitig aus dem Affektmuster aus.

Auch bezüglich unserer Konfliktmuster ist es hilfreich, für sich selbst zu erkennen, wann welches abläuft, alternative Handlungsoptionen zu entwickeln und Ausstiegspunkte zu nutzen.

Das Zürcher Ressourcen Modell (ZRM, [Storch2016]) arbeitet mit assoziativen Möglichkeiten, gewünschte Handlungsmuster zu verankern (⮕ S. 230, im Abschnitt über Reflexion ist dies ausführlicher beschrieben).

Bewusste oder unbewusste affektive Gestimmtheiten steuern das kollektive Denken ganz ähnlich wie das individuelle. Ihre Schalt- und Filterwirkungen führen zur Entstehung von persönlichen, gruppen- und kulturspezifischen affektiv-kognitiven Eigenwelten (Mentalitäten, Ideologien), die von bestimmten Leitaffekten organisiert sind und sich laufend selbst bestätigen und verfestigen.

WEITERFÜHRENDES
- Friedrich Glasl: *Konfliktmanagement. Ein Handbuch für Führungskräfte, Beraterinnen und Berater*; Haupt-Verlag, Erstauflage 1980, 11. Auflage 2013.
- Joachim Bauer: *Selbststeuerung: Die Wiederentdeckung des freien Willens*; Karl Blessing Verlag, 2015.
- Johannes Storch, Corinne Morgenegg u.a.: *Ich blicks – Verstehe dich und handle gezielt*; Hofgrefe-Verlag, 2016.
- Luc Ciompi, Elke Endert: *Gefühle machen Geschichte – Die Wirkung kollektiver Emotionen von Hitler bis Obama*; Vandenhoeck & Ruprecht, 2011.

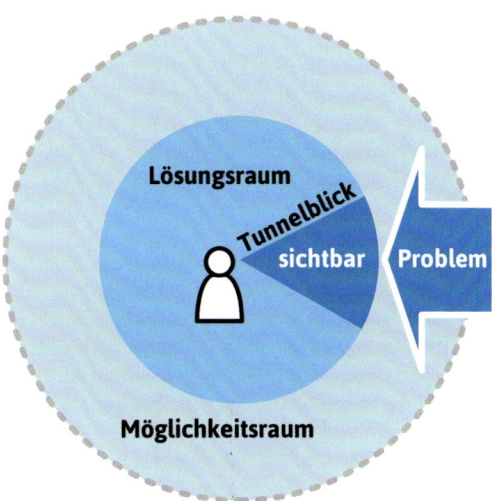

Abb. 112: Körperliche Reaktionen verengen in Konfliktsituationen unser Blickfeld. [⮕ http://kollegiale-fuehrung.de/portfolio-item/tunnelblick/].

Unter dem Einfluss von kritisch steigenden emotionalen Spannungen können sich die vorherrschenden Fühl-, Denk- und Verhaltensmuster indessen auch plötzlich und umfassend verändern.

Insbesondere affektspezifische Veränderungen von Wahrnehmung, Aufmerksamkeit und Gedächtnis spielen auch in Organisationen eine große Rolle. Hier stellt Luc Ciompi die These auf, dass „hinter allem psychosozialen Geschehen letztlich immer affektenergetische Motoren stehen" [Ciompi2011, S. 9]. Daher können wir mit Sicherheit davon ausgehen, dass die Art und Weise, wie wir mit Spannungen und Konflikten umgehen und wie wir uns verhalten, einen Einfluss auf die Stimmung, das Gruppenverhalten und die Kulturbildung (⮕ S. 239) in der Organisation haben. Gerade deswegen ist es so wichtig, schnell auf Konflikte zu reagieren, um mögliche Gruppenphänomen, wie Koalitionen oder Allianzen, zu vermeiden.

Wir sind grundsätzlich immer irgendwie gestimmt!
Luc Ciompi

Grundsätzlich können wir davon ausgehen, dass wir immer affektiv irgendwie gestimmt sind und uns affektiv-kognitive Wechselwirkungen ständig begleiten. Solange dies allerdings in einem angemessenen Rahmen geschieht, besteht kein Handlungsbedarf seitens der Organisation.

Treten jedoch emotional belastende Situationen auf, die sich stark auf das Wohlbefinden der Menschen auswirken und die Leistungsfähigkeit des Einzelnen und der Organisation schwächen, gilt es, durch geeignete Interventionen die Blockaden und Hindernisse aufzulösen.

Wir haben eine Fürsorgepflicht für unsere Kollegen, die auch in selbstorganisierten Organisationen gewährleistet werden muss. Dazu gibt es vielfältige Interventionsmöglichkeiten, begonnen mit der eigenen Reflexion und einer Intervention von außen, um Affektmuster zu entschleunigen oder rechtzeitig auszusteigen (⮕ S. 230, Reflexion).

Konfliktlösungskompetenz

Internes individuelles Wissen & Können (Kompetenzen)
Alle Mitarbeiter benötigen grundlegende Fertigkeiten an Kommunikationstechniken und Übung im aktiven Zuhören, Feedbackgeben und -nehmen sowie in der Fähigkeit, Ich- und Du-Botschaften zu unterscheiden. Dadurch lassen sich schon im Vorhinein Missverständnisse oder auch Unklarheiten ausräumen.

Aktives Zuhören und Feedback werden häufig als Allgemeinbegriffe verwendet, wir verwenden sie aber für ganz bestimmte kommunikative und zu erlernende Konzepte (→ S. 251). Damit werden die Grundlagen geschaffen, klar und unmissverständlich in einer wertschätzenden Art miteinander umzugehen.

Zu verinnerlichen, wie Denken und Fühlen zusammenhängt und welche körperlichen affektlogischen Auswirkungen bei uns zu ganz individuellen Tunnelblicken führen können, fördert immens die Selbstreflexion, insbesondere das Erkennen, wann ich selbst das Thema nicht mehr eigenverantwortlich handhaben kann und Unterstützungsbedarf notwendig ist, bis sich mein Blick wieder etwas weitet.

Je nachdem, wie der Grad der Selbstorganisation gelebt werden soll, sind den Mitarbeiterinnen ggf. tiefergehende Theorien und Kommunikationstechniken, wie Führen von Kritikgesprächen, Moderieren und aktives Zuhören bei Konfliktpartnern, zu vermitteln und einzuüben oder zentral bei Coaches oder Moderatorinnen auszubilden.

Insbesondere Reflexionsfähigkeiten unterstützen sowohl individuell als auch Gruppen dabei, ihre üblichen affektlogischen Muster erkennen zu lernen und Handlungsmöglichkeiten zu trainieren, um aus dem Reiz-Reaktions-Muster auszusteigen und Verhalten zu verändern (→ S. 230)!

Organisationale Fähigkeiten
Weiter ist es hilfreich, dass eine angstfreie Kultur herrscht, die Organisation Mitarbeiter als ganze Menschen sieht, d.h. nicht weiter geleugnet wird, dass Denken und Fühlen miteinander verbunden sind und neben Organisationsbedürfnissen eben auch menschliche Bedürfnisse zu berücksichtigen und auszugleichen sind. Hohes Konfliktpotenzial liegt oft begründet in den Strukturen bzw. in einer Unausgewogenheit verschiedener Pole, wie Struktur, Prinzipien/Handlungsweisen und Vertrauen/Werte (→ S. 234, Werteklärung, Glaubenspolaritäten).

Ein nicht zu unterschätzender, oft marktgetriebener Konflikttreiber ist nach wie vor der in allen Unternehmen herrschende Leistungsdruck und der damit einhergehende Stress auf alle Beteiligten. Stress löst emotionale Reaktionen und Affekte im Körper aus, die natürlich zu einem Tunnelblick führen.

In solch angespannten Situationen kann es schnell dazu kommen, dass Menschen gar nicht mehr gehört werden bzw. sich schon eine Kultur der Leugnung kräftezehrender oder auch sinnloser Handlungen und Kommunikationen verinnerlicht hat. Die Nicht-Leugnung hängt vom jeweiligen Reifegrad der Organisation ab und ist notwendig, um Raum für Lösungswege zu schaffen und diese zu würdigen.

Unter Lösungen verstehen wir, Verhärtungen, Spannungen und Befindlichkeiten zu lösen, d.h., prozessual in Bewegung zu bringen. Ziel dabei ist, dass Beteiligte, Teams oder die Organisation arbeitsfähig bleiben, weiterer Schaden für die Gemeinschaft vermieden wird, mögliche Verletzungen ausgeglichen werden und vor allem die Dynamik unterbrochen wird, damit sich die belastende Emotionalität (auf-)lösen kann.

Bedürfnisse der Gemeinschaft haben im Zweifelsfall immer Vorrang vor den individuellen.

Mögliche Konfliktlösungsverfahren
Bevor erste Schritte gegangen werden, ist eine Analyse der Konfliktgeschichte wichtig. Sie hilft dabei, geeignete Maßnahmen oder Interventionen abzuleiten, da Thesen zur Konfliktdynamik der beteiligten Personen und der Unterstützungsbedarf der Beteiligten durch die Kollegenschaft, Verantwortlichkeiten/Rollen bekannt werden. Eine Konfliktanalyse kann von den Beteiligten einzeln als vorbereitender Schritt durchgeführt werden. Bei hoher Emotionalität kann der Organisations-Coach moderierend begleiten.

Ein verbreitetes Verfahren für selbstgeführte Organisationen sieht in Abhängigkeit von der Konfliktanalyse folgende mögliche Schritte vor:

1. Die beiden betroffenen Personen versuchen, miteinander in Form eines Kritikgespräches (erweitertes Feedback-Gespräch) den Konflikt zu lösen. Dazu muss eine der Parteien die Initiative ergreifen und einen Vorschlag oder Wunsch formulieren. Die andere Partei nimmt diesen entweder an, lehnt diesen ab oder macht einen eigenen Vorschlag.

2. Gelingt damit keine Lösung des Konfliktes, ziehen die Parteien einen vertrauensvollen und neutralen Kollegen (im Regelfall den Organisations-Coach) als Moderator hinzu. Dieser unterstützt die Parteien darin, sich gegenseitig aktiv zuzuhören, sich zu verstehen, ggf. zu übersetzen bzw. Missverständnisse zu klären. Er bringt jedoch keine eigenen Lösungen ein.
Möglicherweise bietet sich hierfür inhaltlich oder aufgrund der Zuständigkeiten jedoch auch ein bestimmter Kreis an, aus der eine Person ausgewählt werden kann. Wichtig ist hierbei, eine Person als feste Bezugsperson auszuwählen, die den Konfliktlösungsprozess bis zum Ende der Klärung weiter begleitet sowie organisatorisch koordiniert. Sie behält dabei sowohl die Interessen des Unternehmens als auch der Beteiligten im Auge.

3. Tritt weiterhin keine Veränderung zum Besseren ein, sollte spätestens jetzt eine externe oder innerhalb der Organisation speziell ausgebildete Mediatorin gesucht werden, die die Konfliktklärung moderiert. Bei schweren Konflikten kann diese Option auch schon früher gewählt werden.

4. Lassen sich die Befindlichkeiten nicht ganz für alle Parteien (Organisation als Individuen) ausgleichen, muss die Organisation bzw. der vom Konflikt betroffene Teil der Organisation entscheiden, ob sie das Spannungsfeld des Konflikts aushalten oder zwangsweise klären lassen möchte. Bei dieser Entscheidung haben die Konfliktparteien selbst kein Stimmrecht. Mögliche Entscheidungen könnten beispielsweise Versetzung, Trennung, Ausschluss oder Abmahnung einer oder beider Parteien oder die Wahl eines Schiedsrichters bzw. Schiedsgremiums sein.

5. Notfalls wird dann die formal vorhandene Geschäftsführung oder der Gründer zur letzten Entscheidungsinstanz.

Damit dieses Verfahren von einer Organisation erfolgreich praktiziert werden kann, braucht es eine hohe Prozesssicherheit. Das heißt, alle müssen genau wissen, in welchen Schritten eine Konfliktlösung in ihrer Organisation ablaufen soll.

Benötigte Rollen und Ressourcen

Je schwächer oder unsicherer solche individuellen Fähigkeiten bei den Beteiligten und ihrem Umfeld vorhanden sind, desto wichtiger wird das Coaching durch einen professionell ausgebildeten systemischen Mediator. Eine solche Ressource kann auch zentral vorgehalten werden, beispielsweise als Company Coach, Company-Coaching-Kreis oder indem verschiedene Mitarbeiter verteilt über das gesamte Unternehmen mit einer entsprechenden Zusatzrolle versehen werden (ähnlich den Ersthelfern).

Benötigte externe Rollen und Ressourcen

Ein kleines Unternehmen könnte dagegen eine Liste mit entsprechenden externen Dienstleistern nutzen, um im Bedarfsfall schnell Unterstützung organisieren zu können. Hier ist es empfehlenswert, Dienstleister im Pool zu führen, mit denen die Organisation bereits positives Erfahrungswissen sammeln konnte. Oder man handelt aufgrund von Empfehlungen befreundeter Unternehmen.

In einer selbstgeführten Organisation, in der die formal vorhandenen Chefs ihre formale Macht auch immer zurückhaltend ausüben, ist es für die Kollegenschaft dann auch völlig in Ordnung und akzeptiert, dass in über alle Konfliktlösungsschritte hinweg unlösbaren Konfliktsituationen die formale Macht zu Klärung eingesetzt wird.

> **GRUNDPRINZIPIEN**
>
> ▶ Konfliktparteien sollen ihren Konflikt inhaltlich und sozial selbst lösen, dafür benötigen sie das Wissen und das Können der dafür notwendigen Praktiken. Sie erhalten aber gerne Unterstützung auf der Prozessebene.
> ▶ Die im Unternehmen möglichen Konfliktlösungsverfahren müssen allgemein bekannt, eingeübt und leicht zugänglich sein.
> ▶ Die Eskalationsstufen und Verantwortlichkeiten innerhalb der Organisation müssen bekannt und zeitlich verfügbar sein (Stichwort Vertrauensperson).
> ▶ Jeder, der ein Problem oder eine Spannung erkennt, die noch nicht hinreichend bearbeitet wird, hat unabhängig von seinen Zuständigkeiten die Verantwortung, darauf zu reagieren und einen angemessenen Klärungsprozess zu initiieren (Stichwort Eigenverantwortung).
> ▶ Die Interessen und Bedürfnisse jedes Einzelnen sind unbedingt zu respektieren – die Interessen und Bedürfnisse der Gemeinschaft haben im Zweifelsfall aber immer Vorrang vor den individuellen.
> ▶ Störungen gehen vor! Die Klärung sozialer Probleme lässt sich nicht aufschieben und hat Vorrang.
> ▶ Jeder hat die Verantwortung, für sich selbst zu sorgen, darf aber eine grundlegende fürsorgliche Wertschätzung der Kollegenschaft erwarten.

Abb. 113: Wer fühlt sich in Organisationen zuständig und wer kann zu Hilfe gerufen werden, wenn Konflikte zu klären sind?

Diskussionsmarktplatz

Ein Diskussionsmarktplatz ist ein regelmäßig stattfindendes Diskussionsformat für einen strukturierten, zeiteffizienten, offenen und niedrigschwelligen Austausch von allen Anliegen, die keine unmittelbare Entscheidung beinhalten.

In einem kollegial geführten Unternehmen besteht ein stetiger Kommunikationsbedarf über alle Kreise und Rollen hinweg. Nicht immer geht es dabei gleich um konkrete Entscheidungen. Vielmehr benötigen die Kolleginnen einen Raum, um Ideen auszutauschen, Fragen zu stellen oder einfach Bemerkenswertes zu berichten.

Dazu kann ein Bericht von einem Konferenzbesuch gehören, eine These zu den aktuellen Verkaufszahlen, eine Idee, die Bewerbungsgespräche künftig anders zu gestalten, Berichte über Kooperationspartner, der Wunsch nach einem neuen Kaffeeautomaten in der Küche oder die Vorstellung einer praktischen Smartphone-App für bestimmte Arbeitssituationen. Der Diskussionsmarktplatz ist ein Rahmen für diese vielfältigen Austauschbedarfe.

VORBEREITUNG

- Der Diskussionsmarktplatz findet regelmäßig in Form eines Jour fixe statt, beispielsweise jeden Freitag um 13.30 Uhr.
- Es wird eine feste Maximaldauer bestimmt (ca. 30 bis 120 Minuten; Empfehlung zum Start: 60 Minuten).
- Jeder Marktplatz hat mindestens einen Moderator und, falls gewünscht, einen Protokollanten. Der Marktplatz startet erst, wenn sich ein Moderator gefunden hat.
- Die Moderatorin sammelt auf einem Flipchart oder auf Klebezetteln Beiträge aller Teilnehmer ein. Hierzu schreibt ein Teilnehmer sein Thema auf einen Zettel und erklärt es ganz kurz mit ein, zwei Sätzen.
- Nachdem alle Zettel hängen, fragt die Moderatorin zu jedem Thema kurz per Handzeichen nach dem Interesse, ggf. mit der Begrenzung, dass jeder nur maximal für drei Themen stimmen kann.
- Anschließend sortiert die Moderatorin die Themen entsprechend der erhaltenen Priorität. Bei sehr wenigen Themen ist dieser Schritt entbehrlich.

START

- Die Themen werden nun der Reihe nach besprochen. Hierzu stellt sich der Beitragsgeber jeweils vor die Kollegen und macht, was immer er machen möchte. Für eine begrenzte Zeit hat er die Aufmerksamkeit aller Anwesenden. Er kann etwas vorstellen, Fragen stellen, nach Meinungen fragen, etwas verteilen oder zum Mitmachen auffordern. Alles ist erlaubt, nur Entscheidungen dürfen nicht getroffen werden.
- Alle Beitragsgeber bekommen initial die gleiche Zeit, beispielsweise 8 Minuten. Nach Ablauf dieser Zeit unterbricht der Moderator und bittet alle Teilnehmer um Handzeichen: „Daumen hoch" bedeutet, es gibt zwei Minuten Verlängerung. „Daumen runter" beendet und führt zum nächsten Thema. „Daumen seitwärts" heißt Enthaltung.
- Solange mehr Daumen nach oben als nach unten zeigen, gibt der Moderator zwei Minuten Verlängerung. Danach wird erneut abgestimmt.
- Die Zeitbegrenzung ist hart. Wenn die Zeit um ist und nicht verlängert wird, kommt sofort der nächste Beitragende.
- Wird die geplante Gesamtdauer der Veranstaltung erreicht, werden die dann noch offenen Themen nicht mehr behandelt. Den Themengebern steht es frei, diese beim nächsten Mal wieder einzubringen.

Mit diesem Format können in kurzer Zeit sehr viele Themen geteilt werden. Es wird kaum langweilig, weil nur die interessanten Themen Verlängerungen erhalten und die Themen priorisiert sind. Niemand muss befürchten, mit seinem Thema die Kollegen zu nerven.

Immer wieder kommt es zu Überraschungen, dass Themen, die als heiß oder kontrovers angesehen wurden, gar nicht viel Zeit bekommen oder benötigen. Das gilt natürlich auch umgekehrt.

Es ist sehr hilfreich, neben der Moderation auch für eine einfache Protokollierung zu sorgen. Thema, Themengeber und die wichtigsten Stichworte oder Kernaussagen sollten dabei festgehalten werden. Wenn das gesamte Protokoll hinterher fotografiert und an alle verteilt wird, haben auch die Abwesenden die Möglichkeit, zu erfahren, worüber gesprochen wurde, und ggf. bei den Themengebern oder anderen nachzufragen.

Nach der Einführung dieses Formates können die ersten Veranstaltungen noch etwas holprig verlaufen. Auch die verfügbare Zeit erscheint noch unzureichend. Dies legt sich aber wahrscheinlich im Laufe der Zeit. Die Anzahl der Themen sinkt bald bzw. pendelt sich ein, sofern der Diskussionsmarktplatz regelmäßig in kurzen Abständen (1 bis 3 Wochen) stattfindet.

Achten Sie auf die Energie und Offenheit der Veranstaltungsräume. Vermeiden Sie Tische. Besser geeignet sind Durchgangsräume, Eingangsbereiche, Pausenräume oder interne Cafés. Eine freie Wand, Klebezettel, Flipchart-Stifte und ein Flipchart genügen. Typischerweise nehmen nicht immer alle Kollegen teil, meistens zwischen 30 bis 50 Prozent.

Dieses Format funktioniert gut mit 10 bis 50 Mitarbeitern, in größeren Organisationen sind ggf. bereichsspezifische Diskussionsmärkte sinnvoll oder es werden alle Mitarbeiter eingeladen, aber die Themengeber werden begrenzt auf einen (wöchentlich rotierenden) Bereich.

Abb. 114: Dikussionsmarktplatz.

Kudos

GRUNDPRINZIPIEN

In dem Unternehmen Ministry steht im Eingangsbereich ein amerikanischer Briefkasten. Darunter findet sich eine Sammlung unbeschriebener Motivpostkarten. Wer einer Kollegin Danke sagen möchte, beschreibt eine Karte und legt sie in den Briefkasten.

Einmal wöchentlich wird der Kasten geleert: Alle Karten werden laut verlesen und den Empfängerinnen übereicht.

Kudos sind Karten, mit denen sich Kollegen untereinander öffentlich Danke sagen können.

Der Umgang mit den Kudos ist sehr unterschiedlich:
- Einige Unternehmen öffnen sie täglich, andere wöchentlich oder seltener.
- Teilweise nutzen Organisationen zum Verlesen der Kudos ein kurzes Stand-up, andere ein gemeinsames Frühstück oder Mittagessen.
- Einige nehmen hübsch bedruckte Karten, andere schlichte Karteikarten oder nutzen gar E-Mail.
- Einige sammeln die Karten in einer einfachen Pappschachtel, andere in aufwendig gestalteten Kästen. Auch Pinnwände werden benutzt.
- In manchen Unternehmen werden die Karten angereichert mit kleinen materiellen Geschenken, wie Blumen, Kino- oder Büchergutscheinen, deren Kosten aus der Firmenkasse gedeckt werden.

Mit den Karten kann man sich bedanken und Lob und Anerkennung mitteilen. Selbstverständlich kann man einem Kollegen auch ohne Kudos direkt und persönlich Danke sagen, was in der Praxis aber selten gemacht wird.

Dadurch, dass die Kudos in einem öffentlichen Ritual übergeben werden, wird die Aufmerksamkeit aller regelmäßig darauf gelenkt, was ansteckend wirkt. Manch einem Kollegen fällt es durch die zeitliche Verzögerung und Indirektion auch leichter, sich zu bedanken. Die Hemmschwelle, sich mit einem Lob zu exponieren, ist niedriger. Der Wert der Karte wiederum steigt dadurch, dass alle Kollegen mitbekommen, wofür der Dank gilt.

Die Wirkung von Kudos ist förderlich für die Stimmung im Unternehmen. Empfänger empfinden die rituelle und haptische Überreichung als wertschätzende Geste und freuen sich darüber. So könnte man auch sagen, dass Kudos die Freude und den humorvollen Umgang erhöhen, selbst wenn sie nur ein Drittel der Belegschaft nutzen.

Im Übrigen kann man jederzeit aus dem Material, was gerade verfügbar ist, eine Kudo-Karte basteln, wie das Beispiel in Abb. 115 zeigt.

Abb. 115: Selbst gemachte Kudo-Karte.

Unternehmens-Open-Space

Ein Unternehmens-Open-Space ist eine Möglichkeit, Bestehendes zu reflektieren und Neues entstehen zu lassen. Die große Offenheit ist die absolute Stärke dieser Veranstaltungsmethode. Völlig unabhängig von allen Rollen, Funktionen oder Hierarchieebenen hat jeder Teilnehmer die gleichen Möglichkeiten, Themen einzubringen, an ihnen teilzuhaben oder Beiträge zu ihnen zu leisten.

Ein Open Space zeigt und weckt die Potenziale der Teilnehmer und bringt unerwartete Kollegen-Konstellationen miteinander ins Gespräch.

Viele agile Unternehmen veranstalten ein, zwei oder mehr Open Spaces pro Jahr. Für einen Open Space wird mindestens ein halber, besser ein ganzer Tag benötigt. Er kann aber auch über mehrere Tage gehen. Die Teilnehmerzahl kann gerne sehr groß ausfallen und auch mehrere Hundert Personen umfassen.

Voraussetzungen
Es wird ein sehr großer Raum für ein Plenum benötigt und viele kleinere für die Arbeitsgruppen. Ausreichend Klebezettel, Pinnwände und Flipcharts und Flipchart-Stifte sind notwendig. Es wird (mindestens) ein Moderator für das Plenum benötigt.

Vorbereitung
Die insgesamt verfügbare Zeit wird in kleine Zeiteinheiten von beispielsweise 45 oder 60 Minuten aufgeteilt. Die einzelnen Räume werden mit Namen oder Symbolen gekennzeichnet, ggf. werden größere Räume in verschiedene Ecken unterteilt. Das Ergebnis ist eine Matrix als leerer Zeit-Raum-Plan.

Planungsphase
Jeder Teilnehmer hat nun die Möglichkeit, sein Anliegen stichwortartig (mit seinem Namen) auf eine Karte zu schreiben, es mit 2 bis 3 Sätzen allen anderen vorzustellen, einen Ort und eine Zeit auszuwählen und die Karte entsprechend an den Plan zu heften. Alle Teilnehmer sind frei in der Themenwahl und der Anzahl ihrer Vorschläge. Es ist jedoch üblich, dass jeder immer nur ein Thema vorstellt und sich dann wieder in die Vorschlagswarteschlange einreiht.

Das Anliegen kann ein Thema, eine spezielle Frage oder These sein. Üblich sind offene Diskussionen. Spezielle Formate (Übungen, Vorführungen oder Frontalvorträge) sollten ebenso wie reine Selbstdarstellungen angekündigt werden, um die passenden Erwartungen zu wecken.

Arbeitsphase
Zu gegebener Zeit treffen sich dann alle Interessierten zu einem Thema an dem genannten Ort, um gemeinsam daran zu arbeiten und darüber zu sprechen. Es gibt keine bestimmten Arbeits- und Diskussionsformate; die Beteiligten können dies frei gestalten.

Regeln
Die Teilnehmer können jederzeit die Arbeits- und Diskussionsgruppen wechseln oder etwas ganz anderes machen. Jeder ist für sich verantwortlich, Beiträge zu leisten und Impulse zu suchen.

Haltung
Was auch immer passiert, es geht um ein zentrales Anliegen, nämlich sich überraschen zu lassen:
▶ Es geht los, wenn es losgeht.
▶ Es kommen immer die richtigen Menschen.
▶ Es ist zu Ende, wenn es zu Ende ist. Wird die im Raum verfügbare Zeit überschritten, muss ggf. der Raum gewechselt werden.
▶ Es sind immer die richtigen Inhalte.

Optionen
▶ Bei mehrtägigen Open Spaces ist es hilfreich, zu Beginn jeden Tages eine Möglichkeit im Plenum zu bieten, den Zeit-Raum-Plan zu aktualisieren und zu ergänzen.
▶ Sofern die einzelnen Treffen protokolliert oder visualisiert werden, können die Ergebnisse ausgestellt werden. Auch am Ende eines Tages kann die Möglichkeit geboten werden, kurze Berichte aus den einzelnen Gruppen zu teilen.

- Falls ein inhaltlicher Fokus angestrebt wird, kann vor der Planungsphase eine Einstimmung auf ein Thema erfolgen, beispielsweise durch einen Impulsvortrag.
- Der Moderator kann zum Ende der Planungsphase das Interesse an den einzelnen Vorschlägen per Handzeichen abfragen, um ihnen ggf. größere oder kleinere Räume zuzuweisen.
- Darüber hinaus kann den Themengebern angeboten werden, am Ende der Planungsphase Zeit und Raum noch einmal anzupassen. Dabei ist lediglich die Regel zu beachten, dass nur der Themengeber selbst die Startzeit ändern darf.
- Im Gegensatz zu öffentlichen Open Spaces kommt es speziell bei Unternehmens-Open-Spaces immer wieder vor, dass bestehende feste Arbeitsgruppen und Kreise den Open Space für sich nutzen möchten. Das bedeutet, dass sich ein fester Teilnehmerkreis trifft und möglicherweise auch ein spezielles Ziel verfolgt. Sofern diese besonderen Rahmenbedingungen (Wer muss unbedingt dabei sein? Für wen ist das Treffen offen?) offengelegt und in der Planung berücksichtigt werden, können solche Arbeitstreffen in ein Open Space integriert werden.

Abb. 116: Open Space, Themensammlung (intrinsify.me 4/2016).

Kommunikationsprozesse

Denken

Prinzipien

Unterscheidungen

Begriffe

Werte

Einführung

 S. 272

Fühlen und Denken

Für Entscheidungen brauchen wir beides.

 S. 273

Sprache und Verhalten

Sprache wirkt körperlich.

→ S. 274

Werteorientierung

Grundwerte und -prinzipien sind in einer Organisation verbindlich.

 S. 275

Balance zwischen Individuum und Gemeinschaft

Die Interessen der Gemeinschaft gehen vor.

Fühlen und Denken = Entscheiden

> Im Arbeitsleben wird häufig der Wunsch geäußert, wir mögen bitte sachlich miteinander umgehen. Ganz so, als ob wir beim Verlassen der Wohnung alles irgendwie Emotionale an der häuslichen Garderobe zurücklassen könnten.

So müssen wir uns nicht wundern, dass wir nach wie vor auf Vorstellungen treffen, eine Entscheidung sei nur dann gut, wenn sie sachlich ausreichend begründet oder durchdacht sei. Gelänge uns das nicht, dann könnten wir niemals an den wirklich sehr guten Entscheidungen teilhaben, da wir ja unseren Gefühlen ausgeliefert zu sein scheinen.

Dazu kommt, dass wir in der westlichen Welt in einem sehr naturwissenschaftlichen Zeitalter aufgezogen wurden, d.h. auch all unsere Denkstrukturen und Handlungsweisen naturwissenschaftlich beeinflusst und geprägt sind.

Es ist Unsinn, davon auszugehen, das eine (Denken) ginge ohne das andere (Fühlen), und wir könnten es voneinander loskoppeln. Aus der Neurowissenschaft wissen wir, dass wir so nicht konstruiert sind. Zu glauben, rein sachlich zu entscheiden, ist eine rein subjektive Konstruktion. Denn sogenannte rationale Entscheidungen sind meistens nur nachträgliche Rationalisierungen, d.h., wir legen uns eine logische Argumentation zurecht, die zu unserer Entscheidung passt.

Körperempfindungen [Storch2014, S.57] und Gefühle machen sogenannte rationale Entscheidungen überhaupt erst möglich. Dieses Konzept prägt unser lebenslanges Lernen und steuert unsere gesamte Wirklichkeitskonstruktion. In dem Bereich der Affektlogik (➜ S. 260) gehen wir näher darauf ein.

Heute weiß man, sofern man den aktuellen Erkenntnissen der Neurowissenschaften traut (denn auch Wissenschaft ist eine Konstruktion), dass Erfahrung als eine Art Konzept im Gehirn gespeichert wird und sie dadurch schnell (implizite Prozesse, [Storch2016, S. 63]) wieder abgerufen werden kann. Konzepte, die häufiger abgerufen werden, bilden stärkere Verschaltungen (ich nenne das die zukünftigen Autobahnen), während andere, die nicht mehr abgerufen werden, abnehmen. So ergeben sich eingefahrene Denkstrukturen [Knapp2011], die im Kollektiv sogenannte Weltbilder erzeugen können. Wir greifen in verschiedenen Situationen auf bereits vorhandenes Erfahrungswissen zurück, um uns zurechtzufinden.

An Situationen, für die wir keine Erfahrungen gespeichert haben, gehen wir anders, in einem bewussten Denkprozess heran (explizite Prozesse). Dieser Vorgang kostet mehr Zeit, bis wir auch hier erste Erfahrungen gesammelt haben, wiederkehrend üben und speichern. Zukünftig können diese dann auch implizit und schnell (unbewusst) abgerufen werden, bis sich neue Gehirn-Autobahnen bilden. [Storch2014 ab S. 38]

Das ist insoweit interessant, als wir bei der Veränderung von Führung hin zu kollegialer Führungsarbeit in den meisten Organisationen Neuland betreten. Meistens verfügen die Mitarbeiter lediglich um ein reichhaltiges Erfahrungswissen bzw. Fühl-Denk-Muster eines klassischen Unternehmens, jedoch nicht über die praktischen Denk- und Handlungsmuster, die benötigt werden, damit eine kollegiale Führungskultur mit dem Startschuss gelebt werden kann. Diese Muster sind wie bei allen Veränderungen einzuüben, sodass der Wandel durch kontinuierliche Lernbegleitung (➜ S. 257) gelingen kann.

Fazit: Das Gehirn ist ein selbstorganisierter Erfahrungsspeicher. In der westlichen Welt können wir in der Regel davon ausgehen, dass unser gesamtes Erfahrungswissen zumindest stark tayloristisch und naturwissenschaftlich geprägt ist. Wie kommen wir zu neuen Denk- und Handlungsweisen, ohne unbewusst auf alte Strukturen, Techniken, Verhalten zurückzugreifen? Regelmäßige Reflexion (➜ S. 230) und Retrospektiven unterstützen uns bei diesem Prozess.

LITERATUR
- Natalie Knapp: *Der Quantensprung des Denkens*; Rowohlt 2011.
- Joachim Bauer: *Selbststeuerung: Die Wiederentdeckung des freien Willens*; Karl Blessing Verlag 2015.
- Maja Storch, Frank Krause: *Selbstmanagement ressourcenorientiert: Grundlagen und Trainingsmanual für die Arbeit mit dem Zürcher Ressourcen Modell (ZRM)*; Verlag Hans Huber, 2015.
- Johannes Storch, Corinne Morgenegg u.a.: *Ich blicks – Verstehe dich und handle gezielt*; Hofgrefe-Verlag, 2016.

Sprache und Verhalten

> Jede Kommunikation adressiert sowohl die Inhalts- als auch die Beziehungsebene. Dies gilt auch innerhalb von Organisationen. Gute zwischenmenschliche Beziehungen und angemessenes wertschätzendes Verhalten ist für Menschen möglich, die ein starkes Selbstwertfühl haben und kongruent handeln.

Die Familientherapeutin Virginia Satir sprach davon, dass in jeder Kommunikation die Kraft für persönliches Überleben, also das, was ein Mensch tut, um wichtig oder bedeutsam zu sein, steckt. Dieses persönliche Überleben hängt stark vom jeweiligen Selbstwertgefühl ab. Satir verstand darunter, dass jeder Mensch über positive oder negative Gefühle des eigenen Werts und die Fähigkeit der Selbstachtung verfügt. Dieses situativ abhängige Wertgefühl (Selbstwert) wirkt sich auf alle Kommunikation aus und kann durch Stress, Druck und destruktives Verhalten anderer erschüttert werden.

Gerade in unserer Leistungsgesellschaft ist es Menschen wichtig, ihren Platz zu finden und etwas zu bedeuten. Gespräche über die Arbeit bestimmen maßgeblich unseren täglichen Austausch und eben auch, welchen Platz wir darin haben, wie mit uns umgegangen wird oder welchen Sinn wir darin sehen.

WEITERFÜHRENDES
▸ Virginia Satir: *Kommunikation, Selbstwert, Kongruenz – Konzepte und Perspektiven familientherapeutischer Praxis*; Junfermann-Verlag, 2010, Erstauflage Original 1988.

Dies alles beeinflusst uns und unsere Selbstachtung. Die am häufigsten gestellte Frage, wenn wir jemanden kennenlernen, lautet wahrscheinlich: „Und, was machst du beruflich?"

Für Satir ist „Selbstachtung ein Konzept, eine Einstellung, ein Gefühl, eine Vorstellung und kommt im Verhalten eines Menschen zum Ausdruck". Als möglichen Indikator für die Selbstachtung verwendet sie die Metapher eines Gefäßes: Je nachdem, wie es gefüllt oder beschaffen ist, ließe sich der Selbstwert gut ablesen.

Sprache wirkt körperlich.
Virginia Satir

Kongruentes Handeln bedeutet für Satir, dass wir ehrlich mit unseren Gefühlen umgehen. Diese Ehrlichkeit ist das Kernstück einer wirklichen Begegnung zwischen Menschen. Kongruente Kommunikation verbindet verbale (Wörter, Sprache, Formulierungen) stimmig mit nonverbaler Kommunikation (Körperhaltung, Muskeltonus, Atemfrequenz, Klang der Stimme, Ausdruck der Augen, Gestik, Berührung).

Menschen, die nicht kongruent handeln, nutzen häufig ihre Beziehungen als Machtspiel oder Spiele um Gewinn und Verlust und haben damit wenig Gelegenheit, wirklich gute Beziehungen einzugehen. Machtspiele verfolgen den Zweck, sich mächtig zu fühlen. Dies gibt mir das Gefühl, überleben zu können, stark zu sein, auch wenn mein Selbstwert eher niedrig ist. Nur wenn ich mich stark fühle, kann ich Selbstachtung empfinden.

All das externalisieren wir durch Verhalten, Haltung und insbesondere durch unsere Sprache. Je nach Selbstwert oder der Fähigkeit, mich kongruent zu verhalten, erzeuge ich entweder konstruktives oder destruktives Verhalten und entsprechende Sprachformulierungen. Beides führt zu neuem Verhalten bzw. Sprache. Wir erheben uns in unseren Gesprächen über andere, heben andere auf eine Art Podest oder kanzeln sie ab – Kommunikation aber findet nicht auf gleicher Ebene statt. Die daraus resultierenden Ergebnisse sind selten tragfähig, da sich Menschen weiterhin über/unter Wert behandelt fühlen oder andere so behandeln. Wenn wir Menschen befähigen wollen, kollegiale Führungsarbeit zu leisten, Eigenverantwortung zu übernehmen und die Gemeinschaft dabei im Blick zu behalten, benötigen wir Menschen, die in ihrer Kraft sind.

Dazu müssen wir beginnen, kongruent miteinander zu kommunizieren und für konstruktive Situationen zu sorgen. Wir müssen beginnen, einander wirklich gleichwertig zu begegnen und gemeinsam an neuen wirkungsvollen Lösungsideen zu arbeiten.

Wir haben die verantwortungsvolle Wahl darüber, wie wir uns verhalten: konstruktiv oder destruktiv. Meine eigene Energie und Fähigkeit zu erkennen ist der Anfang verantwortlichen Handelns mit eigenen Entscheidungen. Und sobald wir unsere Sprache verändern, beginnen wir automatisch, unser Verhalten zu verändern. Dadurch verändern sich Gewohnheiten und wir laden wiederum andere ein, ihr Verhalten den neuen Gewohnheiten anzugleichen.

Werteorientierung

Die Grundwerte und -prinzipien kollegialer Führung müssen von allen Kolleginnen ständig konsequent eingefordert werden und ihre Nichtbeachtung muss Konsequenzen haben.

Gelangen Verletzungen dieser Werte nicht in die bilaterale oder gemeinschaftliche Kommunikation, verlieren die Werte ihren Wert und die Prinzipien ihre Gültigkeit. Die Organisation wird schwach.

Wenn Verantwortung nicht durch einen sozialen Kontext kritisch begleitet wird, endet das Unternehmen in der Mittelmäßigkeit, weil immer mehr Organisationsmitglieder nach dem Prinzip „Ich tu dir nichts, du tust mir nichts" handeln.

Was im Taylorismus die Verletzung von Regeln und Anweisungen war, also mangelnde Disziplin, ist für kollegial geführte Organisationen die Verletzung von Werten und Prinzipien.

Während Anweisungen halbwegs klar und ihre Verletzungen objektiv festzustellen sind („Bernd hat drei Tage unentschuldigt gefehlt"), ist dies bei Werten und Prinzipien sehr viel weniger eindeutig und erfordert einen Diskurs. Dennoch müssen Werte und Prinzipien einklagbar sein.

Grundwerte sind bindend. Wer sie nicht teilt, gehört nicht dazu.

VORAUSSETZUNGEN FÜR KOLLEGIALE ORGANISATIONEN

1. Alle Organisationsmitglieder müssen akzeptieren, dass Grundwerte bindend und zugehörigkeitsbestimmend sind.
2. Die Grundwerte müssen in einem stetigen Diskurs gefunden, geklärt und aktualisiert werden: Was sind unsere Grundwerte? Was bedeuten sie?
3. Alle Organisationsmitglieder benötigen zumindest grundlegende Fähigkeiten für wertschätzendes Feedback, um mögliche Zweifel offen ansprechen und klären zu können.
4. Es müssen regelmäßig beispielhafte Ereignisse oder Geschichten entdeckt, erzählt und in Erinnerung gerufen werden, wie die Organisation mit Verletzungen von Grundwerten und -prinzipien in der Vergangenheit umgegangen ist, damit jeder Kollege weiß, welches praktisches und nicht nur hypothetisch soziales Risiko er bei einem Verstoß gegen die Grundwerte eingehen würde.

Abb. 117: Bei Werte- und Prinzipverletzungen bitte Alarm auslösen.

Balance zwischen Individuum und Gemeinschaft

> Organisationen brauchen eine klare Balance zwischen den Notwendigkeiten und Interessen der Gesamtheit, also des Unternehmens, und denen des Einzelnen, also des Mitarbeiters. Dies gilt umso mehr für kollegial geführte Unternehmen.

Grundsätzlich gilt: Die Interessen der Gemeinschaft stehen über denen des Individuums. Wäre dies nicht so, bestünde die Gefahr, dass die Gemeinschaft untergeht.

Es bleibt aber eine Balance: „Überwiegt das Unternehmensinteresse, ist die Demotivation des Einzelnen die Folge; dominiert das Individualinteresse, wird die Gemeinschaftsaufgabe nicht erfüllt." [Sprenger2015, S. 62].

Normalerweise ist eine Organisation verhältnismäßig robust gegenüber einzelnen Belastungen. Fällt beispielsweise ein Mitarbeiter für längere Zeit aus, leistet notorisch schlechte Arbeit oder bekommt eine einzelne Kollegin unangemessen viel Gehalt, gefährdet dies nur in seltenen Fällen die Existenz der Organisation.

Sobald dies aber nicht nur Ausnahmen bleiben, sondern der Regelfall wird, kann die Existenz einer Organisation dadurch gefährdet werden, weil sie die Belastungen nicht mehr tragen kann.

Und deswegen geht es um das Prinzip. Eine Ausnahme ist verkraftbar, vielleicht auch ein paar mehr – aber wann kippt die Situation?

Jede Entscheidung, die innerhalb einer Organisation getroffen wird, muss im Interesse der Organisation liegen. Und deswegen sind Einwände gegen rein egoistische Entscheidungsvorschläge vorzubringen.

Einwände gegen Entscheidungen aus egoistischen Motiven, die nicht im Organisationsinteresse liegen, sind als solche zu identifizieren und sichtbar zu machen.

Immer dann, wenn auf diese Klarstellung verzichtet wird, ist die Existenz der Gemeinschaft potenziell gefährdet. Somit ist es die Pflicht eines jeden Einzelnen, stets aufmerksam zu verfolgen, dass alle Kollegen im Organisationsinteresse handeln, und Zweifel daran vorzutragen.

Derartige Fragen gehören in jede Retrospektive (⊕ S. 204) und Kollegengruppe (⊕ S. 220).

Wir können nur wahrnehmen und denken, was wir unterscheiden können. Mit der Auswahl unserer Unterscheidungen bestimmen wir maßgeblich unser Denken und beeinflussen unsere Haltungen.

Wichtige Unterscheidungen und Begriffe

→ S. 278
Theorie

→ S. 279
Kompliziert vs. komplex

→ S. 280
Zentrum vs. Peripehrie

→ S. 280
Interne vs. externe Referenz

→ S. 281
Direkte vs. indirekte Wertschöpfung

→ S. 282
Team vs. Kreis vs. Gruppe

→ S. 285
Management vs. Führung

→ S. 286
Führungsstile

→ S. 288
Kollegiale Führungsebenen

→ S. 290
Delegationsmodi

→ S. 291
Konstruktivismus und Kommunikation

→ S. 292
Die Lernebenen von Gregory Bateson

→ S. 293
Mythos Unternehmensziel und gemeinsame Vision

Theorie

Eine Theorie ist ein Modell der Wirklichkeit und eine Methode zur Handhabung von Komplexität. Wie jedes Modell vereinfacht die Theorie und blendet bestimmte Sachverhalte aus (sie hat blinde Flecken). Sie trifft ganz bestimmte Unterscheidungen und lenkt die Aufmerksamkeit gezielt auf bestimmte Phänomene. Eine Theorie hat also zwangsläufig sowohl Vorzüge als auch Defizite. Eine Wanderkarte unterscheidet beispielsweise Höhenmeter, während eine Autokarte eher Straßenklassen (Autobahn, Bundes- und Landstraßen) unterscheidet.

Eine gute Theorie ist eine, die der praktischen Überprüfung standhält und die für die Praxis einen Nutzen stiftet: „Nichts ist so praktisch wie eine gute Theorie", wusste schon Kurt Lewin.

Eine Theorie besteht aus den folgenden drei Elementen (vgl. [Simon2009a]):
▶ Beschreibung von beobachteten Phänomen: Aus der Menge der möglichen Wahrnehmungen werden einige selektiert und zur Beschreibung einer Situation verwendet und andere werden übersehen oder ausgeblendet.
▶ Bewertung der beschriebenen Phänomene: Sind sie bekannt oder unbekannt, alt oder neu, erhofft oder befürchtet. Bieten sie Chancen oder Risiken?
▶ Erklärung (Prinzipien), wie beschriebene Phänomene entstehen bzw. konstruiert werden, d.h., welche Wirkzusammenhänge vermutet werden.

Bei der Anwendung der Theorie bedienen wir uns wiederum bestimmter Praktiken und Werkzeuge. Ein Kompass ist beispielsweise ein passendes Werkzeug zur Wanderkarte.

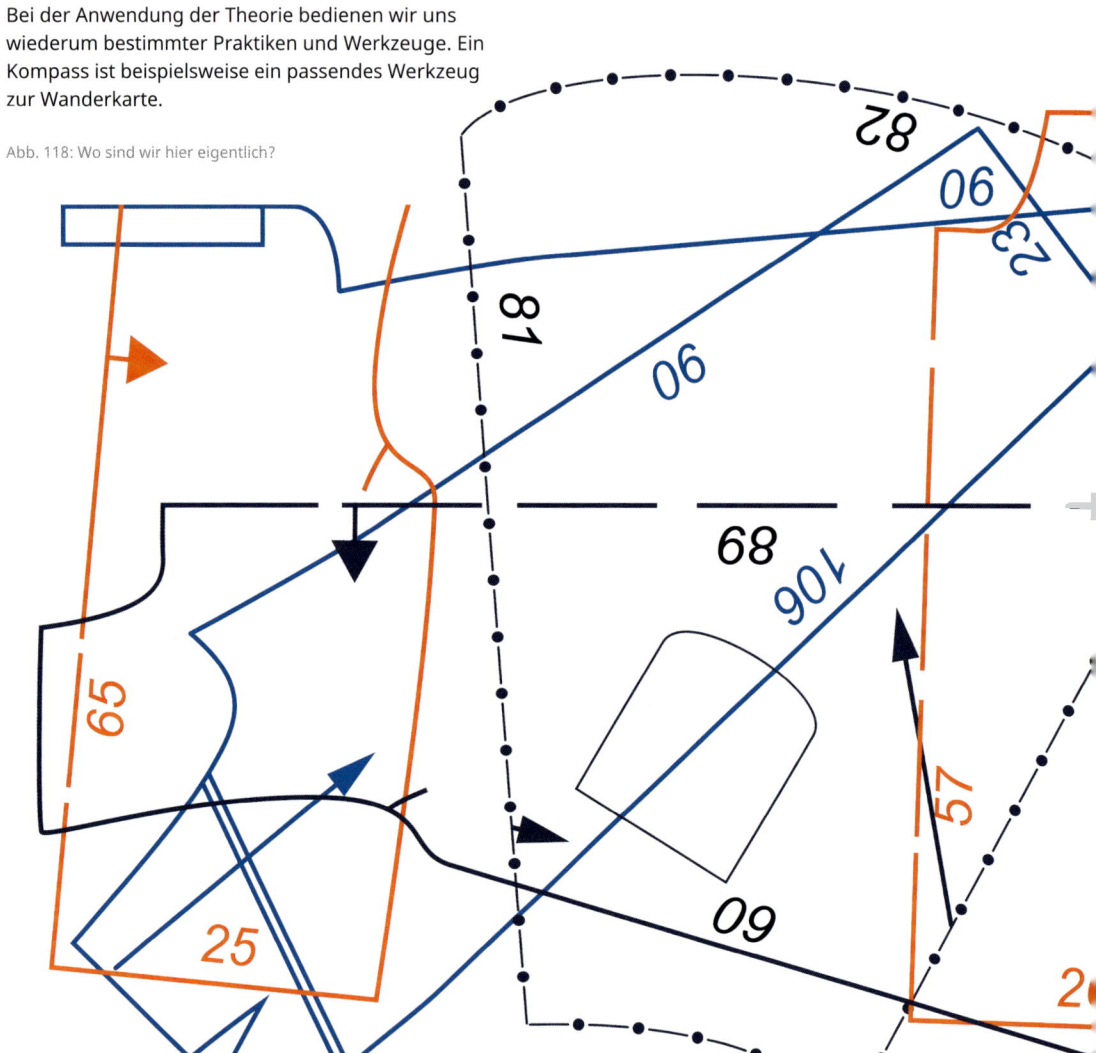

Abb. 118: Wo sind wir hier eigentlich?

Kompliziert vs. komplex

Kompliziertes durch Lernen verstehen
Probleme lassen sich in komplizierte und komplexe Probleme unterscheiden. Kompliziertheit ist keine Eigenschaft, sondern das Maß unserer Unwissenheit von etwas. Etwas, das wir nicht verstehen, erscheint uns kompliziert. Kompliziertes verschwindet durch Lernen.

Komplexes durch Ausprobieren handhaben
Komplexität ist eine Eigenschaft eines Systems und entsteht aus einer großen Vielfalt von Möglichkeiten (Varietät) und einer großen Unvorhersehbarkeit, welche Möglichkeit warum eintritt. Lernen und Verstehenwollen ist bei Komplexität sinnlos. Wir können uns nur in dem Bewusstsein, dass wir unsicher darüber sind, was passieren wird, verhalten.

Wenn man Soll-Ist-Vergleiche durchführt, um Projekte nachzusteuern, scheitert man deshalb, weil man gar nicht weiß, was die Ursache für etwas ist, und unklar bleibt, welche Wirkung eine Änderung hat. Auf Kausalität basierende Methoden versagen bei Komplexität – auch wenn die Sehnsucht danach groß ist.

Burnout durch die Verwechslung von Komplexem mit Kompliziertem
In einer komplexen Situation können wir die Zusammenhänge nicht mehr verstehen, um dann eine richtige Entscheidung zu treffen. Manager und Entscheider, die in einem solchen Kontext versuchen, ihre Entscheidungen abzusichern und sie objektiv und logisch herleitbar zu machen, geraten in einen Teufelskreis.

Abb. 119: Kompliziertes kann man durch Lernen verstehen.

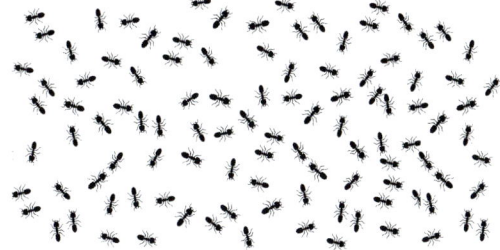

Abb. 120: Komplexes kann man allenfalls durch Ausprobieren handhaben.

Wenn Sie die U-Bahn-Netzkarte von London lange und oft genug studieren, dann können Sie die optimale Verbindung zwischen zwei Orten finden und der Plan erscheint Ihnen von Mal zu Mal weniger kompliziert. Das Lösen komplizierter Aufgaben lässt sich gut mit Software oder anderen Maschinen automatisieren.

Wenn Sie verstehen möchten, wie Ameisen sich organisieren, scheitern Sie vermutlich. Sie können nicht vorhersehen, welche Ameise wann wohin geht oder etwas tut. Sie können nur etwas ausprobieren, womit Sie sich zum Teil des Systems machen, beispielsweise dadurch, dass Sie etwas in den Weg stellen und beobachten, was passiert.

Unsere Zeit der Netzwerkökonomie ist durch eine zunehmende Komplexität gekennzeichnet. Wir können immer weniger erahnen oder gar vorhersagen, welche Wirkung eine bestimmte Intervention auf ein System oder eine Organisation haben wird. Ursache und Wirkung sind nicht mehr eindeutig zuzuordnen.

Immer mehr Faktoren und Ausnahmen werden deshalb in Regelwerke aufgenommen, um diese zu zwingen, endlich die richtigen Antworten zu liefern – was nicht passieren wird. Was dagegen passiert, ist eine zunehmende Bürokratisierung und Überlastung des Managements und der von ihm gesteuerten Organisationseinheiten.

QUELLE DIESER UNTERSCHEIDUNG
→ Gerhard Wohland, Matthias Wiemeyer: *Denkwerkzeuge der Höchstleister*; Unibuch Verlag Lüneburg, Erstauflage, Verlag Monsenstein und Vannerdat, Münster, 2006.

Zentrum vs. Peripherie

In jedem Unternehmen treffen zwei gegenläufige Interessen aufeinander:
- Die Kapitalgeber erwarten eine gute Rendite und
- die Kunden eine gute Leistung.

Diese Interessen sind auszubalancieren. Bei hoher Dynamik ist das besonders schwierig. In diesem Fall ist die Unterscheidung von Peripherie und Zentrum entsprechend folgender Definition hilfreich:

> **DEFINITION VON GERHARD WOHLAND**
>
> Alle Funktionen eines Unternehmens, die unter dem Druck des Marktes ablaufen, nennen wir Peripherie. Alle Funktionen, die dem Druck der Kapitalinteressen ausgesetzt sind, nennen wir Zentrum. Zentrum und Peripherie sind weder Orte noch Personen. Die Zentrale ist nicht gleich Zentrum, die Niederlassung nicht gleich die Peripherie.

„Mit wachsender Dynamik muss viel schneller reagiert werden. Der Umweg über die Zentrale dauert jetzt zu lange. Die entsprechenden Probleme müssen direkt in der Peripherie, ohne das Zentrum, bearbeitet werden.

Wo Probleme gelöst werden, wächst die Beurteilungs- und Handlungskompetenz. So entsteht neben dem Kompetenzbereich Zentrum eine Vielfalt dezentraler Kompetenz – die Peripherie.

Zumindest operativ wird die Peripherie klüger als das Zentrum. Kunden in dynamischen Märkten bevorzugen Unternehmen mit peripherer Kompetenz, da diese schneller und flexibler sind. So wird diese Kompetenz zum Konkurrenzkriterium." [Wohland2006]

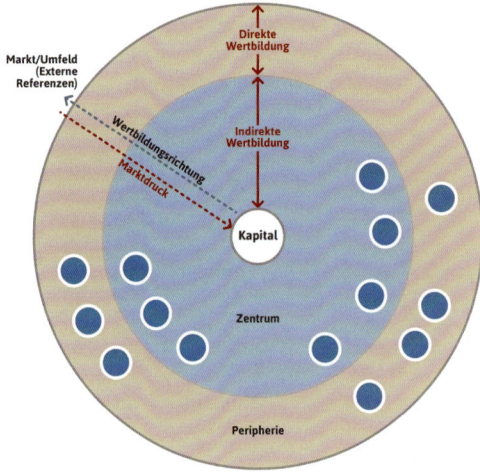

Abb. 121: Unterscheidung von Peripherie und Zentrum.
[http://kollegiale-fuehrung.de/peripherie-zentrum/]

Wenn Mitarbeiter nach Meinung von Vorgesetzten nicht verantwortungsbewusst und eigenverantwortlich arbeiten, dann liegt das in der Regel daran, dass ihnen die eigentlichen Probleme und die Verantwortung dafür – entgegen allen Appellen – weggenommen wurden.

Interne vs. externe Referenz

Bekommen Mitarbeiter Ziele gesetzt oder ergebnisorientierte Boni, dann orientieren sie sich daran. Das ist problematisch, weil ihnen nun statt einer externen Referenz (der Markt) eine interne Referenz (vorgesetztes Ziel) angeboten wird. Anstelle eines direkten Kontaktes zu den Herausforderungen und Problemen des Marktes fokussieren sie nunmehr auf eine interne Instanz. Ihr Problem ist nicht mehr der Markt, sondern die interne Zielerreichung, die Befriedigung einer internen Erwartung.

> „Wer leibhaftig wahrnimmt, dass der Kunde ihn braucht, lernt auch, was dafür zu tun ist."
> *Reinhard Sprenger [Sprenger2015, S. 69]*

Die Mitarbeiter werden dadurch von der Marktdynamik abgetrennt. Gerät der Markt kurz nach der Zielvereinbarung beispielsweise in einen Boom und der gesamte Markt sowie die Wettbewerber gewinnen stark, dann wäre die Erreichung des ursprünglich ambitionierten Zieles vielleicht schon eine schwache Leistung. Umgekehrt könnte in einer plötzlichen Krise selbst das halbe Erreichen eines Zieles schon eine großartige Leistung sein, die sonst keiner geschafft hat.

Die Unterscheidung von Zentrum und Peripherie sollte daher stets ergänzt werden um die Unterscheidung von internen und externen Referenzen, sonst wird die Idee dahinter konterkariert.

> **QUELLE DIESER UNTERSCHEIDUNGEN:**
> - Gerhard Wohland, Matthias Wiemeyer: *Denkwerkzeuge der Höchstleister*; Unibuch Verlag Lüne Erstauflage. Verlag Monsenstein und Vannerdat, Münster, 2006.

Direkte vs. indirekte Wertschöpfung

Diese Unterscheidung soll prägend für die soziale Architektur einer kollegial geführten Organisation sein. Eine Schwäche traditioneller Linienorganisationen ist die Stärke und Macht von Abteilungen, Bereichen und Rollen, die von der eigentlichen Wertschöpfung zu weit weg sind.

Was ist (direkte) Wertschöpfung?
Die Antwort ist nicht trivial und für den Arbeitsalltag zu kompliziert, andererseits ist die Unterscheidung wichtig, weswegen wir einen gewissen Pragmatismus bei der Beantwortung der Frage verfolgen.

Unter Wertschöpfung verstehen wir die Tätigkeiten, die unmittelbar das herstellen, wofür der Kunde bezahlt.

Eigentlich wären es genau die Leistungen, die auch auf der Rechnung an den Kunden stehen sollten – dort wird jedoch meistens der Nutzen für den Kunden und nicht die Tätigkeit festgehalten, die diesen Nutzen schafft.

Als Kunde kaufen wir ein Brot als einen für uns nützlichen Gegenstand. Die Ernte des Korns, das Ausdenken der Rezeptur, das Backen und der Verkauf leisten unmittelbare Beiträge zum Nutzen, stehen aber nicht direkt auf der Rechnung.

QUERVERWEISE
→ S. 92 Elemente der sozialen Architektur

Und vermutlich würde auch nicht jeder Kunde für alles bezahlen wollen. Bezahle ich in einem Café den Kaffee oder die Möglichkeit, mich in den Räumen aufhalten zu dürfen?

Hinzu kommt die Komplikation, dass wir zwar eine (für den Kunden Nutzen stiftende) Tätigkeit meinen, diese aber vereinfachend mit den Organisationseinheiten oder Rollen gleichsetzen, so wie wir dies auch im Kontext von Abb. 45 (→ S. 93) tun, wenn wir von Geschäftskreisen bzw. wertschöpfenden Teams sprechen.

Der Markt führt, nicht die Zentrale
Pragmatisch schlagen wir vor,
▶ Tätigkeiten, die mindestens einen Teil des Gegenstandes direkt bearbeiten und dem Kunden einen Nutzen bringen, als direkt wertschöpfende Tätigkeiten zu betrachten. Dazu gehören ebenso alle Tätigkeiten, die für den Kunden selbst einen direkten zu bezahlenden Nutzen bringen – im Falle des Brotes also die Ernte des Korns, das Mischen der Zutaten, das Backen und alle Tätigkeiten, bei denen das fertige Brot „angefasst" oder der Kunde beraten wird.
▶ Alle anderen Tätigkeiten, insbesondere die gar nicht oder nur unwesentlich das konkrete Produkt oder die konkrete Dienstleistung selbst betreffen, zählen wir nicht dazu. Dazu gehören die Reinigung der Backstube, das Anbringen der Preisinformation auf der Verkaufstafel, die Ausbildung des Bäckers, das Ausdenken der Rezeptur, der Transport der Waren und die Finanzierung der Produktionsmittel.

▶ Organisationseinheiten, Kreise und Rollen, deren Zweck zum überwiegenden Teil direkt wertschöpfe Tätigkeiten beinhalten, bezeichnen wir als wertschöpfende Einheiten.

Die Unterscheidung zwischen direkter und indirekter Wertschöpfung ist kein Selbstzweck und muss nicht perfekt sein. Sie kann uns aber helfen, die Verantwortungsbereiche, Entscheidungs- und Willensbildungsprozesse so zu gestalten, dass wir uns als Organisation von externen und nicht von internen Referenzen führen lassen, also vom Markt und von der Verkaufbarkeit unserer Leistungen her.

Team vs. Kreis vs. Gruppe

Was ist eigentlich ein Team? Was sind die Unterschiede zu einer Gruppe, einem Kreis oder einer Organisation?

Diese Fragen lassen sich gut klären, wenn vor allem die verschiedenen Gruppengrößen und die Besonderheiten der Kopplung der Gruppenmitglieder unterschieden werden. Wir unterscheiden dabei:
- Zweierbeziehungen,
- Gruppen,
- Kreise,
- Teams als spezielle Art von Gruppe,
- Familien,
- Organisationen.

Team vs. Gruppe
Menschen, die sich nicht kennen und sich zufällig zusammenfinden, beispielsweise in der Warteschlange beim Bäcker oder als Reisende in einem Zugabteil, sind zunächst eine Gruppe. Sie haben keine gemeinsame Geschichte und keine emotionale Beziehung zueinander. Das kann sich ändern, wenn zum Beispiel ein gemeinsames Erlebnis (eine technische Störung, ein Streit zwischen Reisenden) die Kommunikation verändert und die Menschen sich über ein gemeinsames Ziel (Lösung oder Umgang mit dem Problem) verbinden.

Teams sind Gruppen, aber Gruppen nur bedingt Teams. Sofern man Teams und Gruppen unterscheiden möchte, so sind es die persönlichen und emotionalen Beziehungen der Mitglieder, die im Team stark und in der Gruppe wenig oder gar nicht ausgeprägt sind, sowie die größere Heterogenität von Teams. Die Menschen in einer Gruppe, wie die Reisenden in einem Zugabteil, sind zunächst eine homogene Gruppe: es sind alles Reisende. Die Menschen sind eigentlich sehr unterschiedlich, aber solange ihre Besonderheiten nicht in die Kommunikation einfließen, hat dies keine Relevanz für das soziale System (→ S. 34).

Abb. 122: Eine Gruppe wartender Menschen.

„Die Ungleichheit der Beteiligten, sei es in ihrer sachlichen oder emotionalen Kompetenz, ist eine der Voraussetzungen für das Funktionieren von Teams" [Simon2009]. Wenn alle Menschen das Gleiche können und tun, wenn es also nur um die quantitative Vermehrung derselben Funktionen geht, braucht man kein Team.

Abb. 123: Ein Team von Arbeitern.

In Organisationen unterscheiden wir daher funktionale Einheiten (für eine bestimmte Fachlichkeit spezialisierte Abteilungen) und cross-funktionale Einheiten (fachlich sich ergänzende Teams).

Teams sind soziale Systeme, die ein hohes Maß an Selbstorganisation aufweisen und in denen sich die Entwicklung informeller Regeln nicht vermeiden lässt.

Teams wird von außen meistens eine kollektive Identität zugeschrieben („ihr") und ebenso erlebt ein Team auch intern eine Identität („wir"). Jedes Teammitglied hat Mitverantwortung und Einfluss auf das gemeinsame Außenbild. Ein einzelnes Teammitglied kann nach außen hin das gemeinsame Ansehen beschädigen, weswegen intern typischerweise ein hohes Maß an sozialer Kontrolle und Abhängigkeit existiert.

Teams brauchen Ungleichheit

Eine formelle Gleichheit der Teammitglieder (als kuschelige und sozialromantische Gleichheitsidee) ist wegen der notwendigen Ungleichheit in Teams ein programmierter Weg in Konflikte und ins Scheitern. Egalitäre Ideen und symmetrische Beziehungen funktionieren für Zweierbeziehungen, aber kaum für Mehrpersonenbeziehungen.

Kreis vs. Team

Im Kontext kollegial geführter Organisationen können Kreise und Teams weitgehend synonym verstanden werden. Jeder Kreis hat einen Zweck, der aus einer Gruppe von Menschen ein Team macht. Sofern wir trotzdem Team von Kreis unterscheiden, dann bezeichnen wir die direkt wertschöpfenden und intern dienstleistenden Einheiten als Teams und reine Führungs- und Koordinationskreise als Kreise.

Die Einheit, in der ein Mitarbeiter den größten Teil seiner Arbeit leistet, ist meistens auch identitätsstiftend und wird dann auch die Antwort auf die Frage „In welchem Team arbeitest du?" sein.

Wir konnten diese sprachliche Unterscheidung auch in vielen Unternehmen bemerken: „Ich arbeite im Bankenteam und bin dann noch Mitglied im Strategiekreis und im Topkreis."

Team vs. Familie

In Teams wird, ähnlich wie in Familien, vorwiegend personenbezogen kommuniziert. Die Teammitglieder verbindet eine gemeinsame Geschichte, in deren Verlauf sich persönliche und emotionale Beziehungen entwickelt haben, die nicht alleine durch formalisierte Rollenbeziehungen bestimmt sind.

In Teams sind die Akteure loser gekoppelt als in Familien, d.h., Teammitglieder sind zwar unterschiedlich, aber prinzipiell austauschbar, Familienmitglieder hingegen nicht. Manche Teammitglieder sind besser austauschbar als andere, einige sind ggf. sogar identitätsstiftend für das Team. Deswegen ist bei einem Austausch eines Teammitgliedes das Team hinterher oft ein anderes als vorher, da sich die persönliche und emotionale Beziehungsstruktur und ggf. Identifikationspunkte geändert haben. In der Gruppe hingegen sind die Mitglieder nochmals loser gekoppelt als in Teams, d.h., ihr Austausch verändert die Gruppe wenig.

Eine Familie hat eine größere Flexibilität der Interaktionsmuster, ihre Aktionen sind nur lose gekoppelt. Wenn die Mutter krank ist, pflegt das Kind temporär die Mutter, obwohl diese Aufgaben (Aktionen) sonst eher umgekehrt verteilt sind. Gruppen (und noch viel mehr Unternehmen bzw. Organisationen) haben starrere Interaktionsmuster und fester gekoppelte Aktionen und Rollen (Hierarchien, Geschäftsprozesse).

Team vs. Organisation

Organisationen sind soziale Systeme, die durch Kommunikation entstehen und am Leben gehalten werden, aber diese Kommunikation ist nicht auf den direkten Kontakt von Angesicht zu Angesicht angewiesen.

Eine Gruppe (und damit auch Kreise und Teams) ist dadurch gekennzeichnet, dass in ihr jedes Mitglied mit jedem anderen unmittelbar (sofort) und direkt kommunizieren kann. Da die Zahl der möglichen Zweierbeziehungen exponentiell mit der Gruppengröße steigt, ist oft ab 8 Personen, spätestens aber ab 12 Personen eine Größe erreicht, die diese Kommunikationsmöglichkeit unwahrscheinlich macht.

Für größere „Gruppen" bedarf es anderer Kommunikationsformen. Große Organisationen sind dadurch gekennzeichnet, dass sie sich in kleinere Einheiten untergliedern oder entsprechende Großgruppen-Kommunikationsformen ausbilden wie bspw. Open Space oder World Café etc.

Kreise statt Abteilungen

Unternehmen sind organisierte Arbeitsteilung: Ein Unternehmen bezieht seine Leistungsfähigkeit unter anderem aus der geschickten Aufteilung von Zuständigkeiten und Aufgabenbereichen. Wenn jeder alles selbst machen würde, wäre ein Unternehmen weder effektiv noch effizient.

In traditionellen Linienorganisationen wird diese Arbeitsaufteilung durch Organigramme beschrieben, aus denen jeweils hervorgeht, welche Führungskraft welche Organisationseinheit(en) verantwortet und wie diese Einheiten hierarchisch untergliedert sind.

So viel Hierarchie wie jeweils notwendig

Auch kollegial geführte Organisationen strukturieren ihre Zuständigkeiten. Sie teilen sich jedoch nach anderen Prinzipien auf und verwenden dafür teilweise andere Begriffe. Die Behauptung, moderne Organisationen seien hierarchiefrei oder flach, ist weder glaubwürdig noch sinnvoll. Menschen bilden im Zusammenwirken automatisch Hierarchien aus – die Frage ist lediglich, wie gut die Strukturen die soziale Realität treffen.

Anstelle von Führungskräften existieren in der kollegialen Organisation ganz allgemein Kreise und Rollen. Kreise sind die Gegenstücke zu Abteilungen und Organisationseinheiten, die im Gegensatz zu diesen jedoch selbstorganisiert und deutlich autonomer sind. Die Kreise kreieren selbst Rollen für verschiedene Führungsaspekte und auch die Rolleninhaber werden von den Kreisen selbst bestimmt.

ABTEILUNG	KREIS
Eine Abteilung ist ein Verantwortungsbereich, der hierarchisch in Unterabteilungen geteilt werden kann. Über die Untergliederung bestimmt jeweils die Obereinheit.	Kreise können ihren Verantwortungsbereich selbstbestimmt in Unterkreise teilen oder sich selbst aufteilen. Kreise können auch in ihren Oberkreisen oder im Plenum die Schaffung neuer Kreise initiieren.
Die Verantwortung für eine Abteilung wird gewöhnlich von einer einzelnen Person wahrgenommen.	Ein Kreis teilt die Gesamtverantwortung selbstbestimmt auf eine Reihe spezieller Rollen auf, die von verschiedenen Personen wahrgenommen werden können.
Die Leitung einer Abteilung wird von der Leitung der darüberliegenden Abteilung fremdbestimmt.	Die Rolleninhaber werden vom Kreis selbst bestimmt.
Die Abteilungsleitung kann auf eigene Verantwortung Teilaspekte an seine Mitarbeiter delegieren.	Jeder Rolleninhaber verantwortet seinen jeweiligen Teil.
Eine Abteilung hat eine feste Führungskraft, die die gesamte Arbeit der Abteilung und ihrer Unterstrukturen allein verantwortet.	Die Rollenaufteilung und die Rollenbesetzung sind eine gemeinschaftliche Verantwortung des Kreises.
Eine Abteilung hat eine feste, dauerhafte und gewöhnlich eigens für diesen Zweck eingestellte Führungskraft.	In einem Kreis übernehmen neben ihrer operativen Arbeit gewöhnliche Mitarbeiter Teile der Führungsarbeit. Die Führungsrollen sind auf verschiedene Personen verteilt.
Ein Mitarbeiter ist genau einer Abteilung fest zugeordnet und hat entsprechend genau eine Führungskraft.	Ein Kollege kann (und ist typischerweise) Mitglied in mehreren Kreisen und dort in durchaus verschiedenen Rollen tätig sein.

Abb. 124: Wichtige Unterschiede zwischen Abteilung und Kreis

Management vs. Führung

Die Begriffe Führung, Management, Leadership und Steuerung werden im Allgemeinen höchst unterschiedlich definiert und verwendet. Darum möchten wir hier erklären, welche Bedeutung wir diesen Begriffen geben.

Wir unterscheiden Führung (Leadership) von Steuerung (Management). Management (Handhabung) und Steuerung verwenden wir hingegen synonym, da sie unserer Definition nach auf kausalem Denken aufbauen. Führung und Leadership verwenden wir ebenfalls synonym; aus unserer Sicht ist Leadership im deutschen Sprachraum vor allem ein mit unklaren Bedeutungen aufgeladener Anglizismus.

STEUERUNG VS. FÜHRUNG

STEUERUNG	Die Steuernde begreift sich als Außenstehender eines **kausal** zu steuernden Systems.
FÜHRUNG	Die Führende begreift sich als Teil eines **komplexen** zu führenden Systems.

Viele Linienorganisationen sind durch die Zunahme äußerer Komplexität mittlerweile übersteuert (over-managed) und unterführt (under-led). Die Unterscheidung zwischen Steuerung und Führung kann auch durch eine Unterscheidung von transaktionaler und transformationaler Führung beschrieben werden und geht auf Warren Bennis und sein 1985 erschienenes Buch *Leaders* zurück [Bennis1997].

Managern und Führern werden oft folgende unterschiedliche Verhaltensweisen zugeschrieben:
- ▶ Manager: verwaltet, hält sich an Regeln, kontrolliert, denkt kurzfristig, macht die Dinge richtig.
- ▶ Führer: erneuert, hält sich an Prinzipien, vertraut, denkt langfristig, macht die richtigen Dinge.

> **Manager sind Leute, die ihre Sache richtig machen, während Führer Leute sind, die die richtige Sache tun.** *Warren Bennis*

Der überzogene Anspruch an die Führung
In der Führungsliteratur nehmen wir deutliche Forderungen nach bestimmten Eigenschaften von Führern wahr: Sie sollen nicht nur empathisch und authentisch sein, sondern auch mit emotional resonanzfähigen Visionen andere für bestimmte Ziele begeistern. Das klingt danach, als kämen nur besonders charismatische Personen infrage – wer kann das schon leisten? Funktioniert Führung nur unter solchen Voraussetzungen?

Natürlich wäre es schön, wenn sich alle Menschen innerhalb ihrer Organisationen empathisch und authentisch verhalten würden, selbstreflektiert und sich ihrer eigenen Möglichkeiten bewusst. Führungskräfte sind Menschen wie alle anderen Organisationsmitglieder auch, und wenn sie diese Verhaltensweisen in Organisationen nicht zeigen, dann liegt das vermutlich weniger an der Persönlichkeit als vielmehr am Kontext (siehe dazu unsere Ausführungen auf Seite 40 ff.). Alles andere sollte einfaches Handwerk und mit normalen durchschnittlichen Menschen praktizierbar sein. Relevanter als solche Anforderungen ist aus unserer Sicht vielmehr die Unterscheidung der Ordnungsebenen von Führung, wie sie auf Seite 289 dargestellt werden. Damit kann sich Führung durchaus definierter Prozesse und Strukturen bedienen, die jedoch nicht die operative Ebene adressieren, sondern die Meta-Ebene.

Meta-Führung und Coaching
Meta-Führung bedeutet, den Mitarbeitern keine Anweisungen für die operativ-inhaltliche Ebene zu geben und keine inhaltlichen Entscheidungen für sie zu treffen, ihnen aber sehr wohl zu sagen, dass sie entscheiden müssen und welche Prinzipien, Regeln und Prozesse sie sich dafür selbst gegeben haben.

In der Softwareentwicklung hat man mit der Unterscheidung dieser Ebenen gute Erfahrungen gemacht: Der Product-Owner trifft inhaltliche Entscheidungen, der Scrum-Master führt auf der Prozessebene.

Meta-Führung ist Coaching und reflektierte sowie kritische Prozessbegleitung. Sie setzt Wissen um die vorhandenen Prozesse und Strukturen, also den Kontext, voraus – das unterscheidet Meta-Führung von reinem Coaching. Sie erfordert eine (erlernbare) Haltung, sich nicht inhaltlich einzumischen. Aber sie erfordert keine charismatischen Persönlichkeiten!

LITERATUR
➔ Warren Bennis: *Leaders - The Strategies for Taking Charge*; Harper Business 1997.

Führungsstile

Vorgesetzte Führung
- Teamleitung wird von oben eingesetzt.
- Trifft Entscheidungen für das Team. Das Team wird konsultiert, wenn es der Führungskraft passt.
- Verantwortet das Ergebnis des Teams gegenüber übergeordneten Instanzen.
- Beurteilt Leistungen und Verhalten der Teammitglieder.
- Vertritt das Team gegenüber Außenstehenden.
- Setzt dem Team und Teammitgliedern Ziele und treibt sie an.
- Räumt organisatorische Hindernisse für das Team aus dem Weg.
- Klärt Konflikte innerhalb des Teams, ggf. mit Unterstützung der zentralen Personalabteilung.
  (vgl. ➔ S. 184, Vorgesetzter)

Partizipative Führung
- Teamleitung wird von oben eingesetzt.
- Die Führungskraft folgt den Entscheidungen des Teams, soweit sie diese verantworten mag.
- Verantwortet das Ergebnis des Teams gegenüber übergeordneten Instanzen.
- Beurteilt Leistungen und Verhalten der Teammitglieder unter Einbeziehung des Teams.
- Vertritt das Team gegenüber Außenstehenden oder delegiert dies an ein Teammitglied.
- Setzt dem Team und den Teammitgliedern Ziele und treibt sie an.
- Räumt organisatorische Hindernisse für das Team aus dem Weg.
- Klärt Konflikte innerhalb des Teams, ggf. mit Unterstützung der zentralen Personalabteilung.

Dienende Führung
- Teamleitung wird von oben eingesetzt.
- Bestimmte Entscheidungsbereiche behält sich die Führungskraft vor, ansonsten coacht die Teamleitung das Team.
- Teamleitung organisiert Retrospektiven für das Team, bleibt aber meistens für die Ergebnisse des Teams gegenüber übergeordneten Instanzen verantwortlich.
- Die Teamleitung organisiert Feedback der Kollegen untereinander.
- Vermittelt dem Team und Teammitgliedern von außen vorgegebene Ziele oder Strategien und coacht das Team bei eigenen Zielen.
- Hilft dem Team dabei, Hindernisse aufzulösen, und klärt Konflikte innerhalb des Teams.

Kollegiale Führung
- Das Team kreiert verschiedene eigene Rollen und wählt selbst die Rolleninhaber, wer zum Beispiel Entscheidungsprozesse oder Retrospektiven des Teams moderiert oder wer das Team wem gegenüber vertritt.
- Rolleninhaber verantworten Ergebnisse des Teams nicht mehr als andere Teammitglieder auch.
- Die Kollegen geben sich gegenseitig Feedback zu Leistungen und Verhalten, ggf. auch teamübergreifend (Kollegengruppen).
- Team und Rolleninhaber treffen Vereinbarungen miteinander und mit anderen.
- Konflikte werden von teamexternen Coaches moderiert.

Kollegiale Führungsebenen (am vs. im System arbeiten)

Es gibt viele verschiedene Möglichkeiten zu führen. Die nach Ergebnisoffenheit geordnete Tabelle in Abb. 125 (→ S. 289) zeigt die wichtigsten Führungsmöglichkeiten, wobei sie sicherlich unvollständig und die Anordnung streitbar ist. Sie bietet dennoch eine hilfreiche Orientierung bei der Kreation und Wahl von Interventionsmöglichkeiten und zur reflektierten Gestaltung von Kommunikationsprozessen.

In jeder Organisation
- sind bestimmte Ebenen dominanter als andere,
- bevorzugen und beherrschen Führungskräfte (nur) bestimmte Möglichkeiten oder
- verteilen sich in der einen oder anderen Weise auf bestimmte Rollen oder Hierarchieebenen.

In einer traditionellen pyramidenförmigen Linienorganisation steht es den Mitarbeitern an der Basis normalerweise nicht zu, am System zu arbeiten, also Führungsmöglichkeiten der 2. Ordnungsebene zu praktizieren.

Stattdessen sammelt das Management allenfalls von der Mitarbeiterbasis kommende Hypothesen zum operativen Geschehen, Bewertungen oder Unterscheidungsmöglichkeiten zu einer Fragestellung, um daraufhin wieder Entscheidungen, neue Regeln oder neue Ziele an die Basis zu verteilen.

Der grundsätzliche Ansatz kollegial geführter Organisationen besteht darin, die Möglichkeiten der ersten Ordnungsebene soweit wie möglich den einzelnen Kollegen selbst zu überlassen und ihnen ebenso praktischen und systematischen Zugang zur zweiten Ordnungsebene zu geben. Dabei werden die Möglichkeiten der zweiten Ordnungsebene tendenziell eher gemeinsam und kooperativ praktiziert. Die meisten der in diesem Buch vorgestellten Werkzeuge und Praktiken bedienen bewusst die 2. Ordnungsebene.

Die folgende Tabelle soll helfen, etwas aufmerksamer die (zum jeweiligen Zeitpunkt) passenden Möglichkeiten für Willensbildungs- und Handlungsprozesse auszuwählen. Sofern ein Kreis beispielsweise keine direkte Entscheidung (zum Beispiel per Konsent) treffen kann, fällt es ihm vielleicht leichter, einen Entscheidungsauftrag (zum Beispiel konsultativer Einzelentscheid) zu vergeben oder erst einmal Hypothesen zum organisationalen Geschehen zu bilden.

Für die Selbstbeobachtung und -reflexion sind die Unterscheidungen hilfreich, um differenzierter zu beobachten, zu hinterfragen und spezifische Ressourcen und Potenziale zu erkennen.

Letztendlich soll die Tabelle auch den Begriff Führungsebene modernisieren helfen. In der traditionellen Linienorganisation ist Führungsebene eine vertikale Position im Organigramm, die von einem festen Personal, wie dem „Top-Management", wahrgenommen und mit entsprechenden Statussymbolen markiert wird.

In kollegial geführten Organisationen gibt es ebenfalls Führungsebenen. Sie sind dort aber nicht personalisiert, sondern situativ und funktional verteilt. Wir können mit der bewussten Verwendung und Re-Definition des Begriffes Führungsebene argumentieren und aufzeigen, dass es in kollegial geführten Organisationen nicht weniger Führung, sondern eine dynamischere, differenziertere und reflektierte Führung gibt.

Kollegiale Führungsebenen (geordnet nach Ergebnisoffenheit)

Ordnungsebene	Empfänger wird geführt durch ...	Empfänger hat Freiheit zu bestimmen ...	Beispiel
① Inhaltssicherheit herstellen (im System arbeiten, operative Arbeit) — fix ↑ / ↓ Ergebnisoffenheit	Operative **Anweisungen** geben Ressourcen zuteilen	ob er Anweisung verweigert	„Schreibe eine Rechnung für folgende Leistungen [...]"
	Regeln, Geschäftsprozesse und Entscheidungen bereitstellen	ob Anwendungsfall für Regel vorliegt	„Schreibe eine Rechnung, sobald über 100 € Leistungen erbracht wurden."
	Operative **Richtungen** und **Ziele** vorgeben	Umsetzungsprozess, konkreter Weg	„Vermeide Rechnungen mit Kleinstbeträgen."
	Beurteilung der (Dis-)Funktionalität des operativen Handelns	Richtung, Ziel und Priorität	„Das ist unwirtschaftlich: Das Schreiben der Rechnung kostet mehr, als die Leistung einbringt."
	Operative **Entscheidungsaufträge** vergeben	ob er Auftrag übernimmt	„Bitte entscheide, wie wir Kleinstaufträge lukrativer abwickeln können."
	Hypothesen zum operativen Geschehen bilden	wie er beobachtete Realität bewertet	„Kleinstaufträge lohnen sich vermutlich gar nicht."
	Prinzipien oder Strategien zur operativen Arbeit vorgeben	wie er Prinzipien passend anwendet	„Jeder Auftrag (für etablierte Leistungsangebote) muss sich lohnen."
	Op. **Unterscheidungsmöglichkeiten** und Perspektiven bereitstellen	worauf er seine Aufmerksamkeit lenkt	„Wie hängen Margen und Auftragsgrößen zusammen?"
	(Die operative Arbeit betreffende) **Bedürfnisse** verstehen	ob bzw. welche Bedürfnisse offen sind	„Unser Team-Beitrag zum Unternehmenserfolg ist mir unklar."
② Prozesssicherheit herstellen (am System arbeiten, organisationale Arbeit) — ↓ offen	Organisationale **Entscheidungen** treffen	wie anschlussfähig Entscheidung für ihn ist	„Der Kreis wird in folgende zwei thematische Teilkreise aufgeteilt [...]"
	Organisationale **Richtungen, Ziele** oder Meta-Regeln vorgeben	Umsetzungsprozess, konkrete Interventionen	„Kleine Kreise!" oder „Kreise sollten maximal 10 Mitglieder haben."
	Beurteilung der (Dis-)Funktionalität des organisationalen Handelns	Richtung, Ziel und Priorität	„Unser Kreis ist nicht mehr ausreichend entscheidungsfähig."
	Rollen und organisationale **Entscheidungsaufträge** vergeben	ob er Auftrag oder Rolle übernimmt	„Susanne vertritt uns im Geschäftsbereichskreis."
	Hypothesen zum organisationalen Geschehen bilden	wie er beobachtete Realität bewertet	„Eigenleistung von Geschäftsbereich X sinkt, weil Sicherheitsbedürfnisse Entscheidungen dämpfen."
	Organisationale **Prinzipien** oder Strategien vorgeben	wie er Prinzipien passend anwendet	„Wachstum zur Steigerung der Fertigungstiefe ist wichtiger als kurzfristiger Gewinn."
	Org. **Unterscheidungsmöglichkeiten** und Perspektiven bereitstellen	worauf er seine Aufmerksamkeit lenkt	„Wann sind Konsentmoderationen und wann konsultative Einzelentscheide vorteilhafter?"
	Organisationale **Wertekontexte** setzen	ob und wie er die Werte teilt	„Ein Kreis bestimmt selbst über seine Mitglieder, von außen hat da niemand reinzureden."
	Dialog über organisationale **Bedürfnisse** und **Werte**	ob er sich zur Gemeinschaft zugehörig fühlt	„Ich möchte nicht bei jeder Entscheidung beteiligt sein und möchte vertrauen können."

Abb. 125: Kollegiale Führungsebenen, geordnet nach Ergebnisoffenheit. [⬇ http://kollegiale-fuehrung.de/fuehrungsebenen/]

Delegationsmodi

Die Unterscheidung der Führungsebenen wie in Abb. 125 (→ S. 289) kann auch direkt für die Zusammenarbeit genutzt werden, indem dafür in der Kommunikation explizit eine Ebene benannt wird. In der Praxis reichen dabei normalerweise die in Abb. 126 genannten sieben Modi völlig aus.

Die Benennung des verwendeten Modus kann zusätzlich mit Befristungen verbunden werden.

> **BEISPIEL**
>
> *Ich empfehle euch, dass wir an der Messe mit einem Stand teilnehmen, und brauche von euch eine Entscheidung bis zum 15.3. (Delegationsmodus 5, Beraten).*
>
> *Sollte ich bis dahin keine Entscheidung von euch bekommen, treffe ich die Entscheidung für euch ohne weitere Konsultation und erkläre sie euch hinterher (Delegationsmodus 2, Erklären).*

Jurgen Appelo hat diese Delegationsmodi unter dem Namen Delegationspoker bekannt gemacht.

LITERATUR
→ Jurgen Appelo: *Management 3.0: Leading Agile Developers, Developing Agile Leaders*; Addison-Wesley, Erstauflage 2010.

Klare Entscheidungszuständigkeit durch explizite Delegationsmodi

Modus		Beschreibung
1. Mitteilen		Wir teilen anderen unsere Entscheidung mit.
2. Erklären		Wir entscheiden und erklären anderen unsere Entscheidung.
3. Konsultieren		Wir holen uns Entscheidungspräferenzen ein und entscheiden dann selbst.
4. Vereinbaren		Wir treffen die Entscheidung gemeinsam.
5. Beraten		Wir tragen mit Wissen oder Empfehlung bei und lassen dann den anderen entscheiden.
6. Übertragen		Wir übertragen jemand anders die Entscheidung, möchten aber informiert bleiben.
7. Delegieren		Wir delegieren vollständig und müssen auch nicht mehr informiert werden.

Abb. 126: Einfache Delegationsmodi. [→ http://kollegiale-fuehrung.de/delegationsmodi/]

Konstruktivismus und Kommunikation

> **WAS IST KONSTUKTIVISMUS?**
>
> Konstruktivismus ist die Annahme,
> - dass jeder von uns seine eigene Realität kreiert,
> - dass es nicht die eine externe Wirklichkeit gibt und
> - Objektivität nichts anderes als eine Übereinkunft zwischen uns ist.

Ernst von Glasersfeld [Glasersfeld1996] schreibt über die Grundprinzipien des von ihm begründeten radikalen Konstruktivismus, dass Wissen nicht passiv aufgenommen, sondern vom Menschen als denkendem Subjekt aktiv aufgebaut wird. Das geschieht mit dem Ziel, die eigene Erfahrungswelt zu organisieren, und nicht, um eine objektive ontologische Realität (Ontologie: Lehre vom Sein) zu erkennen.

Hierzu nutzen wir Menschen unsere Fähigkeiten und Neigungen,
- um im Verlauf unserer Erfahrungen Wiederholungen festzustellen,
- diese zu erinnern, wieder zu vergegenwärtigen und somit intern zu repräsentieren,
- sie zu vergleichen sowie Ähnlichkeiten und Unterschiede zu erkennen
- und bestimmte Erfahrungen anderen vorzuziehen, also Werte zu besitzen.

Das als „Wirklichkeit" Wahrgenommene und Bezeichnete entsteht als individuelle Landkarte im Gehirn eines Beobachters. Zusätzlich nutzen wir unsere Sprache, um uns mit anderen Menschen über unsere individuellen und subjektiven Konstruktionsleistungen auszutauschen, was uns regelmäßig vermuten lässt, welche Realitätskonstruktionen anderer Menschen unseren ähnlich sind und welche sich von diesen unterscheiden. Dadurch entstehen eine soziale Kopplung und Verbundenheit, gemeinsame Begriffe und eine Verhaltenskoordination.

Bei gleicher Umgebung lebt doch jeder in einer eigenen Welt. *Schopenhauer*

Vor allem aber entstehen so alltagssprachlich Objektivität genannte Übereinkünfte und gemeinsame Zuschreibungen zur Beschaffenheit unserer Umwelt. Wir erfinden also gemeinsam unsere Umwelt, soziale Realitäten, Weltbilder und Bedeutungszusammenhänge.

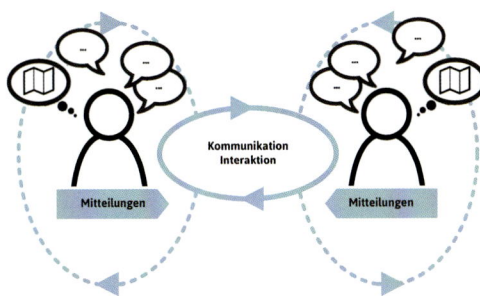

Abb. 127: Entwicklungsgeschichte des radikalen Konstruktivismus.

Das mechanistische Bild von Kommunikation als Informationsübermittlung von einem Sender zu einem Empfänger passt daher überhaupt nicht zum konstruktivistischen Ansatz. Stattdessen wird Kommunikation als Interaktion angesehen, bei welcher der Empfänger entscheidet, was kommuniziert wurde.
Neben Ernst von Glasersfeld haben vor allem auch Humberto Maturana und Francisco Varela wichtige Beiträge geliefert. Paul Watzlawick hat 1981 dazu mit seinem Sachbuch *Die erfundene Wirklichkeit* die Essenz gebildet.

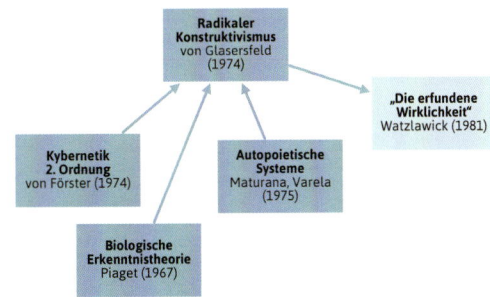

Abb. 128: Das systemisch-konstruktivistische Modell von Kommunikation. [↓ http://kollegiale-fuehrung.de/kommunikation-systemisch/]

LITERATUR
- Heinz von Foerster, Ernst von Glasersfeld, Paul Watzlawick u.a: *Einführung in den Konstruktivismus*; Piper, 1. Auflage 1992.
- Paul Watzlawick: *Die erfundene Wirklichkeit*; Piper, 1983.
- Humberto Maturana, Francisco J. Varela: *Autopoiesis and Cognition*; Reidel, 1980.
- Humberto Maturana mit Bernhard Pörksen: *Vom Sein zum Tun. Die Ursprünge der Biologie des Erkennens*; Carl-Auer-Systeme, 2002.
- Ernst von Glasersfeld: http://www.evg-archive.net/

Die Lernebenen von Gregory Bateson

Nach der Lerntheorie von Gregory Bateson können fünf hierarchisch gegliederte Lernebenen (0 bis 4) unterschieden werden, von denen vor allem die mittleren drei im Kontext des Bewusstseinskreationsmodells (➔ Abb. 20, S. 37) interessant sind. In stark vereinfachter Form sind das:

Ebene 1: Innere Landkarte nutzen
Das Lernen basiert hier auf einfachen Rückkopplungen (Single-loop learning). Dabei werden unsere Bewertungen mit den vorhandenen Denkmodellen verglichen, damit wir uns die Welt erklären und Sinn geben können. Wir versuchen uns zu orientieren. Je passender unsere Landkarte ist, desto schneller erfolgt die Bewertung und desto sinnvoller erscheint uns unsere Wahrnehmung. Ebene 1 führt zu kontinuierlichen Verbesserungen und Effizienz.

Ebene 2: Innere Landkarte aktualisieren
Diese Lernebene führt nicht nur zu passenderen Handlungsentscheidungen, sondern vielmehr zu einer Aktualisierung der inneren Landkarte, vor allem der Absichten, Strategien, Denkmodelle, Überzeugungen und Heuristiken (Double-loop learning). Ebene 2 führt zu Innovationen und Effektivität. Auf Basis dieser Lernschleife ist es uns möglich, auch rückwirkend andere Realitäten zu konstruieren. Wir haben die Landkarte geändert, unsere Wahrnehmung ergibt jetzt einen neuen, passenderen Sinn.

Ebene 3: Landkartenhandhabung aktualisieren
Dieser Weg berührt die Art und Weise, wie wir Landkarten nutzen und aktualisieren. Wir erfinden ganz neue Kategorien von Inhalten und Verknüpfungen oder neue Arten von Landkarten und benutzen unsere inneren Landkarten in neuer Art und Weise – was auch alles jeweils zu üben ist. Dies sind Paradigmenwechsel in der Art, wie wir unser Bewusstsein strukturieren.

Gregory Bateson (1904 - 1980)

war ein angloamerikanischer Anthropologe, Biologe, Sozialwissenschaftler, Kybernetiker und Philosoph. Ab 1925 studierte er Anthropologie und ging für seine Dissertation über einen neuguineischen Stamm nach Neu-Guinea. Dort lernte er die Anthropologin Margaret Mead kennen, die er drei Jahre später heiratete.

Mit ihr zusammen war er zwischen 1946 und 1953 auch eine der Leitfiguren der Macy-Konferenzen, auf denen Wissenschaftler verschiedener Disziplinen die Grundlagen der Systemtheorie und Kybernetik legten.

Seine Arbeitsgebiete umfassten anthropologische Studien, das Feld der Kommunikationstheorie und Lerntheorie, genauso wie Fragen der Erkenntnistheorie, Naturphilosophie, Ökologie oder der Linguistik. Bateson behandelte diese wissenschaftlichen Gebiete allerdings nicht als getrennte Disziplinen, sondern als verschiedene Aspekte und Facetten, in denen seine systemisch-kybernetische Denkweise zum Tragen kommt.

Er kritisierte die Lebenspraxis des Menschen, vor allem die Idee der Macht: Der Mensch glaubt sich dem unstillbaren Mythos der Macht verpflichtet und begreift gleichsam nicht das zirkulär-kausale System, in dem er wirkt – mit fatalen Folgen für den Menschen und seine Umwelt.

Von Gregory Bateson stammen die Zitate „Ästhetik ist die Aufmerksamkeit für das Muster, das verbindet" und „Information ist ein Unterschied, der einen Unterschied macht".

Mythos Unternehmensziel und gemeinsame Mission

Es ist populär, als Unternehmen Ziele zu definieren und eine gemeinsame Mission zu haben. Aus systemischer Sicht ist dies ein Mythos und die Gedanken dazu möchten wir hier kurz vorstellen.

Gemeinhin wird davon ausgegangen, dass Organisationen (Unternehmen, Projekte etc.) zum Erreichen bestimmter gemeinsamer Ziele gegründet werden bzw. für diese existieren, dass also ein bestimmter Zweck existiert. Kurz: Es wird eine Zweckrationalität unterstellt.

Warum arbeiten wir in Organisationen?
Tatsächlich sind am Entstehen und Erhalten von Organisationen viele verschiedene Akteure beteiligt, die alle ihre eigenen spezifischen Ziele haben und für die die Organisation einen individuellen Zweck erfüllt:
- Geld verdienen,
- Anerkennung bekommen,
- geschäftlich reisen und essen dürfen,
- spielen, sich kreativ entfalten,
- die Familie nicht sehen müssen, seine Ruhe haben,
- herausgefordert zu werden, sich weiterentwickeln
- ...

Organisationen sind also wahrscheinlich durchaus Mittel zum Zweck – die Idee eines gemeinsamen, verbindenden Ziels bedeutet dies jedoch nicht.
„Der Einzelne gibt den Dingen Sinn. Sinngebung, nicht Sinnehmung. Und dieser Sinn ist so unterschiedlich, wie die Menschen im Unternehmen es sind", schreibt Reinhard Sprenger [Sprenger2015, S. 71].

Trotzdem idealisieren wir gerne und tun so, als würden wir an gemeinsamen Zielen arbeiten – auch damit wir uns auf sie berufen und unsere Entscheidungen und Handlungen legitimieren können.

Tatsächlich entspringen Entscheidungen oft den eigenen Motiven und es gelingt uns dann, im Nachhinein einen logisch klingenden Zusammenhang mit dem gemeinsamen Ziel zu konstruieren. Diese sinnstiftenden Erklärungen erhalten den Mythos der Zweckrationalität aufrecht – kontrafaktisch.

„Das anständige Unternehmen ist eine Zweckgemeinschaft [der Unternehmer und der Mitarbeiter], um Kundenbedürfnisse zu befriedigen und dadurch Geld zu verdienen [...]. Es vermeidet eine universelle Sinnvorgabe."
Reinhard Sprenger [Sprenger2015, S. 72, 70]

Zweckrationalität versus Systemrationalität
Fritz Simon stellt deswegen fest: „Nicht das gemeinsame Ziel der unterschiedlichen Interessengruppen ist es, was ihr Überleben sichert, sondern die Tatsache, dass die Organisation in der Lage ist, als gemeinsames Mittel für unterschiedliche Interessen zu dienen." [Simon2009].

Diese Eigenlogik lässt die Organisation als soziales System funktionieren und erhält es am Leben, was Niklas Luhmann im Unterschied zur Zweckrationalität deshalb Systemrationalität nennt.

In diesem Punkt unterscheiden sich auch Holokratie und Soziokratie: Während die Soziokratie Mission und Vision explizit Raum gibt, konzentriert sich die Holokratie auf die Beschreibung des Zweckes.

Die Beschreibung eines gemeinsamen Zweckes ist für die klare Verteilung von Aufgaben-, Verantwortungs- und Zuständigkeitsbereichen ebenso sinnvoll, wie sie das gemeinsame Verständnis (im Sinne von aktivem Zuhören, → S. 251) absichern kann.

Abb. 129: Haben in einem Unternehmen alle das gleiche Ziel?

Weitere typische Prinzipien kollegial geführter Unternehmen

Effectuation

Effectuation stammt aus der Entrepreneurship-Forschung und beschreibt modellhaft in einfachen Prinzipien, wie sich sogenannte Experten-Entrepreneure in Situationen mit großer Ungewissheit verhalten.

Ein Experten-Entrepreneur ist ein Unternehmer, der einerseits schon mehrere Unternehmen erfolgreich aus der Taufe gehoben hat und andererseits mit einer oder mehreren seiner Unternehmungen auch gescheitert ist. Für die Forscher war überraschend, dass viele untersuchte Unternehmer eine spezielle Haltung im Umgang mit unbekannten unternehmerischen Gelegenheiten entwickelt hatten.

Handeln unter Ungewissheit

Das Interessante im Kontext dieses Buches ist, dass sich die Effectuation-Prinzipien vortrefflich auf andere ungewisse und komplexe Situationen übertragen lassen. Gute Beispiele hierfür wären ein Veränderungsprozess, mit dem unser Unternehmen ein neues Führungsverständnis entwickeln möchte (kollegiale Führung), oder spürbarer Markt- oder Innovationsdruck, wo wir zunächst keine Ideen haben, wie wir ihm begegnen können.

Bezüglich der Zukunft stellen wir im Kontext von Effectuation zwei wesentliche Grundannahmen auf: Unsere Zukunft ist nicht planbar, dafür aber gestaltbar.
- Nicht-Planbarkeit: Aufgrund der Ungewissheit können wir nicht vorhersagen, wie sich ein Thema entwickeln wird. Bei Märkten oder Produkten, die noch nicht existieren, wissen wir nicht, was kommen wird, und planen deshalb auch nicht. Für Veränderungsprozesse in Organisationen gilt letztlich das Gleiche.
- Gestaltbarkeit: Der Unternehmer ist sich darüber im Klaren, dass er über erste Gespräche mit möglichen Partnern, verbindliche Vereinbarungen über erste Schritte und die aufmerksame Beobachtung seiner Umwelt die Zukunft gestaltet. Damit benötigt er auch keine Vorhersage, was kommen wird.

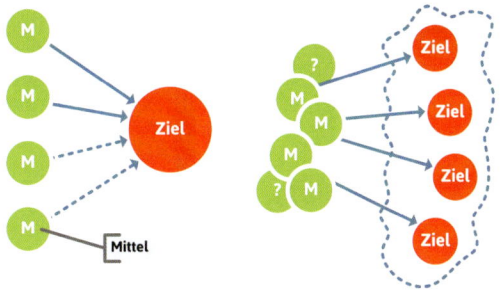

Abb. 130: Zielorientierung (kausales Management, links) vs. Mittelorientierung (Effectuation, rechts). [⬇ http://kollegiale-fuehrung.de/mittelorientierung/]

Grundprinzipien

Folgende vier Prinzipien beschreiben, wie wir unter den beiden Grundannahmen Nicht-Planbarkeit und Gestaltbarkeit vorgehen können:
1. Mittelorientierung: In einem effektuierenden Team beginnen wir mit der Erkundung unserer Mittel. Wesentlich sind die Fragen „Wer sind wir?", „Was wissen wir?" und „Wen kennen wir?". Über die Beantwortung erfahren wir oft schon viele neue Dinge über uns und unsere Möglichkeiten in Bezug auf unser aktuelles Vorhaben.
2. Leistbarer Verlust: Während unsere analysierten Mittel eine unerschöpfliche Quelle sind, geht es beim leistbaren Verlust um konkrete Einsätze, wie Zeit, Kapital und andere Ressourcen, die wir im Falle eines Scheiterns auch verlieren könnten. Mit dem leistbaren Verlust setzen wir uns eine Grenze, bis zu der wir diese Ressourcen belasten wollen. Wir prüfen immer wieder, ob wir die Grenze erreicht haben und ob wir das Vorhaben abbrechen oder mit neuen Ressourcen ausstatten wollen. Der leistbare Verlust hilft uns, Scheitern früh und günstig zu erkennen.
3. Zufälle und Überraschungen als Chancen verstehen: Neue Umstände oder Zufälle werden immer unter dem Aspekt betrachtet, welche neuen Gelegenheiten sich daraus ergeben. Wir fragen uns „Welche zusätzlichen Mittel sind dadurch entstanden?" oder „Welche neuen Ziele können wir jetzt ansteuern?".
4. Vereinbarungen und Partnerschaften: Wenn wir auf Basis unserer Motive, unserer Mittel und des leistbaren Verlusts bestimmt haben, was wir tun wollen, führen wir Gespräche mit anderen Men-

schen, mit möglichen Partnern, um das Vorhaben zu konkretisieren. Dabei suchen wir nicht unbedingt nach den besten, sondern nach den Partnern, die wegen ihrer eigenen Motive bereit sind, mit uns zu kooperieren, und die mit ihren Mitteln und ihrem leistbaren Verlust gut zu unserem Vorhaben passen. Gemeinsam reduzieren wir so die Ungewissheit.

Als erfahrene Effectuatoren orientieren wir uns also in ungewissen Kontexten an unseren Mitteln, behalten den leistbaren Verlust im Auge, interagieren intensiv mit Partnern und co-kreieren so unser Vorhaben Schritt für Schritt.

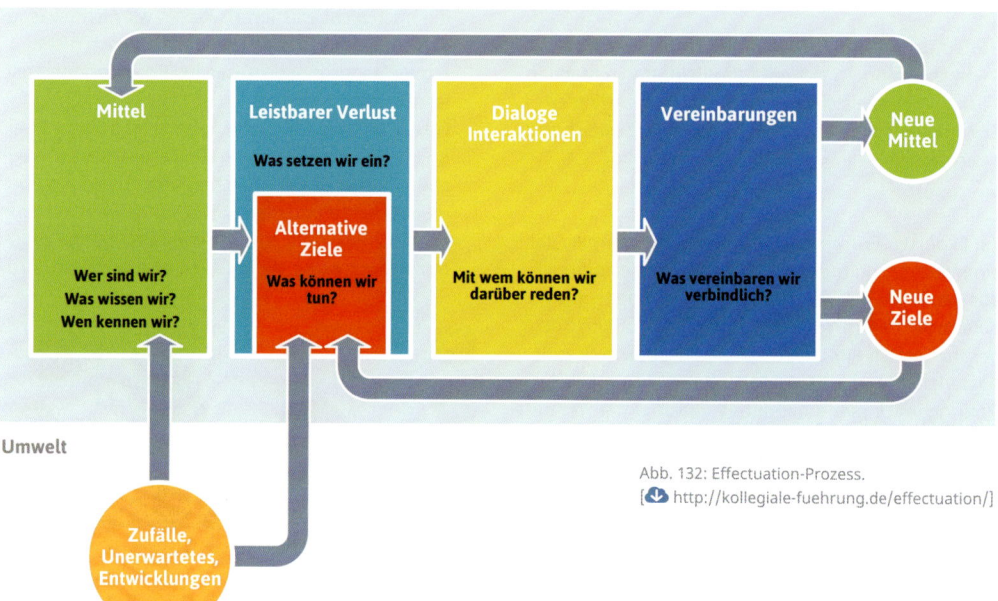

Abb. 132: Effectuation-Prozess.
[⬇ http://kollegiale-fuehrung.de/effectuation/]

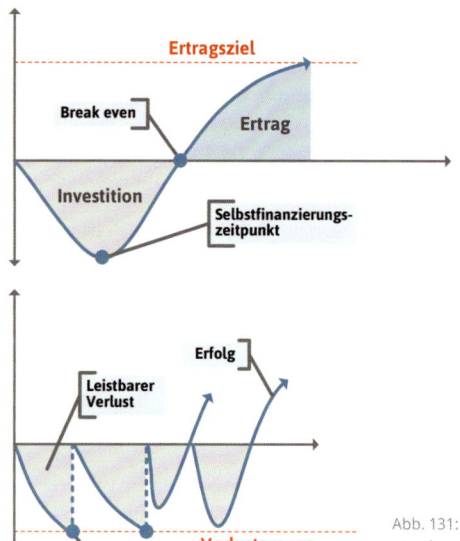

Abb. 131: Amortisationsorientierung (kausales Management, oben) vs. leistbarer Verlust (Effectuation, unten). [⬇ http://kollegiale-fuehrung.de/leistbarer-verlust/]

DANKESCHÖN
➔ Dieser Abschnitt ist ein Gastbeitrag von Carsten Holtmann. Vielen Dank!

WEITERFÜHRENDES
➔ Michael Faschingbauer: *Effectuation – Wie erfolgreiche Unternehmer denken, entscheiden und handeln*; Schäffer-Poeschel, 2013.

Das DevOp-Prinzip

DevOp ist ein aus der Softwareentwicklung stammendes Organisationsprinzip. Hier sind üblicherweise die Entwicklung (Dev, Development) und der Betrieb (Op, Operations) von Software getrennt. Die einen Kollegen entwickeln eine Version einer Software, andere sorgen für ihren dauerhaften Betrieb. Wenn die Softwareentwicklerinnen schon das nächste oder übernächste Projekt codieren, kümmern sich die Mitarbeiter aus dem Betrieb immer noch um die praktische Verfügbarkeit und Nutzbarkeit des ersten.

Veränderung vs. Stabilität

So praktisch diese Arbeitsteilung auch ist, sie hat auch einige Schattenseiten. Die beiden beteiligten Parteien verfolgen sehr unterschiedliche Strategien und denken in unterschiedlichen Zeiträumen. Vor allem aber berücksichtigen sie nicht die jeweils andere Perspektive in ihrer Arbeit:

- Die Entwicklung beschäftigt sich mit Anforderungen, Design, Tests und regelmäßigen neuen Features. Bei der Entwicklung geht es um Veränderung, Tempo, Kreativität und Agilität.
- Ganz anders beim Betrieb, der sich mit Infrastrukturen (Server, Speicher, Netze) auseinandersetzt und entsprechende Auslastungs- und Verfügbarkeitskennzahlen verfolgt. Beim Betrieb geht es um Stabilität, Effizienz, Sicherheit und Qualität.

DevOp ist das Prinzip, Entwicklung und Betrieb als eine Einheit zu betrachten, die gemeinsam einen fachlichen Dienst entwickeln und betreiben.

Wenn also beispielsweise ein DevOp-Team eine Warenkorbfunktion für einen Online-Shop entwickelt hat, betreibt und administriert es hinterher auch diese Funktion auf passenden Servern.

Die ersten konkreten Schritte hin zu einem DevOp bestehen meistens darin, die Arbeitsplätze in einen Raum zusammenzulegen, gegenseitig Praktika zu absolvieren, gemeinsame Problemlösungs- und Störungsbeseitigungsteams zu bilden, Betriebskennzahlen um Entwicklungsaspekte zu erweitern und dies einfach mal für einen einzelnen fachlichen Dienst auszuprobieren.

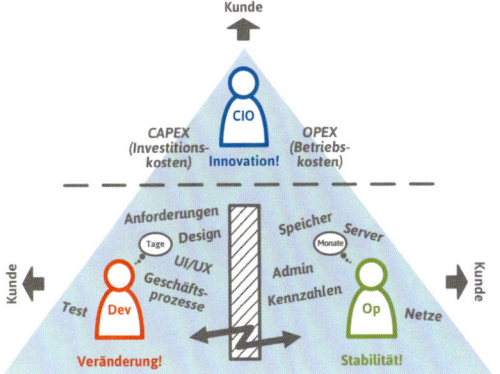
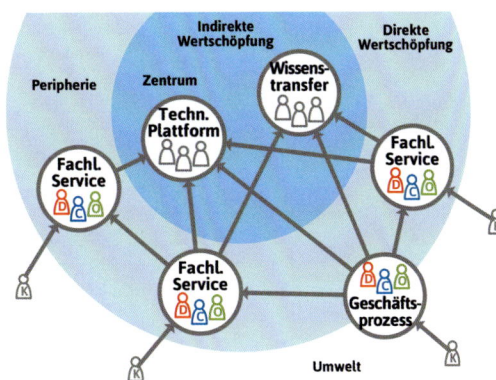

Abb. 133: Vergleich getrennte (links) vs. integrierte Entwicklung und Betrieb (rechts). [http://kollegiale-fuehrung.de/dev-op-getrennt/]

Wertschöpfungsorientierung statt Disziplinenorientierung

Was bedeutet das DevOp-Prinzip außerhalb reiner IT-Services?

Das DevOp-Prinzip ist keine Abkehr von Arbeitsteilung an sich. Die Trennung von direkter und indirekter Wertschöpfung bzw. Peripherie und Zentrum (→ S. 280) existiert weiterhin. Jedoch erfolgt der Schnitt nach einem anderen Kriterium.

In der traditionellen Struktur, die nach Disziplinen wie Entwicklung, Verkauf, Produktion und Kundendienst gegliedert ist, kommt es immer wieder zu Verantwortungsdiffusionen zwischen den Bereichen. Die eine Abteilung verkauft etwas, was der nächsten Abteilung nicht immer leichtfällt, herzustellen bzw. zu leisten, und was dann schließlich in Form von Reklamationen beim Kundendienst landet.

DevOps bedeuten in diesem Kontext: Verkaufe nur, was du auch selbst herstellen oder leisten kannst und wofür du hinterher selbst die Gewährleistung und Reklamationsbearbeitung übernimmst. Das DevOp-Prinzip führt also zu einer Disziplinen übergreifenden Verantwortung.

Dieses Prinzip lässt sich auch innerhalb eines Kreises anwenden, indem die Produkte oder Dienstleistungen derart untergliedert werden, dass nicht ein Teil einer Prozesskette als Arbeitseinheit, sondern die kleinste praktikable Einheit, mit der eine direkte Wertschöpfung entsteht, übrig bleibt.

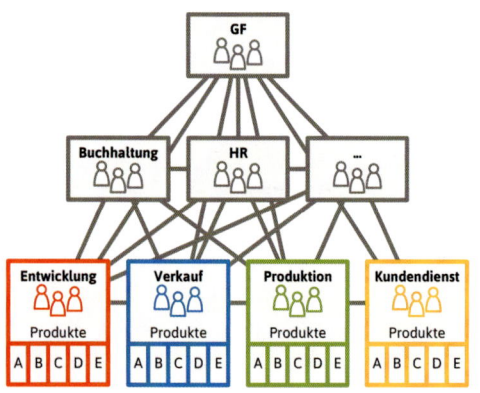

Abb. 134: Das interdisziplinäre und wertschöpfungsorientierte DevOp-Prinzip für kollegial geführte Organisationen (rechts) im Vergleich zur traditionellen monodisziplinären Aufteilung (links). [↓ http://kollegiale-fuehrung.de/dev-op-integriert/]

Wertbildungsrechnung

Wir alle kennen Geschichten über Unternehmen, die kurzfristig ihre Gewinne zu steigern versuchen, indem sie Investitionen aussetzen, Personalkosten sparen oder Teile der Wertschöpfung auslagern – um dann mittelfristig in Bedrängnis zu kommen.

In dem auf uniformen Massenabsatz ausgerichteten Markt der letzten 100 Jahren war dieses Handlungsmuster durchaus sinnvoll und ist daher ein Eckpfeiler der Betriebswirtschaftslehre. Wenn uns dieses Handeln heute beschränkt vorkommt, dann liegt das auch an den veränderten Spielregeln des Marktes. Wird es damit nicht auch Zeit für eine neue BWL? In diesem Abschnitt versuchen wir, einige Elemente einer neuen Betriebswirtschaftslehre zu skizzieren.

Schneller, billiger, mehr
In einem wenig komplexen und halbwegs vorhersehbaren Markt mit gleichförmigen Massenprodukten bieten effiziente Prozesse und Prozessinnovationen einen Wettbewerbsvorteil. Schneller und billiger zu produzieren, um den Gewinn zu steigern, ist das Mantra dieses zu Ende gehenden Zeitalters.

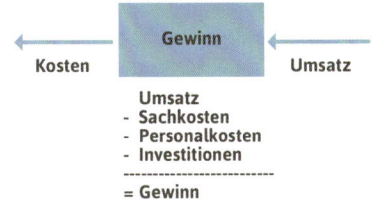

Abb. 135: Traditionelle Kostenrechnung stellt Gewinn in den Mittelpunkt. [⬇ http://kollegiale-fuehrung.de/kostenrechnung/]

Der Gewinn ergibt sich (vereinfacht) aus der Differenz von Umsatz und Kosten. Bei den Kosten handelt es sich unter anderem um Sach- und Personalkosten sowie Investitionen. Wenn es gelingt, die Kosten zu senken, steigt der Gewinn. Die Faktoren Investitionen und Personalkosten sind jedoch betriebsinterne Faktoren: Für den Markt außerhalb eines Unternehmens entstehen aufgrund dieser Faktoren unmittelbar keine höhere Wertschöpfung, keine ansprechenderen Produkte und kein besserer Service.

Prozess- und Produktinnovation
Die Situation heute ist aber anspruchsvoller: Um zu überleben, müssen Unternehmen zwar weiterhin Geschwindigkeit, Kosten und Qualität ihrer Leistungsprozesse beherrschen (Wie wird produziert?), zusätzlich aber immer attraktivere Produkte und Leistungen erfinden, anbieten und erklären (Was und warum wird produziert?).

Produktinnovation und der kreative Umgang mit Überraschungen sind wichtiger geworden, weshalb wir auch eine BWL benötigen, die nicht nur Kosten und Gewinn, sondern auch die marktrelevanten Werte, die ein Unternehmen eigentlich schafft, betrachtet. Basis dieser neuen BWL ist die Wertbildungsrechnung (WBR), eine Erfindung vom dm drogeriemarkt.

Wertbildungs- statt Kostenrechnung
Der Zweck eines Unternehmens ist, Werte zu schaffen. Es muss irgendeine Leistung vollbringen, aufgrund deren es etwas wertvoller bzw. teurer verkaufen kann, als es die dafür benötigten Fremdleistungen einkauft. Diese intern erbrachte Leistung nennen wir in der Wertbildungsrechnung Eigenleistung.

Abb. 136: Prinzip der Wertbildungsrechnung. [⬇ http://kollegiale-fuehrung.de/wbr-prinzip/]

Ob die Eigenleistung darin besteht, Einzelbestandteile zu etwas Neuem zusammenzufügen, etwas Eingekauftes oder Gegebenes zu verändern, zu veredeln oder zu zerlegen, etwas Ideelles zuzufügen oder ein spezielles Wissen auszunutzen, ist dabei unerheblich. Die Hauptsache ist, dass das Produkt für Käufer interessant ist und sie bereit sind, mehr dafür zu zahlen, als das Unternehmen dafür an Fremdleistungen und Vorprodukten eingekauft hat. Die Eigenleistung ergibt sich also aus der Differenz zwischen verkauften und eingekauften Leistungen.

Für die Wertbildungsrechnung nehmen wir also den Markt als Ausgangspunkt: Was verkaufen wir dem Markt? Welchen Wert produzieren wir für den Markt?

Wie bei dem Kreismodell (→ S. 80) denken wir von außen nach innen.

Mitarbeitereinkommen:
Teil der Eigenleistung statt Kosten

Zur Herstellung der zu verkaufenden Leistungen werden wir sowohl selbst etwas leisten als auch Fremdleistungen einkaufen. Dabei wird die Eigenleistung von den Mitarbeitern des Unternehmens erbracht, weswegen die Mitarbeitereinkommen auch nicht den Kosten für Fremdleistungen zugerechnet, sondern als Teil der Eigenleistung betrachtet werden. Die Eigenleistung als Differenz zwischen verkauften und eingekauften Leistungen ist damit eine ausschließlich an externe Faktoren gekoppelte Größe (→ Abb. 137).

Intern wiederum können wir entscheiden, wie wir diesen geschaffenen Wert, welcher der Eigenleistung entspricht, verteilen möchten: Wie viel davon fließt als Mitarbeitereinkommen? Wie viel investieren wir in Maschinen, Prozesse oder neue Mitarbeiter? Wie viel legen wir für später zurück? Wie viel schütten wir an die Inhaber aus?

Abb. 137: Mitarbeitereinkommen ist Teil der Eigenleistung.
[→ http://kollegiale-fuehrung.de/wbr-eigenleistung/]

Der ausgeschüttete Gewinn ist in diesem Modell ein Inhabereinkommen und Mitarbeitereinkommen sind keine Kosten mehr.

Mehr als nur neue Worte

Wie die Abbildungen zeigen, geht es hier nicht nur um neue Begriffe. Wir benennen Personalkosten nicht einfach nur in Mitarbeitereinkommen um. Vielmehr arbeiten wir mit anderen Formeln und kalkulieren tatsächlich anders. Dies lässt sich auch an den folgenden Szenarien erkennen.

▶ Szenario 1: In der traditionellen BWL ist der Gewinn oder die Umsatzrendite (Gewinn/Umsatz) der primäre Maßstab für den Erfolg. Hier ist es durchaus möglich, den Gewinn zu erhöhen, selbst wenn die Umsätze sinken, wenn beispielsweise die Personalkosten und Investitionen entsprechend stärker reduziert werden.

▶ Szenario 2: Mit einer Fixierung auf die Umsatzrendite ist es sogar schlüssig, selbst lukrative Unternehmensteile auf- oder abzugeben, sofern nämlich deren Umsatzrendite unterhalb einer Zielmarke oder des Durchschnittes liegt.

▶ Szenario 3: Im Wertbildungsmodell können höhere Mitarbeitereinkommen dagegen ein Zeichen für höhere Wertschöpfung sein. Unter der Annahme, dass Investitionen, Rücklagen und Ausschüttungen unverändert blieben, würde eine Erhöhung der Mitarbeitereinkommen eine Steigerung der Wertschöpfung bedeuten.

▶ Szenario 4: Ebenso ist es innerhalb des Wertbildungsmodells vorstellbar, dass die Wertschöpfung des Unternehmens steigt, obwohl es keinen Überschuss erwirtschaftet und ausschüttet. Das geschieht dann, wenn die Mitarbeitereinkommen oder Investitionen stärker angestiegen sind, als an Überschuss zurückgeflossen ist (→ Abb. 136).

Anders denken

Kostenrechnung und Wertbildungsrechnung repräsentieren also gänzlich unterschiedliche Sichtweisen. Beide leiten unser Denken und lenken unsere Aufmerksamkeit auf bestimmte Kennzahlen, an denen wir uns orientieren und die wir dadurch zu verbessern versuchen.

Es wird Sie nicht überraschen, dass wir die Wertbildungsrechnung für konstruktiver und intelligenter halten. Im eigenen Unternehmen hatten wir 15 Jahre lang die Umsatzrendite als zentrale Kennzahl unseres wirtschaftlichen Erfolges gesehen. Dann wurde es die Wertschöpfung.

Alnatura und dm drogeriemarkt sind zwei größere Unternehmen, die schon länger so denken und rechnen (dm seit 1993, Alnatura seit Mitte der 2000er-Jahre). Aber auch in anderen Branchen wie der Fertigungsindustrie ist die WBR nicht neu. So hat schon vor 10 Jahren das Fraunhofer-Institut für Systemtechnik und Innovationsforschung [Kinkel2003] darauf hingewiesen, dass in innovationsgetriebenen Unternehmen eine hohe Eigenleistungsquote (bzw. Fertigungstiefe) entgegen all dem damaligen Gerede von Outsourcing „kein Ballast, sondern wichtiger Teil ihres Kapitals" ist.

Dass die Wertbildungsrechnung einerseits gar nicht mehr so neu, andererseits aber wenig verbreitet ist, liegt vermutlich daran, dass das Grundprinzip so simpel, das Denkmodell aber so anders ist, dass es viele Manager gar nicht verstehen.

Wenn Sie die Wertbildungsrechnung auch für Ihr Unternehmen interessant finden, melden Sie sich bei uns!

Auf Seite 9 haben wir rhetorisch gefragt, ob die Mitarbeiter oder das Unternehmen anzupassen seien, um deutlich zu machen, dass sie deshalb eingestellt werden, um Werte zu schaffen und die Eigenleistung des Unternehmens zu erbringen. Mitarbeiter sind nicht mehr Mittel zum vorgegebenen Zweck, sondern gestalten in einem gegebenen Rahmen selbst den Zweck (indem sie selbst auch wieder als Mittel vorkommen). Die Wertbildungsrechnung ist das dazu passende betriebswirtschaftliche Modell.

Interne Verrechnungen

So wie in Abb. 136 ein Unternehmen insgesamt als eine Wertschöpfungseinheit dargestellt ist, so kann das Unternehmen auch intern als eine Menge von Wertschöpfungszellen, die Teil von Wertschöpfungsketten sind, gedacht und berechnet werden. In diesem Fall sind Fremd- und Vorleistungen zu unterscheiden, also extern erbrachte und eingekaufte versus intern, von anderen Wertschöpfungszellen erbrachte Leistungen. Und ebenso sind die verkauften Leistungen in externe und interne zu unterscheiden. Im Falle einer intern verkauften Leistung ist der Kunde eine andere interne Einheit.

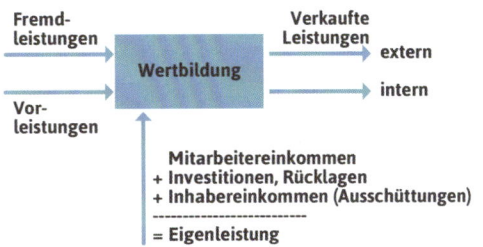

Abb. 138: Die Wertbildungsrechnung als internes Verrechnungsmodell. [🌐 http://kollegiale-fuehrung.de/wbr-interne-verrechnung/]

Damit bekommen auch alle internen Leistungen einen Preis und werden mit externen Referenzen vergleichbar. Dabei ist es nicht unbedingt das Ziel, teure interne Leistungen durch inhaltlich vergleichbare, aber günstigere externe Leistungen zu ersetzen (oder wie eingangs erwähnt „auszulagern"), denn damit würde die Gesamtwertbildung (als primäre Kennzahl für den wirtschaftlichen Erfolg) des Unternehmens schließlich sinken. Es wird aber deutlich, welche Wertschöpfungsbeiträge offenbar auch günstiger hergestellt werden können und welche Prozessschritte Verbesserungspotenziale haben (➔ S. 109, Optionale oder verpflichtende Zentrumsleistungen).

Fazit

Die BWL 1.0 ist nicht überflüssig oder entbehrlich, denn es gibt ja weiterhin deren Anwendungsfälle. Sie versagt lediglich bei den neuen Anwendungsfällen komplexer und dynamischer Märkte. Es geht nicht darum, eine BWL gegen eine ganz andere auszutauschen, sondern darum, der bestehenden BWL neue Features hinzuzufügen – so grundlegend neue Möglichkeiten, dass eine neue Versionsnummer gerechtfertigt ist.

Anhang

Glossar

Quellen

Kernaussagen

Über die Autoren

Bernd Oestereich

hat 1998 die oose Innovative Informatik gegründet, war 12 Jahre deren Geschäftsführer, danach mitarbeitender Mehrheitsgesellschafter, initiierte 2012 die Reorganisation in ein kollegial-selbstorganisiertes Unternehmen und verkaufte oose 2014 an die Mitarbeiterinnen.

Er ist Autor vieler, auch international verlegter und prämierter Fachbücher und arbeitet unter der Marke next U als Experte, Trainer und Coach für kollegial geführte Organisationen.

E-Mail:
Bernd.Oestereich@kollegiale-fuehrung.de

Claudia Schröder

arbeitet als erfahrene systemische Unternehmer- und Organisationsberaterin. Als Mitgesellschafterin und Beirätin initiierte sie 2012 die Reorganisation des Unternehmens oose in ein kollegial-selbstorganisiertes Unternehmen.

Sie ist Mitgründerin des kollegial organisierten Beraternetzwerkes next U, Mitautorin einiger Bücher, erfahrene Konferenzsprecherin und Entwicklerin von Ausbildungsgängen zu kollegialer Führung und kollegialem Coaching.

E-Mail:
Claudia.Schroeder@kollegiale-fuehrung.de

Quellen und Weiterführendes

- [Appelo2010] Jurgen Appelo: *Management 3.0: Leading Agile Developers, Developing Agile Leaders*. Addison-Wesley, Erstauflage 2010.

- [Bauer2015] Joachim Bauer: *Selbststeuerung: Die Wiederentdeckung des freien Willens*. Karl Blessing Verlag, 2015.

- [BeckCowan2007] Don Edward Beck, Christopher C. Cowan: *Spiral Dynamics,* Kamphausen, Erstauflage 2007.

- [Bennis1997] Warren Bennis: *Leaders - The Strategies for Taking Charge*. Harper Business, 1997.

- [Berghaus2011] Margot Berghaus: *Luhmann leicht gemacht*. UTB, 2. Auflage 2011.

- [Bock2013] Petra Bock: *Mind Fuck, das Coaching – Wie Sie mentale Selbstsabotage überwinden*. Knaur, 2013.

- [Boos2014] Frank Boos, Gerald Mitterer: *Einführung in das systemische Management*. Carl-Auer, Erstauflage 2014.

- [Capra1982] Fritjof Capra: *Wendezeit, Bausteine für ein neues Weltbild*. Scherz, Erstauflage 1982.

- [Ciompi2011] Luc Ciompi, Elke Endert: *Gefühle machen Geschichte – Die Wirkung kollektiver Emotionen von Hitler bis Obama*. Vandenhoeck & Ruprecht, 2011.

- [Czichos1993] Reiner Czichos: *Change-Management – Konzepte, Prozesse, Werkzeuge für Manager, Verkäufer, Berater und Trainer*. Verlag Reinhardt, 1993.

- [Daimler2008] Renate Daimler: *Basics der systemischen Strukturaufstellungen, eine Anleitung für Einsteiger und Fortgeschrittene*. Kösel, 2008.

- [Darkhorse2014] Dark Horse: *Thank God it´s Monday*. Econ, 2014.

- [Dräther2014] Rolf Dräther: *Retrospektiven kurz und gut*. O´Reilly, 2014.

- [Edmüller2007] Andreas Edmüller, Thomas Wilhelm: *Moderation*. Haufe, 2007.

- [Endenburg1998] Gerald Endenburg: *Sociocracy – The organization of decision-making 'no objection' as the principle of sociocracy*. Eburon, 1998, Holländische Originalausgabe 1981.

- [Faschingbauer2013] Michael Faschingbauer: *Effectuation – Wie erfolgreiche Unternehmer denken, entscheiden und handeln*. Schäffer-Poeschel, 2013.

- [Ferrari2013] Elisabeth Ferrari: *Teamsyntax, Teamentwicklung und Teamführung nach SySt*. Ferrari Media, 2013.

- [Ferrari2014] Elisabeth Ferrari: *Führung im Raum der Werte, Das GPA-Schema nach Syst*. FerrariMedia 2014.

- [Glasersfeld1996] Ernst von Glaserfeld: *Radikaler Konstruktivismus - Ideen, Ergebnisse, Probleme*. Suhrkamp, 1997.

- [Glasl1980] Friedrich Glasl: *Konfliktmanagement. Ein Handbuch für Führungskräfte, Beraterinnen und Berater*. Haupt, Erstauflage 1980, 11. Auflage 2013.

- [Graeßner2008] Gernot Graeßner: *Moderation – das Lehrbuch*. Ziel-Verlag, 2008.

- [Hamel2013] Gary Hamel: *Worauf es jetzt ankommt*. Wiley-VCH, Erstauflage 2013.

- [Harford2012] Tim Harford: *Trial and Error – Warum nur Niederlagen zum Erfolg führen*. Rowohlt, 2012.

- [Hüther2011] Gerald Hüther: *Was wir sind und was wir sein könnten – Ein neurobiologischer Mutmacher*. Fischer, 2011.

- [it-agile2015] Sven Günther: *Wie wir lernten, unser Gehalt selbst zu finden*. Agile Review Sonderausgabe 2015.

- [Janssen2016] Bodo Janssen: *Die stille Revolution: Führen mit Sinn und Menschlichkeit*. Ariston, 2016.

- [Kahnemann 1979] Daniel Kahnemann, Amos Tversky: *Prospect Theory - An Analysis of Decision under Risk*. In: Econometrica, Bd. 47, Nr. 2; 1979, S. 287.

- [Kinkel2003] Steffen Kinkel, Gunter Lay: *Fertigungstiefe - Ballast oder Kapital?* Mitteilungen aus der Produktionsinnovationserhebung Nr. 30, Fraunhofer Institut Systemtechnik und Innovationsforschung 8/2003.

- [Kniberg2012] Henrik Kniberg, Anders Ivarsson: *Scaling Agile @ Spotify with Tribes, Squads, Chapters and Guilds*, 10/2012, http://blog.crisp.se/2012/11/14/henrikkniberg/scaling-agile-at-spotify

- [Königswieser1998] Roswita Königswieser, Alexander Exner: *Systemische Intervention – Architekturen und Designs für Berater und Veränderungsmanager*. Klett-Kotta, 1998.

- [Kotter1996] John P. Kotter: *Leading Change*. Vahlen, 2011, Erstauflage Original 1996.

- [Krizanits2015] Joana Krizanits: *Einführung in die Methoden der systemischen Organisationsberatung*. Carl-Auer, 2015, Erstauflage 2013.

- [Kruse2011] Peter Kruse: *Next Practice – Erfolgreiches Management von Instabilität*. Gabal, Erstauflage 2004.

- [Laloux2015] Frederic Laloux: *Reinventing Organizations*. Vahlen, 2015.

- [Lutterer2011] Wolfram Lutterer: *Der Prozess des Lernens – Eine Synthese der Lerntheorien von Jean Piaget und Gregory Bateson*. Velbrück-Wissenschaft, 2011.

- [Maturana2014] Humberto Maturana, Bernhard Pörksen: *Vom Sein zum Tun – Die Ursprünge der Biologie des Erkennens*. Carl Auer, 3. Auflage 2014.

- [Nagel2015] Reinhart Nagel, Rudolf Wimmer: *Einführung in die systemische Strategieentwicklung*. Carl Auer, 2015.

- [Paulus 2009] Georg Paulus, Siegfried Schrotta, Erich Visotschnig: *Systemisches Konsensieren*. Danke-Verlag, 2009.

- [Pfläging2013]. Niels Pfläging: *Organisation für Komplexität – Wie Arbeit wieder lebendig wird und Höchstleistung entsteht*. Books on Demand, 2013, dann Redline, 2014.

- [Pfläging2015] Niels Pfläging, *Komplexithoden – Clevere Wege zur (Wieder)Belebung von Unternehmen und Arbeit in Komplexität*. Redline 2015.

- [Radatz2013] Sonja Radatz: *Beratung ohne Ratschlag*. Verlag Systemisches Management, 8. Auflage 2013.

- [Robertson2016] Brain Robertson: *Holacracy – Ein revolutionäres Management-System für eine volatile Welt*. Vahlen, 2016.

- [Roock2016] Stefan Roock: *Otto InnoDays 2016*. 5/2016, https://stefanroock.wordpress.com/2016/05/01/otto-innodays-2016-start-einer-blogpost-serie/

- [Rüther2016] Christian Rüther: *Soziokratie, Holakratie, Frederic Laloux Reinventing Organizations*. Skript, www.christianruether.com, März 2016.

- [Satir2010] Virginia Satir: *Kommunikation, Selbstwert, Kongruenz – Konzepte und Perspektiven familientherapeutischer Praxis*. Junfermann-Verlag, 2010, Erstauflage Original 1988.

- [Scharmer2009] Otto Scharmer: *Theorie U – Von der Zukunft her führen*. Carl Auer, Erstauflage 2009.

- [Semler1993] Ricardo Semmler: *Das SEMCO-System, Management ohne Manager, das neue revolutionäre Führungsmodell*. Heyne-Verlag, Erstauflage 1993.

- [Simon1994] Fritz B. Simon: *Die Form der Psyche. Psychoanalyse und neuere Systemtheorie*. Psyche 48, 1994.

- [Simon2006] Fritz B. Simon: *Einführung in Systemtheorie und Konstruktivismus*. Carl-Auer, 2006.

- [Sprenger1991] Reinhard Sprenger: *Mythos Motivation*. Campus-Verlag, Erstauflage 1991.

- [Sprenger2012] Reinhard Sprenger: *Radikal Führen*, Campus-Verlag, Erstauflage 2012.

- [Sprenger2015] Reinhard Sprenger: *Das anständige Unternehmen*. DVA, 2015.

- [Storch2014] Maja Storch, Frank Krause: *Selbstmanagement ressourcenorientiert: Grundlagen und Trainingsmanual für die Arbeit mit dem Zürcher Ressourcen Modell (ZRM)*. Verlag Hans Huber, 2014.

- [Storch2016] Johannes Storch, Corinne Morgenegg u.a.: *Ich blicks – Verstehe dich und handle gezielt*. Hofgrefe-Verlag, 2016.

- [Strauch2016] Barbara Strauch, Annewiek Reijmer: *Soziokratie – Das Ende der Streitgesellschaft*. Soziokratie Zentrum Österreich, 2016.

- [Systemischer4-2014] SyStemischer – Zeitschrift für systemische Strukturaufstellungen, Heft 4, *Thema Werte*. Ferrari Media, 2014.

- [VargaKibed2000] Matthias Varga von Kibéd, Insa Sparrer: *Ganz im Gegenteil, Tetralemmaarbeit und andere Grundformen systemischer Strukturaufstellungen – für Querdenker und solche, die es werden wollen*. Carl-Auer, 2000.

- [vonGlasersfeld1985] Ernst von Glaserfeld, Buchbeitrag in: *Konstruktivismus der Wirklichkeit und des Begriffs der Objektivität*. Piper Verlag, 1985.

- [Wenger1991] Jean Lave, Étienne Wenger: *Situated Learning: Legitimate Peripheral Participation*. Cambridge University Press, 1991.

- [Wenger1998] Étienne Wenger: *Communities of Practice: Learning, Meaning, and Identity*. Cambridge University Press, 1998.

- [Werkstatt2004] Werkstatt für Gewaltfreie Aktion Baden: *Konsens – Handbuch zur gewaltfreien Entscheidungsfindung*. Eigenverlag, 2004.

- [Wohland2006] Gerhard Wohland, Matthias Wiemeyer: *Denkwerkzeuge der Höchstleister - Warum dynamikrobuste Unternehmen Marktdruck erzeugen*. Unibuch Verlag Lüneburg, Erstauflage Verlag Monsenstein und Vannerdat, Münster, 2006.

Wörterverzeichnis und -erklärungen

Quellen

[Appelo2010] • 290, 304
[Bauer2015] • 260, 261, 272, 304
[BeckCowan2007] • 16, 304
[Bennis1997] • 285, 304
[Bock2013] • 232, 304
[Boos2014] • 25, 304
[Capra1982] • 304
[Ciompi2011] • 261, 304
[Czichos1993] • 304
[Daimler2008] • 244, 304
[Darkhorse2014] • 174, 304
[Dräther2014] • 205, 232, 304
[Endenburg1998] • 75, 304
[Faschingbauer2013] • 296, 304
[Ferrari2013] • 44, 304
[Ferrari2014] • 237, 304
[Glasersfeld1996] • 291, 304
[Glasl1980] • 260, 261, 304
[Graeßner2008] • 304
[Hamel2013] • 7, 12, 244, 304
[Harford2012] • 33, 304
[Hüther2011] • 234, 304
[it-agile2015] • 224, 304
[Janssen2016] • 304
[Kahnemann 1979] • 205, 304
[Kinkel2003] • 300, 305
[Knapp2011] • 272
[Kniberg2012] • 96, 97, 305
[Königswieser1998] • 204, 305
[Kotter1996] • 13, 305
[Krizanitis2015] • 205, 307
[Kruse2004] • 25
[Kruse2011] • 15, 305
[Laloux2015] • 6, 16, 51, 305
[Lutterer2011] • 39, 305
[Maturana2014] • 291, 305
[Nagel2015] • 128, 305
[Paulus2009] • 177, 305
[Pfläging2013] • 79, 305
[Pfläging2015] • 6, 305
[Radatz-2005] • 40
[Radatz2013] • 305
[Robertson2016] • 76, 84, 87, 305
[Roock2016] • 208, 305
[Rüther2016] • 305
[Satir2010] • 273, 305
[Scharmer2009] • 305
[Schein2010] • 238
[Semler1993] • 107, 305
[Simon1994] • 38, 305
[Simon2006] • 39, 305
[Simon2009] • 43, 44, 282, 293
[Simon2009a] • 278
[Sprenger1991] • 30, 305
[Sprenger2012] • 12, 305
[Sprenger2015] • 90, 275, 280, 293, 305
[Storch2014] • 232, 272, 306
[Storch2016] • 232, 261, 272, 306
[Strauch2016] • 75, 306
[Systemischer4-2014] • 234, 306
[VargaKibed2000] • 244, 306
[vonGlasersfeld1985] • 246, 306
[Wenger1991] • 97, 306
[Wenger1998] • 97, 306
[Werkstatt2004] • 161, 162, 306
[Werner2013] • 9, 90, 307
[Wohland2006] • 4, 5, 10, 45, 79, 94, 238, 279, 280, 306
[Wohland2013] • 79, 109

0-9

1. Ordnungsebene • 121
2. Ordnungsebene • 121
24translate • 240

A

Abbruch-Konsent • 190
Abhängigkeit • 282
Abhängigkeiten zwischen Kreisen • 96
Abmahnung • 225
Abmahnungskonsent • 225
Abstraktion • 38
Abteilung • 73
Abteilungsleitung • 84
Achtgeber • 241
  Der Achtgeber ist eine Rolle in Arbeitstreffen und Teamgesprächen, die darauf achtgibt, dass die Beteiligten ihren inhaltlichen Fokus halten, Vereinbarungen und selbst auferlegte Prinzipien einhalten.
Action-Survey-Schleife • 204
  von Kurt Lewin, Basis der systemischen Schleife (vgl. Krizanitis-28).
Adjourning • 318
AES • 50, 56
Affektlogik • 36, 260
Affektlogische Muster • 260, 36
Agile Softwareentwicklung • 76, 53
Ahnenkult • 16
Aktienrecht • 92, 125
Aktives Zuhören • 251
Aktivitätspunkte • 78
Akzeptanz
  Etwas gilt als akzeptiert, sofern es keine Ablehnung gibt (vgl. Zustimmung, Einwand, Veto).
Alexander Exner • 204, 307
Allen, David • 76
Allgemeiner Kreis • 73
  Oberster Leitungskreis im soziokratischen Kreismodell.
Alphatier • 150
Amos Tversky • 304
Ämterhäufung • 192, 195
Amtsdauer • 196
Amtszeit, begrenzte • 192
Andreas Edmüller • 249, 304
Andreas Zeuch • 6
Angst • 259
Anlageobjekt • 107
Annewiek Reijmer • 75, 306
Anonyme Wahl • 195
Anpassungsbedarf • 205
Anpassungsgeschwindigkeit • 21, 205
Anpassungsleistungen • 204
Ansehen • 259
Antizipation • 33
Appelle • 30, 40
Appelo, Jurgen • 290, 304

Arbeitgeber • 115, 148, 221
Arbeitgeberattraktivität • 54
Arbeitgeberaufgaben • 99, 101
Arbeitgebermarke • 14
Arbeitgeberrolle • 101, 119
Arbeitsbelastung • 14, 221
Arbeitsmarkt • 92
Arbeitsorganisation • 64
Arbeitsplatzsicherheit • 109
Arbeitsrecht • 119, 148
Arbeitssicherheit • 134, 143
Arbeitsteilung • 284, 297
Arbeitstreffen • 144, 248
Arbeitstreffen organisieren • 140
Arbeitstreffen-Gastgeber • 140

Der Gastgeber verantwortet die Vorbereitung, Durchführung und Nachbereitung eines Arbeitstreffens. Er lädt zu dem Arbeitstreffen ein, organisiert den Ort, legt die genauen Arbeitszeiten fest, bestimmt den Ablauf sowie die Agenda eines Treffens und organisiert die Ergebnissicherung sowie Protokollierung.

Arbeitsvertrag • 115, 148
Arbeitszeugnis • 101, 115, 222
Arbeitszufriedenheit • 99, 248
Architektur • 96
Amortiationsorientierung • 296
Ashby, Ross • 20
Asynchrone Entscheidung • 175
Asynchrone Entscheidungsverfahren, siehe nebenläufige
Aufbewahrungsfristen • 144

Aufgabenbereich • 213, 284
Auflösungsphase • 318
Aufmerksamkeit lenken • 121
Auftragsformulierung • 188
Auftragsklärung • 233
Augenhöhe • 122
Auguste Comte • 74, 309
Ausführen • 75, 132
Ausgleichsprinzipien • 42
Ausnahmeentscheider • 127

In einer kollegial geführten Organisation ist der Ausnahmeentscheider eine Rolle, die dem konsultativen Einzelentscheider entspricht, die zusätzlich jedoch die explizite Erlaubnis erhält, Entscheidungen ausnahmsweise jenseits der geltenden (sozialen, wirtschaftlichen oder organisatorischen) Standards zu treffen und umzusetzen.

Ausnahmezustand • 127
Ausschluss eines Kollegen • 62, 142, 167
Austauschbarkeit von Mitgliedern • 283
Austrittsgespräch • 226
Auszählungszettel • 194

B

Backlog • 201

Ein Backlog (Rückstandsliste) ist eine (meistens priorisierte) Liste mit noch zu erledigenden Aufgaben.

Barbara Strauch • 75, 306

Barcamp • 98
Bateson, Gregory • 38, 39, 292, 305
Bauer, Joachim • 260, 261, 272, 304
Beck, Don Edward • 16, 304
Bedenken • 163
Bedeutung • 41
Befristete Rollenwahl • 140
Beige • 16
Beiseite-Stehen • 164
Bennis, Warren • 285, 304
Bereichskreis • 73
Bernhard Pörksen • 291, 305
Best Thinking • 27
Best-Practice • 27
Beteiligung von Mitarbeitern • 108
Betriebsausflug • 240
Betriebswirtschaftslehre • 300
Beurteilung • 99, 221
Bevollmächtigungs-Konsent • 187
Bewusstsein • 38
Bewusstseinskreationsmodell • 37
Beziehungsebene • 192
BGB • 92
Blau • 94
Blinder Fleck • 233
Blockierer • 171
Bock, Petra • 232, 304
Bodo Janssen • 304
Boeke, Kees • 74

Kees Boeke (eigentlich: Cornelis Boeke, 1884 – 1966) war ein niederländischer Reformpädagoge, Quäker und Pazifist. Zusammen mit seiner Frau Beatrice Cadbury gründete er das Privatinternat Werkplaats Kindergemeenschaap, in der die Soziokratie zur praktischen Anwendung kam.

Boos, Frank • 25, 304
Brain Robertson • 76, 84, 87, 305
Brake, Dennis • 56
Branche • 93
Buchhaltung • 94
Buck, John • 76
Budget • 53, 207
Business-Cell • 93
Buurtzorg • 18
BWL • 300

C

Cadbury, Beatrice • 73

Beatrice („Betty") Cadbury gründete zusammen mit ihrem Mann Kees Boeke das Privatinternat Werkplaats Kindergemeenschaap, in der die Soziokratie zur praktischen Anwendung kam.

Capra, Fritjof • 304
Carsten Holtmann • 296
Chapter (Spotify) • 97
Charles Simeon • 244
Christian Rüther • 75, 305
Christopher C. Cowan • 304
Ciompi, Luc • 261, 304
Coach • 146, 190
Coaching • 121, 145, 231
Coaching-Werkzeuge • 122

Coase, Ronald • 109
Community of Practice • 97, 141
　siehe Praktikergemeinschaft
Company-Backlog • 200
Company-Coach • 263
Compliance • 52
Comte, August • 74
　August Compte (1798 – 1857) war ein französischer Mathematiker und Philosoph. Er ist Mitbegründer und Namensgeber der Soziologie und der Soziokratie.
Controlling • 141
CoP • 141
　Abkürzung für Community of Practice.
Corinne Morgenegg • 232, 261
Cowan, Christopher C. • 304
Cross-funktionale Teams • 282
Czichos, Reiner • 304

D

Daimler, Renate • 244, 304
Daniel Kahnemann • 205, 304
Dark Horse • 165, 174, 304
Datenschutz • 144
David Allen • 76
Definition von Fertig • 203
Delegation • 186
Delegierte Fallentscheidung • 186
　siehe Fallentscheidung
Delegierter
　siehe Repräsentant

Deming, William Edwards • 204
Deming-Kreis • 204
Demokratisch • 92
Demokratischer Konsens • 160
Denkmodell • 36
Dennis Brake • 56
Design Thinking • 208
DevOps • 297
Dezentralität • 48
Dienende Führung • 287
Dienstleistungen, zentrale • 94
Dienstleistungsart • 93
Dienstleistungskreise • 95, 211
Direkte Kommunikation • 50
Direkte Wertschöpfung • 79, 94, 104, 211, 281
Distanz • 122
Disziplinarische Macht • 146
dm drogeriemarkt • 49, 300
Dokumentar • 144
　siehe Kreis-Dokumentar
Dokumentation • 53, 144
Domäne
　Zuständigkeitsbereich
Don Edward Beck • 16, 304
Doppelverbinder • 110, 142
Double-loop learning • 292
Dräther, Rolf • 205, 232, 304
Dunbar, Robin • 50
Dunbar-Zahl • 50
Dynamikfalle • 94

E

Edgar Schein • 38, 234, 238
Edmüller, Andreas • 249, 304
Effectuation • 32, 295
　Effectuation stammt aus der Entrepreneurship-Forschung und beschreibt modellhaft in einfachen Prinzipien, wie sich sogenannte Experten-Entrepreneure in Situationen mit großer Ungewissheit verhalten.
Eigenbild • 221
Eigenleistung • 49, 300
　Die Eigenleistung ist die Differenz aus externen Umsätzen und Fremdkosten. Es ist ein Begriff der Wertbildungsrechnung und drückt etwas Ähnliches aus wie die Fertigungstiefe in der traditionellen Betriebswirtschaft.
Eigenleistungsquote • 52, 54, 300
Eigenmächtige Fallentscheidung • 173, 175
Eigentümer • 92
Eigentumsverhältnis • 107
Eigenverantwortung • 51, 248
Einarbeitung • 115, 217
Einfachverbinder • 110, 142
Einwand • 160
　Gemeint ist hier ein Einwand gegen eine Entscheidung. Meistens werden verschiedene Einwandgrade (leicht, schwerwiegend) bis hin zum Veto unterschieden.

Einwandabfrage • 189
Einwandintegration • 77, 175
Einwandsfrist • 173, 175
Einzelentscheid • siehe Fallentscheidung
　Ein Verfahren, bei dem eine oder mehrere Personen nur einen einzelnen Fall (Entscheidungsbedarf) entscheiden. Wir bevorzugen den Begriff Fallentscheid, um die Verwechslung, dass sich „Einzel" auf die Anzahl der beteiligten Entscheider bezieht, zu vermeiden.
Einzelunternehmen • 107
elbdudler • 52
Elisabeth Ferrari • 235, 237, 304
Elke Endert • 261, 304
Emergenz • 78
　ist die spontane Herausbildung von Phänomenen oder Strukturen auf der Makroebene eines Systems auf der Grundlage des Zusammenspiels seiner Elemente. Dabei lassen sich die emergenten Eigenschaften des Systems nicht offensichtlich auf Eigenschaften der Elemente zurückführen, die diese isoliert aufweisen.
Emotionen • 260
empathisch • 285
Empörung • 259
Endenburg Elektrotechniek • 75
Endenburg, Gerald • 74, 304
　Gerald Endenburg (1933) übertrug die Soziokratie auf Unternehmensorganisationen und begründete das

soziokratische Kreismodell, das er im eigenen Unternehmen ab ca. 1970 anwendete.
Endert, Elke • 261, 304
Endlosdiskussion • 235
Enron • 56
Enthaltung • 164
Entlassung • 115
Entrepreneur • 295
Entscheidung • 117
Entscheidungen eines Kreises • 81
Entscheidungsauftrag • 188
Entscheidungsbedarf • 168, 188, 205
Entscheidungsmonitor • 200
  Vgl. Führungsmonitor
Entscheidungsprobleme • 77
Entscheidungsprozess • 187
Entscheidungsvorschlag • 170
Entwicklungsassistenz • 145, 213
Erfahrungsaustausch • 97
Erfahrungswissen • 230
Erfolgsbeteiligung • 108
Erich Kästner • 39
Erich Visotschnig • 177, 305
Erickson, Milton • 39
Erinnerungsfotos • 239
Ernst von Glasersfeld • 291, 306
Erwartungen • 234
Ethnograf • 103, 121, 242
Étienne Wenger • 97, 306
Exner, Alexander • 204, 305
Experiment • 31, 173
Externe Referenz • 49, 54, 206, 280
  Ein außerhalb der eigenen Organi-

sation liegender Bezugspunkt, beispielsweise eine Kennzahl.

F

Fachdisziplin • 49
Fachentscheider, Fachrolle • 134, 143
  Ein Fachentscheider (oder eine Fachrolle) ist eine Rolle in einem Kreis, der bestimmte fachliche Entscheidungen und Aufgaben dauerhaft übertragen werden.
Fachgruppe • 97
Fachrolle • 143
Facilitator • 84
Fallentscheidung • 84, 95, 166, 186, 187
  durch ein Team • 191
  Ein Verfahren, bei dem eine oder mehrere Personen nur einen einzelnen Fall (Entscheidungsbedarf) entscheiden. Der Begriff Einzelentscheid kann synonym verwendet werden.
Fallentscheidung, delegierte • 186
  Eine delegierte Fallentscheidung entsteht dadurch, dass jemand (auch ein Kreis oder eine Gruppe) eine einzelne Entscheidung (Fallentscheidung) an eine andere Person delegiert, selbst aber verantwortlich bleibt.
Fallentscheidung, eigenmächtige • 173
Fallentscheidung, konsultative • 95, 134
  Beim konsultativen Fallentscheid (auch konsultativer Einzelentscheid

genannt) wird eine Person von einem Kreis per Konsent beauftragt und bevollmächtigt, für einen einzelnen Fall eine für den Kreis ohne Weiteres verbindliche Entscheidung zu treffen, versehen mit dem Wunsch, bestimmte Personen, Rollen oder Interessenvertreter dafür zu konsultieren.
Familie • 282
Faschingbauer, Michael • 296, 304
FAVI • 18
Fayol, Henri • 72
Feature-Liste • 66
Feedback • 85, 99, 173, 195, 231, 249
  Ein aus den grundlegenden Kommunikationstechniken Aktives Zuhören und Ich-Botschaften bestehendes Gesprächsführungskonzept kombiniert mit einer erlernbaren wertschätzenden Haltung und dem Zweck, jemandem Rückmeldungen zu seinem Verhalten zu geben.
Feedbackmarkt • 209
Fehler vs. Irrtum • 151
  Ein Fehler ist etwas, von dem man wusste, dass es falsch ist. Vgl. Irrtum.
Fehltage • 221
Ferrari, Elisabeth • 235, 237, 304
Fertigungstiefe • 114, 300
Finanzentscheidungen • 53
Finanzinvestoren • 126
Finanzvorstand • 141
Findungsphase • 318
Firmengeschichten • 240

Flurfunk • 239
Formale Änderungen • 65
Formale Geschäftsführung • 101
Forming • 318
Forschung • 94, 117
Fortbildung • 97, 221
Fotoprotokoll • 144
Fragetechniken • 249
Fraktale Skalierung • 107
Francisco Varela • 291
Frank Boos • 25, 304
Frank Krause • 232, 272, 306
Frederic Laloux • 51, 305
Frederick Winslow Taylor • 7, 72, 74
Fremdbild • 221
Fremdleistung • 49, 211, 300
Friedrich Glasl • 260, 261, 304
Fritjof Capra • 304
Fritz B. Simon • 39, 44, 293, 305
Frühstück • 240
Führung • 23, 285
Führungsebene, in kollegial geführter Organisation • 288
  In kollegial geführten Organisation bezeichnet die Führungsebene den Grad der Ergebnisoffenheit einer Führungsintervention.
Führungsebene, in Linienorganisation • 288
  In der traditionellen Linienorganisation ist die Führungsebene eine vertikale Position im Organigramm, die von einem festen Personal, beispielsweise dem „Top-Management" wahr-

genommen und mit entsprechenden Statussymbolen markiert wird.
Führungskraft • 97, 184
Führungskreise • 95, 211; Zentrale • 95
Führungsmonitor • 200
Ein Führungsmonitor dient der gemeinsamen Bearbeitung führungsrelevanter Aktivitäten. Er zeigt, in welchem Zustand sich welche übergreifenden Entscheidungen eines Kreises gerade befinden. Die Darstellung wird in regelmäßigen Abständen aktualisiert.
Führungsorganisation • 64
Führungsrichtung • 120
Führungsverbindung • 84
Funktionale Einheit • 282
Fürsorge • 221
Fürsorgepflicht • 227
Fußballstadion • 40

G

Gary Hamel • 7, 12, 244, 304
Gastgeber • 84, 98, 134, 139, 146
Gastgeber für Arbeitstreffen • 140
Gastgeber, Kreis- • 139
    siehe auch Arbeitstreffen-Gastgeber
    siehe auch Kreis-Gastgeber
Gebote • 40
Gefühl für Zahlen • 141
Gefühle • 25, 60, 259
Gehaltserhöhung • 224
Geheime Wahl • 197

Gelb • 18
Gemeinsame Kreise • 96
Gemeinschaftsleistung • 207
Genossenschaftsregister • 115
Georg Paulus • 177, 305
Gerald Endenburg • 74, 75, 304
Gerald Hüther • 234, 237, 304
Gerald Mitterer • 25, 304
Gerhard Wohland • 10, 79, 94, 109, 231, 238, 280, 306
Gernot Graeßner • 249, 304
Geschäftsbereich • 96, 106
    Eine Menge von Kreisen, die gemeinsam einen abgrenzbaren Teil der Wertschöpfung der Organisation betreiben.
Geschäftsführung • 94, 95, 104, 108, 115, 126
Geschäftskreis • 93, 211
Geschäftsmodell • 93, 106
Geschäftsordnung • 65
Geschäftsteam • 117
Geschäftszelle • 93
Geschäftszweck • 92
Geschichtenerzählung • 239
Gesellschaft • 92
Gesellschafter • 56
Gesellschafterversammlung • 92, 108, 115, 125, 126
Gesellschaftsrecht • 104
Gesetzgeber • 92, 144
Gesprächskultur • 248
Getting Things Done • 76
Gewinn • 300
Gewinnausschüttung • 54

Gewinnverwendung • 73
Glasersfeld, Ernst von • 291, 304
Glasl, Friedrich • 260, 261, 304
Glaubens-Polaritäten-Dreieck • 236
Glaubenssatz • 36
Gleichheit • 283
GmbH-Gesetz • 125, 92
Gore, W. L. • 50, 107
Governance • 210
    Der Begriff kommt ursprünglich aus dem Französischen und lässt sich schlecht ins Deutsche übersetzen. Governance bezeichnet das Steuerungs- und Regelungssystem, also die Aufbau- und Ablauforganisation einer Organisation.
GPA-Schema • 236
Graeßner, Gernot • 249, 304
Gregory Bateson • 38, 39, 292, 305
Gremienwahl • 195
Gründer • 92, 104
Grundsatzentscheidung
    Entscheidung über Prinzipien und Regeln der Zusammenarbeit.
Gründung der Organisation • 104
Gruppe • 282, 283
Gruppendenken
    ist ein Phänomen, bei dem eine Gruppe von an sich kompetenten Personen schlechtere oder realitätsfernere Entscheidungen als möglich trifft, weil jede beteiligte Person ihre eigene Meinung an die erwartete Gruppenmeinung anpasst. Daraus können Situationen entstehen, bei denen die Gruppe Handlungen oder Kompromissen zustimmt, die jedes einzelne Gruppenmitglied unter normalen Umständen ablehnen würde.
Gruppendynamik • 65, 105, 122, 151
    Gruppendynamische Phasen, siehe Tuckman-Modell
Gruppenzugehörigkeit • 167
GTD • 76
Guilds, Guilden (Spotify) • 97
Gunter Lay • 305
Günther, Sven • 224, 304

H

Hackathons • 98
Haltung • 40
    Eine Haltung ist eine grundsätzliche Entscheidung, die wahrgenommene Welt in bestimmter Weise zu bewerten, der eigenen Wahrnehmung also ganz bestimmte Sinn- und Bedeutungszusammenhänge zuzuschreiben.
Hamel, Gary • 7, 12, 244, 304
Handelsregister • 115
Handlungsprinzipien • 25
Handlungsvarietät • 25
Harford, Tim • 33, 304
Heimatkreis • 49
Henne-Ei-Problem • 105
Henri Fayol • 72
Henrik Kniberg • 96, 97, 305

Hermann, Silke • 6
Heterarchie • 78
Heuristik • 36
Hierarchie • 81, 284
Hindernis • 146
Hinterbühne • 238
Holacracy • 76, siehe Holokratie
Holding • 50, 107
Holding-Beteiligungen • 107
Holokratie • 85, 165, 184
  Ein markenrechtlich geschütztes Organisationsmodell, das auf dem soziokratischen Kreismodell aufbaut.
Holokratische Rollenwahl • 196
Holtmann, Carsten • 296
Hotspot • 78
HR • 101, 114, 118, 220
Humberto Maturana • 230, 291, 305
Hüther, Gerald • 234, 237, 304
Hypnotherapie • 231

I

Ideen- und Entscheidungsmonitor • 200
Identität • 48, 282
Ideologie • 261
Impulsdistanz • 36
Indirekte Wertschöpfung • 79, 281
Individualinteresse • 275
Individualleistung • 207
Informierer, Kreis- • 213
Inhaber • 56, 81, 92
Inhabereinkommen • 300

Inhaberkreis • 125
Innenverhältnis • 108
Innovation • 94
Insa Sparrer • 244, 306
Insolvenzrecht • 127
Instinktives Handeln • 16
Integrale Theorie • 76
Integrativer Wahlprozess • 196
  siehe Rollenwahl, soziokratische
Interne Dienstleistung • 49, 211
Interne IT • 94
Interne Referenz • 54, 280
  Ein innerhalb der eigenen Organisation liegender Bezugspunkt, beispielsweise eine Kennzahl.
Intervention • 204
Investitionen • 117, 208
Investitionsentscheidungen • 52, 117, 209
Irrtum • 151
  Ein Irrtum ist etwas, von dem man nicht wusste, was richtig ist, und das sich später als falsch herausstellt. Vgl. Fehler.
Isabell Dierkes • 160
IT-Abteilung • 94
it-agile • 189, 224

J

Janssen, Bodo • 304
Jean Lave • 97, 306
Jean Piaget • 39, 305
Joachim Bauer • 260, 261, 272, 304
Joana Krizanits • 204, 305

Jobtitel • 115
Johannes Storch • 232, 261, 306
John Buck • 76
John P. Kotter • 13, 305
Jour fixe • 209
Julian Vester • 52
Jurgen Appelo • 290, 304

K

Kahnemann, Daniel • 205, 304
Kandidatenliste • 192, 194
Kapital • 107
Kapitalgeber • 75, 280
Kapitalgesellschaft • 115
Karriere • 67, 218
Kästner, Erich • 39
kausales Management • 295
Kees Boeke • 74
Ken Wilber • 76
Kennzahlen • 51, 52, 144, 146, 207
Kerngeschäft • 106
Kinkel, Steffen • 300, 305
Knapp, Natalie • 272
Kniberg, Henrik • 96, 97, 305
Ko-Kreation • 8
Kollegenentwicklung
  siehe Personalentwicklung
Kollegengruppe • 99, 212, 222, 231
  Eine kleine Gruppe von meistens 3 bis 5 Kollegen, die sich in ihrer beruflichen und persönlichen Entwicklung gegenseitig unterstützen.

Kollegiale Beratung • 99
Kollegiale Führung • 287
  Ein Prinzip, bei dem Führung durch die Kollegen selbst statt durch exklusive Vorgesetzte organisiert wird.
Kollegiale Rollenwahl • 193, 194, 196
  siehe Rollenwahl
Kollegialer Austausch • 122
Kollegialer Coach • 190
Kollegiales Feedback
  Ein (systemisches) Feedback, das unter Kollegen stattfindet (im Gegensatz zum Vorgesetzten-Feedback).
Kommunikation • 122, 249
Kommunikative Vernetzung • 218
Komplexität • 97
Konflikt • 67, 109, 146, 259
  Unvereinbar erlebte Spannungsfelder, die hohe oder auch wiederkehrende belastende emotionale Reaktionen bei den Beteiligten auslösen und deren Aufmerksamkeit binden.
Konfliktfähigkeit • 152
Konfliktklärung • 122
Konfliktlösungsverfahren • 227
Konfliktmoderation • 122
Königswieser, Roswita • 204, 305
Konkurrenten • 92
Konsens • 160
  Vollständige Übereinstimmung.
Konsent • 50, 65, 67, 75, 84, 160, 196, 227
  Kein Widerstand vorhanden.
Konsent-Moderation • 168

Konsentrunde • 189
Konstitution • 104
Konstitutionsänderungen • 103
Konstitutionsverfahren • 124
Konstruktivismus • 291
  Konstruktivismus ist die Annahme, dass jeder von uns seine eigene Realität kreiert, dass es nicht die eine selbe externe Wirklichkeit gibt und Objektivität nichts anderes als eine Übereinkunft zwischen uns ist.
Konsultation • 173
Konsultativer Fallentscheid • 65, 95, 134, 166, 187, siehe Fallentscheidung
  Konsultativer Fallentscheid durch ein Team • 191
Kontext • 40, 41, 285
Kontextwechsel • 65
Konzern • 50
  Ein Konzern ist ein Zusammenschluss mehrerer rechtlich separierter Einzelunternehmen zu einer wirtschaftlichen Einheit unter der Leitung des herrschenden Unternehmens.
Kooperationsbeziehungen • 143, 213
Kooperationskultur • 248
Kooperationsleistung • 54
Kooperationspartner • 92
Kooperationsphase • 318
Kooperationsvorrang • 48, 54
Koordinationskreis • 95, 211
Kostenrechnung • 300
Kotter, John P. • 13, 305
Krause, Frank • 232, 272, 306

Kreationsmodell • 36
Kreis • 81, 282, 284
  Ein Kreis ist eine Rolle, die von mehreren Personen gemeinsam wahrgenommen wird.
Kreis; Entwicklungsassistent • 213; Gastgeber • 213; Informierer • 213; Mitgliederliste • 210; Name • 210; Ökonom • 213; Unterstützer • 210; Zweck • 210
Kreis-Backlog • 200
Kreis-Dokumentar • 103, 144
  Die Aufgabe des Kreis-Dokumentars ist es, die Arbeit des Kreises, insbesondere seine Entscheidungen und Ergebnisse, für alle sichtbar und einfach zugänglich zu machen.
Kreise, gemeinsame • 96
Kreis-Entwicklungsassistenz • 145
Kreisführung • 84
Kreis-Gastgeber • 97, 134, 139
  Der Kreis-Gastgeber hat die Verantwortung, den Kreis intern organisatorisch (nicht inhaltlich) zu führen, sodass der Kreis, wie von seinen Mitgliedern vereinbart, funktioniert.
Kreis-Konstitution • 144
  Die Kreis-Konstitution ist ein Prozess zur Klärung und Definition der elementaren Strukturen, Rollen und Prozesse eines Kreises, der einmal zum Start eines Kreises notwendig ist und dann später regelmäßig, beispielsweise einmal jährlich, zur Aktualisierung wiederholt wird bzw. das Ergebnis dieses Prozesses ist.
Kreis-Lernbegleiter • 145
  Der Lernbegleiter unterstützt einen Kreis, eine Rolle oder ein Mitglied bei seiner individuellen Weiterentwicklung durch Prozessdienstleistungen.
Kreis-Ökonom • 141
  Die Aufgabe des Kreis-Ökonomen ist es, seinen Kreis zu befähigen, seine ökonomische Situation zu verbessern. Er stellt seinem Kreis die notwendigen Kennzahlen, Auswertungen und sonstigen Informationen bereit, kann sie erklären und unterstützt den Kreis, seine Leistungen zu reflektieren und sich weiterzuentwickeln.
Kreisorganisation • 73
Kreis-Repräsentant • 142
  Kreise koordinieren sich untereinander durch den Austausch von Repräsentanten. Ein Ober- und ein Unterkreis sind beispielsweise miteinander durch eine (Einfachverbinder) oder zwei (Doppelverbinder) Personen miteinander verbunden.
Kreisstruktur • 73, 79, 105, 106, 108, 115, 134
Kreisteilung • 106
Krizanits, Joana • 204, 305
Kruse, Peter • 25
Kultur • 40, 238
  ist die Summe der Regeln, Werte und Übereinkünfte, denen Menschen bewusst oder unbewusst folgen, um individuelles Verhalten in der Gemeinschaft vorhersehbarer zu machen und ein geordnetes gemeinsames Handeln zu gestalten.
Kulturbeobachtung • 238
Kulturentwicklung • 239
Kulturhandbuch • 121
Kulturmodell • 238
Kunden • 92
Kundengruppe • 93
Kundennutzen • 92
Kündigung • 225
Kurt Lewin • 204, 278
Kurzfristige Arbeitsvorbereitung • 209
Kybernetik • 20

L

Laloux, Frederic • 51, 305
Langfristige Arbeitsvorbereitung • 209
Lars Vollmer • 6
Lave, Jean • 97, 306
Lay, Gunter • 305
Leader • 146
Leadership • 285
Lead-Link • 84
  Führungsrolle in einem (soziokratischen oder holokratischen) Kreismodell.
Leistbarer Verlust • 32, 53, 295
Leistungen • 211
Leistungsbeurteilung • 207

Leistungsfähigkeit • 65, 109
Leistungskatalog • 52, 144, 211, 212
Leistungsorientierung • 257
Leistungsprämien • 54
Leistungsverrechnung • 211
Leiten • 75, 132
Leitungskreis
   Oberster Leitungskreis im soziokratischen Kreismodell, auch allgemeiner Kreis genannt.
Lernbegleiter • 145, 213,
   siehe Kreis-Lernbegleiter
Lerndyade • 218
Lernebenen • 38, 292
Lernen • 203
Lernprozesse • 41, 218
Lewin, Kurt • 204, 278
Lieferanten • 92
Linienorganisation • 72, 86, 97
Logbuch • 144, 203
   Aufzeichnung aller Grundsatzentscheidungen und sonstigen erinnerungswürdigen Entscheidungen eines Kreises; in der Soziokratie zusätzlich die Dokumentation der Kreis-Konstitution (Rollen, Ziele usw.).
Lösungserarbeitung • 170, 188
Lübbermann, Uwe • 52, 55
Luc Ciompi •261, 304
Ludwig Wittgenstein • 234
Lutterer, Wolfram • 39, 305

M

Maja Storch • 232, 272, 306
Makroebene
   Im Kontext von kollegialer Führung bezeichnen wir die in einer Organisation existierenden Kreise und ihre Beziehungen zueinander als Makroebene.
Management • 285
Manager • 146
Manufaktur • 4
Ökonomisches Zeitalter vor dem Taylorismus, ca. bis 1910
Marketing • 94
Markt • 92
Marktbenutzungskosten • 54
Marktresonanz • 49
Marktsituation • 4
Matrixorganisationen • 72
   ist die Überlagerung einer pyramidenförmigen Linienorganisation durch eine zweite orthogonale (um 90 Grad gedrehte) Pyramide, sodass alle Beteiligten in zwei Dimensionen hierarchisch eingeordnet sind. Beispielsweise in einer funktionalen (Einkauf, Verkauf, Produktion) und einer fachlichen Dimension (Produkt A, Produkt B).
Matthias Varga von Kibéd • 244, 306
Matthias Wiemeyer • 4, 10, 79, 238, 279
Maturana, Humberto • 230, 291, 305
Mayflower • 148
Mediation • 122, 145, 226
Mehrheitliche Rollenwahl • 197

Mehrheitsverfahren • 193
Mehrwert • 211
Meinungsbildende Runde • 170, 188
Meinungsrunde • 192
Mentalität • 261
Mentee • 217
Mentor • 101, 217
Mentoring • 217
   ist ein Prozess zur persönlichen und beruflichen Weiterentwicklung eines neueren oder jüngeren Kollegen durch den Austausch mit einem erfahreneren über einen längeren Zeitraum.
Messen • 75, 132
Meta-Führung • 285
   bedeutet, den Mitarbeitern keine Anweisungen für die operativ-inhaltliche Ebene zu geben und keine inhaltlichen Entscheidungen für sie zu treffen, ihnen aber sehr wohl zu sagen, dass sie entscheiden müssen und welche Prinzipien, Regeln und Prozesse sie sich dafür selbst gegeben haben. Meta-Führung ist Coaching und Prozessbegleitung. Sie setzt Wissen um die vorhandenen Prozesse und Strukturen, also den Kontext, voraus.
Meta-Meta-Modell • 81
Michael Faschingbauer • 296, 304
Mikroebene
   Im Kontext von kollegialer Führung bezeichnen wir die Organisation innerhalb eines Kreises als Mikroebene.
Milton Erickson • 39

Minimal Viable Organization (MVO) • 93
Minimal Viable Product (MVP) • 66
Mission • 75
Mitarbeiterbeteiligung • 54, 65, 108
Mitarbeitereinkommen • 300
Mitglieder eines Kreises • 81
Mitgliederliste, des Kreises • 210
Mittelfristige Arbeitsvorbereitung • 209
Mittelorientierung • 295
Mitterer, Gerald • 25, 304
Moderation • 122, 248
Moderator • 84, 196
Moderatoren-Pool • 145, 249
Morgenegg, Corinne • 232, 261
Motivieren • 146
Multidisziplinär • 79
Multiperspektivität • 236
Musterwechsel • 21
Musterwechselfähigkeit • 25
MVP • 66

N

Nachbarkreis, Vertreter • 213
Nachfolge • 14
Nagel, Reinhart • 128, 305
Natalie Knapp • 272
Nebenläufige Entscheidung • 175
   Entscheidungsverfahren, bei denen die Meinungsbildung und Einwandsammlung teilweise und zumindest prinzipiell ohne die gleichzeitige Teilnahme aller Mitglieder auskom-

men, nennen wir asynchrone oder nebenläufige Verfahren.
Neocortex • 50
Netzwerkökonomie • 4
　Ökonomisches Zeitalter nach dem Taylorismus. Dieses Zeitalter wird ganz unterschiedlich bezeichnet.
Netzwerkorganisation • 78
Neueinstellung • 118, 119
Niels Pfläging • 6, 79, 86, 94, 305
NLP • 231
Nörgler • 171
Norming • 318
Novize • 97
Nutzen für Kunden • 92

O

Oberster Führungskreis • 124
Objektivität • 291
Offene Wahl • 197
Ökonom • 97, 146
Ökonom, Kreis- • 141, 213
　siehe auch Kreis-Ökonom
Ökonomie • 211
Ontologie • 291
Open Space • 98, 283, 268
Oper • 40
Operationale Selbstorganisation • 68
Operativ • 21
Operative Ebene • 57
Orange • 39
Organigramm • 284

Organisation • 282, 283
Organisational • 21
　ist auf eine Organisation bezogen, organisatorisch ist die Organisation von etwas betreffend.
Organisationale Ebene • 57
Organisations-Backlog • 151, 200
Organisations-Coach • 121
Organisationsentwicklung • 99
　zirkuläre • 31
Organisationsentwicklungskreis • 103
Organisationsentwurf • 63
Organisationsethnograf • 121
Organisationskonfiguration • 52, 91, 186
Organisations-Pinnwand • 103
Organisationsprinzipien • 122
Organisationsstruktur • 41, 63, 98, 103, 105, 106, 107, 124
Organisationswerkzeug • 148
Organisationszweck • 92
Organisatorisch • 21
　ist die Organisation von etwas betreffend, organisational ist auf eine Organisation bezogen.
Org-Shop • 79, 94
Otto InnoDays • 208
Otto Scharmer • 305
Over-managed • 285

P

Paradigmenwechsel • 41
Partizipative Führung • 286

Passives Einkommen • 92
Patagonia • 18
Paul Neal Adair • 127
Paul Watzlawick • 291
Paulus, Georg • 177, 305
PDCA-Zyklus • 204
Performing • 318
Peripherie • 79, 93, 94, 109, 280, 298
　Alle Funktionen eines Unternehmens, die unter dem Druck des Marktes ablaufen, nennen wir Peripherie. Alle Funktionen, die dem Druck der Kapitalinteressen ausgesetzt sind, nennen wir Zentrum. Zentrum und Peripherie sind weder Orte noch Personen. Die Zentrale ist nicht gleich Zentrum, die Niederlassung nicht gleich die Peripherie [Wohland2006]. Als Peripherie bezeichnen wir darüber hinaus die Organisationseinheiten, die primär die direkte Wertschöpfung erbringen.
Personalakte • 101, 203, 221, 222
Personalentwicklung • 99
Personalführung • 99
Personalgespräch • 99, 222
Personalkosten • 300
Personalsekretariat • 118, 222
Personalwesen • 94
Peter Kruse • 25
Petra Bock • 232, 304
Pfadabhängigkeit • 64
Pfirsichorganisation • 79, 86
Pfläging, Niels • 6, 79, 86, 94, 305
Piaget, Jean • 39, 305

Piet Slieker • 75
Pinnwand • 103
Pipeline-Rollenwahl • 140
Pläne • 146
Planung • 53
Plenum • 95, 104, 124
Plug-and-Play-Organisation • 78
Pluralistische Ignoranz
　Als pluralistische Ignoranz bezeichnet man das Phänomen einer kollektiven Fehlinterpretation eines Notfalls als harmloses Ereignis, weil sich jeder Einzelne unsicher ist, wie er das Ereignis einschätzen soll, sich deshalb an anderen orientiert, die jedoch ebenso vorgehen, weshalb insgesamt niemand das Ereignis als Notfall ansieht.
Pörksen, Bernhard • 291, 305
Praktik • 148
Praktikergruppe, Praktikergemeinschaft • 97, 141, 212
　Praktikergemeinschaften sind regelmäßig selbstorganisierte und informelle Treffen von Spezialisten eines Fachgebietes, um gemeinsam Erfahrungen und Wissen auszutauschen und miteinander zu lernen (Anglizismus: Community of Practice).
Prämie • 54
Präsenz(entscheidungs)verfahren • 175
　Entscheidungsverfahren, die die Anwesenheit oder zumindest die Einladung aller Mitglieder zu einem gemeinsamen Treffen voraussetzen,

nennen wir Präsenzverfahren – egal ob physisch oder in einer Online-Konferenz.
Premium Cola • 52
Prigogine, Ilya
Ilya Prigogine (1917 – 2003) erhielt 1977 den Nobelpreis in Chemie. Er hat selbstorganisierte Systeme erforscht und wichtige Grundlagen der Selbstorganisationstheorie geschaffen.
Primat der direkten Wertschöpfung • 79, 88, 94, 281
Prinzip: Sprechen im Kreis • 170
Prinzipien • 285
Problemfilm • 233
Probleminhaber • 51
Problemlösungskompetenz • 51
Product-Owner • 285
Produktbereich • 97
Produktentwicklung • 94, 95, 117
Produktgruppe • 93
Professionelle Distanz • 122
Projekt • 72
Projekte sind zielgebundene, zeitlich befristete Organisationseinheiten, die oft eine direkte Wertschöpfung erbringen sollen. Projektmitarbeiter bleiben disziplinarisch meistens Mitglieder der Linienorganisation.
Projektleitung • 185
Die Projektleitung ist eine für einen bestimmten, Projekt genannten Entscheidungsbereich temporär und zielgebunden hierarchisch vorgegebene Person.

Prokura • 115
Protokollant • 84
Prototyping • 208
Prozess • 148
Prozessbegleitung • 84, 121, 145, 189, 190, 203
Prozessverantwortlicher • 194, 213
Psyche • 34
Pull-Verfahren • 66
Purpur • 16
Push-Verfahren • 66
Pyramidenförmige Linienorganisation • 72

Q

Quäker • 74
Qualität • 109
Qudosoft • 231

R

Radatz, Sonja • 305
Radikaler Konstruktivismus • 291
Rahmenbedingungen
beschreiben, was nicht passieren und unbedingt eingehalten werden soll. Im Gegensatz zu einem Ziel, das Handlungen auf einen Punkt zuführt, öffnen Rahmenbedingungen einen Raum.

Rationalisierungen • 60
Reaktionsgeschwindigkeit • 21
Reaktionszeit • 109
Realität • 291
Realitätsbildung • 36
Red Adair • 127
Refactoring • 205
Referenz, externe • 206, 280
Reflecting Team • 231
Reflektieren • 230
Reflexible Abstraktion • 38
Reflexible Abstraktionsfähigkeit • 41
Reframing • 36, 39
Regeln • 285
Regelung • 25
Reijmer, Annewiek • 75, 306
Reiner Czichos • 304
Reinhard Sprenger • 12, 305
Reinhart Nagel • 128, 305
Reiz-Reaktions-Muster • 230
Renate Daimler • 244, 304
Rendite • 52, 107, 280, 301
Rep-Link • 84
Repräsentant • 81, 142
siehe Kreis-Repräsentant
Rolle, die einen Kreis in einem anderen repräsentiert und dort dessen Interessen vertritt.
Resonanz • 49
Ressourcen • 32
Ressourcenverteilung • 208
Restriktion • 32
Retrospektive • 23, 97, 103, 145, 173, 204, 231

Rezept • 27
Anleitung, was wie verarbeitet wird.
Ricardo Semmler • 305
Ritual • 65
Robertson, Brain • 76, 84, 87, 305
Robin Dunbar • 50
Rolf Dräther • 205, 232, 304
Rolle • 81, 213, 284
Eine Rolle ist die Beschreibung eines abgegrenzten Aufgaben- und Zuständigkeitsbereiches, der von dem Rolleninhaber eigenverantwortlich wahrgenommen wird.
Rollengruppen • 212
Rolleninhaber • 194
Ein Rolleninhaber nimmt eine Rolle wahr. Normalerweise ist der Rolleninhaber ein einzelnes Organisationsmitglied; wird eine Rolle von einem Team wahrgenommen, wird die Rolle Kreis genannt.
Rollenkonflikt • 146, 192
Rollenkonstitution • 143
Die Rollenkonstitution ist die Wahl eines Rolleninhabers und die damit verbundene Klärung und Definition der Zuständigkeit und Aufgaben dieser Rolle.
Rollenreflexion • 122, 209
Rollenverständnis • 196
Rollenwahl, kollegiale • 193
Die kollegiale Rollenwahl ist ein einfaches, schnelles und pragmatisches Wahlverfahren, um Rolleninhaber

oder Prozessverantwortliche zu wählen.

Rollenwahl, mehrheitliche • 197
Die mehrheitliche Rollenwahl ist ein demokratisches Mehrheitsverfahren, bei dem aus einer Menge von Vorschlägen derjenige gewählt wird, der die meiste Zustimmung erhält.

Rollenwahl, soziokratische • 196
Die soziokratische Rollenwahl ist ein auf dem soziokratischen Konsent basierendes Verfahren für die Wahl von Rolleninhabern (in der Holokratie „integrativer Wahlprozess" genannt).

Ronald Coase • 109
Roock, Stefan • 208, 305
Ross Ashby • 20
Roswita Königswieser • 204, 305
rot • 94
Rotations-Rollenwahl • 140
Rückfall-Prophylaxe • 232
Rückmeldung • 99
Rudolf Wimmer • 128, 305
Rüther, Christian • 75, 305

S

Sachkosten • 299
Satir, Virginia • 273, 305
Satzung • 126
Satzungsänderung • 65
Scham • 259
Scharmer, Otto • 305

Schein, Edgar • 38, 234, 238
Scheitern • 33
Schnellkonsent • 176
Schriftführer • 84
Schrotta, Siegfried • 177, 305
Schubladendenken • 244
Scrum • 76
Secretary • 84
Seerosenmodell • 36, 38
Selbstbeobachtung • 136, 139, 151, 212
Selbstbeschäftigung • 235
Selbstentwicklungsprozess • 204
Selbstkontrolle • 260
Selbstmanagement • 122, 221
Selbstorganisation • 282
Selbstorganisationskreis • 104
Selbstreflexion • 121, 122
Selbststeuerung • 260
Selektion • 33
Semco • 107
Semmler, Ricardo • 305
Siegfried Schrotta • 177, 305
Silke Hermann • 6
Simeon, Charles • 244
Simon, Fritz B. • 39, 44, 293, 305
Sinn • 39
Sinn stiften • 293
Sinnzusammenhang • 41
Skaleneffekte • 95, 97
Skalierung • 50
Skalierung, fraktale • 107
Software-Update • 41
Somatische Marker • 231
Sonja Radatz • 305

Southwest Airlines • 18
Soziale Dichte • 97, 20, 240
beschreibt die Anzahl und Intensität der unmittelbar verfügbaren Kommunikations- und Beziehungsmöglichkeiten innerhalb einer Organisation.
Soziale Kontrolle • 282
Sozialer Kontext • 41
Sozialversicherungspflicht • 115
Soziokratie • 74, 184
Ein von Kees Boeke beschriebenes alternatives Gesellschaftsmodell.
Soziokratische Kreisorganisation • 73
Soziokratische Moderation • 168
Soziokratische Rollenwahl • 193, 196, siehe Rollenwahl
Soziokratischer Konsens • 160
Soziokratischer Wahlschein • 196
Soziokratisches Kreismodell • 73
Ein von Gerald Endenburg entwickeltes Organisationsmodell, das die Soziokratie auf Organisationen anwendet.
Spannungen • 67, 259
Sparrer, Insa • 244, 306
Spezialisten • 97
Spielregeln • 121
Spiral Dynamics • 16
Spotify • 96, 97
Sprache • 249
Sprechen im Kreis • 170
Sprenger, Reinhard • 12, 305
Squad • 96

Stabstelle • 72
Rolle oder Einheit in einer Organisation, die keine weiteren Untereinheiten hat und unmittelbar ihrer Obereinheit zuarbeitet.
Stamm • 96
Stammkreis • 49
Stammtisch • 98
Standardisierung • 97
Standup • 209
Stefan Roock • 208, 305
Steffen Kinkel • 300, 306
Stehung • 209
Eine Stehung ist ein im Stehen stattfindendes Arbeitstreffen (im Gegensatz zur Sitzung). Weil dies auf Dauer unbequemer ist, sind Stehungen typischerweise kürzer als Sitzungen.
Steuerung • 23, 25, 285
Steuerungsprozess • 75
Steuerungstreffen • 85
Stille Gesellschaft • 54
Stimmengleichheit • 197
Stimmung • 248
Storch, Johannes • 232, 261, 306
Storch, Maja • 232, 272, 306
Storming • 318
Störung • 127
Störung des Kreises • 139
Storytelling • 239
Strategie • 23, 95, 115, 146, 208
Strategiekreis • 95, 96, 104, 128
Strategietreffen • 209
Strauch, Barbara • 75, 306

Stresshormone • 260
Stressoren • 33
Strukturaufstellungen • 231
Subsidarität • 75
   Das Subsidaritätsprinzip besagt, dass Entscheidungen stets möglichst weit unten in einer Hierarchie getroffen werden sollen, soweit dies möglich und sinnvoll ist.
Supervision • 122, 231
Sven Günther • 224, 304
Svenska Handelsbanken • 49
Systemische Fragen
   siehe zirkuläre Fragen.
Systemische Schleife • 204
Systemisches Konsensieren • 171, 177, 188
   Entscheidungsverfahren, bei dem die Entscheidung mittels einer Rangfolgenbildung der Alternativen auf Basis der jeweiligen Widerstände gegenüber den Alternativen entsteht.
Systemisches Organisationsverständnis • 122
Systemrationalität • 293

T

Taktische Führung • 209
Taylor, Frederick Winslow • 7, 72, 74
Taylorismus • 7
Taylorwanne • 5
   Metapher von Gerhard Wohland, um die Dominanz kausalen Denkens und Handelns während des Taylorismus zu beschreiben.
Team • 73, 96, 282
   Eine Gruppe von Menschen, die sich zur Lösung eines gemeinsamen Problems organisiert.
Team vs. Gruppe • 282
Teambildung • 209
Teamentscheid • 191
Teamleitung • 146
Teamziele • 293
Ternary • 76
Tetralemma • 244
   ist ein einfaches, aber wirksames Verfahren, um Entscheidungsdilemmata aufzulösen.
The Sociocracy Group • 75
Theaterhaus • 40
Theorie • 41
Thomas Wilhelm • 249
Tim Harford • 33, 304
Topkreis • 73, 95, 96, 104, 124
   Ein Kreis in einer Kreisorganisation, die dem Top-Management in einer Linienorganisation entspricht. Im soziokratischen Kreismodell bezeichnet der Topkreis einen Kreis, der dem traditionellen Aufsichtsrat einer Aktiengesellschaft entspricht.
Topkreis als Allgemeinbegriff • 73
Topkreis als Soziokratie-Terminus • 73
Topkreis für einen Bereich • 96
Top-Management • 73
Tractatus • 234

Transaktionale Führung • 285
Transaktionsanalyse • 231
Transaktionskosten (Marktbenutzungskosten) • 48, 54, 95, 109
   sind Kosten für die Benutzung eines Marktes oder einer Organisation, beispielsweise zur Informationsbeschaffung, Kontaktaufnahme, Angebotserstellung und -beurteilung, Vertragsverhandlung, -änderungen und -überwachung. Unternehmen und Märkte unterscheiden sich dadurch, dass Unternehmen wegen ihrer festen und keine individuellen Verträge erfordernden Kooperationsbeziehungen niedrigere Transaktionskosten haben, während Märkte eine höhere Flexibilität haben, weil sie jede Transaktion neu aushandeln.
Transformationale Führung • 285
Transformationsmuster • 64
Transition • 60
Transitionsteam • 63
   siehe Übergangsteam.
Transparenz • 52, 144
   Sichtbare und einfach zugängliche Information.
Trennung von einem Kollegen • 62
Trennungskonsent • 225
Trennungsteam • 225
Tribe • 96, 97
TSG • 75
Tuckman-Modell • 152
   Ein von Bruce Tuckmann beschriebenes Modell, in welchen Phasen sich Teams entwickeln: Forming (Findungsphase), Storming (Aushandlungsphase), Norming (Übereinkunftsphase), Performing (Kooperationsphase), Adjourning (Auflösungsphase).
Tunnelblick • 260
Türkis • 18, 107
Tversky, Amos • 304

U

Übereinkunftsphase • 318
Überforderung • 57, 105
Übergang • 60
Übergangsteam • 63, 65, 67
   Ein Team, das gebildet wird, um den Übergang von einem in ein anderes Organisationsmodell zu organisieren.
Übersteuert • 285
Überstunden • 221
Umfeld • 92
Umsatz • 52
Umsatzrendite • 300
Unbefristete Rollenwahl • 140
Unbewusst • 38
   ist etwas, das im Moment nicht benennbar ist, durch Reflexion aber zugänglich wird.
under-led • 285
Unsicherheit • 259
Unterbewusst • 38

ist etwas, was uns auch durch Reflexion nicht zugänglich wird.
Unterführt • 285
Unterkreis • 111, 117, 144, 213
Ein Unterkreis ist die pauschale und dauerhafte Delegation eines Entscheidungsbereiches an einen Kreis.
Unternehmens-Coach • 145
Unternehmensfrühstück • 240
Unternehmensgedächtnis • 234
Unternehmensinteresse • 275
Unternehmensnachfolge • 14
Unternehmensziel • 293
Unterscheidung • 41
Unterstützende Dienstleistung • 49
Unterstützende Leistungen • 104
Unterstützungskreis • 94, 211
Unterstützungsleistungen • 94
Unvorhersehbarkeit • 23
User Group • 98
Uwe Lübbermann • 52, 55

V

Validitätsprüfung eines Vetos • 77
Varela, Francisco • 291
Varga von Kibéd, Matthias • 244, 306
Variation • 32
Varietät • 20, 23
Veränderungsimpuls • 204
Veränderungsziel • 31
Verantwortung • 51
Verantwortungsbereich • 213

Verantwortungsbereiche • 144
Verantwortungsdiffusion • 86, 203
Als Verantwortungsdiffusion bezeichnet man das Phänomen, dass sich jeder Einzelne in einer offensichtlich Hilfe bzw. Aktivität verlangenden Situation dennoch passiv verhält, weil andere handlungsfähige Personen dabei sind, auf deren Hilfe man sich verlässt, was dann insgesamt dazu führt, dass niemand eingreift.
Verantwortungsebenen • 51
Verbote • 40
Verdeckte Wahl • 195
Vereinsregister • 115
Verfahren • 149
Verfallsdatum • 202
Verhandlungstechniken • 122
Verkauf • 94
Verkettete Interviews • 231
Verlust, leistbarer • 32
Versuch und Irrtum • 25
Vertreter • 213
Vertretungsberechtigt • 115
Vertriebskanal • 93
Vertriebsmitarbeiter • 54
Verwaisung einer Rolle • 144
Verwaltungskreis • 104
Verweigerer • 171
Vester, Julian • 52
Veto • 160, 165, 189
Veto, Validität • 77
Vielfalt • 32

Virginia Satir • 273, 305
Vision • 75, 95, 146, 285
Eine Vision ist ein nur subjektiv und emotional zugängliches Ziel bzw. Soll-Zustand.
Visionskreis • 104
Visotschnig, Erich • 177, 305
Visualisieren • 249
Vollmer, Lars • 6
Vollversammlung • 124
von Glasersfeld, Ernst • 291, 304
Voraussetzungsbildende Runde • 168
Vorbereitet sein • 53
Vorderbühne • 238, 239
Vorgesetzte Führung • 286
Vorgesetzter • 51, 184
Ein Vorgesetzter ist eine für einen bestimmten Entscheidungsbereich dauerhaft und hierarchisch vorgegebene Person.
Vorleistung • 49, 211

W

W. L. Gore & Associates • 50
Wahlschein, soziokratischer • 196
Wahlvorschläge • 197
Wahrnehmung • 36
Warren Bennis • 285, 304
Watzlawick, Paul • 291
Wegfall einer Rolle • 144
Weisungsgebunden • 125
Weiterentwicklung • 99, 145

Weiterentwicklung, beruflich • 217
Wenger, Étienne • 97, 306
Werkzeug • 148
Hilfsmittel, um etwas zu bearbeiten. Erfordert einen erfahrenen Anwender.
Wertbildende Leistungen • 93
Wertbildung • 93, siehe Wertschöpfung
Wertbildungsrechnung • 54, 109, 141, 206, 211, 212, 299
Eine auf der Anthroposophie aufbauendes und vom dm drogeriemarkt erfundenes betriebswirtschaftliches Konzept als Alternative zur klassischen Kostenrechnung.
Wertbildungsrichtung • 94
Werte • 36
bündeln unausgesprochene Erwartungen an ein bestimmtes Handeln, gekoppelt mit qualitativen Bewertungen (gut, schlecht u.a.) und starken Emotionen.
Werteklärung • 234
Werteposter • 234
Wertesystem • 234
Wertschöpfung, direkte • 94
Wertschöpfung, direkte vs. indirekte • 281
Wertschöpfung, Wertbildung • 88, 93, 211, 299, 300
Wertschöpfung ist das allgemeine Ziel einer Organisation. Durch Arbeit wird der Wert von Gütern und Dienstleistungen erhöht.
Wertschöpfungseinheit • 49
Wertschöpfungsmächtiges Team • 49

Wettbewerb • 48, 92
Wettbewerbsfähigkeit • 109
Widerstandsabfrage • 171, 177, 193, 194
Widerstandsgrade • 188
Wiemeyer, Matthias • 4, 10, 79, 238, 279
Wilber, Ken • 76
Wilhelm, Thomas • 249
Willensbildung • 288
William Edwards Deming • 204
Wimmer, Rudolf • 128, 305
Wirtschaftliche Verantwortung • 142, 211
Wissenstransfer • 218
Wittgenstein, Ludwig • 234
Wochenarbeitszeit • 221
Wohland, Gerhard • 10, 79, 94, 109, 231, 238, 280, 306
Wolfram Lutterer • 39, 305
Wortfeld • 235
Wortmarke • 77
Wunder • 227

Z

Zahlengefühl • 141
Zappos • 18
ZDF (Zahlen, Daten, Fakten) • 209
Zelle • 93
Zellteilung • 106, 107
Zentrale Dienstleistungen • 94
Zentrale Dienstleistungskreise • 95
Zentrale Führungskreise • 95
Zentrale übergreifende Führung • 104
Zentraler Ökonomiekreis • 141

Zentrum • 79, 298
  Primär nicht zur direkten Wertschöpfung beitragende Einheiten einer Organisation.
Zeuch, Andreas • 6
Ziele • 146
Zielfilm • 233
Zielgruppe • 93
Zielorientierung • 295
Zielvereinbarungen • 51
Zirkuläre Fragen
  Im engeren Sinne Fragen, die „um die Ecke" (also indirekt) formuliert werden („Was würde dein Kollege sagen, wie es dir geht?" statt „Wie geht es dir?"). Im weiteren Sinne Fragen, die zu neuen Perspektiven anregen.
Zirkuläre Organisationsentwicklung • 31
ZRM • 231, 261
Zukunftsfähigkeit • 204
Züricher Ressourcen Modell • 261, 231
Zuständigkeit • 284
Zuständigkeitsbereich • 51
Zustimmungsverfahren • 193
Zweckrationalität • 293
Zweierbeziehung • 282
zweistufiger Entscheidungsprozess • 187